できる®

パワーポイント
PowerPoint
2019

Office 2019
Office 365
両対応

井上香緒里&できるシリーズ編集部

インプレス

できるシリーズは読者サービスが充実！

わからない操作が解決

できるサポート

本書購入のお客様なら無料です！

書籍で解説している内容について、電話などで質問を受け付けています。無料で利用できるので、分からないことがあっても安心です。なお、ご利用にあたっては316ページを必ずご覧ください。

詳しい情報は **316ページへ**

ご利用は3ステップで完了！

ステップ1
書籍サポート番号のご確認

定価：本体 0,000円+税

書籍サポート番号
000000

チェック！

対象書籍の裏表紙にある6けたの「書籍サポート番号」をご確認ください。

ステップ2
ご質問に関する情報の準備

チェック！

あらかじめ、問い合わせたい紙面のページ番号と手順番号などをご確認ください。

ステップ3
できるサポート電話窓口へ

● 電話番号（全国共通）

0570-000-078

※月〜金　10:00〜18:00
　土・日・祝休み
※通話料はお客様負担となります

以下の方法でも受付中！

- インターネット
- FAX
- 封書

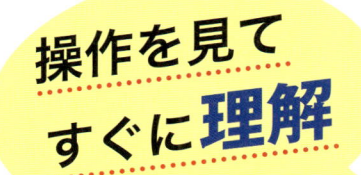

できるネット 解説動画

レッスンで解説している操作を動画で確認できます。画面の動きがそのまま見られるので、より理解が深まります。動画を見るには紙面のQRコードをスマートフォンで読み取るか、以下のURLから表示できます。

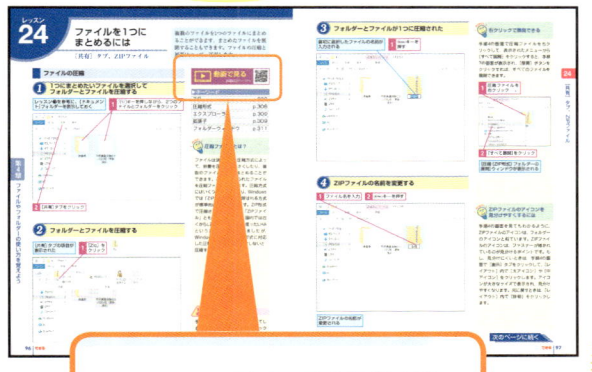

本書籍の動画一覧ページ
https://dekiru.net/ppt2019

最新の役立つ情報がわかる！

できるネット

新たな一歩を応援するメディア

「できるシリーズ」のWebメディア「できるネット」では、本書で紹介しきれなかった最新機能や便利な使い方を数多く掲載。コンテンツは日々更新です！

パソコンはもちろん
スマートフォンでも読みやすい

● 主な掲載コンテンツ

- Apple/Mac/iOS
- Windows/Office
- Facebook/Instagram/LINE
- Googleサービス
- サイト制作・運営
- スマホ・デバイス

https://dekiru.net

ご利用の前に必ずお読みください

本書は、2018年12月現在の情報をもとに「Microsoft PowerPoint 2019」の操作方法について解説しています。本書の発行後に「Microsoft PowerPoint 2019」の機能や操作方法、画面などが変更された場合、本書の掲載内容通りに操作できなくなる可能性があります。本書発行後の情報については、弊社のWebページ（https://book.impress.co.jp/）などで可能な限りお知らせいたしますが、すべての情報の即時掲載ならびに、確実な解決をお約束することはできかねます。また本書の運用により生じる、直接的、または間接的な損害について、著者ならびに弊社では一切の責任を負いかねます。あらかじめご理解、ご了承ください。

本書で紹介している内容のご質問につきましては、できるシリーズの無償電話サポート「できるサポート」にて受け付けております。ただし、本書の発行後に発生した利用手順やサービスの変更に関しては、お答えしかねる場合があります。また、本書の奥付に記載されている初版発行日から3年が経過した場合、もしくは解説する製品やサービスの提供会社がサポートを終了した場合にも、ご質問にお答えしかねる場合があります。できるサポートのサービス内容については316ページの「できるサポートのご案内」をご覧ください。なお、都合により「できるサポート」のサービス内容の変更や「できるサポート」のサービスを終了させていただく場合があります。あらかじめご了承ください。

練習用ファイルについて

本書で使用する練習用ファイルは、弊社Webサイトからダウンロードできます。
練習用ファイルと書籍を併用することで、より理解が深まります。

▼練習用ファイルのダウンロードページ
https://book.impress.co.jp/books/1118101129

●用語の使い方

　本文中では、「Microsoft Windows 10」のことを「Windows 10」または「Windows」と記述しています。また、「Microsoft Office 2019」のことを「Office 2019」または「Office」、「Microsoft Office PowerPoint 2019」のことを「PowerPoint 2019」または「PowerPoint」と記述しています。また、本文中で使用している用語は、基本的に実際の画面に表示される名称に則っています。本書で解説している「Office 365」は2020年4月に「Microsoft 365」に名称が変更されました。

●本書の前提

　本書では、「Windows 10」に「Office Professional Plus 2019」がインストールされているパソコンで、インターネットに常時接続されている環境を前提に画面を再現しています。お使いの環境と画面解像度が異なることもありますが、基本的に同じ要領で進めることができます。

まえがき

本書は、顧客向けのプレゼンテーションや社内会議で発表することを想定し、自分の考えを整理する操作から、スライド作成、印刷、発表本番にいたるまで、プレゼンテーションの各過程で必要なPowerPoint 2019の基本操作を解説している入門書です。

PowerPoint 2019は、マイクロソフトのプレゼンテーションソフトの最新バージョンですが、最近はOffice 365の名前を耳にする機会も増えてきました。PowerPoint 2019が購入したパソコンに最初からインストールされていたり、パッケージとして購入して使うのに対し、Office 365は、毎月一定の料金を支払って最新のOfficeアプリをダウンロードして使うサブスクリプション型と呼ばれるもので、Office 365にPowerPointも含まれています。利用形態は異なりますが、画面の色あいやボタンのデザインなどが少々違うだけで、本書で解説している内容は同じように操作できます。

本書では、PowerPoint 2019に追加された「アイコン」機能や「3Dモデル」機能を使って用意されているイラストを手軽に使う操作や、「インク」機能を使ってスライドに手書きの文字を描画する操作も紹介しています。どちらもスライドの表現力を高めるのに一役買ってくれるでしょう。また、Web上の保存場所であるOneDriveを介して、パソコンとスマートフォンで同じスライドを表示・編集したり、他の人とスライドを共有してスライドをブラッシュアップする操作も解説しています。

注目していただきたいのは、スライドを後から修正するときに欠かせない「スライドマスター」の章を新設したことです。PowerPointの研修を行うと、スライドマスターの機能を知らずに、多くの時間と労力をかけてスライドを修正している人の多さに驚かされます。スライドマスターを理解すれば、作業効率がぐんと上がるはずです。

なお、各レッスンで使用するサンプルは、PowerPointの機能や操作を効果的に身に付けられるようにじっくり練って作成しました。サンプルを見て、スライドのデザインやプレゼンテーション全体の構成のヒントにしていただけると嬉しいです。本書が、皆様のプレゼンテーションを成功へ導く入り口になることを願っています。

最後に、本書の作成にあたり、ご尽力いただいた編集部および関係者のみなさまに心より感謝申し上げます。

2018年12月　井上香緒里

できるシリーズの読み方

レッスン

見開き完結を基本に、やりたいことを簡潔に解説

やりたいことが見つけやすいレッスンタイトル

各レッスンには、「○○をするには」や「○○って何？」など、"やりたいこと"や"知りたいこと"がすぐに見つけられるタイトルが付いています。

機能名で引けるサブタイトル

「あの機能を使うにはどうするんだっけ？」そんなときに便利。機能名やサービス名などで調べやすくなっています。

キーワード

そのレッスンで覚えておきたい用語の一覧です。巻末の用語集の該当ページも掲載しているので、意味もすぐに調べられます。

> 左ページのつめでは、章タイトルでページを探せます。

手 順

必要な手順を、すべての画面とすべての操作を掲載して解説

手順見出し
「○○を表示する」など、1つの手順ごとに内容の見出しを付けています。番号順に読み進めてください。

解説
操作の前提や意味、操作結果に関して解説しています。

操作説明
「○○をクリック」など、それぞれの手順での実際の操作です。番号順に操作してください。

レッスン 35 図表を作成するには

SmartArt

組織図や流れ図などの概念図を作成するには、[SmartArt] の機能を使います。ここでは、[横方向ベン図] の図表を使って、イベントの主旨を表します。

① プレースホルダーを選択する

2枚目のスライドに図表を挿入する

1 2枚目のスライドをクリック
2 図表を挿入するプレースホルダーをクリック

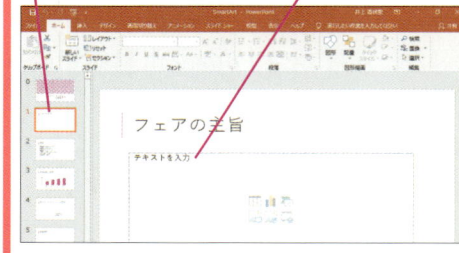

フェアの主旨

▶ 動画で見る 詳細は23ページへ

🔑 キーワード

SmartArt	p.302
プレースホルダー	p.310

📄 レッスンで使う練習用ファイル
SmartArt.pptx

⌨ ショートカットキー
[Ctrl]+[P] ……[印刷] 画面の表示

⚠ 間違った場合は？
間違った図表に変換してしまった場合は、[SmartArtツール] の [デザイン] タブの [変換] ボタンから [テキストに変換] をクリックして文字の項目に戻します。

HINT!

入力済みの文字をSmartArtに変換できる

このレッスンでは、新しく図表を作成しましたが、スライドの作成済みの文字を選択してから以下の操作を行うと、後から図表に変換することもできます。

1 [ホーム]タブをクリック
2 [SmartArtグラフィックに変換]をクリック

[SmartArtグラフィックの選択] ダイアログボックスが表示される

② [SmartArtグラフィックの選択] ダイアログボックスを表示する

プレースホルダーが選択された

1 [挿入] タブをクリック
2 [SmartArt] をクリック

フェアの主旨

132 できる

第5章 写真や図表を挿入する

HINT!

レッスンに関連したさまざまな機能や、一歩進んだ使いこなしのテクニックなどを解説しています。

動画で見る

レッスンで解説している操作を動画で見られます。詳しくは3ページを参照してください。

練習用ファイル

手順をすぐに試せる練習用ファイルを用意しています。章の途中からレッスンを読み進めるときに便利です。

右ページのつめでは、知りたい機能でページを探せます。

テクニック

レッスンの内容を応用した、ワンランク上の使いこなしワザを解説しています。身に付ければパソコンがより便利になります。

ショートカットキー

知っておくと何かと便利。キーボードを組み合わせて押すだけで、簡単に操作できます。

Point

各レッスンの末尾で、レッスン内容や操作の要点を丁寧に解説。レッスンで解説している内容をより深く理解することで、確実に使いこなせるようになります。

間違った場合は？

手順の画面と違うときには、まずここを見てください。操作を間違った場合の対処法を解説してあるので安心です。

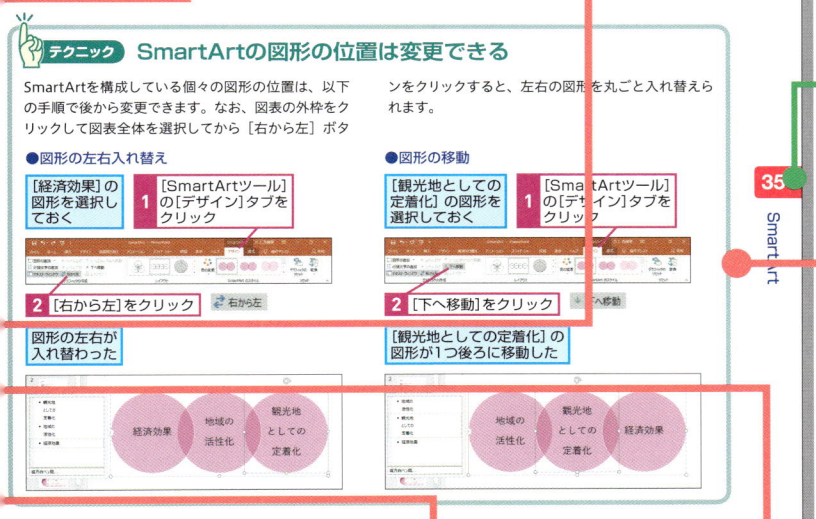

伝わる資料作成 **7**つの法則

PowerPointを使うと、誰でも見栄えのするプレゼンテーション資料を簡単な操作で作成できます。ただし、プレゼンテーションのポイントを正しく伝えるためには、以下に述べる7つの法則を理解して、スライドにひと手間加えると効果的です。

1 全体の構成は最初に決める

プレゼンテーション資料を作成する際に、いきなりスライドに文字やグラフ、画像を配置すると、何度も作り直す羽目になります。プレゼンテーションで大事なのは、「何をどんな順番で伝えたいか」という構成です。スライドを作り込む前に、PowerPointのアウトラインモードなどにキーワードを列記して、全体の骨格をしっかり練りましょう。

［アウトライン表示］モードに切り替えて、資料に必要なキーワードで骨格を作る

1枚のスライドには、1つのメッセージを盛り込む

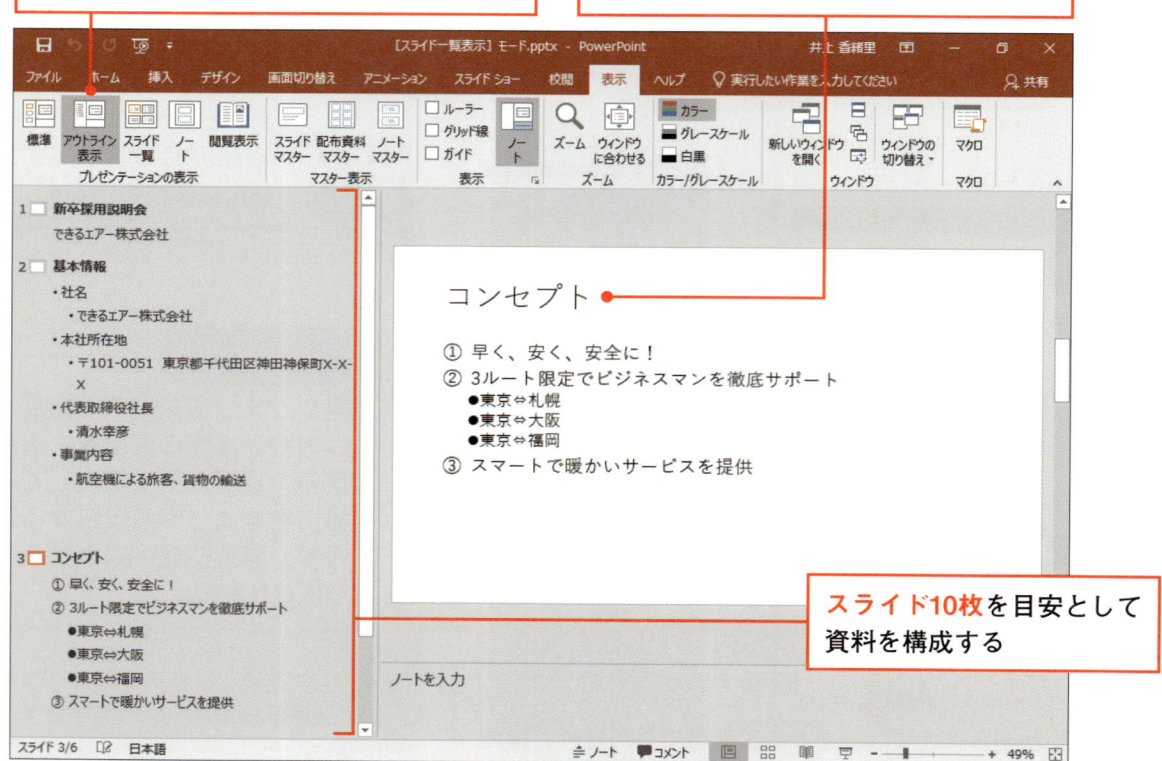

スライド10枚を目安として資料を構成する

2 デザインは統一しつつ個性を出す

PowerPointに用意されている［テーマ］機能を使うと、スライドに模様や色を付けることができます。さらに［バリエーション］機能や［配色］機能を組み合わせると、同じテーマでも印象が大きく変わります。スライドの内容に合った配色を選ぶと、相乗効果が生まれ、スライドのイメージが伝わりやすくなります。

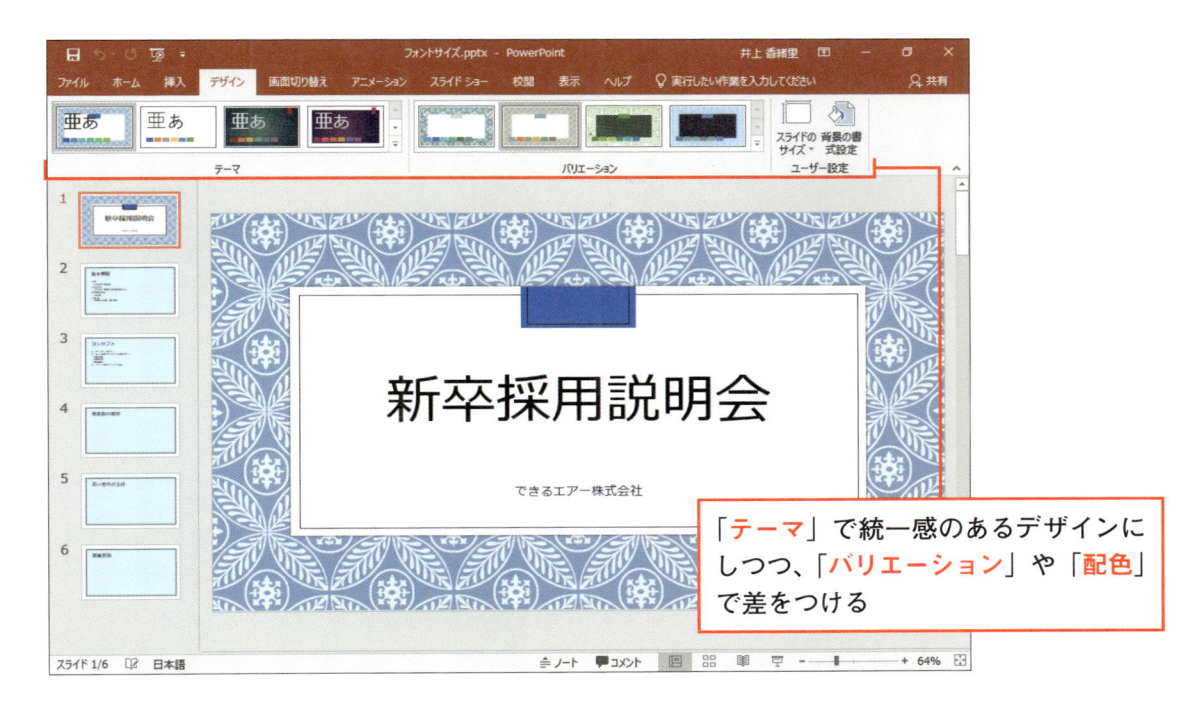

「テーマ」で統一感のあるデザインにしつつ、「バリエーション」や「配色」で差をつける

3 強調したい部分は 同じルールで繰り返す

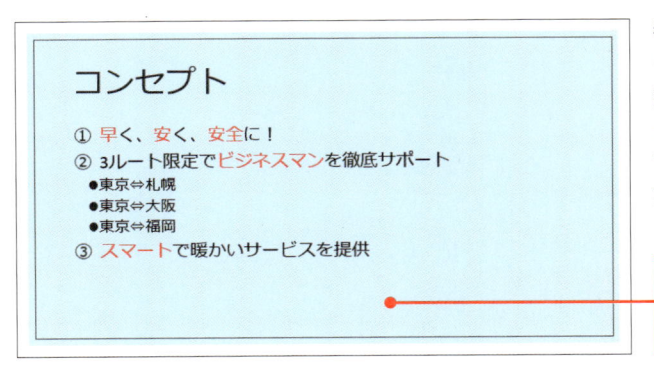

特に印象に残したい部分は、文字の色を変えたり太字にするなどして強調するといいでしょう。例えば、「文字が赤」で強調するルールを決めたら、すべてのスライドに同じルールを適用します。すると、繰り返しの効果で、自然と「文字が赤」の部分が目に入るようになります。

色やスタイルを限定して繰り返すと、聞き手の印象に残りやすくなる

4 グラフや図は「何を伝えたいか」を明確にする

グラフを使うと数値の全体的な傾向をひと目で伝えられますが、見方は千差万別です。伝えたい内容が正しく伝わるグラフの種類を選び、**吹き出しの図形などを追加してポイントを書き込む**と、グラフの目的が明確になります。

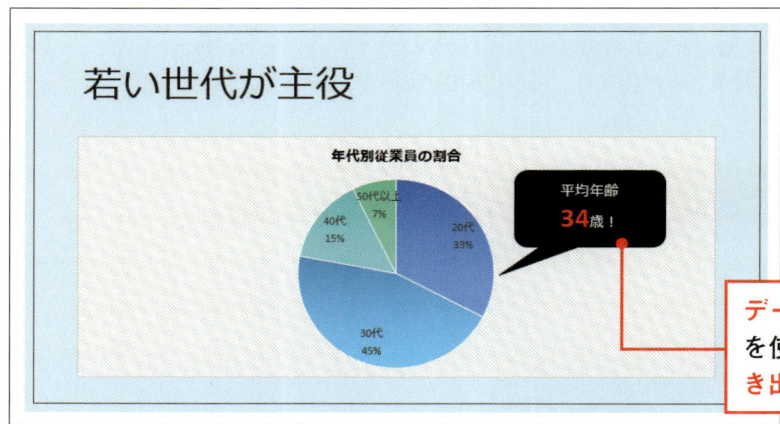

データの内容に合ったグラフや図を使い、解釈に迷わないように**吹き出しでポイントを書き込む**

5 ビジュアル要素は視線の流れを意識して配置する

文字ばかりが続くスライドは少々退屈です。スライドに写真やイラストなどの画像を入れると、スライドが華やかになるだけでなく、**内容をイメージしやすくなる**効果があります。このとき、見る人の視線の流れを意識して画像を配置するといいでしょう。また、複数の画像を配置するときは、**サイズや端、間隔をそろえる**と統一感が生まれます。

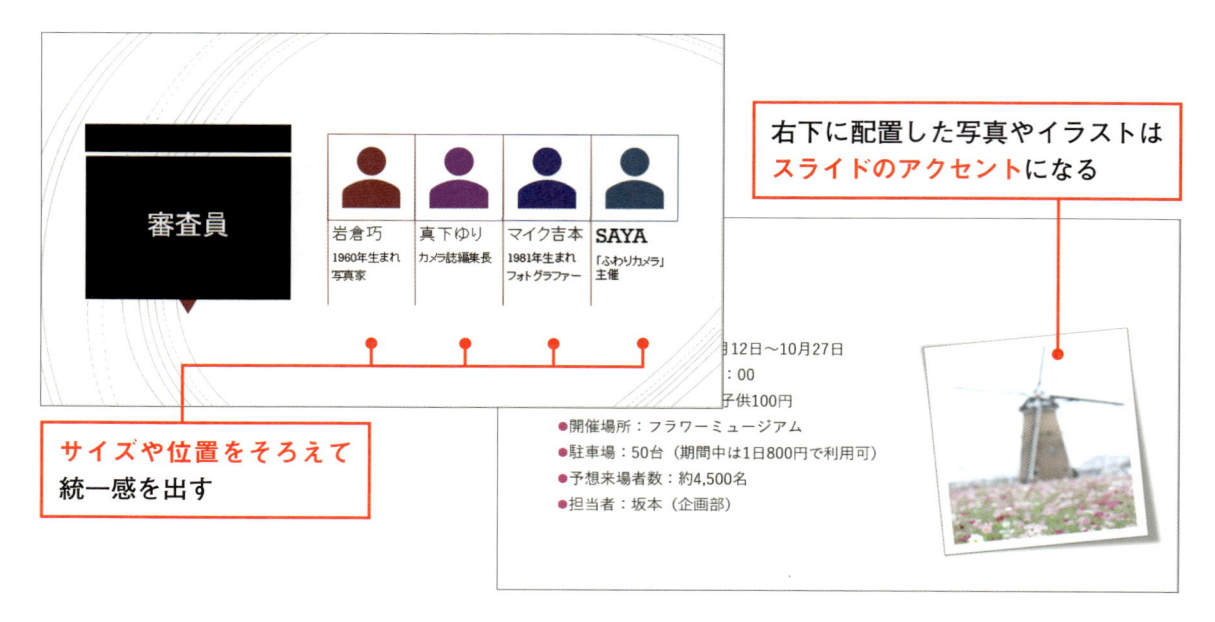

サイズや位置をそろえて統一感を出す

右下に配置した写真やイラストは**スライドのアクセント**になる

6 インパクトを狙った動的な仕掛けは 要所に絞る

PowerPointには、文字や図形を動かす［アニメーション］、スライドを切り替える際の動きの［画面切り替え］、動画を再生する［ビデオ］など、動きのある機能が用意されています。動的な要素は華やかで注目を集める分、使いすぎると飽きられてしまう危険性があります。「動き」が聞き手の理解を助ける効果が生まれるスライドに限定して使いましょう。

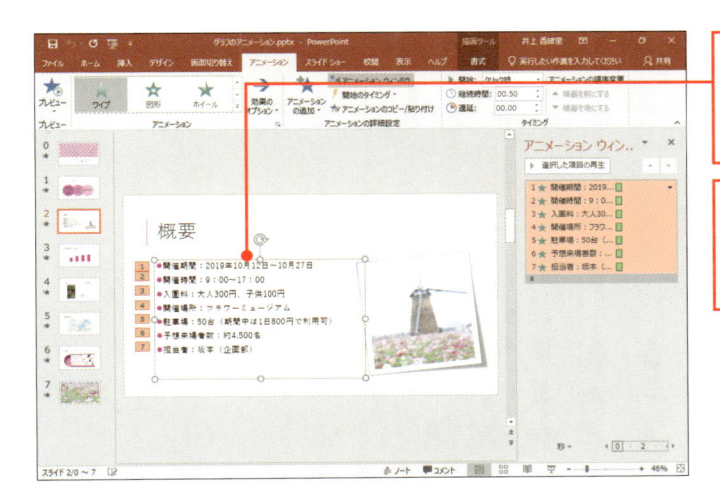

箇条書きを順番に出すアニメーションは、内容の理解を助ける効果がある

動的な要素が多いと、1つ1つのインパクトは小さくなることに注意する

7 成功資料はテンプレート化して 次に生かす

社内やプロジェクトでスライドのデザインを統一している場合は、スライドの内容が未入力のデザインだけの状態を「テンプレート」として保存すると便利です。誰もが同じデザインをいつでも利用でき、以前のスライドの内容を消して使い回す手間を省けます。プレゼンで上手くいったスライドを再利用するのもいいでしょう。

デザインや内容のひな形をテンプレートとしてまとめることで、今後の資料作りを効率化できる

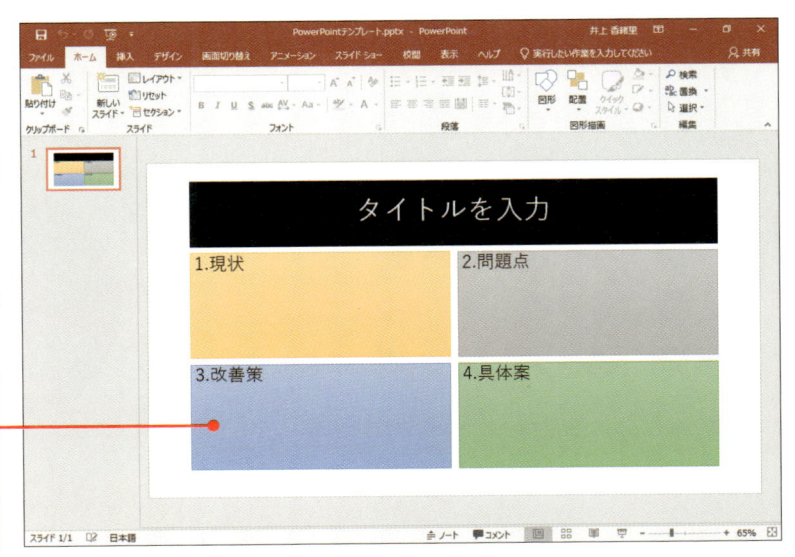

ここが新しくなったPowerPoint 2019

PowerPoint 2019には、資料作成やプレゼンテーションに役立つ機能が多数用意されています。例えば「アイコン」は、テイストが統一されたイラストをスライドに挿入できる新機能で、2014年に廃止された「クリップアート」がパワーアップして帰ってきたような便利なものです。ほかにも「3Dモデル」や「インクツール」など、さまざまな新機能が追加されています。

豊富なイラストをスライドに活用！

「アイコン」は、テイストが統一されたイラストをスライドに挿入できる機能です。2014年に惜しまれつつも廃止された「クリップアート」の強化版のような機能で、多数用意されたイラストから資料の内容に合うものを選んで活用できます。

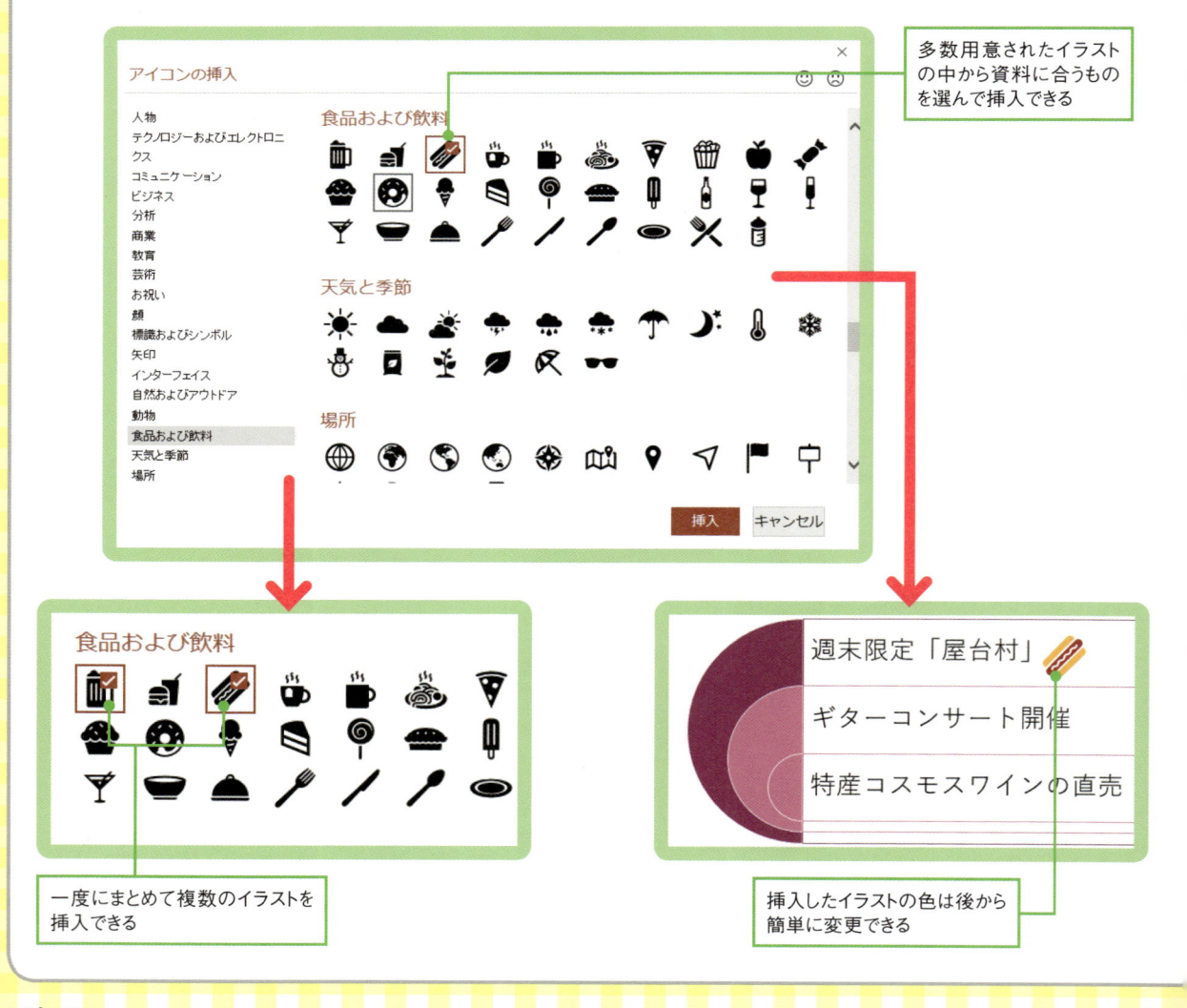

多数用意されたイラストの中から資料に合うものを選んで挿入できる

一度にまとめて複数のイラストを挿入できる

挿入したイラストの色は後から簡単に変更できる

スライドに3Dモデルを挿入できる

[3Dモデル]の機能を利用すると、スライド内に3Dモデルを挿入できます。3Dモデルにはアクション
も設定できるので、プレゼンテーションのポイントとなる部分に取り入れると、いいアクセントになる
でしょう。

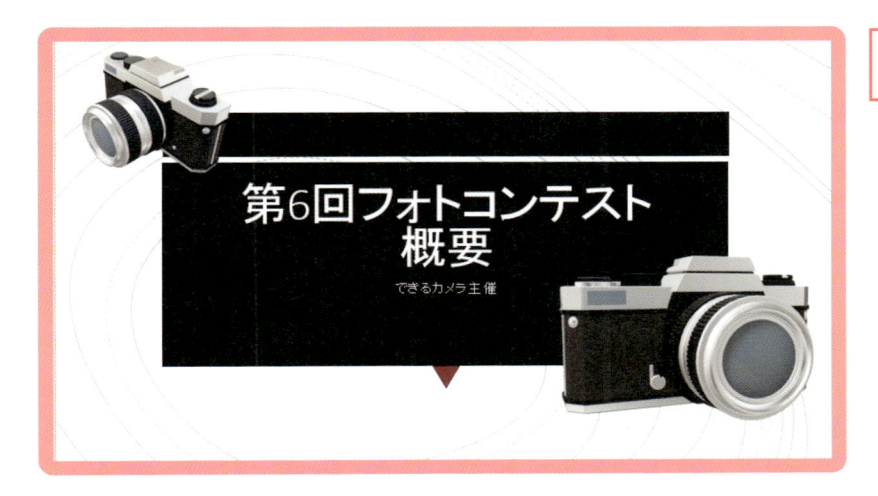

スライド内に3Dモデルを
挿入できる

文字やイラストを手書きで表現

新設された[描画]タブから利用できる「インクツール」では、手書きの文字やイラストを簡単に挿入
できます。ペン先の色や模様はさまざまな候補から選択でき、スライドに彩りを加えるのに役立てられ
ます。

文字やイラストを手書きして
表現の幅を広げられる

目　次

第1章　PowerPointを使い始める　31

第2章　プレゼンテーションの内容を作成する　43

第3章　スライドのデザインを整える　　71

第4章　表やグラフを挿入する　　95

第5章　画像や図表を挿入する 129

第6章　動画や音楽を挿入する 157

Office 2019とOffice 365 Soloの違いを知ろう

Officeは、さまざまな形態で提供されています。ここではパソコンにはじめからインストールされているOfficeと、店頭やダウンロードで購入できるOfficeについて紹介します。月や年単位で契約をするタイプと、一度の買い切りで契約が不要なタイプがあることを覚えておきましょう。

買い切りで追加の支払いなし、使い勝手が変わらない
Office 2019

どうやって利用するの？

Ⓐ購入するかプリインストール版を利用します

ダウンロード用カードを家電量販店やオンラインストアで購入するか、Office 2019がプリインストールされたパソコンを購入することで利用できます。

機能の特徴は？

Ⓐ変わらない使い勝手で使い続けられます

新機能の追加は行われず、ずっと同じ環境で利用できます。また、ネット接続のない環境でも使えます。OSはWindows 10のみに対応しています。

利用できる期間は？

Ⓐ無期限で利用できます

Office 2019はOffice 365のような期間での契約ではなく、買い切りなので、購入したライセンスはパソコンが故障などで使えなくなるまで無期限で利用できます。

月や年単位の契約で最新機能が使える
Office 365 Solo　https://products.office.com/ja-JP/

どうやって利用するの？

Ⓐ月や年単位で契約します

1ヶ月または1年間の期間で契約することで利用できます。支払いにはクレジットカードかダウンロード用カードを購入して利用します。

機能の特徴は？

Ⓐ最新機能が利用できます

新機能の追加や更新がこまめに行われており、契約期間中は常に最新版の状態で利用できます。新しいバージョンが提供されたときはすぐにアップデートできます。

対応するOSは？

Ⓐ様々な環境で利用できます

Windows 10、8.1、7の3バージョンに対応しているほか、macOSやタブレット向けのアプリも利用できます。1契約でも、利用シーンに合わせて複数の端末で使えます。

パソコンの基本操作

パソコンを使うには、操作を指示するための「マウス」や文字を入力するための「キーボード」の扱い方、それにWindowsの画面内容と基本操作について知っておく必要があります。実際にレッスンを読み進める前に、それぞれの名称と操作方法を理解しておきましょう。

マウス・タッチパッド・スティックの動かし方

◆マウスポインター
操作する対象を指し示すもの。指の動きやマウスの動きに合わせて画面上を移動する

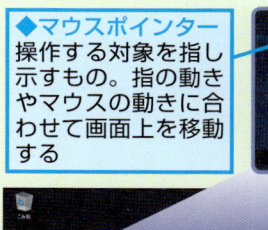
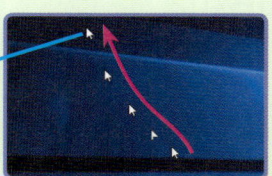

マウス
マウスを机の上など平らな場所に置いて滑らせると、その動きに合わせてマウスポインターが移動する

◆左ボタン
人さし指で押して使う

◆ホイール
人さし指または中指で前後に転がすようにして使う

◆右ボタン
中指で押して使う

場所が狭いときはマウスを持ち上げ、動かしやすい位置に移動して操作する

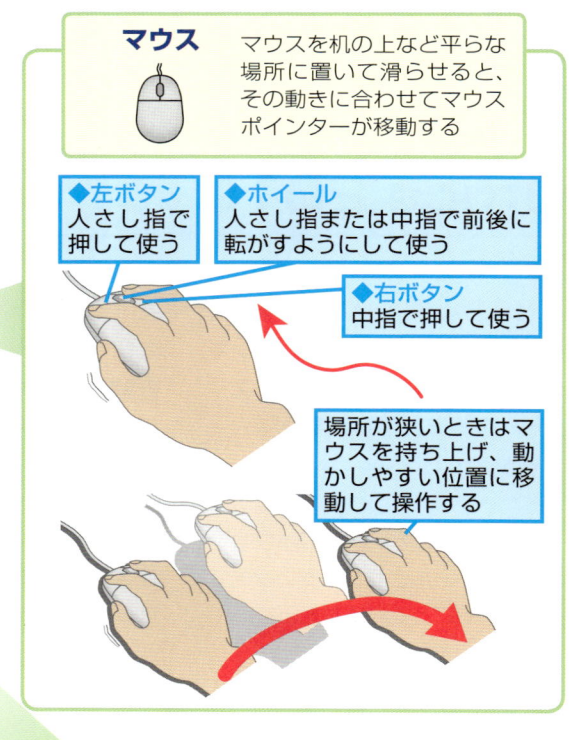

タッチパッド
タッチパッドを指でこすると、指の動きに合わせてマウスポインターが移動する

◆左ボタン
左手親指で押して使う

◆右ボタン
右手親指で押して使う

スティック
スティックを前後左右斜めに傾けると、その方向にマウスポインターが移動する

◆左ボタン
左手親指で押して使う

◆右ボタン
右手親指で押して使う

マウス・タッチパッド・スティックの使い方

◆マウスポインターを合わせる
マウスやタッチパッド、スティックを動かして、マウスポインターを目的の位置に合わせること

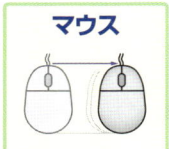 マウス　 タッチパッド　 スティック

1 アイコンにマウスポインターを合わせる

アイコンの説明が表示された

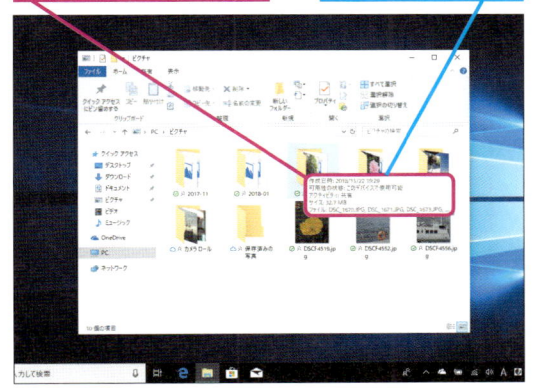

◆クリック
マウスポインターを目的の位置に合わせて、左ボタンを1回押して指を離すこと

 マウス　 タッチパッド　 スティック

1 アイコンをクリック

アイコンが選択された

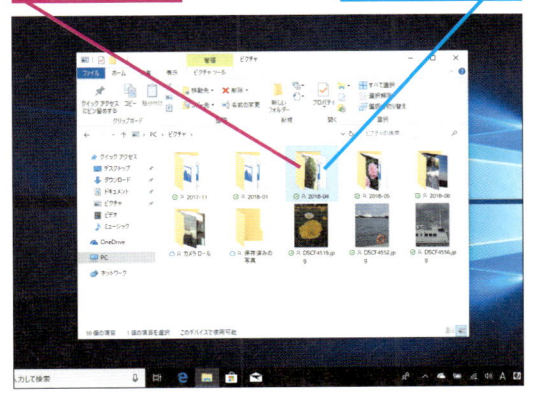

◆ダブルクリック
マウスポインターを目的の位置に合わせて、左ボタンを2回連続で押して、指を離すこと

 マウス　 タッチパッド　 スティック

1 アイコンをダブルクリック

アイコンの内容が表示された

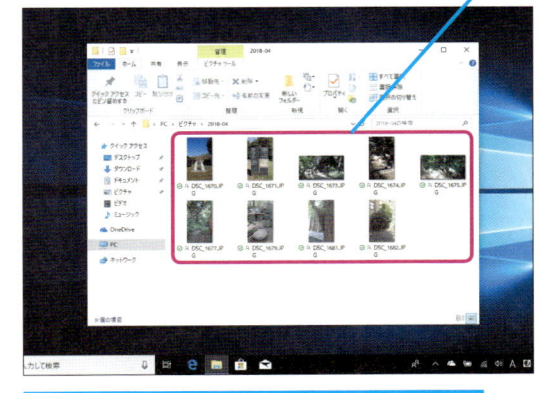

◆右クリック
マウスポインターを目的の位置に合わせて、右ボタンを1回押して指を離すこと

 マウス　 タッチパッド　 スティック

1 アイコンを右クリック

ショートカットメニューが表示された

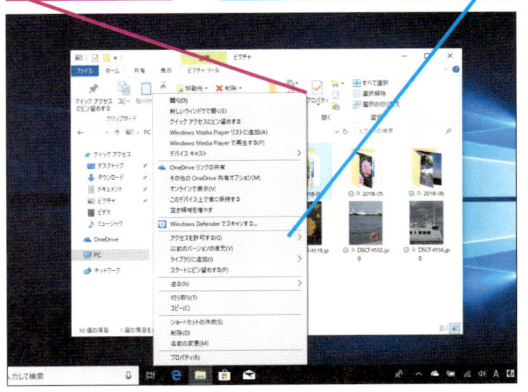

◆ドラッグ
左ボタンを押したままマウスポインターを
動かし、目的の位置で指を離すこと

マウス	タッチパッド	スティック

●ドラッグしてウィンドウの大きさを変える方法

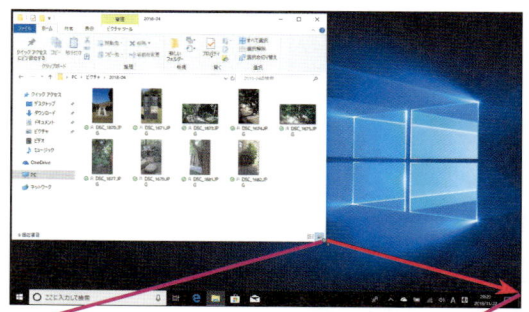

1 ウィンドウの端にマウスポインターを合わせる

マウスポインターの形が変わった

2 ここまでドラッグ

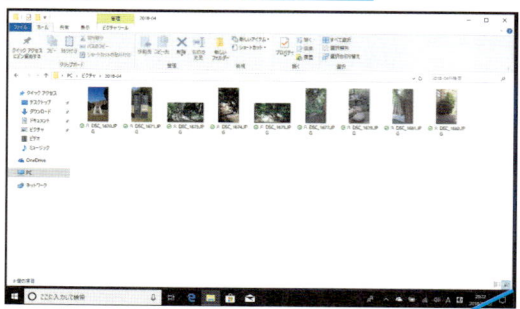

ボタンから指を離した位置まで、ウィンドウの大きさが広がった

●ドラッグしてファイルを移動する方法

1 アイコンにマウスポインターを合わせる

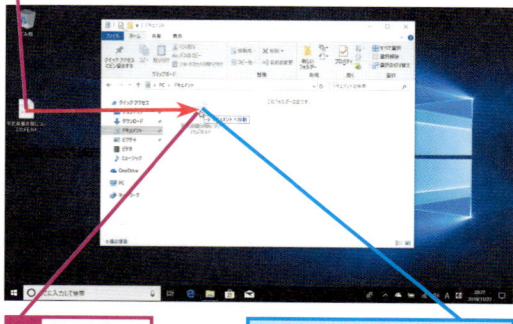

2 ここまでドラッグ

ドラッグ中はアイコンが薄い色で表示される

ボタンから指を離すと、ウィンドウにアイコンが移動する

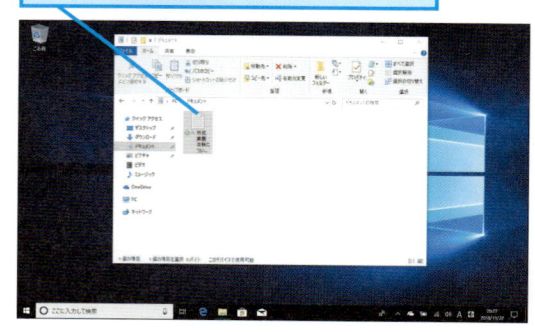

Windows 10の主なタッチ操作

●タップ

指でトンと1回たたく

●ダブルタップ

指でトントンと2回たたく

●長押し

項目などを1秒以上タッチし続ける

●スライド

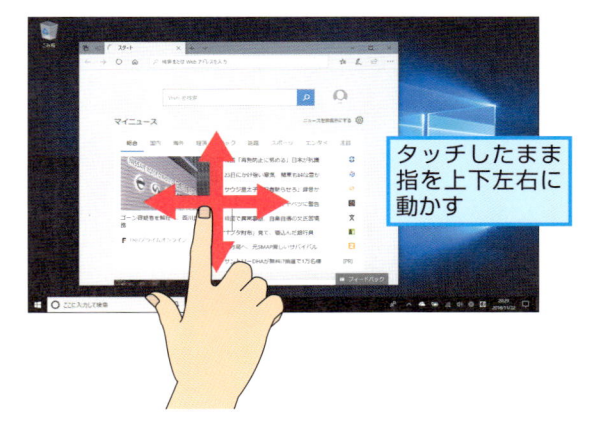

タッチしたまま指を上下左右に動かす

●ストレッチ

2本の指を合わせた状態から広げる

●ピンチ

2本の指を拡げた状態から合わせる

●スワイプ

指で下から上に
画面をはじく

画面の続きが
表示された

Windows 10のデスクトップで使う タッチ操作

●アクションセンターの表示方法

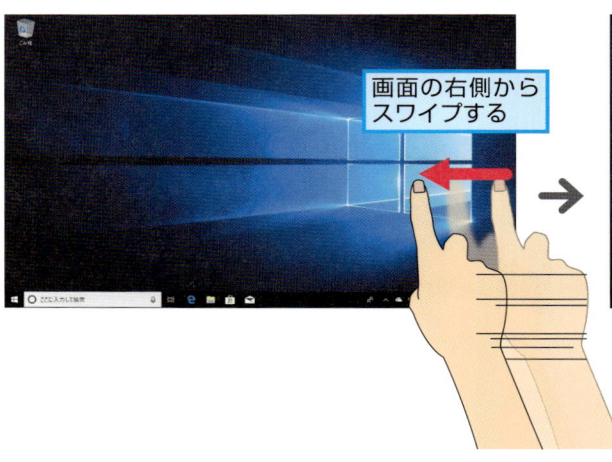

画面の右側から
スワイプする

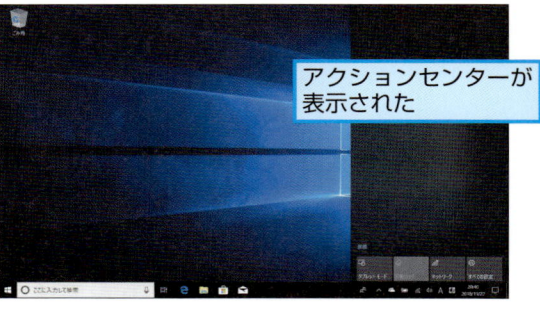

アクションセンターが
表示された

●タスクビューの表示方法

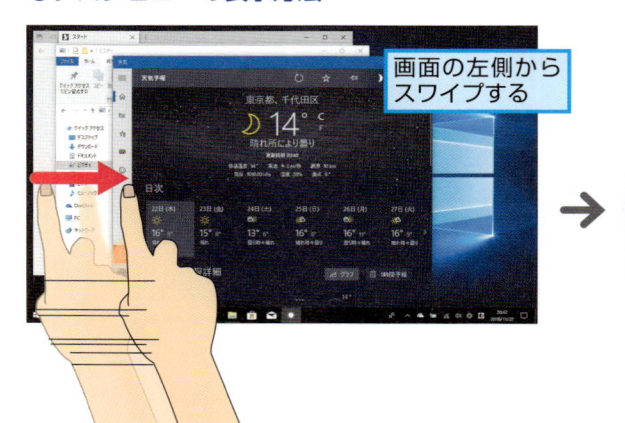

画面の左側から
スワイプする

タスクビューに
切り替わった

デスクトップの主な画面の名前

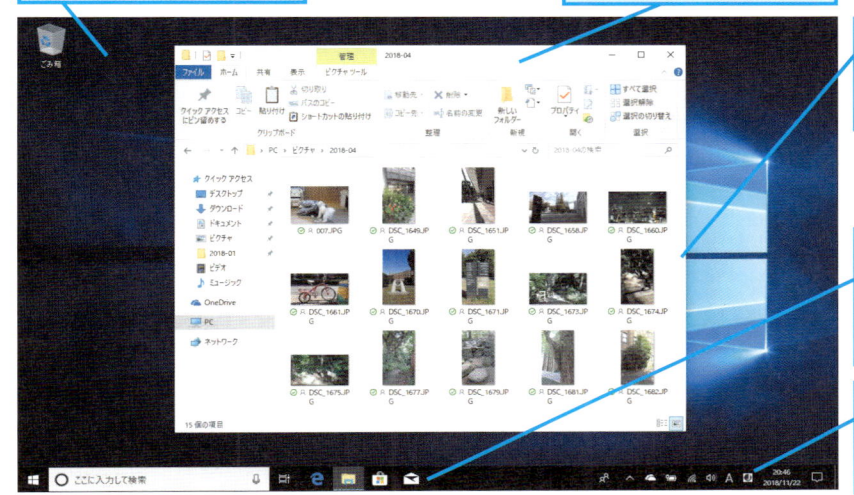

◆デスクトップ
Windowsの作業画面全体

◆ウィンドウ
デスクトップ上に表示される四角い作業領域

◆スクロールバー
上下にドラッグすれば、隠れている部分を表示できる

◆タスクバー
はじめから登録されているソフトウェアや起動中のソフトウェアなどがボタンで表示される

◆通知領域
パソコンの状態を表わすアイコンやメッセージが表示される

スタートメニューの主な名称

インストールされているアプリのアイコンが表示される

◆スクロールバー
スタートメニューでマウスを動かすと表示される

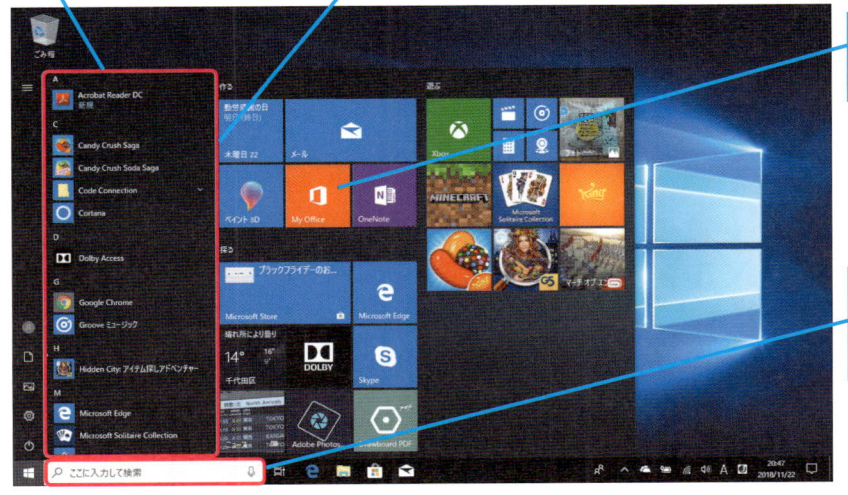

◆タイル
Windowsアプリなどが四角い画像で表示される

◆検索ボックス
パソコンにあるファイルや設定項目、インターネット上の情報を検索できる

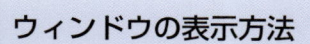

ウィンドウの表示方法

ウィンドウ右上のボタンを使ってウィンドウを操作する

◆[最小化]　◆[最大化]　◆[閉じる]

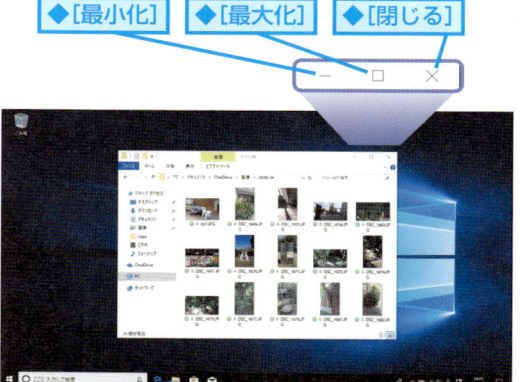

ウィンドウが開かれているときは、タスクバーのボタンに下線が表示される

複数のウィンドウを表示すると、タスクバーのボタンが重なって表示される

●ウィンドウを最大化する

1 [最大化]をクリック

ウィンドウが最大化した

ウィンドウが最大化すると、[最大化]は[元に戻す（縮小）]に変わる

●ウィンドウを最小化する

1 [最小化]をクリック

ウィンドウが最小化した

タスクバーのボタンをクリックすれば、ウィンドウのサムネイルが表示される

●ウィンドウを閉じる

1 [閉じる]をクリック

ウィンドウが閉じた

ウィンドウを閉じると、タスクバーのボタンの表示が元に戻る

キーボードの主なキーの名前

◆文字キー
文字や数字を入力するためのキー

◆ファンクションキー
よく使う機能が割り当てられているキー

◆ [Back space]（バックスペース）キー

◆ [Delete]（デリート）キー

◆ [Esc]（エスケープ）キー

◆ [半角/全角]（ハンカクゼンカク）キー

◆テンキー
数字を入力するためのキー

◆ [Tab]（タブ）キー

◆ [Shift]（シフト）キー

◆ [Ctrl]（コントロール）キー

◆ [⊞]（ウィンドウズ）キー

◆ [Alt]（オルト）キー

◆ [space]（スペース）キー

◆ [Enter]（エンター）キー

◆方向キー

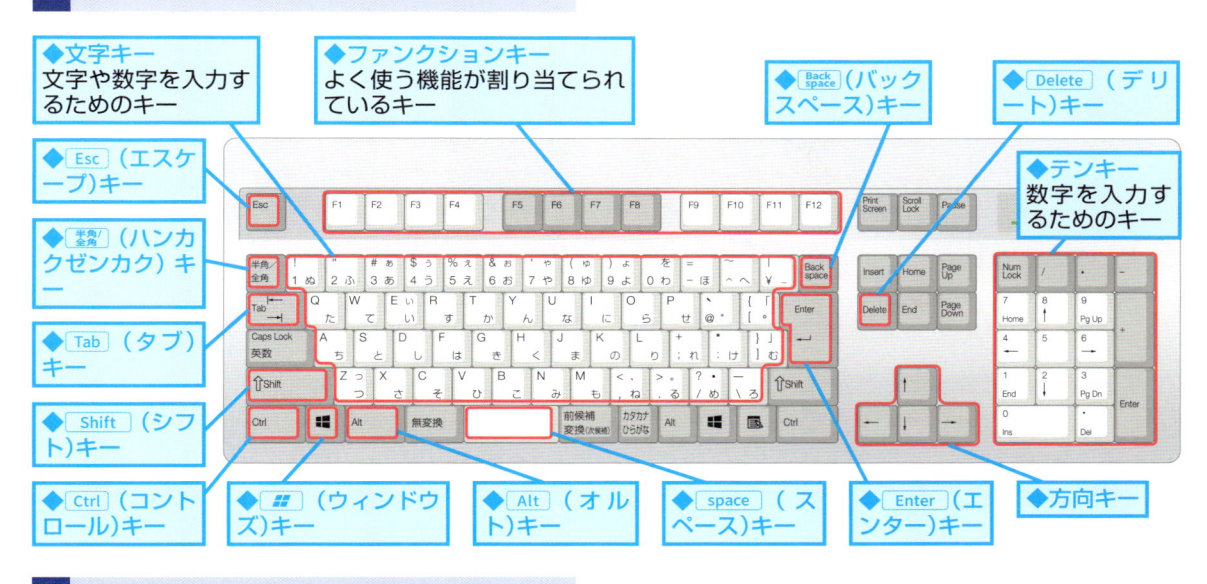

文字入力での主なキーの使い方

※Windowsに搭載されているMicrosoft IMEの場合

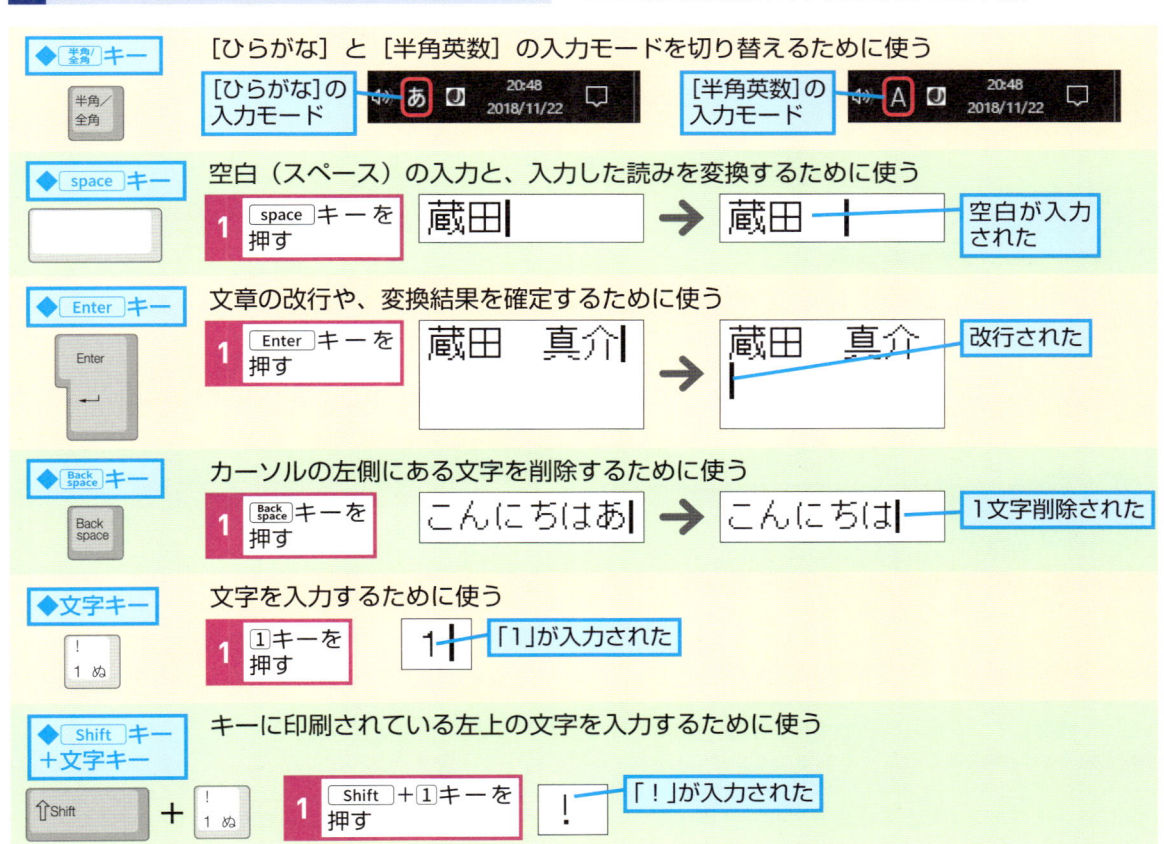

◆ [半角/全角]キー

［ひらがな］と［半角英数］の入力モードを切り替えるために使う

［ひらがな］の入力モード　あ　20:48 2018/11/22

［半角英数］の入力モード　A　20:48 2018/11/22

◆ [space]キー

空白（スペース）の入力と、入力した読みを変換するために使う

1　[space]キーを押す　蔵田| → 蔵田 |　空白が入力された

◆ [Enter]キー

文章の改行や、変換結果を確定するために使う

1　[Enter]キーを押す　蔵田 真介| → 蔵田 真介 |　改行された

◆ [Back space]キー

カーソルの左側にある文字を削除するために使う

1　[Back space]キーを押す　こんにちはあ| → こんにちは|　1文字削除された

◆文字キー

文字を入力するために使う

1　[1]キーを押す　1|　「1」が入力された

◆ [Shift]キー＋文字キー

キーに印刷されている左上の文字を入力するために使う

[⇧Shift] ＋ [! 1 ぬ]

1　[Shift]＋[1]キーを押す　!　「！」が入力された

練習用ファイルの使い方

本書では、レッスンの操作をすぐに試せる無料の練習用ファイルを用意しています。PowerPoint 2019の初期設定では、ダウンロードした練習用ファイルを開くと、保護ビューで表示される仕様になっています。本書の練習用ファイルは安全ですが、練習用ファイルを開くときは以下の手順で操作してください。

▼ 練習用ファイルのダウンロードページ
http://book.impress.co.jp/books/
1118101129

練習用ファイルを利用するレッスンには、
練習用ファイルの名前が記載してあります。

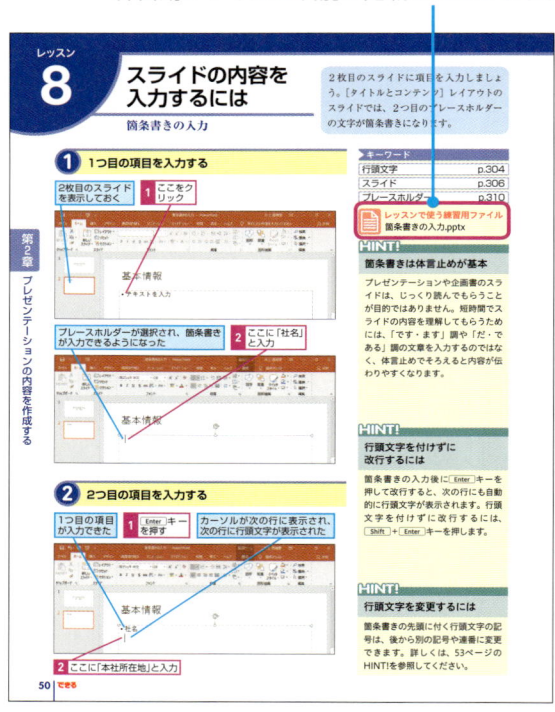

練習用ファイルをダウンロードして展開しておく

1 ファイルの保存場所を選択

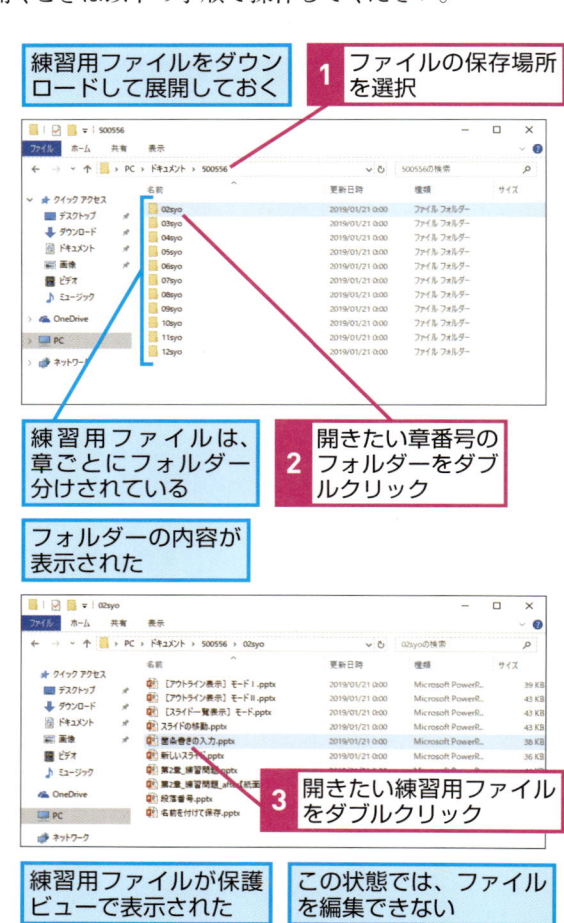

練習用ファイルは、章ごとにフォルダー分けされている

2 開きたい章番号のフォルダーをダブルクリック

フォルダーの内容が表示された

3 開きたい練習用ファイルをダブルクリック

練習用ファイルが保護ビューで表示された

この状態では、ファイルを編集できない

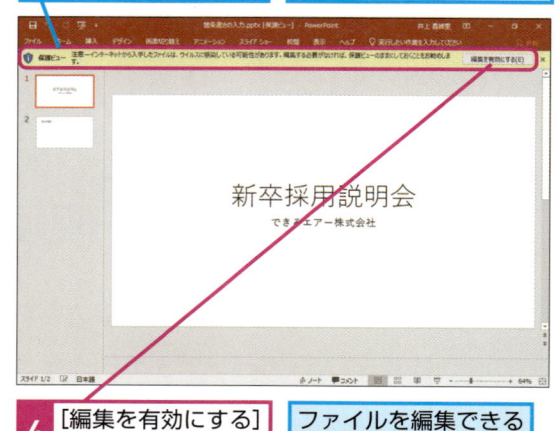

4 [編集を有効にする]をクリック

ファイルを編集できる状態になる

HINT!

何で警告が表示されるの？

PowerPoint 2019では、インターネットを経由してダウンロードしたファイルを開くと、保護ビューで表示されます。ウイルスやスパイウェアなど、セキュリティ上問題があるファイルをすぐに開いてしまわないようにするためです。ファイルの入手時に配布元をよく確認して、安全と判断できた場合は、[編集を有効にする] ボタンをクリックしてください。[編集を有効にする] ボタンをクリックすると、次回以降同じファイルを開いたときに保護ビューが表示されません。

第**1**章

PowerPointを使い始める

最初に、プレゼンテーションソフトであるPowerPointの特徴を説明します。また、PowerPointを使う前に必要な準備作業や起動・終了といった基本操作についても解説します。

●この章の内容

PowerPointの特徴を知ろう

PowerPointでできること

PowerPointを使うと、企画書やプレゼンテーションの資料を効率的に作成し、作成した資料を使って相手に説明するまでの一連の作業を行うことができます。

資料の内容や構成の検討

PowerPointのアウトライン機能を使って、資料作成に必要な情報やアイデアを入力・整理できます。

PowerPoint上で考えをまとめながら資料を作成できる

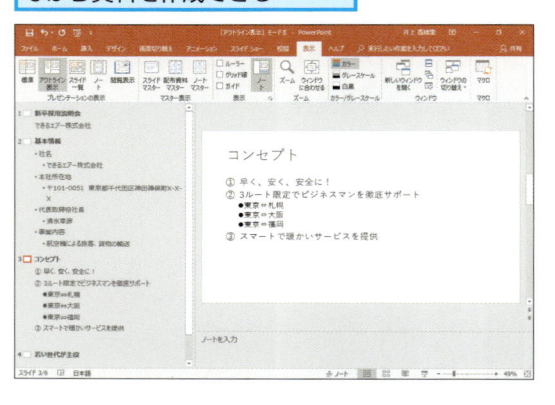

プレゼンテーション資料の作成

表やグラフ、図表などを利用した視覚効果の高い資料を作成できます。また、資料の背景に使えるデザインも豊富に用意されています。

箇条書きや図表、グラフなどを使った効果的な資料が作成できる

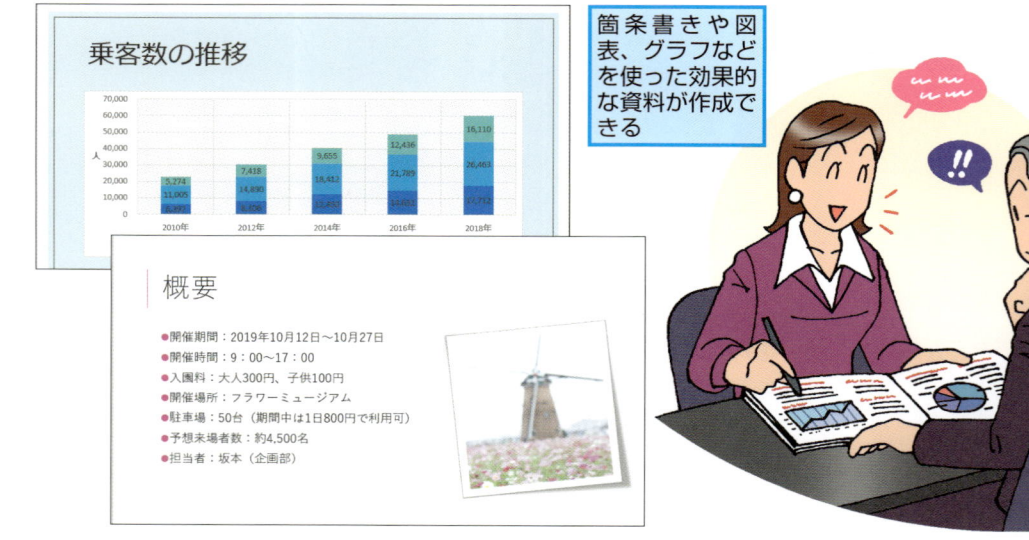

プレゼンテーションの実施

対面式のプレゼンテーションだけでなく、プロジェクターを使って発表する本格的なプレゼンテーションも実施できます。また、会議などで配布する資料も簡単に印刷できます。

作成した資料をそのままプロジェクターやパソコンの画面に表示して、プレゼンテーションを実行できる

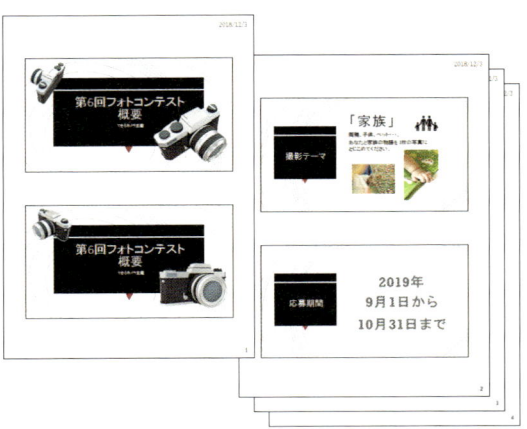

作成したプレゼンテーションを印刷して配布できる

HINT!

企画書や報告書作成にも使える

プレゼンテーションソフトと言うと、多くの人の前で発表する人だけが使うものという印象があるかもしれませんが、決してそうではありません。社内会議における企画書や報告書、顧客に説明する資料など、自分の考えをまとめて相手に伝えるときには、補助的な役割として資料を使うケースが多いはずです。

PowerPointを使うと、画面に映し出して利用する資料のほかにも、ワープロのように印刷して利用する資料なども簡単に作成できます。

Point

PowerPointはプレゼンのマルチプレーヤー

自分の考えを相手に伝えるには、「情報やアイデアの整理」→「内容や構成の検討」→「資料の作成」→「発表の準備」→「発表」といったステップが必要です。PowerPointにはそれぞれのステップを手助けするための機能が豊富に用意されており、これらの機能をうまく使えば、ポイントが絞り込まれた見栄えのする資料を短時間で作成できます。また、作成した資料を使って発表したり、資料を印刷したりするなど、PowerPointは、プレゼンテーションに必要なすべての作業をサポートするマルチプレーヤーなのです。

PowerPointを使うには

起動、終了

PowerPointの画面が表示されるように準備することを「起動」と呼びます。ここでは、PowerPointを起動してから終了するまでの操作を確認します。

PowerPointの起動

1 [スタート] メニューを表示する

1 [スタート]をクリック

注意 Windows 10のアップデートによって、[スタート] メニューの画面構成が変更される可能性があります

2 PowerPointを起動する

インストールされているアプリの一覧が表示された

1 [PowerPoint] をクリック

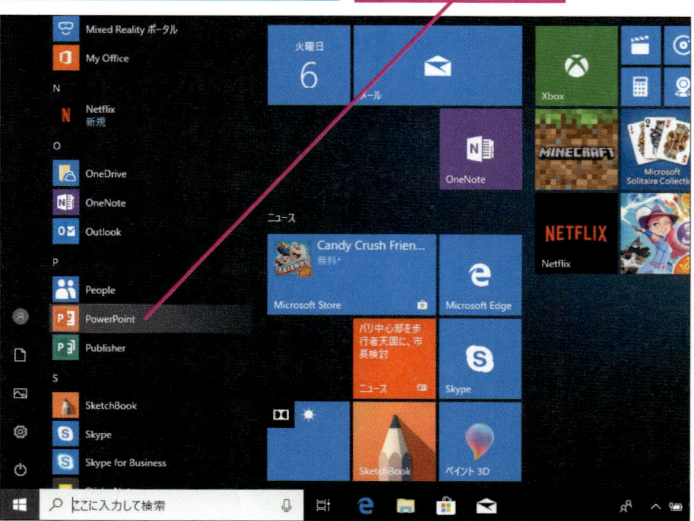

▶ キーワード

Microsoftアカウント	p.302
スタート画面	p.306

⌨ ショートカットキー

[⊞] / [Ctrl]+[Esc]
･･････････････････ スタート画面の表示
[Alt]+[F4]
･･････････････････ ソフトウェアの終了

HINT!

**Windows 10では
タスクバーから検索できる**

Windows 10のタスクバーには、[ここに入力して検索] と表示された大きな検索ボックスが用意されています。ここをクリックするか、[⊞] キーを押してから「p」と入力すると、PowerPoint 2019をはじめとした「p」から始まるアプリや設定が表示されます。それぞれをクリックすると、アプリを起動したり設定画面を表示したりできます。

HINT!

**頭文字から素早く
PowerPointを検索する**

手順2のアプリの一覧が表示されたときに、「A」や「C」などの頭文字をクリックすると、頭文字だけの画面が表示されます。「P」をクリックすると、「P」から始まるアプリの一覧に素早くジャンプできます。

③ PowerPointの起動画面が表示された

PowerPoint 2019の
起動画面が表示された

④ PowerPointが起動した

PowerPointが起動し、
PowerPointのスタート
画面が表示された

スタート画面に表示される
背景画像は、環境によって
異なる

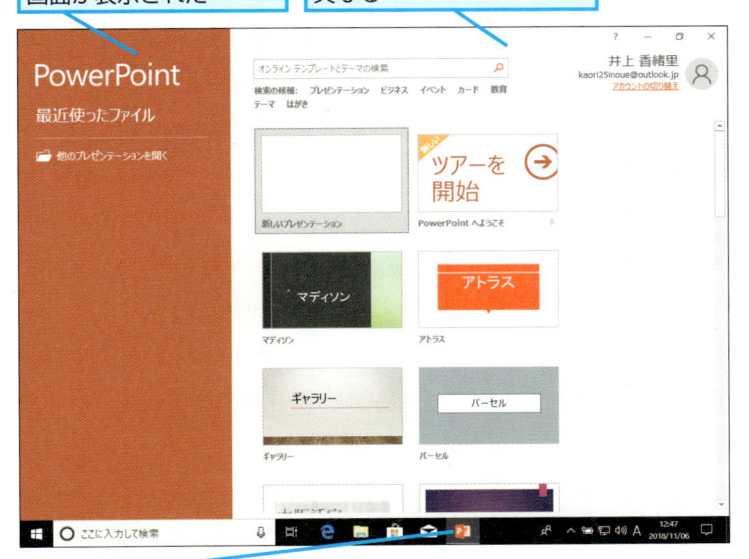

タスクバーにPowerPoint
のボタンが表示された

HINT!

**PowerPointの
スタート画面とは**

PowerPoint 2019を起動した直後に
表示されるスタート画面には、新し
いプレゼンテーションを作成したり、
最近使用したファイルを開いたりす
る項目が表示されます。また、「テ
ンプレート」と呼ばれるデザインの
ひな形の一覧も表示されます。ス
タート画面は、これからPowerPoint
をどのように使うのかを選択する画
面です。

HINT!

**最初からデザイン付きの
スライドも選べる**

手順4の画面で［新しいプレゼンテー
ション］をクリックすると、白紙の
スライドが表示されます。［インテグ
ラル］［オーガニック］［イオン］な
どをクリックすると、レッスン⑰で
紹介するテーマを適用したデザイン
付きのスライドが表示されます。

テーマを適用した状態で新しい
スライドを作成できる

次のページに続く

白紙のスライドの作成

⑤ ［新しいプレゼンテーション］を選択する

PowerPointを
起動しておく

ここでは白紙のスライドを
作成する

1 ［新しいプレゼンテーション］をクリック

⑥ 白紙のスライドが表示された

PowerPointの編集画面に白紙
のスライドが表示された

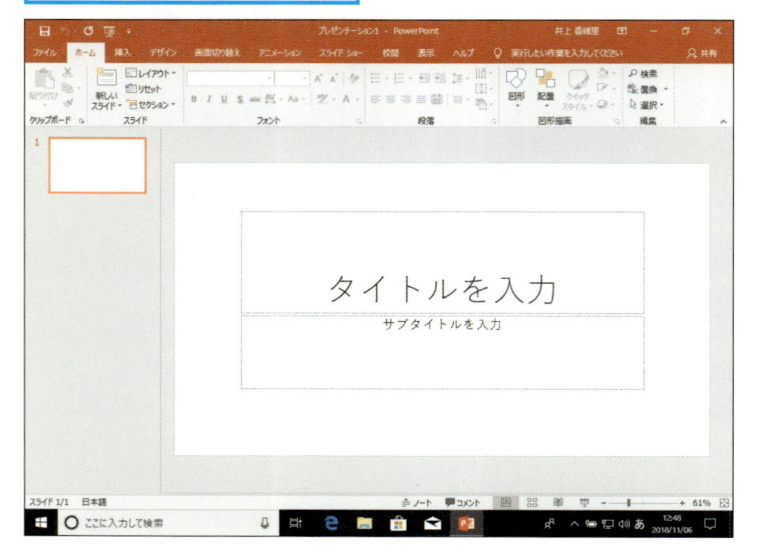

HINT!

デスクトップから起動できるようにするには

Windows 10でPowerPointのボタンをタスクバーに登録しておくと、ボタンをクリックするだけで、すぐにPowerPointを起動できるようになります。なお、タスクバーからボタンを削除するには、タスクバーのボタンを右クリックして、［タスクバーからピン留めを外す］をクリックします。

［スタート］メニューを表示しておく

1 ［PowerPoint］を右クリック

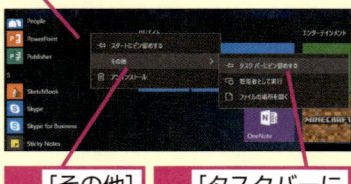

2 ［その他］をクリック

3 ［タスクバーにピン留めする］をクリック

タスクバーにボタンが表示された

ボタンをクリックすればPowerPointを起動できる

⚠️ **間違った場合は？**

手順7で［元に戻す（縮小）］ボタンをクリックしてしまったときは、PowerPointのウィンドウが小さくなります。［最大化］ボタンをクリックしてウィンドウを全画面で表示してから、［閉じる］ボタンをクリックしましょう。

PowerPointの終了

7 PowerPointを終了する

1 [閉じる]を
クリック

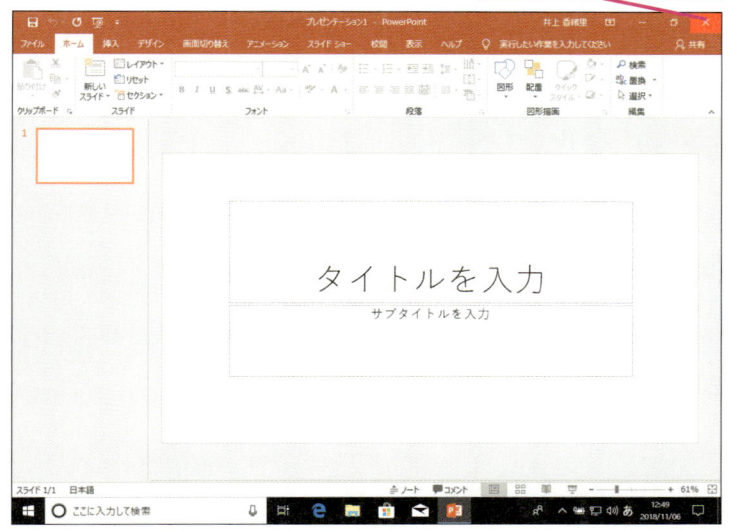

8 PowerPointが終了した

PowerPointが終了し、デスク
トップが表示された

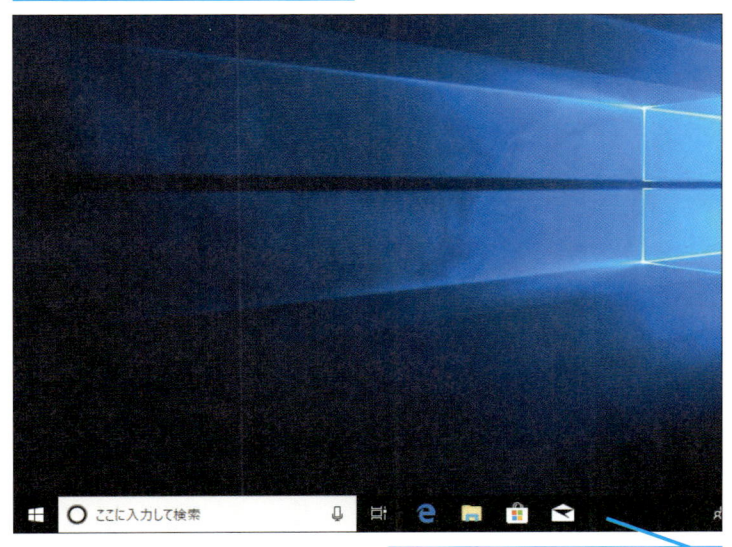

タスクバーに表示されていた
PowerPointのボタンが消えた

HINT!

Windows 10で言語バーを表示するには

Windows 10で言語バーを表示するには、[スタート] ボタンをクリックし、[設定] ボタン (⚙) をクリックします。表示される画面で、[デバイス] をクリックし、左側の [入力] をクリックします。画面下部の [キーボードの詳細設定] をクリックし、以下の手順を実行してください。
言語バーを表示すると、入力モードの切り替えや単語登録などを言語バーのボタンをクリックして実行できます。

[キーボードの詳細設定] 画面を表示しておく

1 [使用可能な場合にデスクトップ言語バーを使用する] をクリックしてチェックマークを付ける

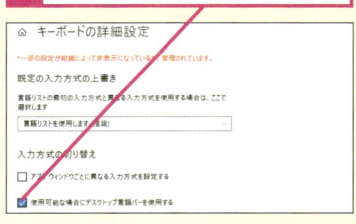

言語バーが表示された

Point

起動と終了の方法を覚えよう

「起動」とは、ソフトウェア（アプリ）を使える状態にする操作のことです。起動方法はいくつかありますが、PowerPointをはじめ、パソコンで何かを「始める」ときは、[スタート] ボタンをクリックします。スタートメニューが表示されたら、目的のアプリ（ソフトウェア）を探してクリックします。頻繁に使うソフトウェアは、デスクトップ画面のタスクバーにピン留めしておくと便利です。まずは、ソフトウェアの起動方法をしっかり覚えましょう。

2

起動、終了

PowerPoint 2019 の画面を確認しよう

各部の名称と役割

PowerPointを使うには、基本となる画面の構成要素とその役割を理解しておくことが大切です。各部の名称を忘れたときはこのページに戻って確認しましょう。

PowerPoint 2019の画面構成

PowerPointの画面は、「ペイン」と呼ばれるいくつかの領域で構成されています。中央にある「スライドペイン」は、スライド作成時に文字やグラフなどのさまざまな情報を入力・編集する領域です。使用頻度が高いため、PowerPointの画面はスライドを中心に構成されています。このスライドを取り囲むように、スライドの作成をサポートする領域が用意されており、上側の「リボン」にはPowerPointで使える機能が並んでいます。また、左側にはスライドの縮小画像が表示され、常に全体を確認しながら操作できます。

❶ クイックアクセスツールバー　❷ タイトルバー　❹ ユーザー名　❸ 操作アシスト　❺ 共有　❻ リボン　❼ スライド　❽ プレースホルダー　❾ スライドペイン　❿ ステータスバー　⓫ ズームスライダー

※上の画面では各領域の範囲を分かりやすくするため、Officeテーマを[白]に変更しています

注意　お使いのパソコンの画面の解像度が違うときは、リボンの表示やウィンドウの大きさが異なります

❶クイックアクセスツールバー

よく使う機能をボタンとして追加して素早く利用できる。標準の設定では[上書き保存][元に戻す][繰り返し][先頭から開始]のボタンがある。

❷タイトルバー

ファイル名やソフトウェアの名前が表示される。

作業中のファイル名が表示される

❸操作アシスト

次に行いたい操作を入力すると、関連する機能の名前が一覧表示され、クリックするだけで機能を実行できる。目的の機能がどのタブにあるかが分からないときに便利。

❹ユーザー名

Officeにサインインしているユーザー名が表示される。サインインには、Microsoftアカウントを利用する。本書では、Microsoftアカウントでサインインした状態で操作を解説する。

❺共有

Web上の保存場所であるOneDriveに保存したプレゼンテーションファイルを、第三者と共有して同時に編集するときに利用する。

❻リボン

役割別にいくつかのタブに分かれており、リボン上部のタブをクリックして切り替えると、目的のボタンが表示される。必要なボタンを探す手間が省け、より効率的に操作できる。

タブを切り替えて、目的の作業を行う

❼スライド

PowerPointで作成するプレゼンテーションのそれぞれのページのこと。作成したスライドの縮小版が表示される。

❽プレースホルダー

スライド上に文字を挿入したり、イラストやグラフなどを挿入したりするための専用の領域。

❾スライドペイン

スライドを編集する領域。

❿ステータスバー

現在のスライドの枚数や全体の枚数が表示されるほか、[ノート]ペインの表示／非表示の切り替え、[標準表示]や[スライド一覧表示]などのモードの切り替えが行える。

⓫ズームスライダー

つまみを左右にドラッグすると、スライドの表示倍率を変更できる。[拡大]ボタン（＋）や[縮小]ボタン（－）をクリックすると、10%ごとに表示の拡大と縮小ができる。

3 各部の名称と役割

HINT!

画面の大きさによってリボンの表示が変わる

ディスプレイの解像度によっては、リボンの中に表示されるボタンの形が変わる場合もあります。

●1920×1080ピクセルのリボン

●1366×768ピクセルのリボン

HINT!

リボンを表示しないようにするには

リボンのタブをダブルクリックするか、[Ctrl]+[F1]キーを押すと、リボンが非表示になります。その分、スライドペインを大きく表示できます。同じ操作でリボンの表示と非表示を交互に切り替えられます。

HINT!

4種類の[Officeテーマ]が用意されている

PowerPoint 2019をはじめ、Office 2019には[Officeテーマ]という機能が追加され、タイトルバーやリボン、ステータスバーの色を変更できます。[ファイル]タブ→[アカウント]の順にクリックすると表示される[Officeテーマ]から選択しましょう。

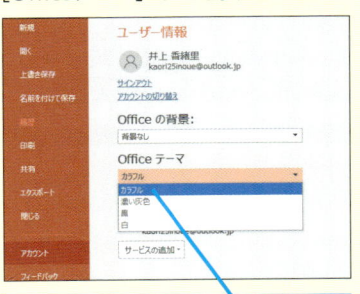

[カラフル][濃い灰色][黒][白]の4種類から選択できる

PowerPointの表示モードを知ろう

表示モード

PowerPointを起動すると、スライドを中心に構成された［標準表示］モードで表示されます。PowerPointには全部で6種類の表示モードが用意されています。

PowerPointの表示モード

6つの表示モードの特徴は以下の通りです。それぞれの特徴を理解して、作業に合った最適な表示モードに切り替えて使いましょう。

◆[標準表示]モード
スライドに文字を入力するほか、イラストや写真、グラフなどを挿入するときに利用する

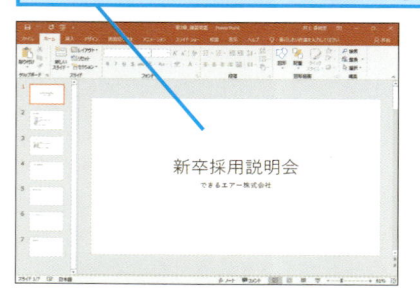

◆[アウトライン表示]モード
プレゼンテーションの構成を練るときに利用する。画面の左にはスライドの文字だけが表示される

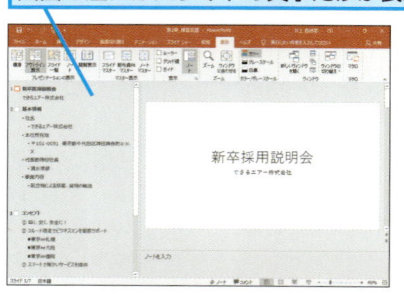

◆[スライド一覧表示]モード
スライドの順番など、プレゼンテーション全体を確認しながら作業するときに利用する

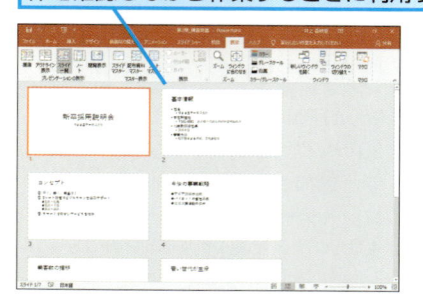

◆[ノート表示]モード
発表者のメモとなる補足情報を入力・編集するときに利用する

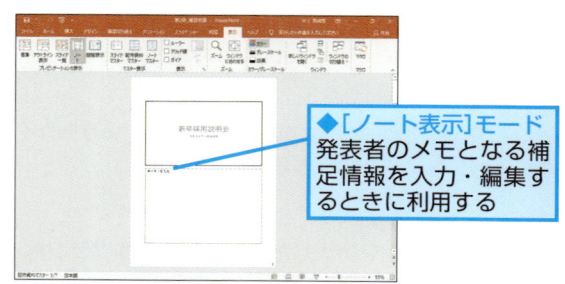

◆[閲覧表示]モード
タイトルバーやステータスバー以外は非表示になり、スライドショーを実行できる。ステータスバーのボタンで操作して次のスライドを表示できる

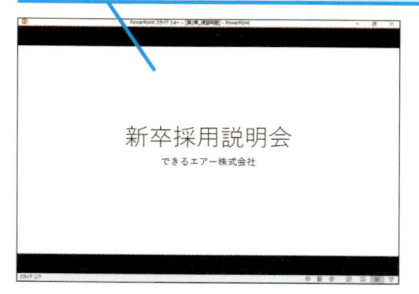

◆[スライドショー]モード
スライドを画面いっぱいに表示して、プレゼンテーションを実行するときに利用する

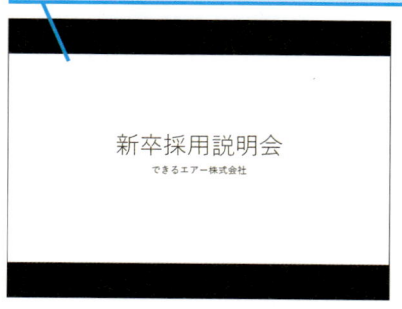

表示モードの切り替え

❶ [ノート表示] モードに切り替える

ここでは、[標準表示] モードから
[ノート表示] モードに切り替える

1 [表示] タブを
クリック

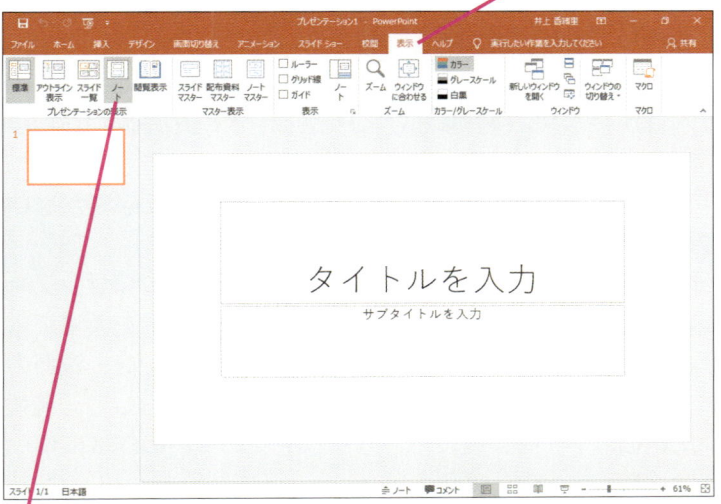

2 [ノート] を
クリック

❷ 表示モードが切り替わった

[ノート表示] モー
ドに切り替わった

同様の操作でほかの表示モー
ドに切り替えることもできる

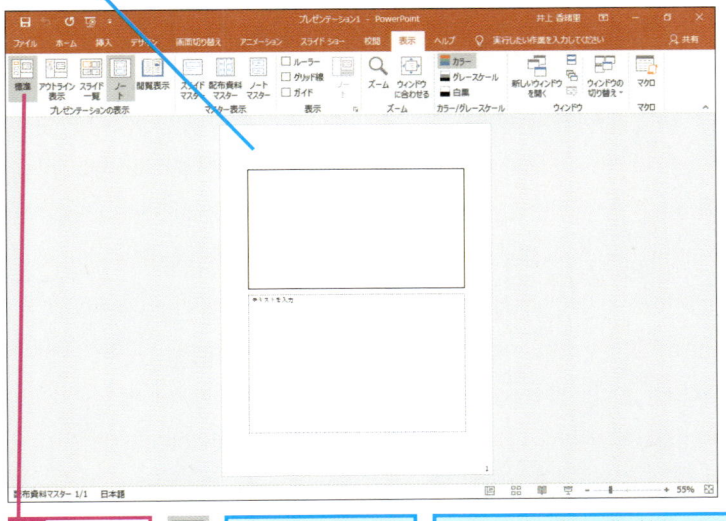

1 [標準] を
クリック

[標準表示] モー
ドに切り替わる

レッスン❷を参考にして
PowerPointを終了しておく

HINT!

ステータスバーのボタンでも
表示モードを切り替えられる

ズームスライダー左の [標準] [スラ
イド一覧] [閲覧表示] [スライド
ショー] のボタンをクリックしても
表示モードを切り替えられます。た
だし、ステータスバーには、[アウト
ライン表示] モードと [ノート表示]
モードに切り替えるボタンはありま
せん。そのため、[表示] タブの [ノー
ト] ボタンや [アウトライン表示]
ボタンで表示モードを切り替えます。

◆標準　◆スライド一覧

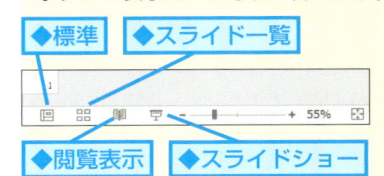

◆閲覧表示　◆スライドショー

⚠ **間違った場合は？**

目的と違う表示モードに切り替えて
しまったときは、[表示] タブから目
的のボタンをクリックし直します。

Point

作業目的に合わせて
表示モードを使い分ける

PowerPointには6つの表示モードが
用意されています。スライド作成や
確認の過程で、目的によって表示
モードを使い分けると効率よく作業
ができます。1つのスライドをじっく
り作り込むには [標準表示] モード
が適していますが、全体を確認する
ときには [スライド一覧表示] モー
ドが便利です。また、プレゼンテー
ションの構成を練るには [アウトラ
イン表示] モード、発表者用のメモ
を作成するには [ノート表示] モー
ドを使います。さらに、アニメーショ
ンの動きを確認するときや本番に備
えてプレゼンテーションの練習をす
るときは [閲覧表示] モード、完成
したスライドを画面いっぱいに大き
く表示して発表するには [スライド
ショー] モードを使いましょう。

この章のまとめ

●ファイルの共有作業がぐんと楽になった PowerPoint 2019

ビジネスマンにとって、プレゼンテーション資料や企画書などを短時間で効率よく作成することは重要なテーマです。どれだけ内容が充実していても、資料作成に膨大な時間をかけていると生産性が落ちるからです。

PowerPointを上手に使うには、機能の使い方を正しく知ることが大切です。PowerPoint 2019のリボンは、頻繁に使うタブが左から順番に並んでいて、スライド作成のほとんどが［ホーム］［挿入］［デザイン］の3つのタブで事足りるはずです。しかも、使いたい機能がどのタブにあるか迷ったときには、［操作アシスト］に行いたい操作を入力するだけで検索できます。

また、プレゼンテーションファイルをOneDriveに保存すると、PowerPointの画面から相手を指定して同じファイルを共有できます。わざわざ、OneDriveの画面を開く必要がないので、時間を節約できます。

効率よく機能を実行できれば、プレゼンテーション資料を完成するまでに時間を大幅に短縮できます。時間が短縮できた分を、資料の内容をじっくり推敲する時間に回して、情報を整理した、分かりやすい資料の作成に使いましょう。

PowerPoint 2019 の 使い方を理解しよう

PowerPoint の豊富な機能や画面の表示モードを利用すれば効率よく資料を作成できる

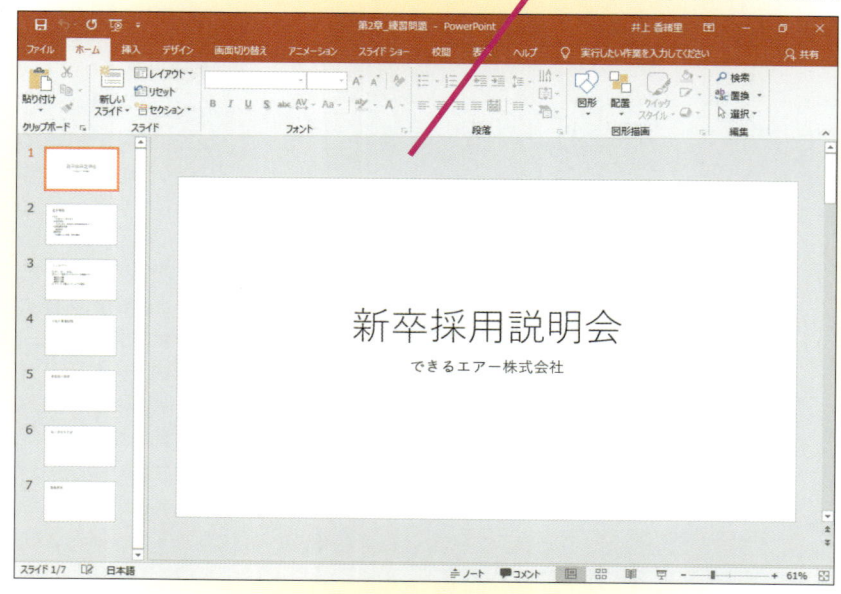

新卒採用説明会

できるエアー株式会社

第2章 プレゼンテーションの内容を作成する

この章では、プレゼンテーション資料の内容を入力しながら、伝えたい内容の骨格を作成していきます。また、スライドの追加・削除・移動・保存といった機能も解説します。

プレゼンテーション の資料を作成しよう

スライドの作成

会社説明会用の資料の作成を通して、スライド作成の流れと考え方を学びます。スライドや［アウトライン表示］モードの利用法を覚えましょう。

スライドに文字を入力する流れ

PowerPointでは、<mark>「スライド」と呼ばれるページ単位でタイトルや内容を入力</mark>します。スライドに文字を入力するには、スライドに直接文字を入力する方法と、［アウトライン表示］モードで入力する方法があります。スライドに直接文字を入力・編集するのが基本ですが、プレゼンテーション資料の<mark>構成を練りながら伝えたい内容の骨格を作成</mark>するときは［アウトライン表示］モードを使う方が便利です。どちらの場合でも、伝えたい内容の基本となる部分を箇条書きで分かりやすく入力するのがポイントです。

表紙となるスライドにタイトルと発表者名を入力する
→レッスン❻

2枚目のスライドを追加する
→レッスン❼

スライドに内容を入力する
→レッスン❽、❿、⓫

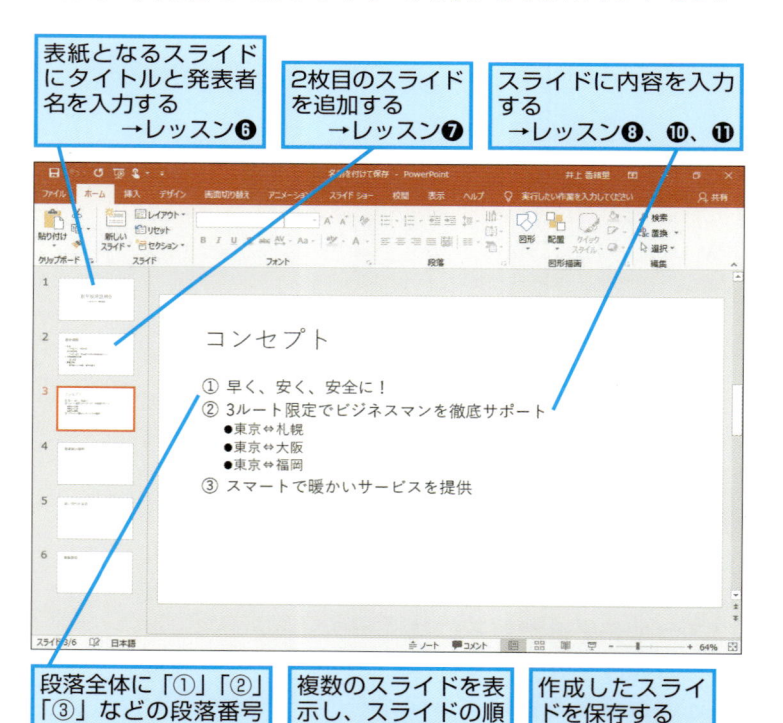

段落全体に「①」「②」「③」などの段落番号を設定する
→レッスン❾

複数のスライドを表示し、スライドの順番を入れ替える
→レッスン⓬、⓭

作成したスライドを保存する
→レッスン⓮

▶ キーワード

［アウトライン表示］モード	p.303
ステータスバー	p.306
スライド	p.306
［スライド一覧表示］モード	p.307
［標準表示］モード	p.310
プレゼンテーション	p.310

HINT!

スライドは紙芝居のようなもの

新しいスライドの作成時に表示されるスライドは1枚だけですが、必要に応じてスライドを追加できます。完成したスライドは、紙芝居のように1枚ずつ順番にめくりながらプレゼンテーションを行います。

HINT!

最初は文字だけを入力する

プレゼンテーションの資料を作成するときは、最初は文字だけを入力します。いきなり写真やグラフなどを入れてしまうと、全体の構成よりも写真やグラフの方が気になってしまうからです。伝えたい内容の骨格を固めてから、スライドを1枚ずつじっくり作り込んでいきましょう。

スライド作成の考え方

プレゼンテーションの資料や企画書の骨格を作るには、「入力」と「推敲（すいこう）」の2つの段階が必要です。

●内容の入力
（［標準表示］モード／［アウトライン表示］モード）

まず、思い付いたキーワードをどんどん入力していきます。このとき、内容の順番や箇条書きの階層を気にする必要はありません。

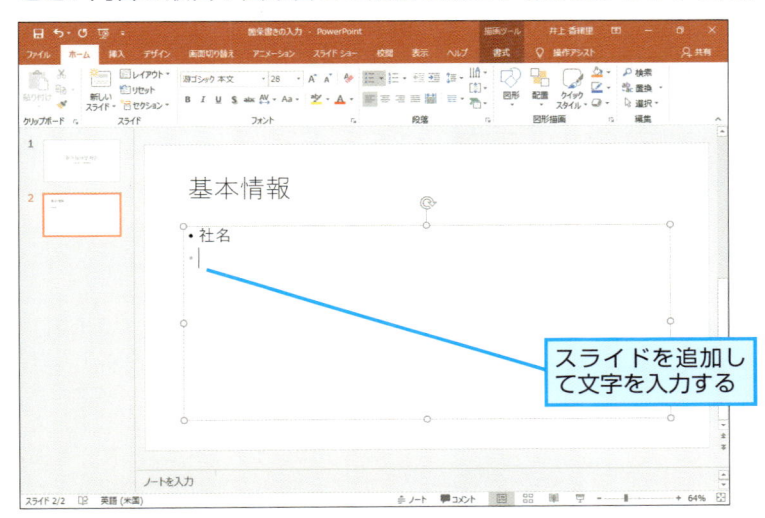

スライドを追加して文字を入力する

●内容の推敲（すいこう）
（［アウトライン表示］モード／［スライド一覧表示］モード）

次に、入力したキーワードをじっくり見ながら推敲し、内容の順番や箇条書きの階層を調整します。また、不要なキーワードがあれば削除します。

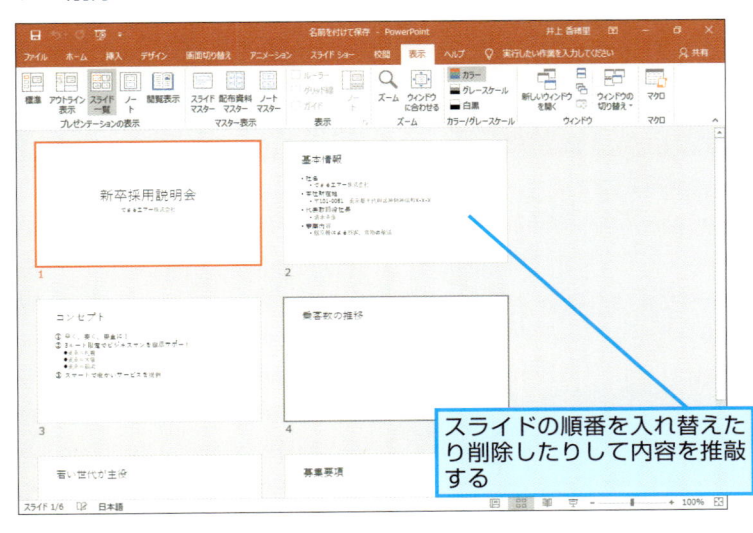

スライドの順番を入れ替えたり削除したりして内容を推敲する

HINT!

1枚のスライドに1つのテーマを入力する

パソコンの画面を使って説明する資料は、1枚のスライドに内容を盛り込みすぎると、焦点がぼやけてしまうばかりでなく、スライドがごちゃごちゃしてしまい、聞き手の見る意欲が半減してしまいます。1枚のスライドには1つのテーマの内容だけを入力し、別のテーマの内容を入力しないようにしましょう。別のテーマの内容は、スライドを新しく追加してそこに入力します。

1枚のスライドに1つのテーマを入力するようにする

> 基本情報
> ・社名
> ・できるエアー株式会社
> ・本社所在地
> ・〒101-0051　東京都千代田区神田神保町X-X-X
> ・代表取締役社長
> ・清水幸彦
> ・事業内容
> ・航空機による旅客、貨物の輸送

Point

資料作成の手順を守ろう

企画書やプレゼンテーションの資料を作成するときに、いきなりスライドに向かって黙々と作業を始める人を見かけますが、最初にやるべきことは、「何を誰に、何のために発表するのか」という目的を明確にすることです。次に、目的を達成するための構成をしっかり練り、「どの順番でどんな内容を説明するか」という骨格を作ります。ここまで準備できたら、それぞれのスライドの内容をより分かりやすく見せるための作り込みの作業を行います。最初に骨格をしっかり作成しておけば、何度もスライドを作り直す手間が省けて、効率的に作業できます。

6

表紙になるスライドを作成するには

タイトルスライド

PowerPointの起動後に［新しいプレゼンテーション］を選ぶと、表紙用のスライドが表示されます。「タイトルを入力」などのメッセージに従って文字を入力します。

① タイトルを入力できる状態にする

レッスン❷を参考に、新しいスライドを作成しておく

◆［タイトルスライド］レイアウト

1 ここにマウスポインターを合わせる

マウスポインターの形が変わった

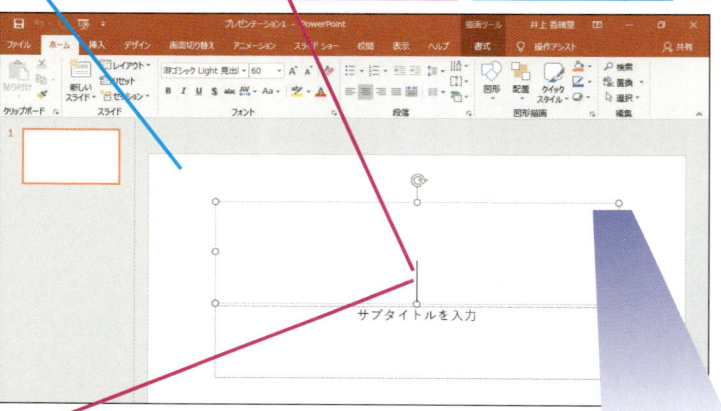

2 ここをクリック

文字を入力できる場所にカーソルが表示された

プレースホルダーが選択されて枠線が点線になり、文字が入力できる状態になった

② タイトルを入力する

1 「新卒採用説明会」と入力

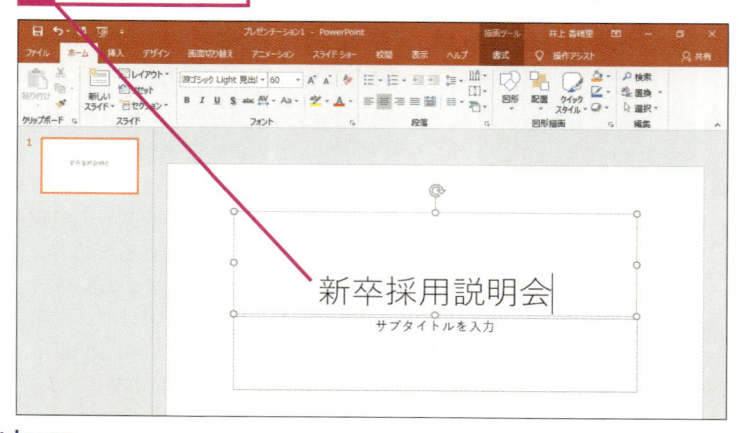

キーワード

書式	p.306
ズームスライダー	p.306
ステータスバー	p.306
スライド	p.306
タイトルスライド	p.308
プレースホルダー	p.310
マウスポインター	p.311

HINT!

プレースホルダーって何？

プレースホルダーとは、スライドに文字やイラスト、グラフなどを入力するための領域のことで、スライド上に点線枠で表示されています。スライドのレイアウトによって、さまざまなプレースホルダーの組み合わせがあります。

◆プレースホルダー

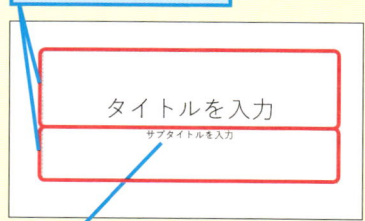

各プレースホルダーに簡単な説明が表示されている

③ サブタイトルを入力できる状態にする

1 ここをクリック

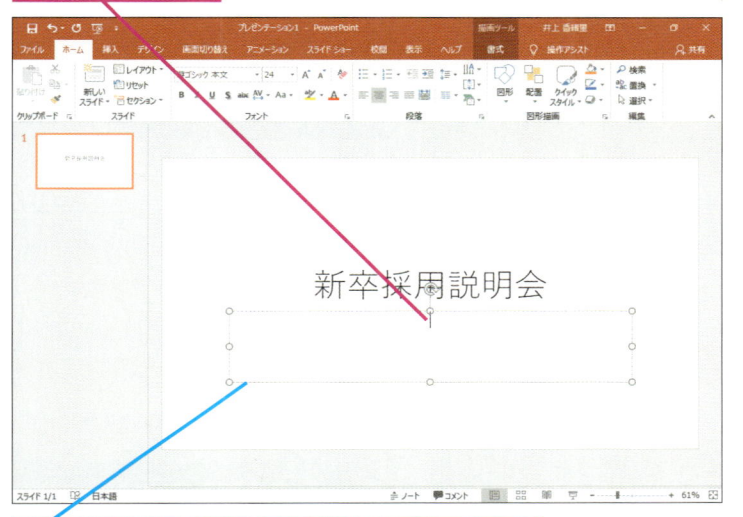

プレースホルダーが選択されて枠線が点線になり、
文字が入力できる状態になった

④ プレースホルダーの選択を解除する

サブタイトルに発表者
の名前を入力する

1 「できるエアー株
式会社」と入力

サブタイトル
が入力された

2 スライドの外側を
クリック

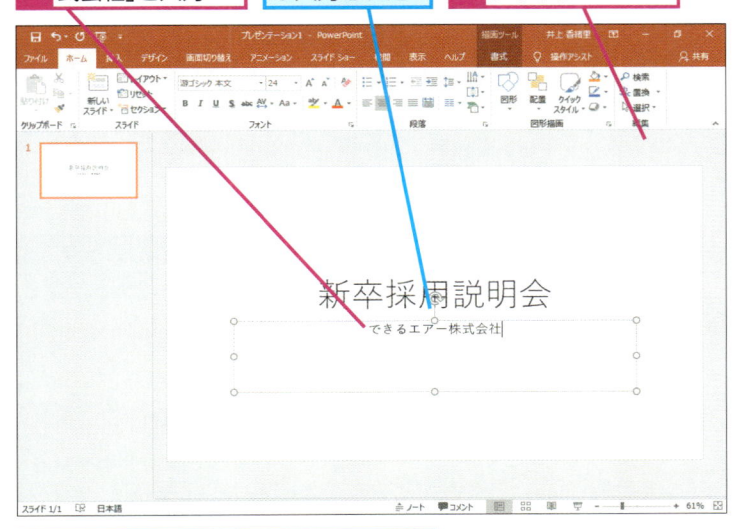

プレースホルダーの枠が非表示になり、
選択が解除される

6

タイトルスライド

HINT!

入力した文字には
自動的に書式が設定される

表紙のスライドを見ると、タイトル
の文字が大きく、サブタイトルの文
字が小さめに表示されています。そ
れぞれのプレースホルダーにはあら
かじめ書式が設定されているので、
文字を入力するだけで見栄えがする
仕上がりになります。

 間違った場合は？

間違った文字を入力してしまった場
合は、Back spaceキーやDeleteキーで不
要な文字を削除してから、入力し直
します。

Point

表紙のスライドから始めよう

PowerPointの起動後に［新しいプ
レゼンテーション］を選ぶと、白紙
のスライドが1枚だけ用意されます。
これはプレゼンテーションや企画書
の表紙になるスライドです。表紙の
スライドには、2つのプレースホル
ダーが用意されており、タイトル用
のプレースホルダーには全体を象徴
するタイトルを入力します。また、
サブタイトル用のプレースホルダー
には、会社名や部署名、名前などを
入力するといいでしょう。プレース
ホルダーの説明に従って操作すれ
ば、誰でも簡単に適切な内容を入力
できます。

新しいスライドを
追加するには

新しいスライド

このレッスンでは、2枚目のスライドを追加します。追加するスライドには、箇条書きや表、グラフなどのコンテンツを追加するためのレイアウトが適用されます。

① 新しいスライドを挿入する

レッスン❻で作成したタイトルスライドの次に、2枚目のスライドを挿入する

1 [ホーム]タブをクリック

2 [新しいスライド]をクリック

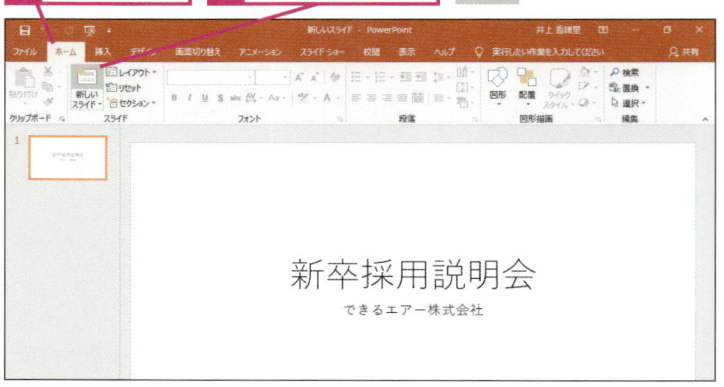

新卒採用説明会

できるエアー株式会社

👆 **テクニック** ## スライドのレイアウトは 後から変更できる

スライドを追加すると、[タイトルとコンテンツ]のレイアウトが適用されます。後からレイアウトを変更するには、スライドが表示された状態で、[ホーム]タブの[レイアウト]ボタンから目的のレイアウトをクリックします。レイアウトを変更しても、プレースホルダーに入力されていた文字はそのまま引き継がれるので、入力し直す必要はありません。

1 [ホーム]タブをクリック

2 [レイアウト]をクリック

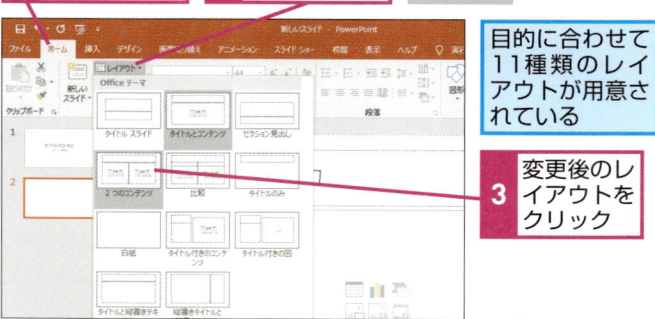

目的に合わせて11種類のレイアウトが用意されている

3 変更後のレイアウトをクリック

▶ キーワード

スライド	p.306
プレースホルダー	p.310
レイアウト	p.311

📄 **レッスンで使う練習用ファイル**
新しいスライド.pptx

⌨ **ショートカットキー**

Ctrl + M …………新しいスライド

HINT!

選択したスライドの下に追加される

[ホーム]タブの[新しいスライド]ボタンをクリックすると、現在表示されているスライドの下に新しいスライドが追加されます。目的とは違う位置にスライドが追加されてしまったら、レッスン⓭の操作でスライドを移動しましょう。

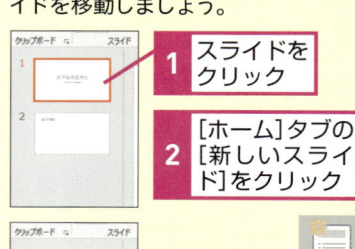

1 スライドをクリック

2 [ホーム]タブの[新しいスライド]をクリック

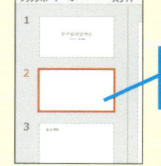

選択したスライドの下に追加される

⚠ **間違った場合は？**

手順1で、間違ってほかのボタンをクリックしてしまった場合は、クイックアクセスツールバーの[元に戻す]ボタン（↩）をクリックしてから操作をやり直します。

② タイトルのプレースホルダーを選択する

2枚目に［タイトルとコンテンツ］レイアウトのスライドが挿入された

1 ここをクリック

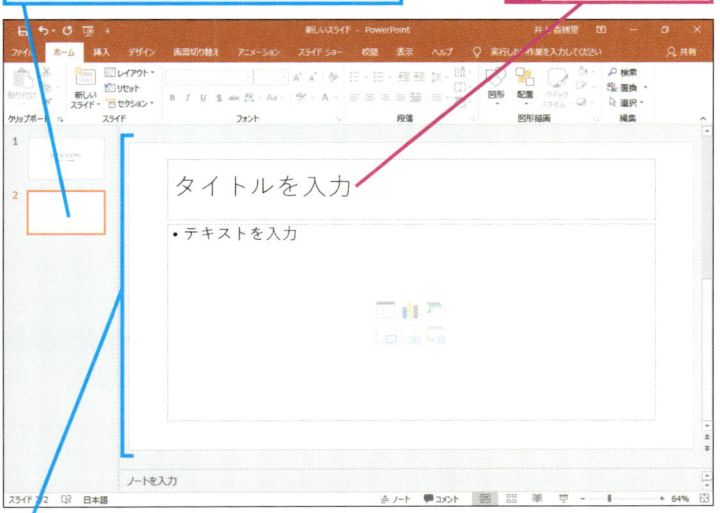

◆［タイトルとコンテンツ］レイアウト

③ スライドのタイトルを入力する

プレースホルダーが選択され、文字が入力できる状態になった

1 「基本情報」と入力

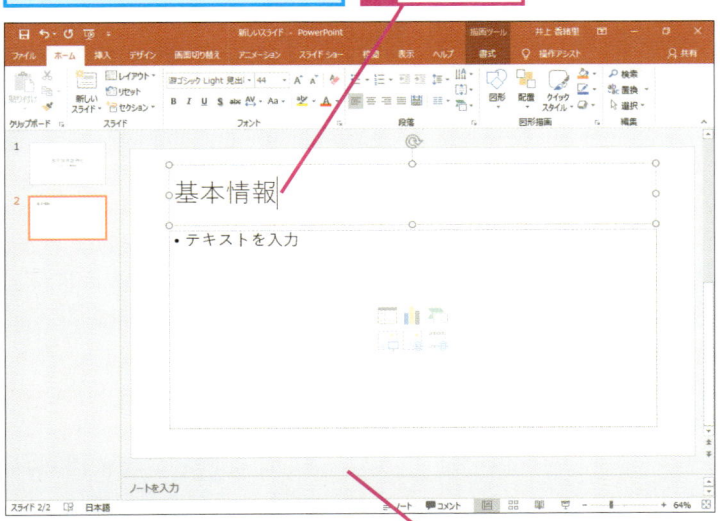

スライドのタイトルが入力できた

2 スライドの外側をクリック

プレースホルダーの枠が非表示になり、選択が解除される

HINT!

右クリックからでもスライドを追加できる

以下の手順でも、スライドを追加できます。ほかのタブが表示されているときは、［ホーム］タブに切り替える手間が省けて便利です。

1 スライドを右クリック

2 ［新しいスライド］をクリック

選択したスライドの下に新しいスライドが挿入される

HINT!

11種類のレイアウトを選べる

［ホーム］タブの［新しいスライド］ボタン下側の スライド をクリックすると、PowerPoint 2019に用意されている11種類のレイアウトが表示され、スライド挿入時にレイアウトを選択できます。

Point

スライドを追加しながら資料を作る

PowerPointでは、「スライド」という単位が基本です。PowerPoint 2019の起動後に［新しいプレゼンテーション］を選ぶと、表紙用の白紙のスライドが1枚だけ表示されます。スライドを2枚3枚と追加しながら、文字や表、グラフなどを入力して、プレゼンテーションの資料を作成していきます。最終的に何枚ものスライドが集まってできたものが、「プレゼンテーションファイル」です。スライドは、資料作成時の単位となるだけなく、［スライドショー］モードで資料を使って発表するときの単位でもあります。作成した1枚1枚が、スライドショーで切り替わる画面の基になります。

スライドの内容を入力するには

箇条書きの入力

2枚目のスライドに項目を入力しましょう。［タイトルとコンテンツ］レイアウトのスライドでは、2つ目のプレースホルダーの文字が箇条書きになります。

① 1つ目の項目を入力する

2枚目のスライドを表示しておく

1 ここをクリック

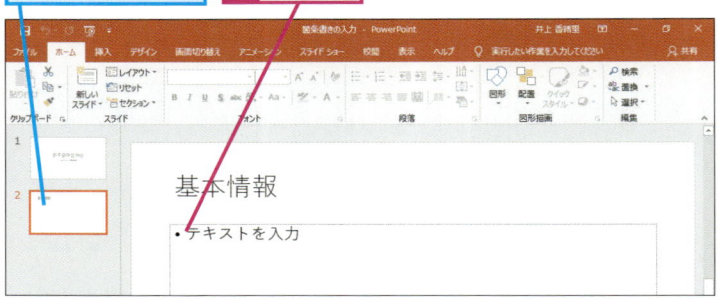

プレースホルダーが選択され、箇条書きが入力できるようになった

2 ここに「社名」と入力

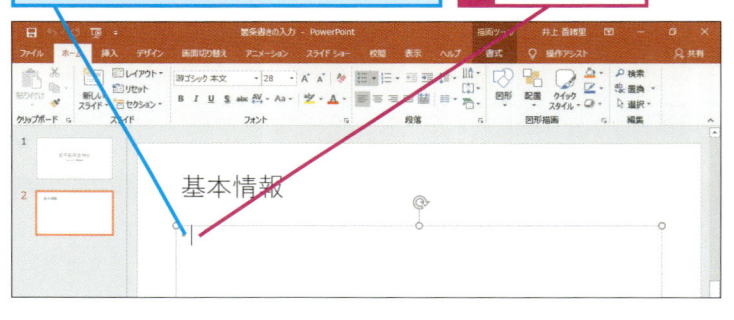

② 2つ目の項目を入力する

1つ目の項目が入力できた

1 Enter キーを押す

カーソルが次の行に表示され、次の行に行頭文字が表示された

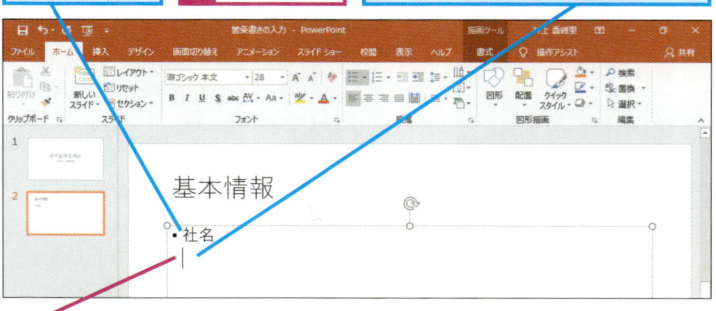

2 ここに「本社所在地」と入力

キーワード

行頭文字	p.304
スライド	p.306
プレースホルダー	p.310

 レッスンで使う練習用ファイル
箇条書きの入力.pptx

HINT!

箇条書きは体言止めが基本

プレゼンテーションや企画書のスライドは、じっくり読んでもらうことが目的ではありません。短時間でスライドの内容を理解してもらうためには、「です・ます」調や「だ・である」調の文章を入力するのではなく、体言止めでそろえると内容が伝わりやすくなります。

HINT!

行頭文字を付けずに改行するには

箇条書きの入力後に Enter キーを押して改行すると、次の行にも自動的に行頭文字が表示されます。行頭文字を付けずに改行するには、 Shift ＋ Enter キーを押します。

HINT!

行頭文字を変更するには

箇条書きの先頭に付く行頭文字の記号は、後から別の記号や連番に変更できます。詳しくは、53ページのHINT!を参照してください。

③ ほかの項目を入力する

2つ目の項目が入力できた	① [Enter]キーを押す	同様に3つ目の項目を入力する

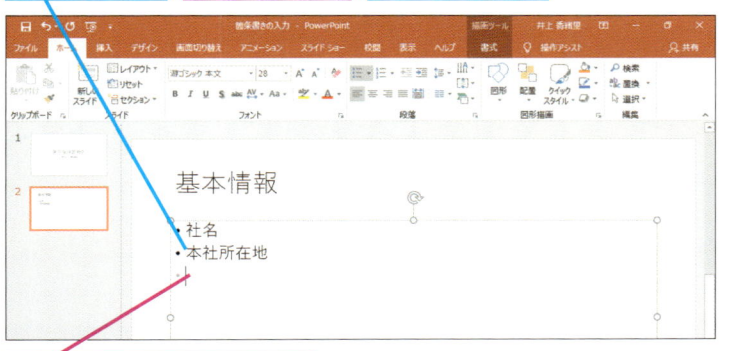

②	ここに「代表取締役社長」と入力

③	[Enter]キーを押す	④	続けて、「事業内容」と入力

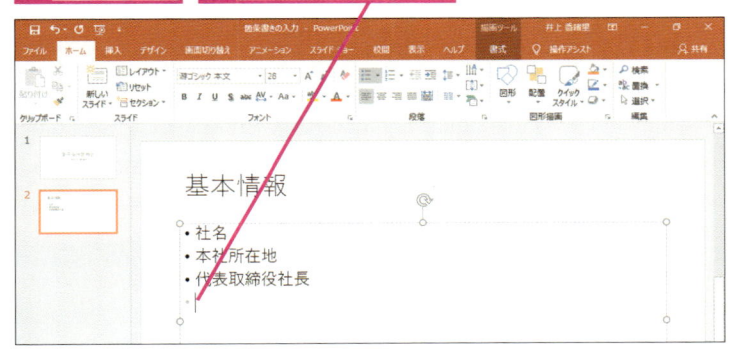

④ プレースホルダーの選択を解除する

4つ目の項目を入力できた

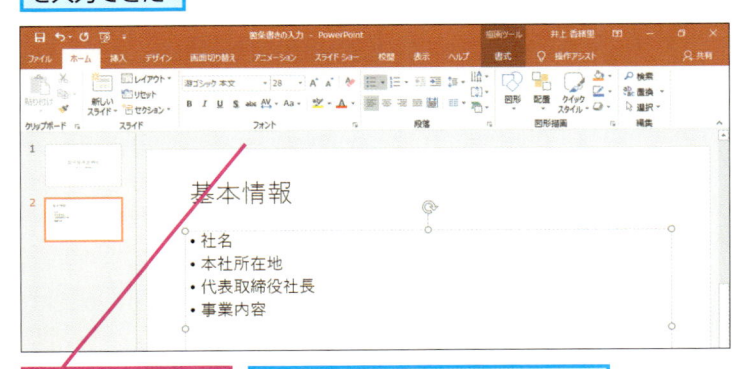

①	スライドの外側をクリック	プレースホルダーの枠が非表示になり、選択が解除される

HINT!

行数が増えると文字のサイズが小さくなる

プレースホルダー内の項目が増えると、プレースホルダーに収まるように自動的に文字のサイズが小さくなります。自動的に文字のサイズを調整されたくないときは、プレースホルダーの左下に表示される［自動調整オプション］ボタン（ ）をクリックしてから、［このプレースホルダーの自動調整をしない］をクリックします。ただし、プレースホルダーから文字がはみ出してしまうので、必要に応じて文字を削除しましょう。

⚠ 間違った場合は？

手順4で、最後の箇条書きを入力した後に間違って[Enter]キーを押して改行してしまった場合は、[Back space]キーを押して、行頭文字を非表示にします。再度[Back space]キーを押すと、カーソルが前の行の最後に移動します。

Point

スライドの文字は箇条書きで簡潔に

PowerPointで作成するスライドは、じっくり読んでもらうことが目的ではなく、発表者の説明を補完することが目的です。スライドに長々と文章を入力してしまうと、聞き手が文章を読むことに懸命となってしまい、発表者の話に耳を傾ける余裕がなくなります。スライドに入力する内容は、発表者が説明する中でも特に重要なキーワードだけを箇条書きで列記します。そうすると、耳と目の両方から同じ情報を繰り返し取り入れることになり、聞き手の印象に残りやすくなるのです。

箇条書きの行頭を連番にするには

段落番号

箇条書きを入力すると、最初は行頭文字に「・」の記号が表示されます。「・」の記号を連番に変更するには、[ホーム]タブの[段落番号]ボタンを使います。

 レッスンで使う練習用ファイル
段落番号.pptx

① プレースホルダー全体を選択する

3枚目のスライドを作成しておく

箇条書きのスライドに段落番号を設定する

1 ここをクリック

プレースホルダーが選択されて枠線が点線で表示された

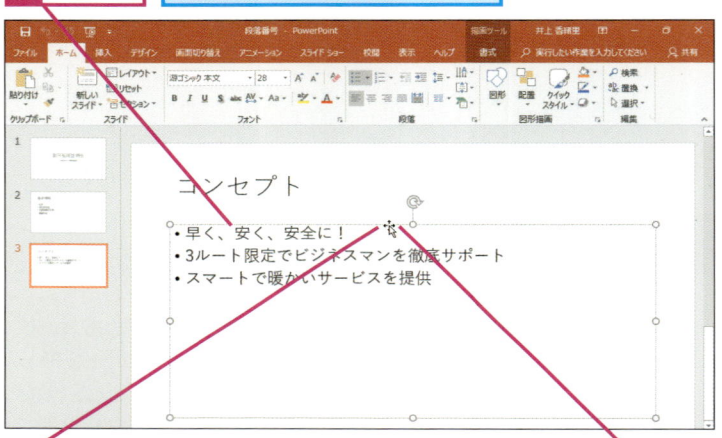

2 表示された枠線にマウスポインターを合わせる

マウスポインターの形が変わった

3 枠線をクリック

② プレースホルダー全体が選択されたことを確認する

プレースホルダー全体が選択された

1 プレースホルダーの枠線が実線に変わったことを確認

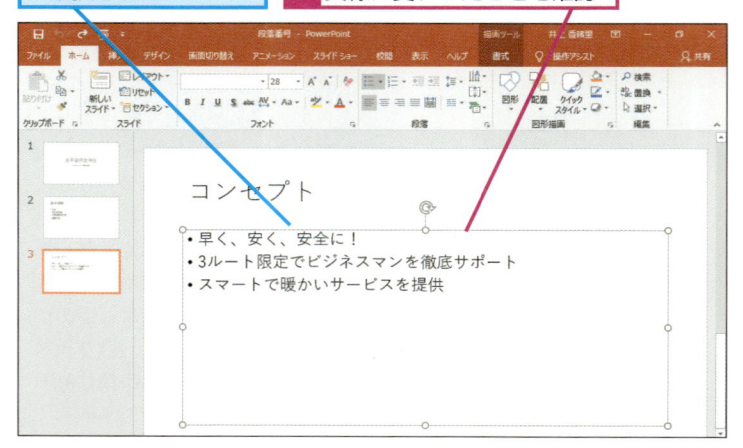

HINT!

プレースホルダー全体を確実に選択するには

プレースホルダーに入力した箇条書きの行頭文字をまとめて連番に変更するには、最初にプレースホルダーの外枠をクリックしてプレースホルダー全体を選択します。プレースホルダー全体を選択すると、枠線の模様が点線から実線に変わるので、これを目安にするといいでしょう。

HINT!

部分的に行頭文字を変更するには

プレースホルダー内の箇条書き全体ではなく、一部の行頭文字を連番にしたい場合は、連番にする行にある文字をドラッグして選択します。

連番にする行にある文字だけを選択して手順3を行う

> ・早く、安く、安全に！
> ① 3ルート限定でビジネスマンを徹底サ
> ② スマートで暖かいサービスを提供

⚠ **間違った場合は？**

手順3で間違って[箇条書き]ボタン（▤）をクリックすると、行頭文字が非表示になりますが、そのまま続けて[段落番号]ボタンの▾をクリックします。

③ 段落番号に囲み英数字を設定する

プレースホルダー全体の行頭文字を変更する

1 [ホーム]タブをクリック

2 [段落番号]のここをクリック

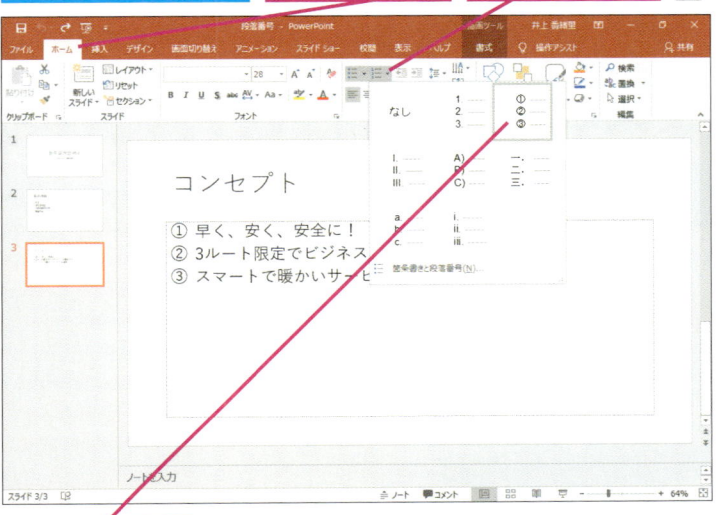

3 [囲み英数字]をクリック

④ プレースホルダーの選択を解除する

行頭文字が連番に変わった

1 段落番号が設定されたことを確認

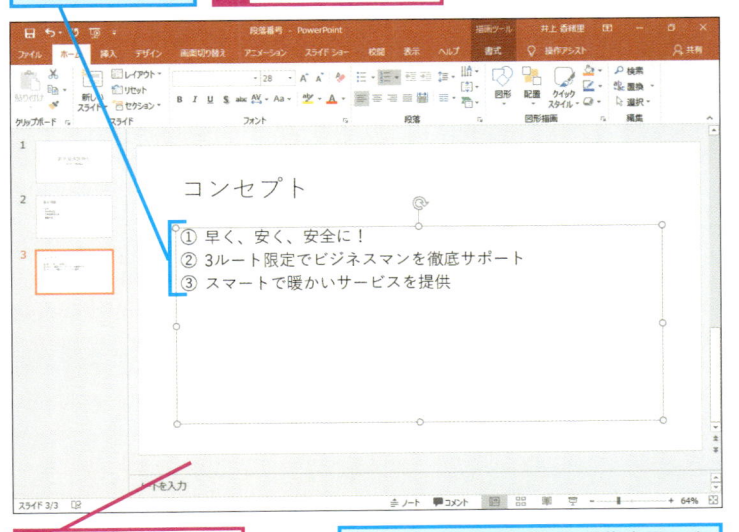

2 スライドの外側をクリック

プレースホルダーの枠が非表示になり、選択が解除される

HINT!

段落番号の種類を変更するには

段落番号を「①」や「②」、「Ⅰ」や「Ⅱ」などの種類に変更するには、プレースホルダー全体を選択し、[段落番号]ボタンの▼をクリックして一覧から選択します。また、箇条書きの記号を変更するには、[箇条書き]ボタンの▼をクリックします。

1 [段落番号]のここをクリック

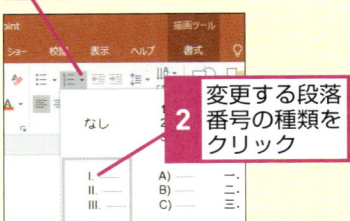

2 変更する段落番号の種類をクリック

HINT!

段落番号から箇条書きに戻すには

段落番号に変更した行頭文字を箇条書きの記号に戻すには、プレースホルダー全体を選択し、[箇条書き]ボタン（≣）をクリックします。

Point

箇条書きと段落番号を区別して使う

箇条書きは、通常何行かの項目が並んで表示されています。PowerPointでは、箇条書きの先頭に「行頭文字」と呼ばれる記号が表示されますが、この行頭文字には「箇条書き」と「段落番号」の2つの種類があります。箇条書きが並列の内容で、1つ1つを明確に区別したいときは「箇条書き」の記号を設定します。また、箇条書きの中でも数を示したり、手順やステップを示す場合には、「段落番号」を設定し、連番を表示すると効果的です。「箇条書き」と「段落番号」の行頭文字の違いを理解して上手に使い分けましょう。

10

プレゼンテーションの骨格を作成するには

［アウトライン表示］モードⅠ

スライドを1枚ずつ作り込む前に、［アウトライン表示］モードでプレゼンテーションの骨格を作ります。ここでは、4枚目以降のスライドにタイトルだけ入力します。

❶ ［アウトライン表示］モードに切り替える

3枚目のスライドを表示しておく	［アウトライン表示］モードを利用してスライドにタイトルを入力する

1 ［表示］タブをクリック

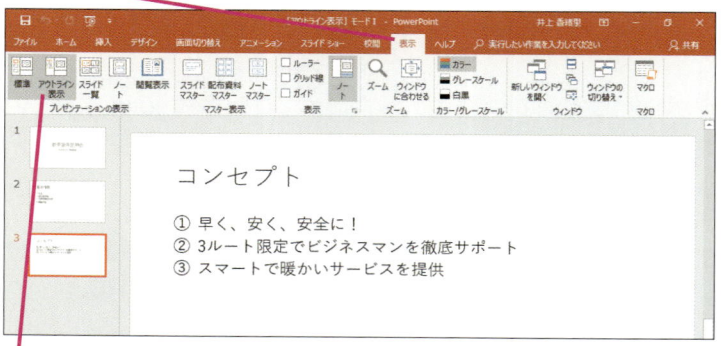

2 ［アウトライン表示］をクリック

❷ ［アウトライン表示］モードに切り替わったことを確認する

［アウトライン表示］モードに切り替わった	**1** スライドに入力した文字が表示されたことを確認

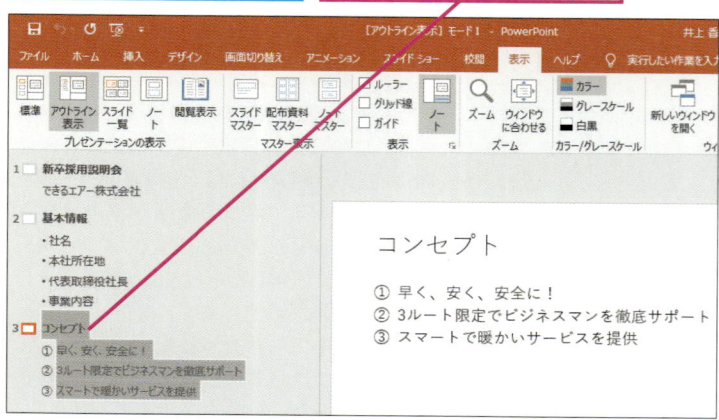

□	スライド単位でこのアイコンが表示される	☐	選択されているスライドはこのように表示される

 **動画で見る**
詳細は3ページへ

キーワード

［アウトライン表示］モード	p.303
ノートペイン	p.309
プレースホルダー	p.310
マウスポインター	p.311
レベル	p.311

⌨ ショートカットキー

Shift	+	Tab	…レベル上げ
Tab			…………………レベル下げ

HINT!

アウトラインって何？

［アウトライン表示］モードは、中央のスライドペインと下側のノートペイン、スライドペインの左側のアウトライン領域で構成されています。アウトライン領域には、スライドのタイトルやプレースホルダーに入力した文字だけが表示されます。スライドに挿入したイラストやグラフなどの文字以外の情報は表示されないため、ワープロ感覚で全体の流れや内容をじっくり推敲（すいこう）するのに適しています。

HINT!

［標準］ボタンでもモードを切り替えられる

手順1で、ステータスバーの右にある［標準］ボタン（▭）をクリックしても［アウトライン表示］モードに切り替えられます。

③ 新しく項目を追加する

4枚目のスライドを挿入する	1 ここにマウスポインターを合わせる	マウスポインターの形が変わった

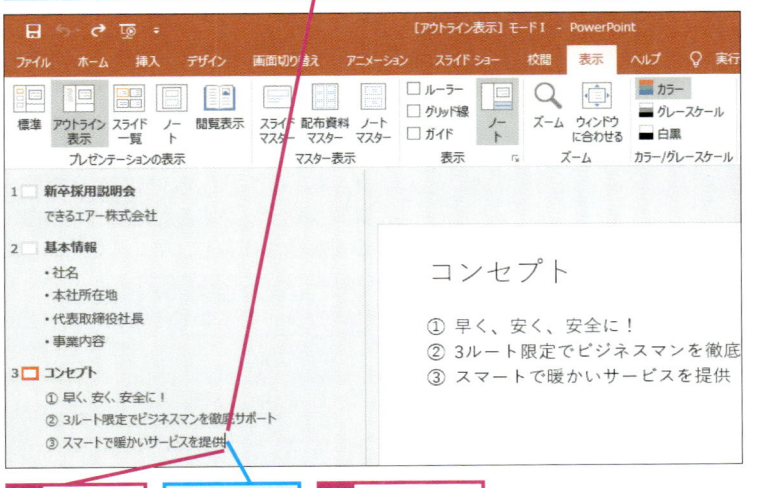

2 ここをクリック	カーソルが表示された	3 Enter キーを押す

④ 項目のレベルを上げる

続きの段落番号が表示された	この項目の階層（レベル）を1つ上げる

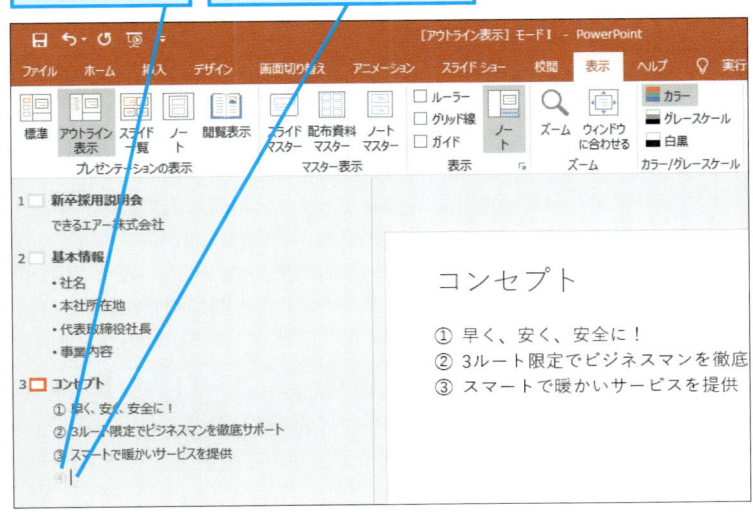

1 Shift + Tab キーを押す

HINT!

アウトラインの領域を広げるには

アウトラインの領域をもっと広げたいときは、アウトライン領域とスライドペインの境界線にマウスポインターを合わせ、右方向にドラッグします。

1 ここにマウスポインターを合わせる	マウスポインターの形が変わった

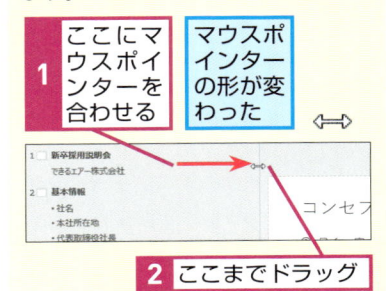

2 ここまでドラッグ

HINT!

レベルって何？

レベルとは、箇条書きの階層関係のことです。Tab キーを押すごとに下がり、文字の位置が右にずれます。また、Shift + Tab キーを押すとレベルが上がり、文字の位置が左にずれます。レベルが変わると、スライド上では文字のサイズも変わります。

HINT!

ノートペインを非表示にするには

［アウトライン表示］モードでは、スライドペインの下側にノートペインが表示されます。ステータスバーの［ノート］ボタン（ 🗒ノート ）をクリックしてノートペインを非表示にすると、その領域だけスライドペインが大きく表示されます。

◆ノートペイン

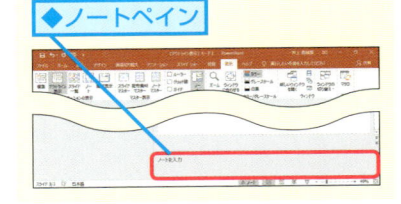

次のページに続く

⑤ タイトルを入力する

レベルが上がり、4枚目の
スライドが挿入された

ここにタイトル
を入力する

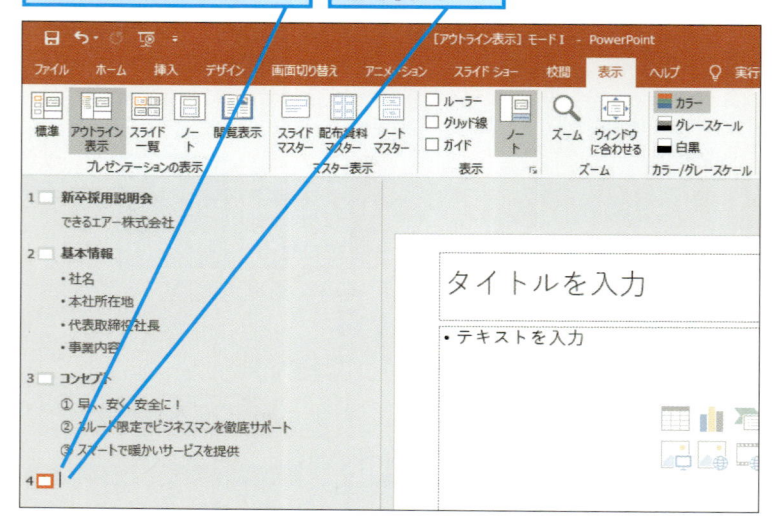

1 「若い世代が主役」と入力

⑥ タイトルが入力されたことを確認する

タイトルが
入力された

1 入力した文字がスライドに
も反映されたことを確認

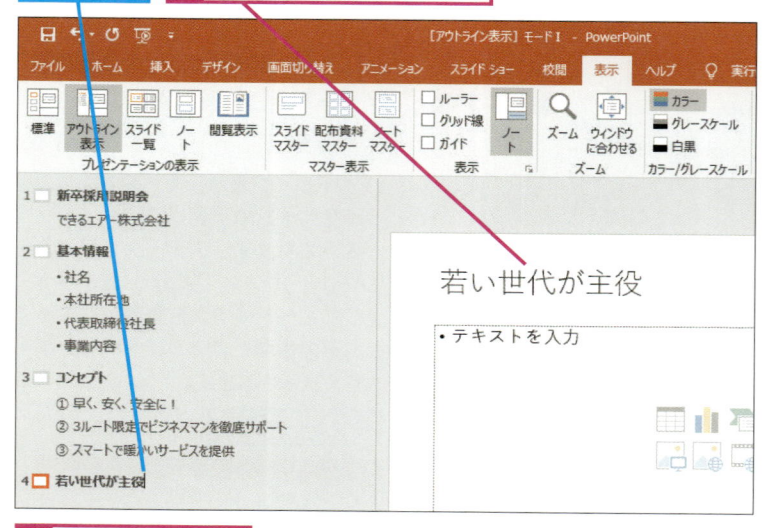

2 Enter キーを押す

HINT!

［アウトライン表示］モードで
スライド全体を選択するには

アウトライン領域のタイトルの前に
表示されている［スライドアイコン］
（□）をクリックすると、スライド
全体を選択できます。さらに、スラ
イドアイコンをダブルクリックする
と、スライドの内容が非表示になり、
タイトルだけが表示されます。再度
ダブルクリックするとスライドの内
容が表示されます。

1 ここにマウスポイ
ンターを合わせる

2 そのままクリック

スライド全体が選択された

3 ここをダブルクリック

スライドのタイトル
だけが表示された

HINT!

アウトラインの内容は
自動的にスライドに反映される

アウトライン領域に入力した文字の
内容は、自動的に右側のスライドペ
インに反映されます。［標準表示］
モードにしても同じ状態が再現され
るので確認してみましょう。

［標準表示］モードに切り替える
と、入力された文字の状態をス
ライドペインで確認できる

若い世代が主役

・テキストを入力

⑦ 5〜6枚目のタイトルを入力する

5枚目のスライドが挿入された

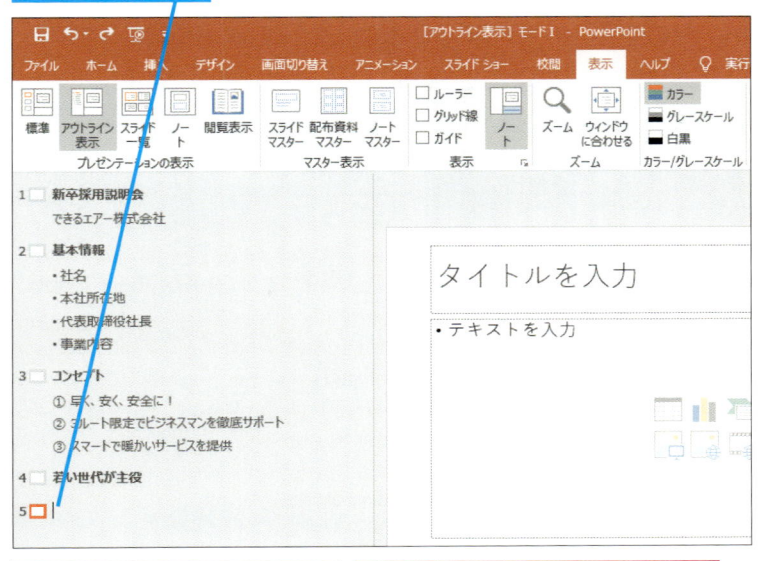

乗客数の推移↵
募集要項

1 同様に、6枚目までのスライドにタイトルを入力

⑧ 作成したスライドを確認する

1 5枚目から6枚目のスライドが作成できたことを確認

入力したタイトルがスライドに反映された

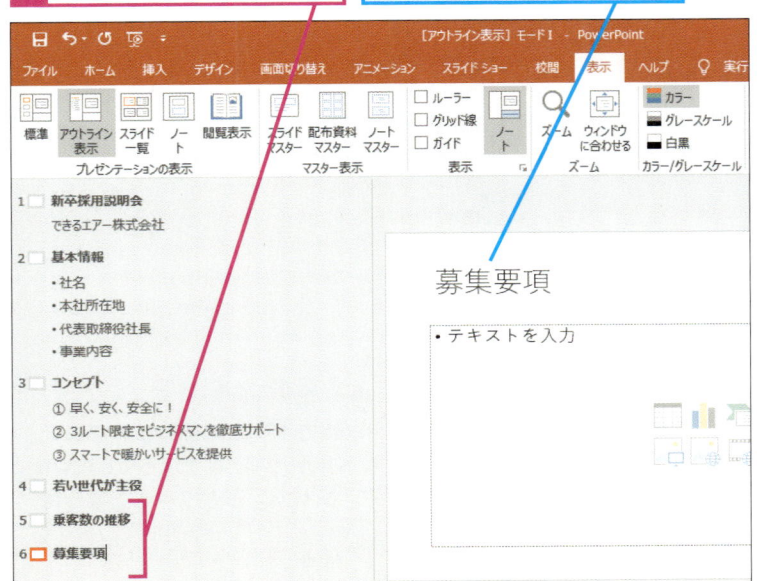

HINT!

Wordの文書を利用してスライドを作成できる

［ホーム］タブの［新しいスライド］ボタン下側の新しいスライドをクリックし、［アウトラインからスライド］を選ぶと、Wordで作成した文書をPowerPointのスライドに読み込めます。このとき、Word文書に［見出し1］から［見出し9］のスタイルを設定しておくと、スライドのタイトルや箇条書きとして読み込まれます。

Wordの文書で［見出し1］に設定した文字がスライドのタイトルになる

⚠ 間違った場合は？

「募集要項」の入力後にEnterキーを押すと、7枚目のスライドが追加されてしまいます。Back spaceキーを押して、不要なスライドを削除します。

Point

スライドを作り込む前に全体の構成をじっくり練ろう

プレゼンテーションや企画書で一番重要なのは、1枚1枚のスライドの完成度ではなく、全体の構成です。収集した情報を取捨選択して整理し、どの情報をどの順番で伝えるかをじっくり吟味します。そのためには、デザインやイラストなどの視覚的要素に邪魔されないように、［アウトライン表示］モードで文字の情報だけに集中して作業するといいでしょう。必ずしも［アウトライン表示］モードを使わなくても、手書きのノートやワープロソフトでも構いません。最初にプレゼンテーションの骨格を作成しておけば、後から全体の構成を考え直す手間が省け、スライドの作り込みに専念できます。

11

スライドに詳細な項目を入力するには

［アウトライン表示］モードⅡ

タイトルだけを入力したスライドに項目を追加します。このレッスンでは、レベルを下げて、スライドのタイトルに応じた項目を入力する方法を紹介します。

1 ［アウトライン表示］モードで項目を確認する

ここでは、2枚目のスライドと3枚目のスライドに詳細な項目を入力する

レッスン❿を参考に［アウトライン表示］モードに切り替えておく

2枚目のスライドに入力する

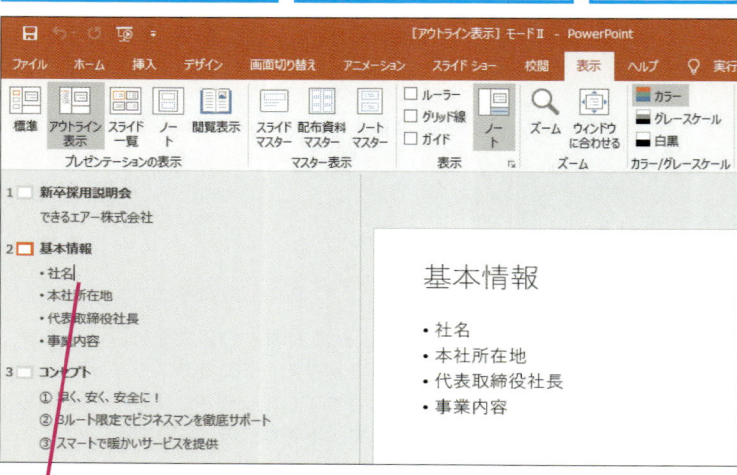

1 ここをクリック　　**2** [Enter] キーを押す

2 項目のレベルを下げる

続けて行頭文字が表示された　　**1** [Tab] キーを押す

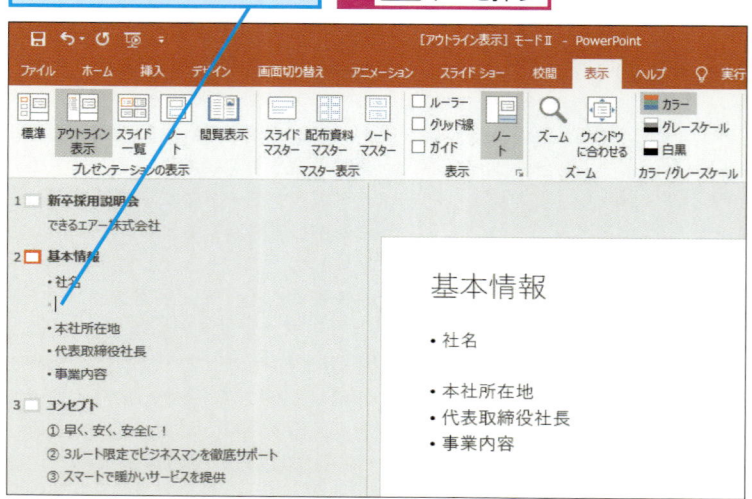

キーワード

［アウトライン表示］モード	p.303
スライド	p.306
レベル	p.311

📄 レッスンで使う練習用ファイル
［アウトライン表示］モードⅡ.pptx

⌨ ショートカットキー

[Shift] + [Tab]	…レベル上げ
[Tab]	………………レベル下げ

HINT!

直前のレベルが引き継がれる

手順1で [Enter] キーを押すと、「社名」と同じレベルの項目が入力できる状態になります。これは、直前のレベルが引き継がれるためです。「社名」より下の階層に項目を入力するには、[Tab] キーを押してレベルを下げます。反対にレベルを上げるときは [Shift] + [Tab] キーを押します。

⚠ 間違った場合は？

手順2で [Tab] キーを押しすぎると、レベルがどんどん下がってしまいます。レベルが下がりすぎた場合は、[Shift] + [Tab] キーを押してレベルを上げます。

③ 第2レベルに項目を入力する

レベルが下がり、項目が入力できる状態になった

1 ここに「できるエアー株式会社」と入力

2 ↓キーを押す

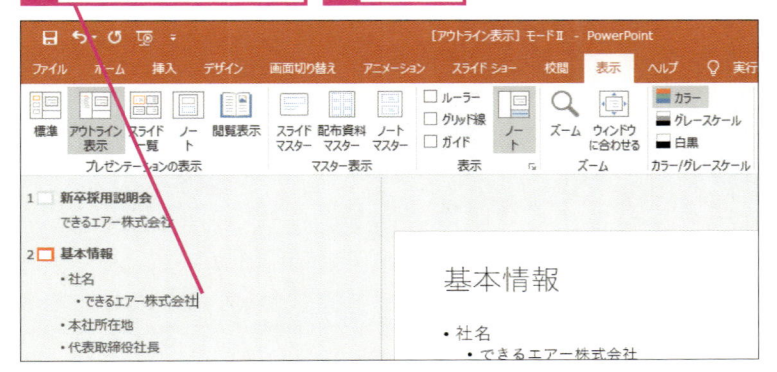

④ 2つ目の項目の第2レベルを追加する

カーソルが下の項目に移動した

1 Enter キーを押す

続けて行頭文字が表示された

2 Tab キーを押す

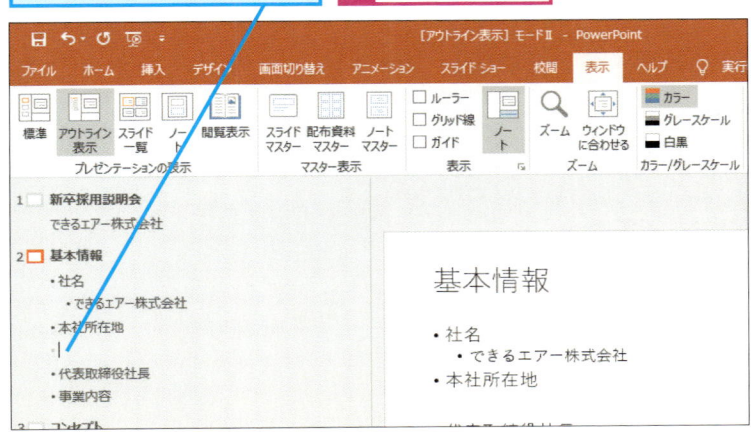

HINT!

9段階までレベルを設定できる

箇条書きの先頭で Tab キーを押すと、箇条書きのレベルが下がります。箇条書きのレベルは9段階あります。ただし、あまり階層を深くすると複雑になり、階層を理解するのに時間がかかるので注意が必要です。

レベルごとに文字の大きさや字下げの位置が異なる

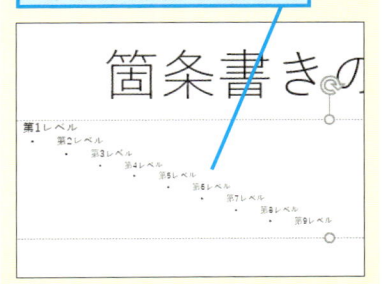

レベルを下げすぎると複雑になるので、「第2レベル」ぐらいまでにとどめておく

次のページに続く

⑤ 2枚目のスライドを完成させる

```
社名↵
　できるエアー株式会社↵
本社所在地↵
　〒101-0051　東京都千代田区神田神保町X-X-X↵
代表取締役社長↵
　清水幸彦↵
事業内容↵
　航空機による旅客、貨物の輸送
```

> 同様に他の項目も入力する

> **1** 入力した項目がスライドに反映されていることを確認

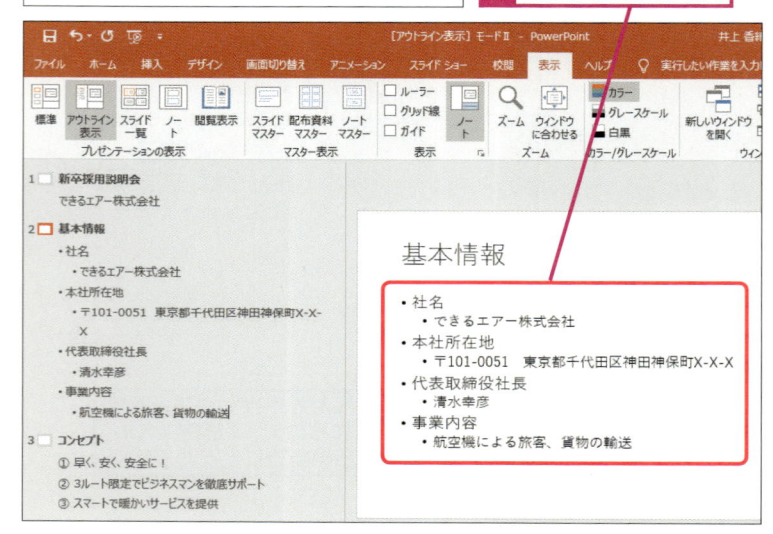

⑥ 3枚目のスライドに項目を入力する

```
早く、安く、安全に！↵
3ルート限定でビジネスマンを徹底サポート↵
　東京⇔札幌↵
　東京⇔大阪↵
　東京⇔福岡↵
スマートで暖かいサービスを提供↵
```

> 手順1～5を参考に、3枚目のスライドにある2つ目の項目の第2レベルにデータを入力しておく

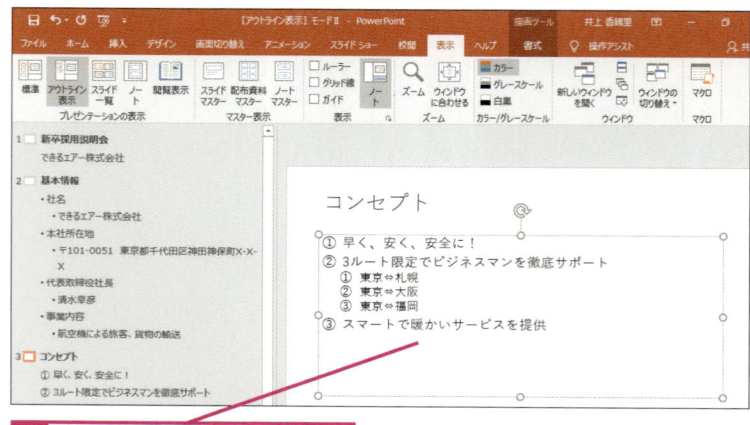

> **1** プレースホルダーをクリック

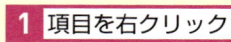
レベルの変更はマウスでも行えます。アウトライン領域で変更する項目を右クリックし、［レベル上げ］か［レベル下げ］をクリックします。

> **1** 項目を右クリック

> **2** ［レベル下げ］をクリック

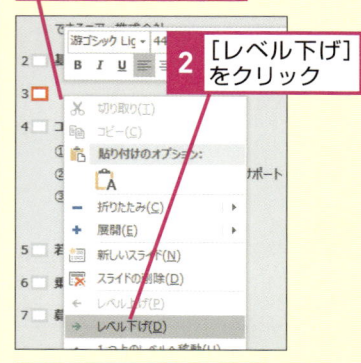

> 項目のレベルが下がる

> ［レベル上げ］をクリックすると項目のレベルが上がる

HINT!

スライドペインでもレベルを変更できる

スライドペインでも、Tab キーや Shift + Tab キーを押して項目のレベルを変更できます。また、上のHINT!で紹介しているように右クリックでもレベルを変更できます。

> 項目のレベルを上げる

> **1** Shift + Tab キーを押す

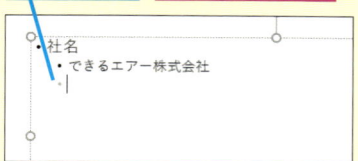

> 項目のレベルが上がった

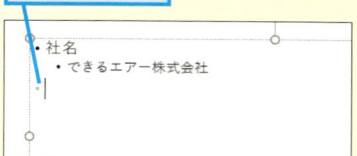

⑦ 第2レベルの行頭文字を変更する

ここでは第2レベルの行頭文字を
箇条書きに変更する

1 ここをドラッグ
して選択

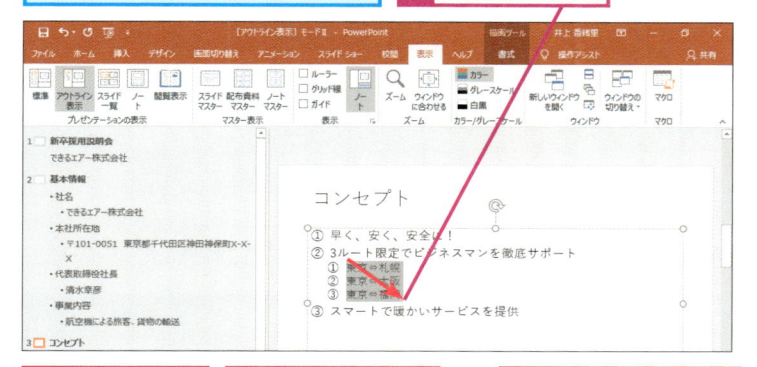

2 [ホーム]タブ
をクリック

3 [箇条書き] のこ
こをクリック

4 [塗りつぶし丸の行
頭文字]をクリック

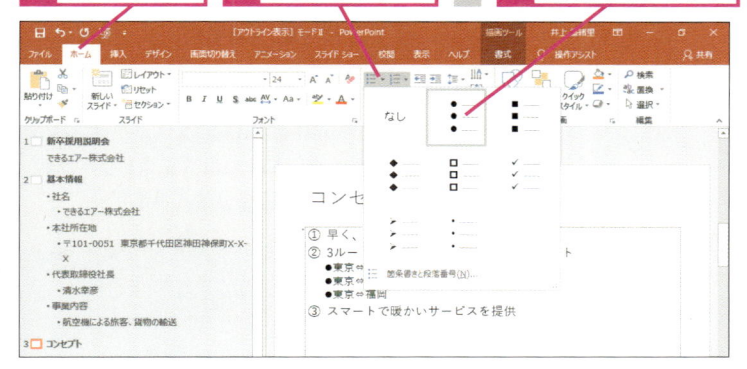

⑧ 第2レベルの行頭文字が変更された

第2レベルの行頭文字が
箇条書きに変更された

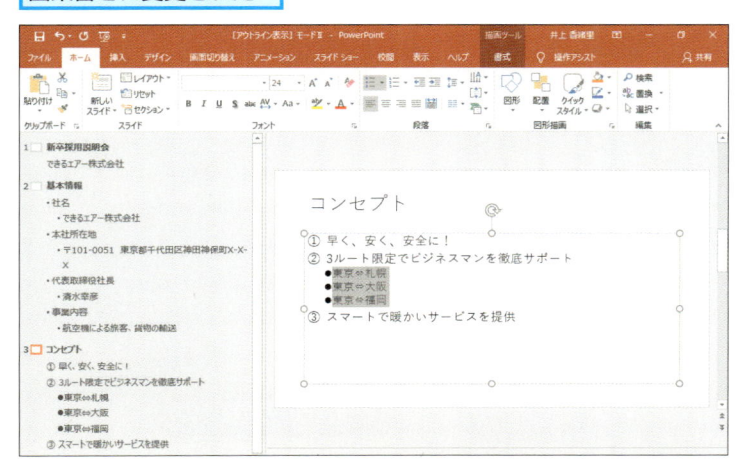

HINT!

行頭文字の大きさを
変えるには

箇条書きや段落番号の大きさは、以
下の操作で変更できます。[箇条書
きと段落番号]ダイアログボックス
の[サイズ]で行頭文字の大きさ、
[色]で行頭文字の色を指定します。

1 [ホーム]
タブをク
リック

2 [箇条書き]
のここをク
リック

3 [箇条書きと
段落番号]を
クリック

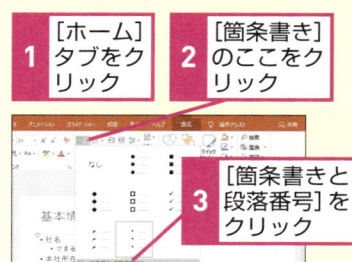

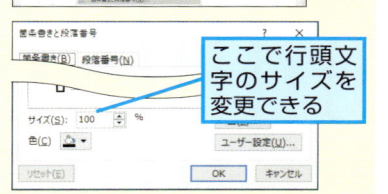

ここで行頭文
字のサイズを
変更できる

⚠ 間違った場合は？

項目の入力後に Enter キーを押す
と、行頭文字が表示されます。間違っ
て Enter キーを押したときは、Back space
キーを押して削除します。

Point

レベルで階層関係が
はっきりする

項目には、複数の項目が並列の場合
と、項目の下に項目が含まれる場合
があります。

1つの項目に含まれる内容は、階層関
係がはっきり分かるようにレベルを設
定します。レベルを設定すると、文
字の位置が右にずれ、文字のサイズ
が変わるため、ひと目で項目の構成
が明確になるのです。パソコンを使っ
て説明する場合は、レベルを2段階く
らいまでにとどめておいた方がすっき
りしますが、印刷して配布することが
目的の資料の場合は、もう少し複雑
な階層関係にしてもいいでしょう。

11

[アウトライン表示]モードⅡ

12

複数のスライドを同時に表示するには

［スライド一覧表示］モード

プレゼンテーションの骨格ができたら、作成したスライド全体を見直してみましょう。複数のスライドを表示するときは、［スライド一覧表示］モードに切り替えます。

第2章　プレゼンテーションの内容を作成する

① ［スライド一覧表示］モードに切り替える

［スライド一覧表示］モードに切り替えて、すべてのスライドを一覧で表示する

1 ［表示］タブをクリック

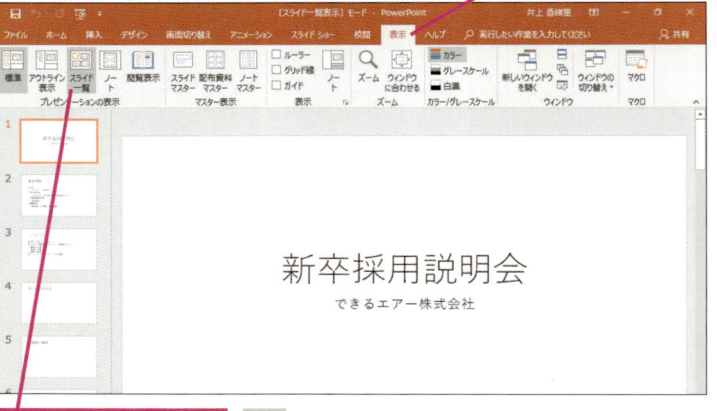

2 ［スライド一覧］をクリック

② 表示倍率を縮小する

［スライド一覧表示］モードに切り替わり、すべてのスライドが一覧で表示された

1 ［縮小］をクリック

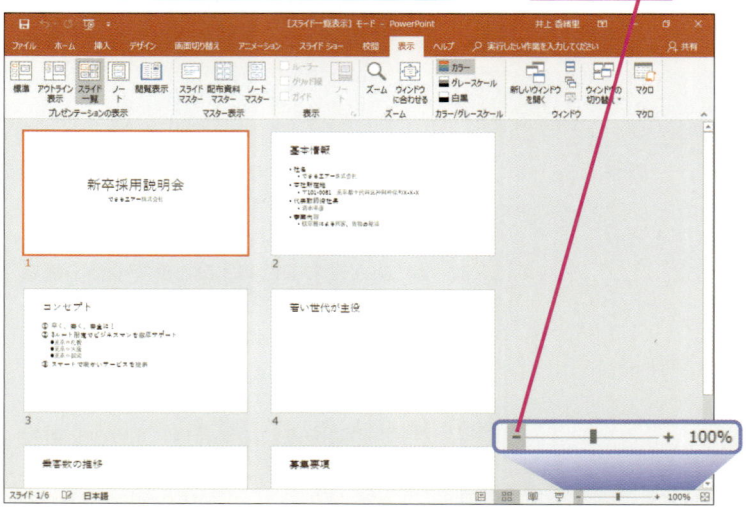

▶ キーワード

ズームスライダー	p.306
［スライド一覧表示］モード	p.307

📄 **レッスンで使う練習用ファイル**
［スライド一覧表示］モード.pptx

HINT!

［標準表示］モードに切り替えるには

［標準表示］モードに戻すには、［表示］タブの［標準］ボタンをクリックするか、ステータスバーの［標準］ボタン（▣）をクリックします。また、スライドをダブルクリックすると、［標準表示］または［アウトライン表示］モードに切り替わります。

HINT!

表示倍率を数値で指定するには

［ズーム］ダイアログボックスを利用すれば、［指定］に数値を入力して表示倍率を変更できます。

1 ［表示］タブの［ズーム］をクリック

［ズーム］ダイアログボックスが表示された

2 表示倍率の数値を入力

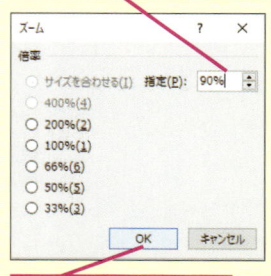

3 ［OK］をクリック

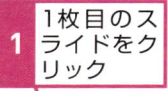

テクニック　キーを使い分けて複数のスライドを選択しよう

［スライド一覧表示］モードでは、以下の手順で複数のスライドをまとめて選択できます。キーの違いによる選択方法を覚えておきましょう。以下のように操作すれば、レッスン⑬の操作で複数のスライドを同時に移動したり、削除したりすることができます。

●連続した複数のスライドを選択

1 1枚目のスライドをクリック

2 Shift キーを押しながら5枚目のスライドをクリック

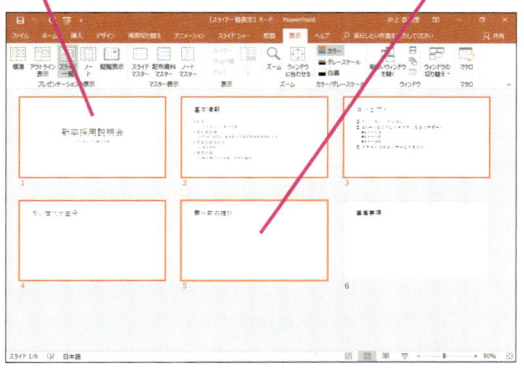

●離れた複数のスライドを選択

1 1枚目のスライドをクリック

2 Ctrl キーを押しながら3枚目のスライドをクリック

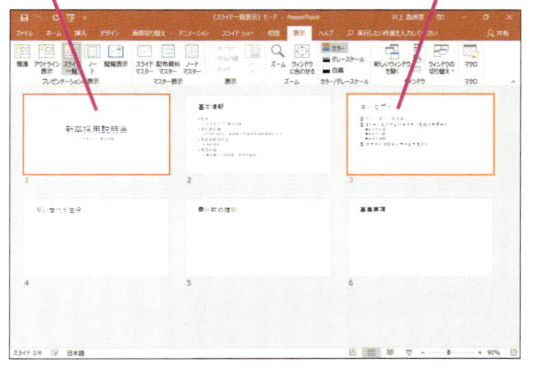

---

3 表示倍率が変更された

スライドの表示が縮小された

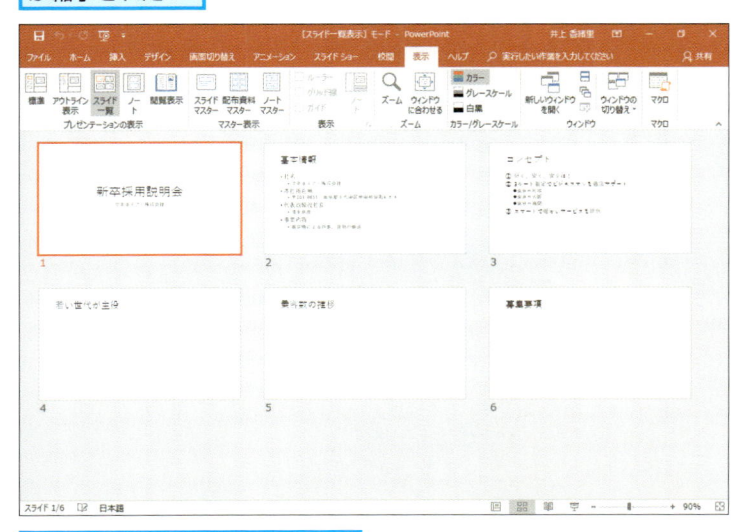

続けて、レッスン⑬でスライドの順番を入れ替える

Point

［スライド一覧表示］モードで全体をチェックする

［アウトライン表示］モードでプレゼンテーションや企画書の骨格が作成できたら、本当にこの順番や内容でいいのかをじっくり推敲することが大切です。内容の推敲は［アウトライン表示］モードが適していますが、スライドの順番を推敲するときは［スライド一覧表示］モードに切り替えると便利です。［スライド一覧表示］モードは、作成済みの複数のスライドが一覧形式で表示されるため、全体を見ながらスライドの順番を入れ替えたり、不要なスライドを削除したりする操作が直感的に行えます。スライドが完成したら、［スライド一覧表示］モードに切り替えて最終確認をするといいでしょう。

13

スライドの順番を入れ替えるには

スライドの移動

[スライド一覧表示] モードで全体の構成を見ながら、スライドの順番を入れ替えてみましょう。スライドを移動先までドラッグするだけで移動できます。

① 移動するスライドを選択する

レッスン⑫を参考に、[スライド一覧表示]モードに切り替えておく

「若い世代が主役」というタイトルの4枚目のスライドを3枚目のスライドの前に移動する

1 4枚目のスライドをクリック

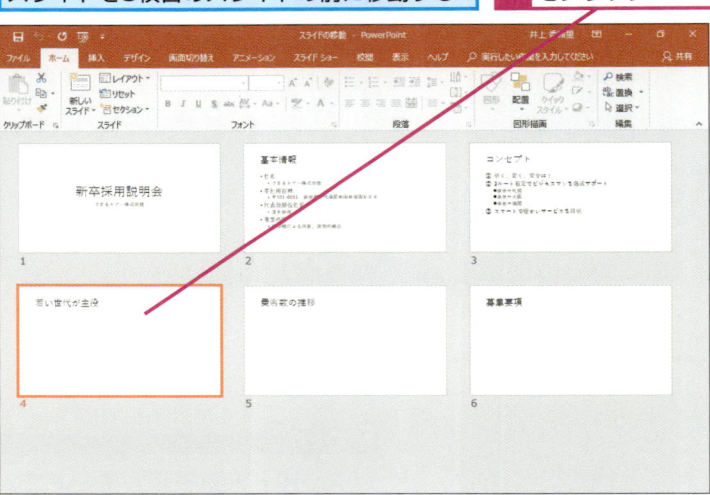

レッスンで使う練習用ファイル
スライドの移動.pptx

ショートカットキー

Ctrl + X	………… 切り取り
Ctrl + V	………… 貼り付け

HINT!

[標準表示] モードでもスライドを移動できる

[標準表示] モードでもスライドを移動できます。画面左のスライドをクリックして、そのまま移動先までドラッグしましょう。

テクニック Delete キーでスライドを削除できる

不要なスライドは、[アウトライン表示] モードや [スライド一覧表示] モード、[標準表示] モードでスライドを選択して、Delete キーを押すと削除できます。

1 4枚目のスライドをクリック

スライドが選択された

2 Delete キーを押す

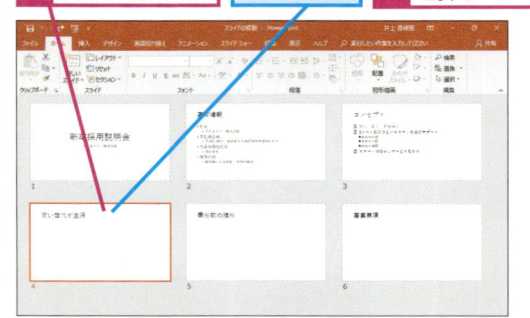

なお、全体の流れや発表の持ち時間によって、発表に不必要なスライドができたときは、206ページの操作で「非表示スライド」に設定する方法があります。

4枚目のスライドが削除された

削除したスライドの分、後ろのスライドが詰められた

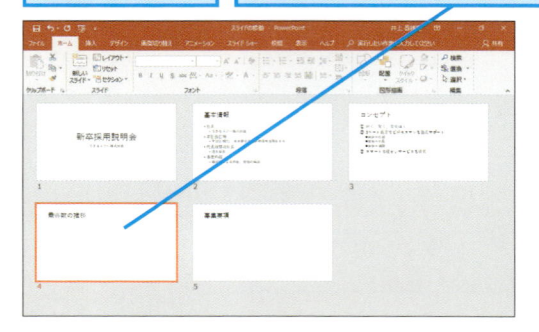

② スライドの移動先を指定する

ここでは、2枚目と3枚目の間にドラッグする

1 4枚目のスライドにマウスポインターを合わせる

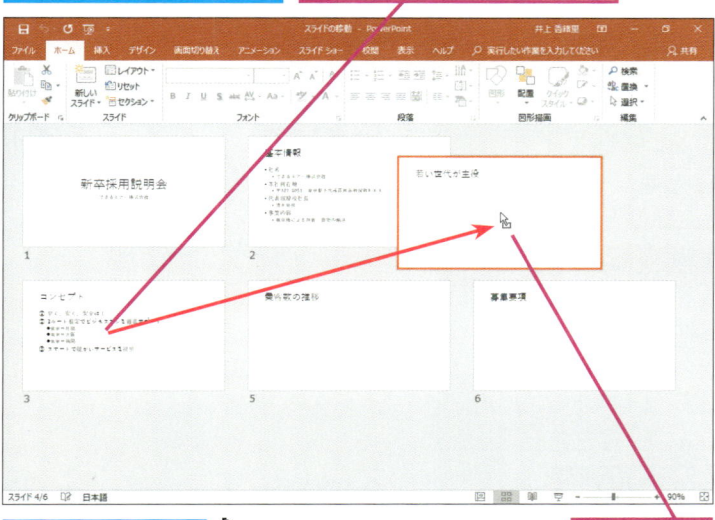

マウスポインターの形が変わった

2 ここまでドラッグ

③ スライドが移動した

「若い世代が主役」というタイトルの4枚目のスライドが3枚目に移動した

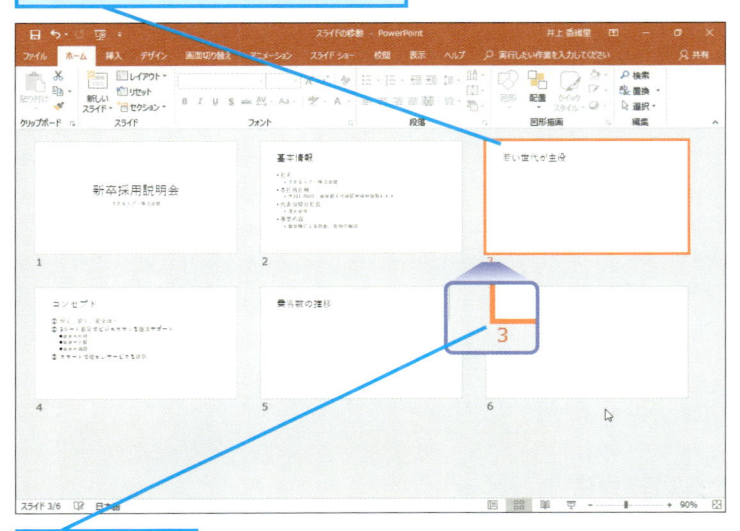

スライド番号が入れ替わった

HINT!

スライドをコピーするには

［アウトライン表示］モードや［スライド一覧表示］モードでは、スライドをコピーすることもできます。コピー元のスライドを選択し、Ctrlキーを押しながらコピー先にドラッグします。

1 コピーするスライドをクリック

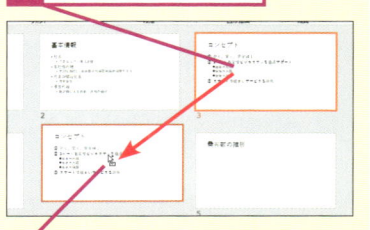

2 Ctrlキーを押しながらコピー先までドラッグ

スライドがコピーされた

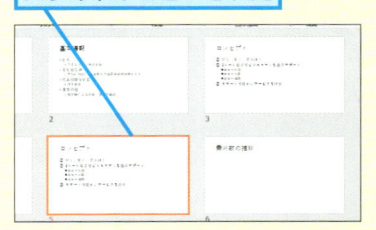

Point

説明の順番とスライドの枚数を熟考しよう

プレゼンテーションは、説明する順番で全体の印象が変わります。最初に結論を述べると、聞き手が安心してその後の説明を聞いてくれます。問題点を提起してから結論を導くと、じわじわと期待感を持たせる効果が生まれます。プレゼンテーションの目的や聞き手を分析し、どの順番が一番効果的かをじっくり考えましょう。また、最初はスライドの枚数が多くなりがちですが、これではスライドを読み上げるだけになる危険性があります。スライドは発表者の説明を補完するものと考えて、不要なスライドは削除します。

スライドを
保存するには

名前を付けて保存

これまで作成してきたスライドに名前を付けて保存します。PowerPointでは、複数のスライドを「プレゼンテーションファイル」として保存します。

1 ［名前を付けて保存］ダイアログボックスを表示する

作成したスライドに名前を付けて保存する

1 ［ファイル］タブをクリック

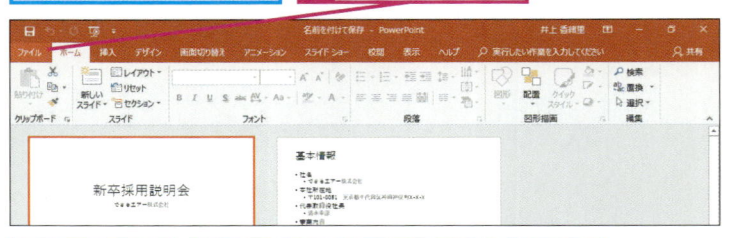

［情報］の画面が表示された

ここでは、［ドキュメント］フォルダーにスライドを保存する

2 ［名前を付けて保存］をクリック

3 ［参照］をクリック

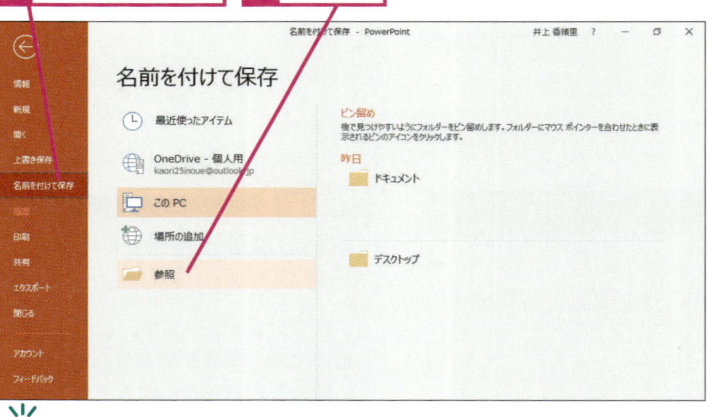

キーワード

上書き保存	p.304
名前を付けて保存	p.308

 レッスンで使う練習用ファイル
名前を付けて保存.pptx

ショートカットキー

F12 ……………… 名前を付けて保存
Ctrl + S ……… 上書き保存

HINT!

よく使う保存先が表示される

［名前を付けて保存］をクリックすると、右側に直近で使用したフォルダーが日ごとや週ごとに表示されます。よく使う保存先は、一覧からクリックするだけで選べるので便利です。

よく使う保存先が表示される

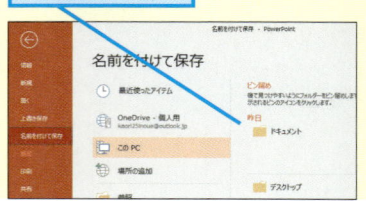

テクニック　2回目以降はすぐに保存できる

スライドを初めて保存するときには、［名前を付けて保存］を選択して保存場所やファイル名を指定しますが、一度保存したスライドに変更を加えた場合には、クイックアクセスツールバーの［上書き保存］ボタン（）をクリックします。「上書き保存」は同じ場所に同じファイル名で保存するため、前の内容は削除され、新しい内容に置き換わります。前の内容と変更した内容の両方を残しておきたい場合は、手順1の操作で［名前を付けて保存］を選択し、違う名前でスライドを保存します。

更新した内容で保存済みのスライドを置き換えるときは［上書き保存］をクリックする

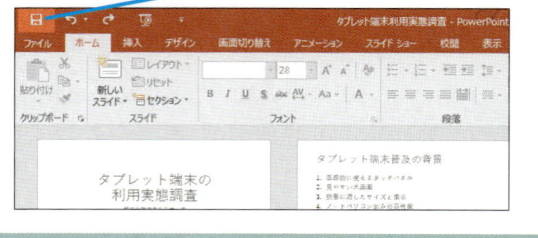

② スライドを保存する

[名前を付けて保存] ダイアログボックスが表示された

1 [ドキュメント] が選択されていることを確認

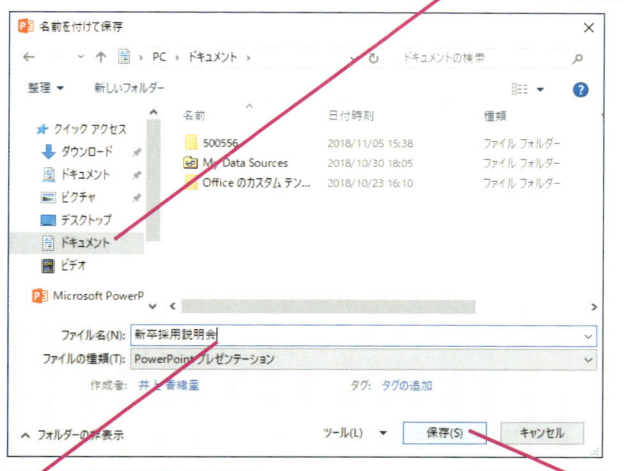

2 「新卒採用説明会」と入力

3 [保存] をクリック

③ スライドが保存された

作成したスライドが、ファイルとして保存された

手順2で入力したファイル名が表示される

新卒採用説明会 - PowerPoint

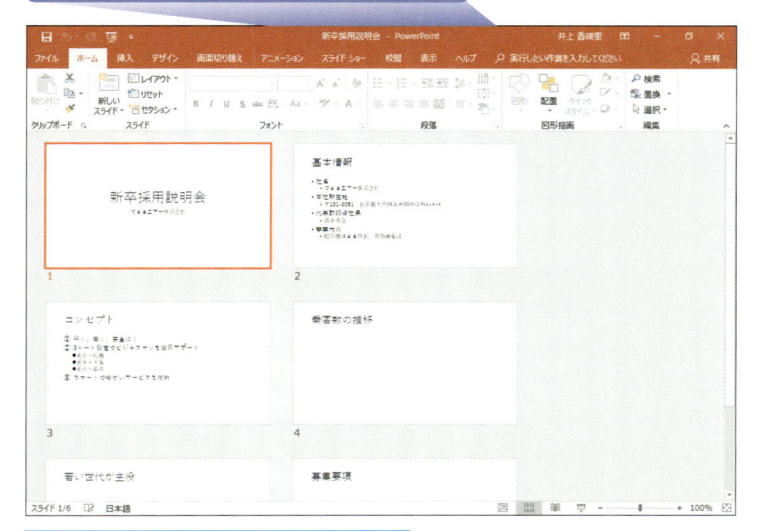

レッスン②を参考に、PowerPointを終了しておく

HINT!

古いバージョンで保存するには

PowerPoint 2019で作成したスライドを、PowerPoint 2003以前のバージョンで開けるようにするには、以下の操作で [ファイルの種類] を [PowerPoint97-2003プレゼンテーション] に変更して保存します。ただし、古いバージョンにない機能は正しく表示されない場合があります。

[ファイルの種類] で [PowerPoint97-2003 プレゼンテーション] を選択して保存する

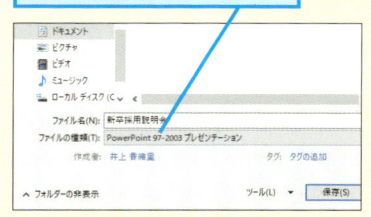

⚠️ **間違った場合は？**

保存先を間違えたときは、手順2の操作1で保存先を指定し直します。

Point

2回目以降は上書き保存で最新の状態を保つ

スライドを保存する操作には、「名前を付けて保存」と「上書き保存」の2種類があります。初めて保存するときは、このレッスンのように [名前を付けて保存] ダイアログボックスを表示して、保存場所やファイル名を指定します。2回目以降に同じ場所に同じファイル名で保存するときは、上書き保存を実行します。上書き保存を実行するたびに、ファイルの内容が上書きされて最新の状態に保つことができるのです。突然の停電やパソコンのトラブルなどによって、せっかく作成したスライドが失われないように、できるだけ小まめに上書き保存するようにしましょう。

この章のまとめ

●全体の構成がプレゼンテーションの「要」

スライドの作成方法は人によってさまざまです。いきなりスライドを1枚ずつ作り込む人もいれば、最初に全体の構成を練る人もいるでしょう。

どちらの方法も間違いとは言えませんが、作業の効率性の点から考えると、後者の方が断然優れています。なぜなら、スライドを作り込みながら同時に全体の構成を考えると、デザインやイラストなどの視覚的要素が気にな

って、何度も構成を練り直すことになるからです。反対に、最初に構成をしっかり固めてしまえば、後は心置きなくスライドの完成度を高める作業に集中できるため、結果的にかなりの時間が節約できます。

スライドを早く作りたいと、はやる気持ちを抑えて、まずは構成をしっかり練ることに時間をかけましょう。遠回りのように見えても、かえって効率がいい結果を生むのです。

要点を絞って構成を練る

伝えたいポイントを箇条書きで簡潔にまとめてスライドに入力する。すべてのスライドを表示して順番や内容をよく考える

練習問題

1 ‥‥‥‥‥‥‥‥‥‥‥‥‥‥‥‥‥‥‥‥‥‥‥‥‥‥‥‥‥‥‥‥‥‥‥‥‥

練習用ファイルの「第2章_練習問題.pptx」を開いて、4枚目のスライドに以下の内容を入力してみましょう。

> ・アジア路線の就航
> ・パイロットの自社養成
> ・災害支援活動の拡大

●ヒント：4枚目のスライドを表示して、プレースホルダーに3つの項目を入力します。

4枚目のスライドを表示してプレースホルダーに文字を入力する

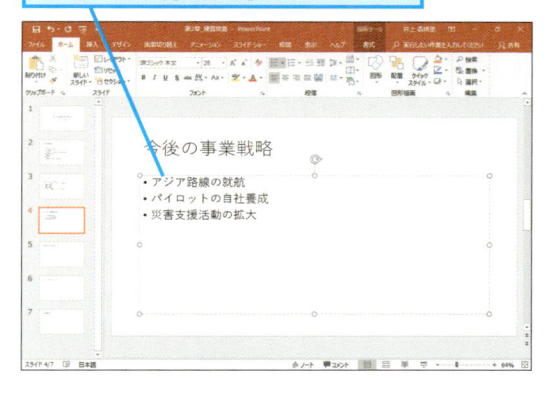

2 ‥‥‥‥‥‥‥‥‥‥‥‥‥‥‥‥‥‥‥‥‥‥‥‥‥‥‥‥‥‥‥‥‥‥‥‥‥

練習問題1で入力した項目の行頭文字を［塗りつぶしひし形の行頭文字］に変更しましょう。

●ヒント：［ホーム］タブの［箇条書き］ボタンをクリックします。

練習問題1で入力した項目の行頭文字を「◆」に変更する

今後の事業戦略

◆アジア路線の就航
◆パイロットの自社養成
◆災害支援活動の拡大

答えは次のページ

1

1 4枚目のスライドをクリック

2 プレースホルダーの中をクリック

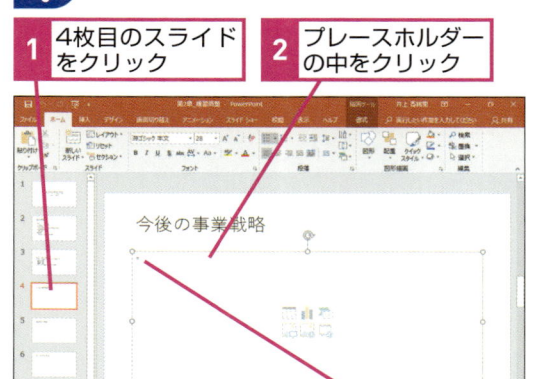

3 「アジア路線の就航」と入力

「第2章_練習問題.pptx」の4枚目のスライドを表示し、プレースホルダーをクリックして文字を入力します。Enterキーを押して改行すると、次の行に「・」の行頭文字が表示されます。

4 Enterキーを押す

カーソルが次の行に表示され、次の行に自動的に行頭文字が表示された

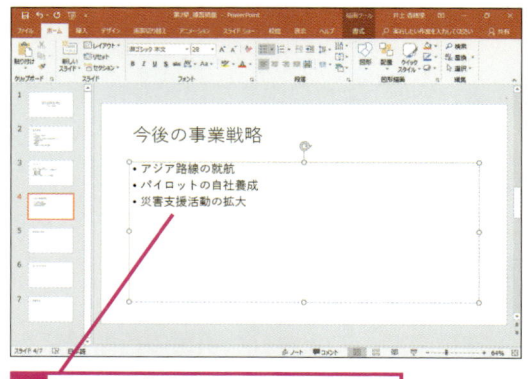

5 続けて、「パイロットの自社養成」「災害支援活動の拡大」と入力

2

1 プレースホルダーの枠線をクリック

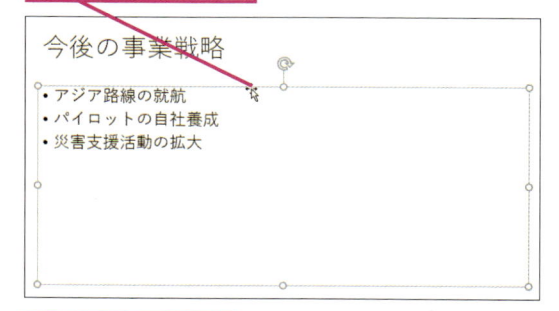

プレースホルダー全体が選択された

練習問題1で入力したプレースホルダーを選択します。[ホーム]タブをクリックし、[箇条書き]ボタンの▼をクリックします。一覧から[塗りつぶしひし形の行頭文字]を選択しましょう。

2 [ホーム]タブをクリック

3 [箇条書き]のここをクリック

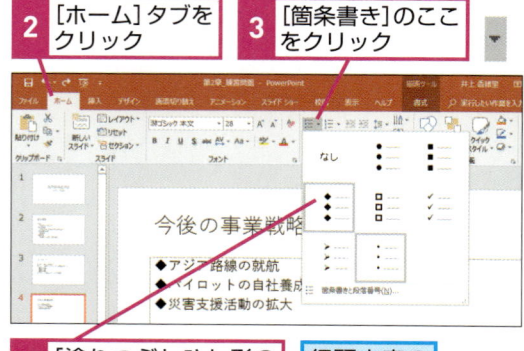

4 [塗りつぶしひし形の行頭文字]をクリック

行頭文字の形が変わる

第3章 スライドの デザインを整える

この章では、第2章で作成したスライドに「テーマ」と呼ばれるデザインを適用して、見栄えのするスライドにします。さらに、デザインの一部を変更したり文字に書式を設定したりして、スライドを自分ならではのデザインにしていきます。

見栄えのする
スライドにしよう

スライドのデザイン

スライドの内容が決まったら、スライド全体のデザインや配色などを設定し、ポイントとなる重要なキーワードが目立つようにしてスライドの見栄えを整えます。

デザインの変更

白い背景に文字だけが表示されているスライドばかりが続くと、単調で物足りない印象を与えます。プレゼンテーションや会議では、==相手の注目を引きつける工夫==も必要です。見ための美しさだけでなく、スライドの内容に合ったデザインや文字の書式を選ぶことで、==伝えたい内容が相手にはっきり伝わるスライド==になります。

保存したスライドを開く
→レッスン⓰

スライド全体のデザインを変更する
→レッスン⓱

背景の模様と色の組み合わせを変更する
→レッスン⓲

デザインはそのままで配色を変更する →レッスン⓳

スライド全体のフォントを変更する →レッスン⓴

スライドの文字を大きくする →レッスン㉑

特定の文字に色を付けて目立たせる →レッスン㉒

影や輪郭などの効果を文字に設定する →レッスン㉓

キーワード

テーマ	p.308
配色	p.309
バリエーション	p.309
フォント	p.310
プレゼンテーション	p.310
ワードアート	p.311

HINT!

テーマって何？

「テーマ」とは、スライドの色や模様、タイトルや項目のフォントやフォントサイズ、図形の特殊効果などの書式やデザインがセットになったひな形のことです。PowerPoint 2019に用意されているテーマを適用するだけで、すべてのスライドに同じデザインを設定できます。テーマを変更すると自動で文字の大きさが変わります。

◆[スライス]のテーマ

◆[基礎]のテーマ

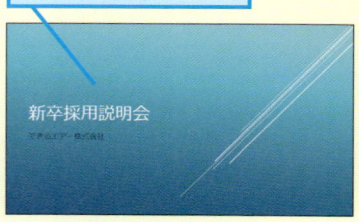

デザインを変更するときの考え方

PowerPointに用意されている「テーマ」を適用するだけでも、見ためや印象が変わりますが、これだけでは不十分です。<mark>内容に合ったバリエーションや配色に変更</mark>したり、<mark>キーワードを目立たせたりする</mark>ことでデザインの幅が広がり、印象に残るスライドにできます。

●全体のテーマや配色の決定

「テーマ」を使って、スライド全体のデザインを設定します。さらに、「バリエーション」や「配色」を変更すれば、デザインの幅が広がります。

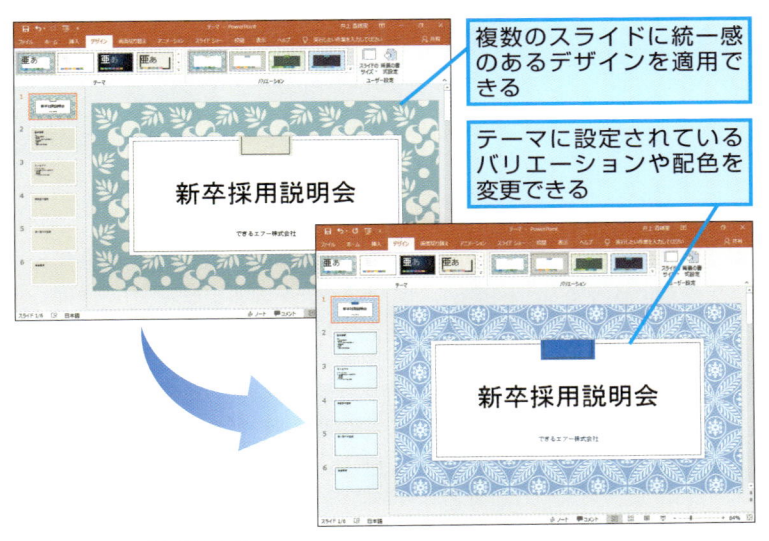

複数のスライドに統一感のあるデザインを適用できる

テーマに設定されているバリエーションや配色を変更できる

●キーワードの強調

イメージ通りのデザインが設定できたら、次はポイントとなるキーワードが印象に残るように強調します。

キーワードとなる文字の色を変えて目立たせる

コンセプト

① 早く、安く、安全に！
② 3ルート限定でビジネスマンを徹底サポート
　●東京⇔札幌
　●東京⇔大阪
　●東京⇔福岡
③ スマートで暖かいサービスを提供

HINT!

デザインがスライドの第一印象を左右する

プレゼンテーションや企画書で、まず相手の目に入るのはスライドの内容ではなくデザインです。資料の内容に合ったデザインは、スライドの見栄えをよくするだけでなく、プレゼンテーション全体を盛り上げる効果もあります。色や模様などの視覚効果のあるデザインは聞き手の第一印象を左右する大きな要素です。ただし、デザインに凝るあまりに内容がおろそかになっては本末転倒です。PowerPoint 2019に用意されている豊富なデザイン機能を上手に使って、短時間で見栄えのするスライドに仕上げるコツをつかみましょう。

Point

[デザイン] タブでスライドの見栄えを整える

「デザイン」というと、プロのデザイナーのようなセンスを求められる作業に聞こえますが、PowerPointに用意されているデザイン機能を使えば、デザインに自信のない人でも心配ありません。[デザイン]タブには、スライドの見栄えを整えるための機能が集まっており、このタブを操作するだけでスライドのデザインが完成します。あちこちのタブを行ったりきたりする必要がないので便利です。デザインを設定するときは、最初にレッスン⓱で紹介する「テーマ」を設定してスライド全体の印象を見ます。必要であれば、レッスン⓲の「バリエーション」やレッスン⓳の「配色」、レッスン⓴の「フォント」を使ってカスタマイズすると効率よくスライドをデザインできます。

16 保存したスライドを開くには

ドキュメント

第2章で保存したスライドを開きます。スライドを開くときは、保存場所を正しく指定しましょう。ここでは［エクスプローラー］でスライドを開く方法を解説します。

1 ファイルの保存場所を開く

レッスン⑭で［ドキュメント］フォルダーに保存した［新卒採用説明会］を開く	デスクトップを表示しておく

1 ［エクスプローラー］をクリック

2 スライドを開く

エクスプローラーが表示された	**1** ［ドキュメント］をクリック	**2** ［新卒採用説明会］をダブルクリック

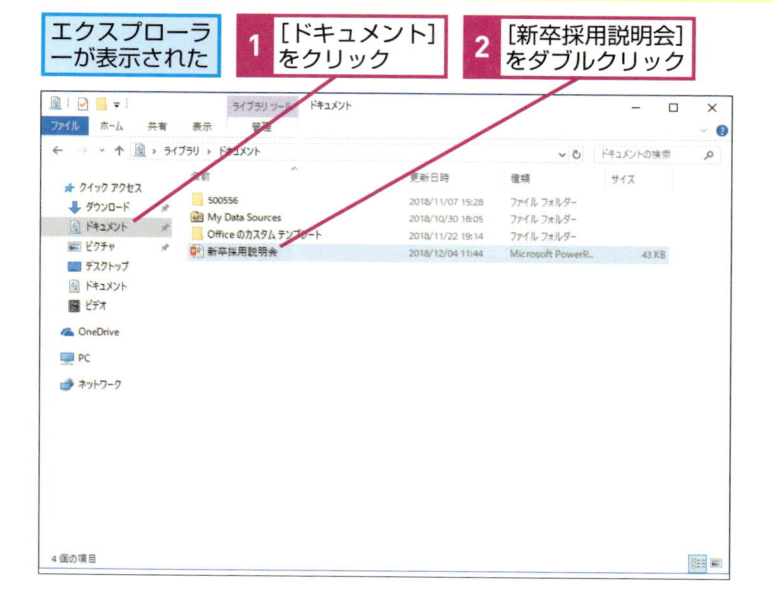

キーワード

エクスプローラー	p.304
起動	p.304
スライド	p.306
［標準表示］モード	p.310

ショートカットキー

Ctrl + O ……… ファイルを開く

⊞ + E ……… エクスプローラーの起動

HINT!

PowerPointの起動後にスライドを開くには

PowerPointの起動直後に表示されるスタート画面からスライドを開くこともできます。［他のプレゼンテーションを開く］をクリックし、スライドの保存場所を指定します。スライドの表示後に別のスライドを開くには、［ファイル］タブから［開く］をクリックして保存場所を指定します。

PowerPointを起動しておく

1 ［他のプレゼンテーションを開く］をクリック

スライドの保存場所を指定する

⚠ 間違った場合は？

目的とは違うスライドを開いてしまったときは、［閉じる］ボタン（）をクリックしてスライドを閉じてから、あらためて開き直します。

③ [標準表示] モードに切り替える

PowerPointが起動し、[新卒採用説明会]
のスライドが開いた

前回終了時の表示モード
で表示される

1 [表示] タブ
をクリック

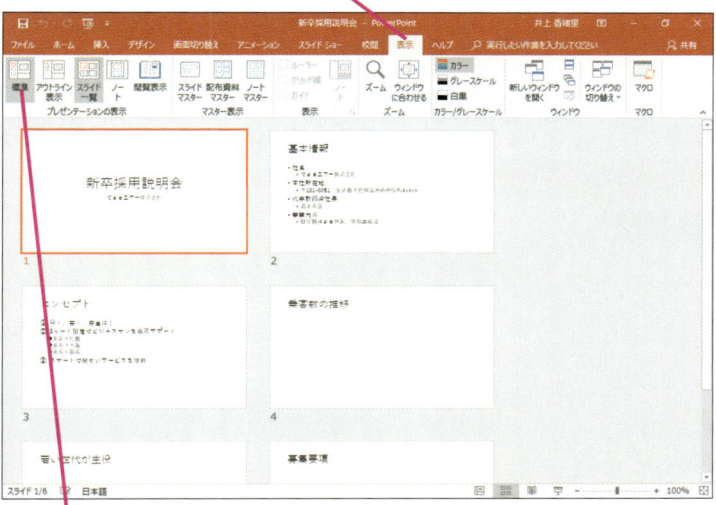

2 [標準] を
クリック

④ 表示モードが切り替わった

[標準表示] モード
に切り替わった

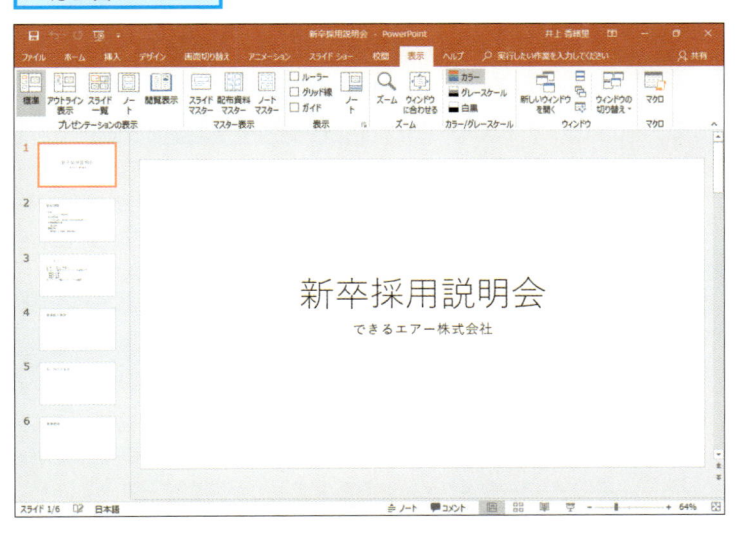

新卒採用説明会
できるエアー株式会社

HINT!

最近使ったファイルは
履歴からすぐに開ける

PowerPointのスタート画面や、[ファイル] タブから [開く] をクリックすると、過去に利用したスライドの一覧が表示されます。頻繁に使うスライドを素早く開くには、一覧から目的のスライドをクリックしましょう。ただし、一覧に表示されるスライドの数は決まっています。一覧から特定のスライドが消えないようにするには、以下の手順で一覧の上側に常に表示されるようにしましょう。

1 [ファイル] タ
ブをクリック

2 [開く]を
クリック

3 ピンのアイコンをクリック

ピンのアイコンの形が変
わり、スライドが常に表
示されるようになった

Point

素早く目的のスライドを開こう

スライドを開く方法はいろいろあります。PowerPointを起動する前であれば、このレッスンのように、保存先のフォルダーを直接開く方法が便利です。そうすると、PowerPointの起動とスライドを開く操作が同時に行えます。PowerPointの起動後にスライドを開くときには、スタート画面や [開く] の画面でよく使うスライドを手早く開く方法を覚えておくといいでしょう。なお、スライドには保存したときの表示モードも一緒に保存されます。次にスライドを開いたときにすぐに作業を始められるような状態で保存しておくと、操作性がアップします。

スライドのデザインを変更するには

テーマ

PowerPoint 2019では、スライド用のデザインのことを「テーマ」と呼びます。テーマを適用すると、スライドの色や模様だけでなく、文字の書式も同時に変わります。

① [テーマ] の一覧を表示する

1 [デザイン]タブをクリック

2 [テーマ]のここをクリック

② テーマを選択する

標準では、[Officeテーマ] というテーマがスライドに設定されている

[テーマ] の一覧から好みのデザインを選択する

1 [オーガニック]にマウスポインターを合わせる

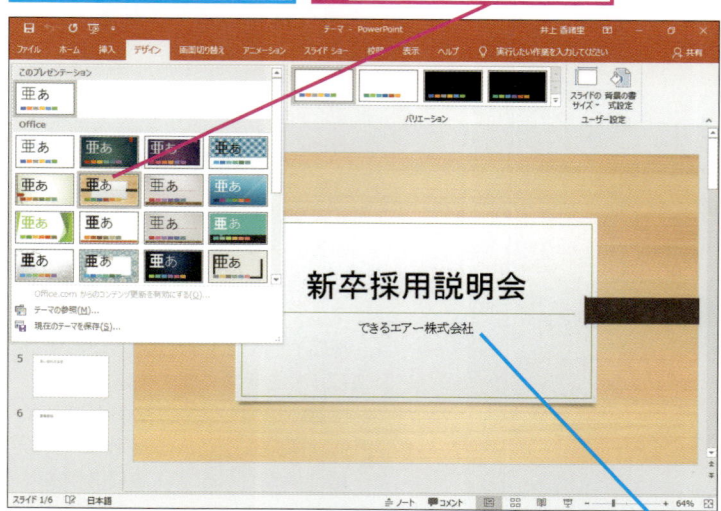

テーマにマウスポインターを合わせると、一時的にスライドのデザインが変わり、設定後の状態を確認できる

キーワード

書式	p.306
スライド	p.306
テーマ	p.308
マウスポインター	p.311
リアルタイムプレビュー	p.311

📄 レッスンで使う練習用ファイル
テーマ.pptx

HINT!

テーマの一覧が邪魔になるときは

手順2のようにテーマの一覧を表示すると、スライドが隠れてしまってデザインを確認しづらい場合があります。以下の手順でボタンをクリックすれば、一覧を表示せずにテーマを変更できます。

1 [テーマ]のここをクリック

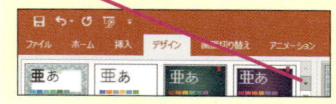

テーマに表示される一覧が切り替わった

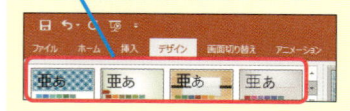

HINT!

テーマは何度でも変更できる

このレッスンでは、表やグラフなどを作成する前にテーマを適用しましたが、テーマは後から何度でも変更できます。テーマを変更すると、デザインだけでなく表やグラフ、図形などの色合いも連動して変わります。

③ テーマを決定する

ほかのテーマの設定結果を確認する

1 [シャボン] にマウスポインターを合わせる

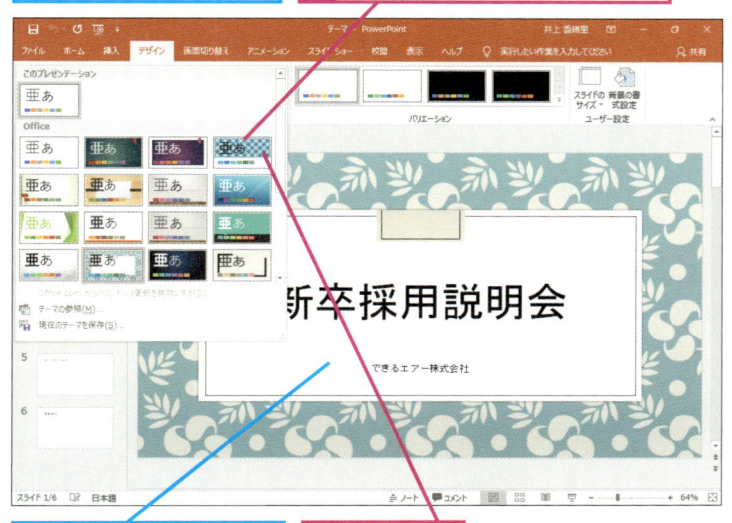

テーマを適用した状態のプレビューが表示される

2 そのままクリック

④ スライドのデザインが変わった

スライド全体のデザインが変更された

文字の大きさや色が自動的に変更される

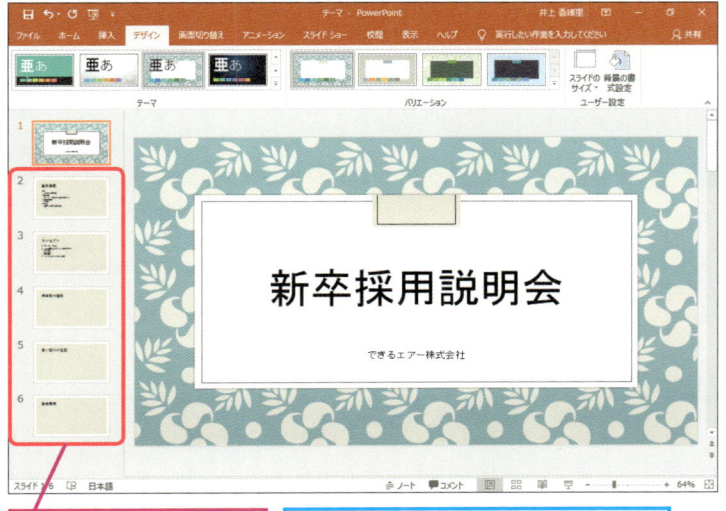

1 2枚目以降のスライドのデザインも変更されたことを確認

選択したテーマが気に入らないときは手順1から操作をやり直して、何度でもテーマを変更できる

HINT!

特定のスライドだけにデザインを適用するには

テーマを選択すると、自動的にすべてのスライドに同じテーマが適用されます。手順3の画面でテーマを右クリックし、[選択したスライドに適用]を選択すれば特定のスライドだけにテーマを適用できます。ただし、1つのプレゼンテーションの中に、複数のテーマが混在していると、統一感が失われるので注意が必要です。

HINT!

元の状態に戻すには

スライドのデザインを標準の設定に戻すには、[テーマ]の一覧から[Officeテーマ]を選択します。

Point

リアルタイムプレビューでデザインをじっくり吟味する

テーマとは、スライドの色や模様、フォントなどのデザインと書式がセットになったひな形のことです。PowerPoint 2019には、ビジネスシーンで活用できるシンプルなテーマがいくつも用意されていますが、テーマを選ぶときにはスライドの内容に合ったものを選ぶことがポイントです。「リアルタイムプレビュー」の機能は、マウスポインターを合わせるだけで実際のスライドのイメージが事前に確認できる優れものです。リアルタイムプレビューでいろいろなテーマを適用しながら、スライドに合うデザインを探しましょう。

18

スライドのバリエーションを変更するには

バリエーション

テーマはそのままに、デザインの見ためを変更します。「バリエーション」の機能を使うと、デザインを変えずに背景や色の組み合わせを変更できます。

1 [バリエーション]の一覧を表示する

テーマのバリエーションを変更する

1 [デザイン]タブをクリック

2 [バリエーション]のここをクリック

2 バリエーションを選択する

[バリエーション]の一覧から好みのデザインを選択する

1 ここにマウスポインターを合わせる

バリエーションにマウスポインターを合わせると、一時的にスライドのデザインが変わり設定後の状態を確認できる

2 そのままクリック

キーワード

 レッスンで使う練習用ファイル
バリエーション.pptx

HINT!

バリエーションって何？

バリエーションとは、スライドの背景と色の組み合わせのパターンのことです。バリエーションを変更すると、自動的にすべてのスライドに適用されます。[バリエーション]の一覧に表示されるパターンは、テーマに連動して変わります。

HINT!

バリエーションと配色の違い

レッスン⑲で紹介する「配色」の機能を使えば、スライドの色の組み合わせだけを変更できます。バリエーションは、色の組み合わせに加えて背景の模様もセットになっており、背景と色の組み合わせを同時に変更できるのが特徴です。

⚠️ **間違った場合は？**

目的とは違うバリエーションを選択してしまった場合は、手順1〜2の操作で再度別のバリエーションを選択し直します。

第3章 スライドのデザインを整える

テクニック　接続機器に合わせてスライドのサイズを変更しよう

PowerPoint 2019では、標準の設定でスライドサイズがワイド画面（16:9）で表示されます。これは、ワイドスクリーン型のパソコン画面やタブレット端末が普及したためです。16：9の縦横比に対応していないプロジェクターなどでスライドショーを実行するときは、以下の手順で標準のスライドサイズ（4:3）に変更しておくといいでしょう。4:3の画面いっぱいにスライドを表示できます。なお、スライドサイズを変更しても、入力済みの内容はそのまま引き継がれます。

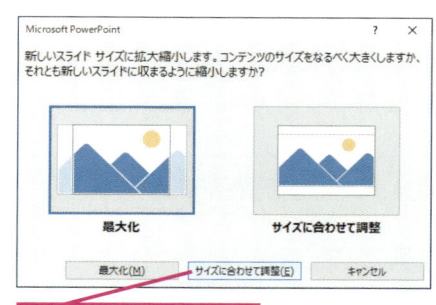

4 ［サイズに合わせて調整］をクリック

1 ［デザイン］タブをクリック　**2** ［スライドのサイズ］をクリック

スライドのサイズが4:3になった

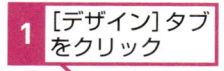

3 ［標準（4:3）］をクリック

3　背景や色の組み合わせが変わった

バリエーションが変更された　**1** すべてのスライドのデザインが変更されたことを確認

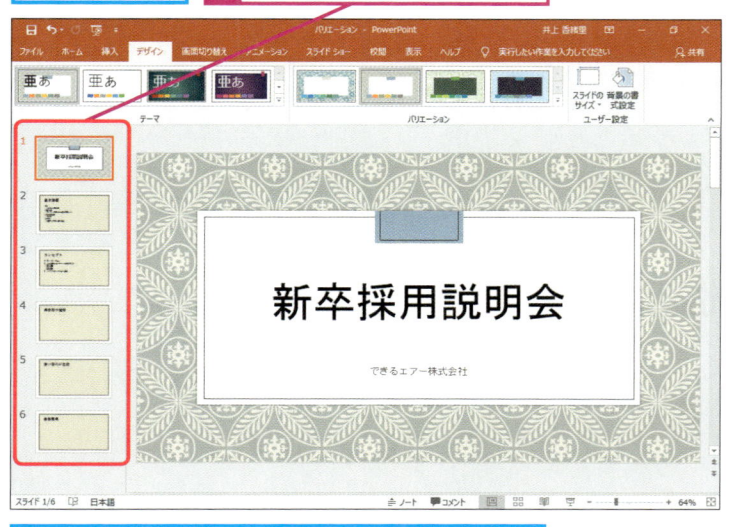

選択したバリエーションが気に入らないときは、手順1から操作をやり直して何回でも変更ができる

Point

テーマとバリエーションの組み合わせでデザインの幅が広がる

レッスン⓱で紹介したテーマの種類には限りがありますが、テーマとバリエーションの機能を組み合わせると、選べるデザインが何倍にも増えます。

練習用ファイルに設定した［シャボン］のテーマの場合は、［バリエーション］の一覧に4つのパターンが表示されます。テーマによって選択できるパターンや数は異なりますが、バリエーションを変更するだけで、基本となるデザインはそのままで、まったく違うテーマを設定したような仕上がりとなります。

バリエーションは必ず変更するものではありません。適用したテーマのままでよければ、レッスン⓳やレッスン⓴で解説する配色やフォントのレッスンに進んで、必要に応じてデザインを調整しましょう。

19

スライドの配色を変更するには

配色

レッスン⑱で適用したテーマの配色を変更します。「配色」の機能を使うと、テーマのデザインはそのままで、色の組み合わせだけを変更できます。

---

① [配色] の一覧を表示する

デザインの配色を変更する

| 1 | [デザイン]タブをクリック | 2 | [バリエーション]のここをクリック | |

| 3 | [配色]にマウスポインターを合わせる |

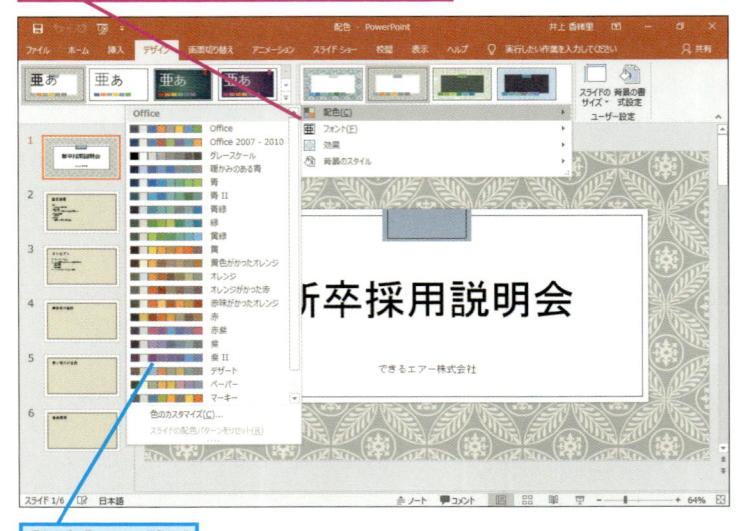

[配色] の一覧が表示された

キーワード

テーマ	p.308
配色	p.309

レッスンで使う練習用ファイル
配色.pptx

HINT!

配色って何？

配色とは、スライドを構成している12個所の色の組み合わせのことです。配色ごとに「デザート」や「シック」などの名前が付いており、名前にマウスポインターを合わせると、配色を適用した結果を事前に確認できます。

HINT!

オリジナルの配色を作成するには

新しい配色の組み合わせを作成するには、手順2で配色の一覧から［色のカスタマイズ］をクリックします。スライドを構成している12個所の配色が表示されたら、一部の色やすべての色を変更します。なお、色の▼をクリックして表示される［標準の色］にある色を選ぶと、後からテーマを変えても色が変わりません。

テキストの色や強調色など、色の組み合わせを自由に設定できる

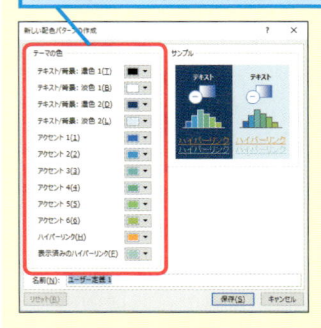

第3章　スライドのデザインを整える

② 配色を選択する

変更する配色を選択する

1 [青]にマウスポインターを合わせる

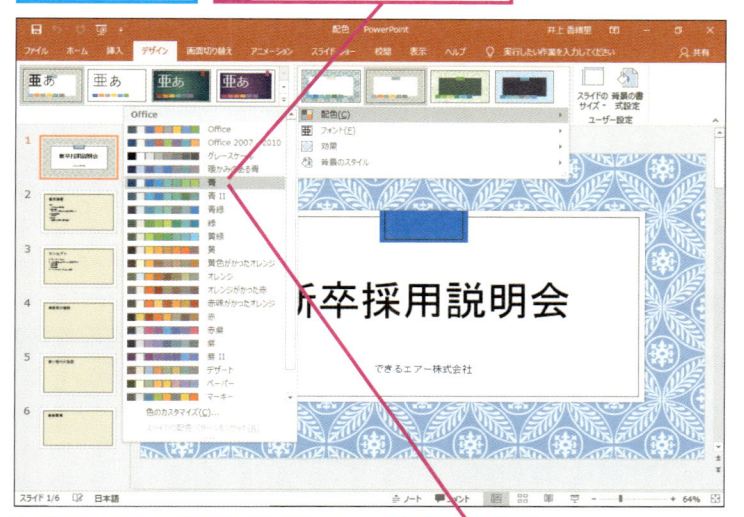

配色を適用した状態のプレビューが表示される

2 そのままクリック

③ 配色が変わった

テーマの配色が変更された

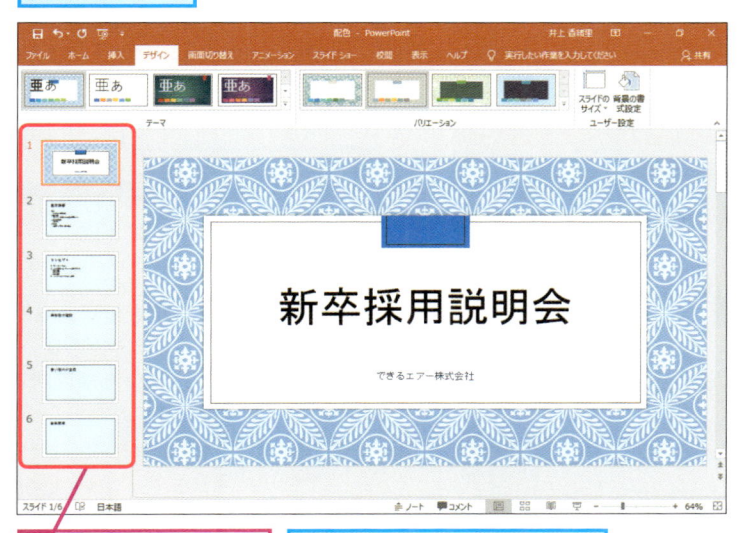

1 すべてのスライドの配色が変更されたことを確認

配色が気に入らないときは、手順1から操作をやり直して何回でも配色を変更できる

HINT!

特定のスライドに配色を適用するには

配色を選択すると、自動的にすべてのスライドに同じ配色が適用されますが、以下の手順で特定のスライドに配色を適用できます。表紙や核となるスライドの配色を変更すると、スライドの色で「話題の転換」を表現できます。

[配色]の一覧を表示しておく

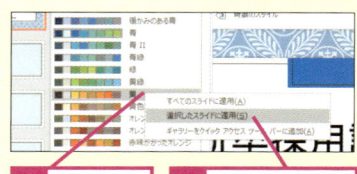

1 配色を右クリック

2 [選択したスライドに適用]をクリック

 間違った場合は？

目的とは違う配色を選択してしまった場合は、手順1～2の操作で再度別の配色をクリックし直します。

Point

配色でテーマの印象ががらりと変わる

スライドの大きな比重を占める「色」は、プレゼンテーションの印象を左右します。例えば、環境をテーマにしたプレゼンテーションでは緑や青などの自然に近い色、元気を出したいプレゼンテーションでは暖色系の色といったように、伝えたい内容に合った色を選ぶことが大切です。テーマの変更でスライドの内容にぴったり合う色にならなかったときは、[配色]の機能を使って、目的の配色に変更しましょう。それだけで同じテーマでも印象が大きく変わります。また、コーポレートカラー（企業理念や組織、団体などを象徴する色）があるときは、その色を取り入れた配色にするのも効果的です。

20

文字のデザインを変更するには

フォント

テーマにあらかじめ設定されているフォントを変更します。フォントの組み合わせの一覧から選ぶだけで、見出しと項目のフォントを一度に変更できます。

第3章　スライドのデザインを整える

① [フォント]の一覧を表示する

スライド全体のフォントの組み合わせを変更する

1 [デザイン]タブをクリック

2 [バリエーション]のここをクリック

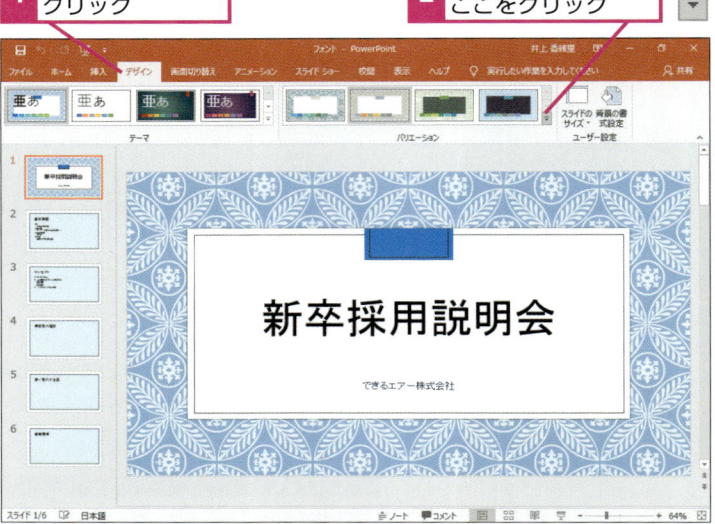

3 [フォント]にマウスポインターを合わせる

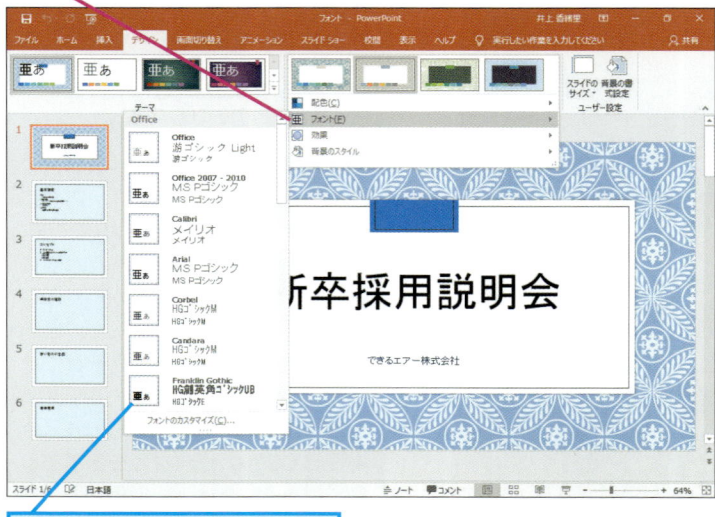

[フォント]の一覧が表示された

キーワード

スライド	p.306
テーマ	p.308
フォント	p.310

📄 **レッスンで使う練習用ファイル**
フォント.pptx

HINT!

タイトル用と項目用のフォントで1セットになっている

手順1の下の画面で表示される[フォント]の一覧は、3段のフォント名が1セットです。1段目が半角の英数字用のフォント、2段目がスライドのタイトルのフォント、3段目が項目用のフォントを表しています。手順2の操作を実行すると、「新卒採用説明会」や「できるエアー株式会社」の文字が[メイリオ]のフォントに設定されます。

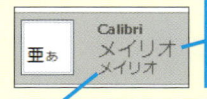

タイトル用のフォントが上に表示される

項目用のフォントが下に表示される

HINT!

表や図形の中のフォントはどうなるの？

フォントの組み合わせを変更すると、スライドに挿入した表やグラフ、図形の中の文字のフォントも項目用のフォントに変わります。

⚠️ **間違った場合は？**

目的とは違うフォントの組み合わせを選択してしまった場合は、手順1〜2の操作で別のフォントをクリックし直します。

2 フォントの組み合わせを選択する

レッスン⑰で設定したテーマのフォントを別のフォントに変更する

レッスン⑰で設定した

1 ［メイリオ］を
クリック

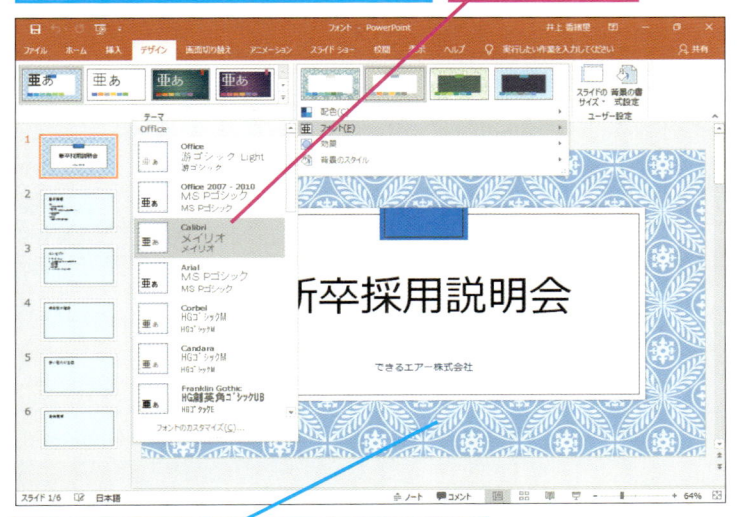

フォントの組み合わせにマウスポインターを合わせると、一時的に文字の種類が変わり、設定後の状態を確認できる

3 フォントの組み合わせが変更された

スライド全体のフォントの組み合わせが変更できた

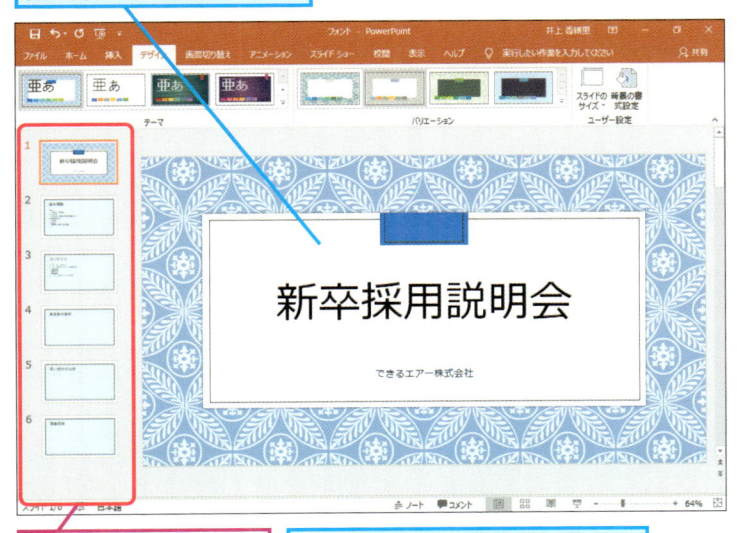

1 すべてのスライドのフォントが変更されたことを確認

フォントが気に入らないときは、手順1から操作をやり直して何回でもフォントを変更できる

HINT!

特定の文字のフォントを変更するには

フォントの機能を使うと、すべてのスライドにある文字のフォントが変更されます。特定の文字のフォントだけを変更したいときは、以下の手順で対象となる文字を選択し、［ホーム］タブの［フォント］ボタンから変更後のフォントをクリックします。

1 文字をドラッグして選択

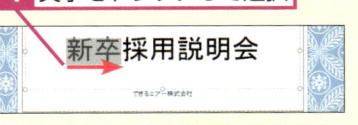

2 ［ホーム］タブをクリック

3 ここをクリック

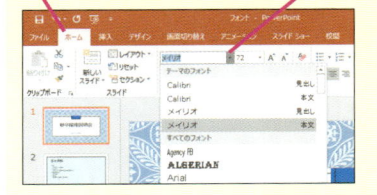

一覧から目的のフォントをクリックして選択する

Point

スライドのイメージに合ったフォントを選ぶ

フォントの機能には、タイトルのフォントと項目のフォントの組み合わせが登録されています。このフォントの組み合わせはテーマごとに異なります。ただし、テーマのフォントがスライドのイメージと合うとは限りません。縦横の線の太さが同じゴシック体は力強くてクールな印象を与えますが、女性向けや和をテーマにしたプレゼンテーションにはしっくりこない場合もあるでしょう。反対に、横の線が細い明朝体は繊細で優しい印象を与えます。スライドのフォントは、内容を引き立てる効果があります。スライドの内容に合わせて、効果的なフォントの組み合わせを選んでください。

文字のフォントサイズを変更するには

フォントサイズ

プレースホルダーに入力した文字の大きさは文字数（項目数）によって自動的に設定されます。［フォントサイズ］ボタンを使うと、後から文字のサイズを変更できます。

① プレースホルダー全体を選択する

3枚目のスライドにある項目の文字を大きくする

1 3枚目のスライドをクリック

2 ここをクリック

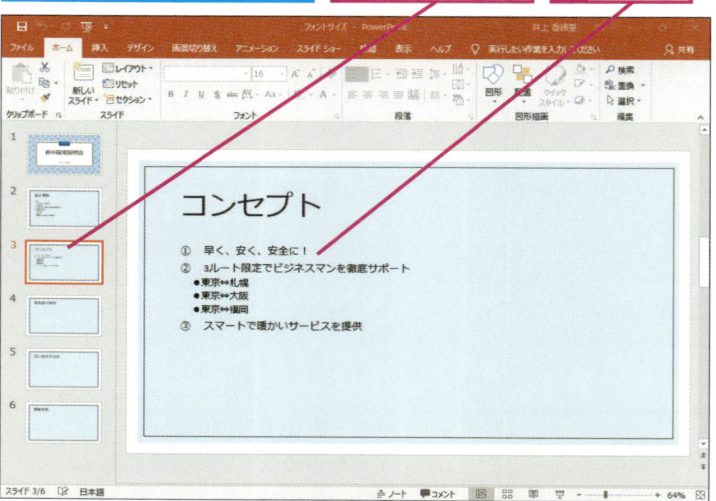

プレースホルダーの枠線が点線で表示された

3 ここにマウスポインターを合わせる

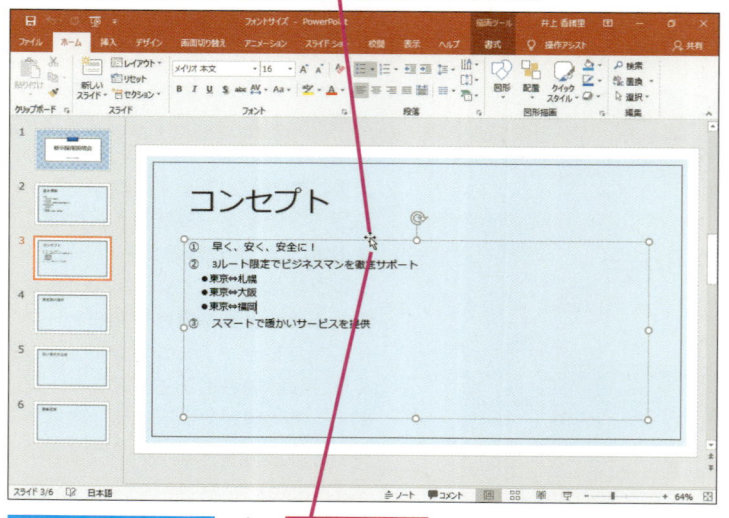

マウスポインターの形が変わった

4 そのままクリック

レッスンで使う練習用ファイル
フォントサイズ.pptx

HINT!

特定の文字のフォントサイズを変更するには

手順1の下の画面のようにプレースホルダーの外枠をクリックしてから、手順2のように［フォントサイズ］を変更すると、プレースホルダー内にあるすべての文字の大きさを変更できます。特定の文字の大きさを変更するには、対象となる文字をドラッグして選択してからフォントサイズを変更しましょう。

HINT!

ボタンで一段階ずつ拡大・縮小するには

［ホーム］タブの［フォントサイズの拡大］ボタン（）や［フォントサイズの縮小］ボタン（ ）をクリックすると、一回りずつフォントサイズを拡大・縮小できます。例えば、レベルが異なる箇条書きを入力したプレースホルダーを選択してから［フォントサイズの拡大］ボタン（ ）をクリックすると、異なるレベルの箇条書きを同じ比率で同時に拡大できて便利です。

第3章 スライドのデザインを整える

② 文字の大きさを変更する

1	[ホーム]タブをクリック
2	[フォントサイズ]のここをクリック

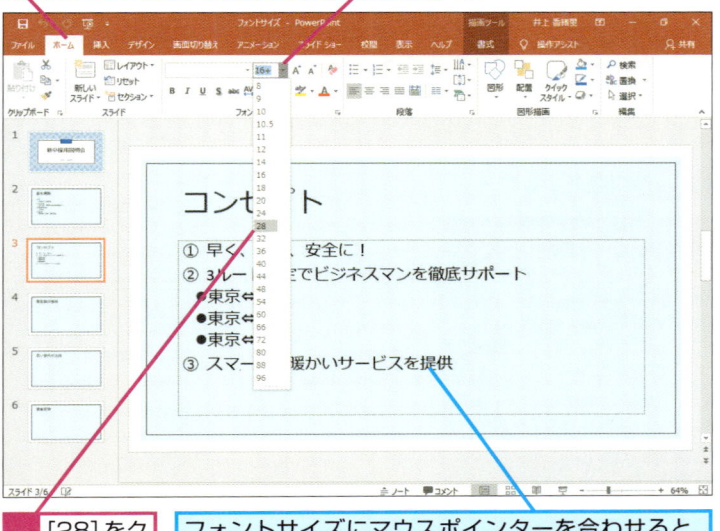

3	[28]をクリック

フォントサイズにマウスポインターを合わせると、一時的に文字の大きさが変わり、設定後の状態を確認できる

③ 文字の大きさが変わった

フォントサイズが変更された

プレースホルダーの選択を解除する

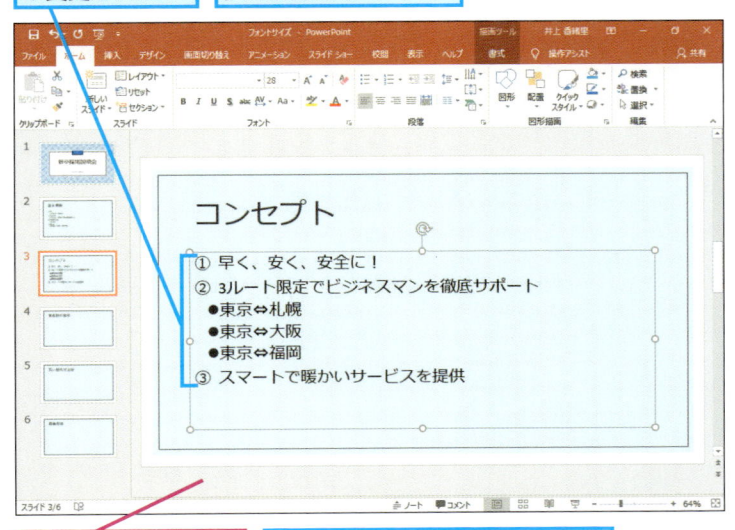

1	スライドの外側をクリック

プレースホルダーの枠が非表示になり、選択が解除される

HINT!

文字の行間を広げるには

プレースホルダーにある文字の行間を広げるには、[ホーム]タブの[行間]ボタンを使います。行間とは、上の行の文字の下端から下の行の文字の下端までの距離のことで、標準の設定では「1.0」が選ばれています。

行間を広げたい項目を選択しておく　◆行間

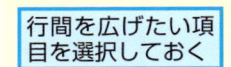

1	[ホーム]タブをクリック
2	[行間]をクリック

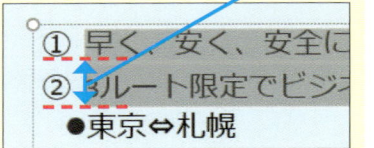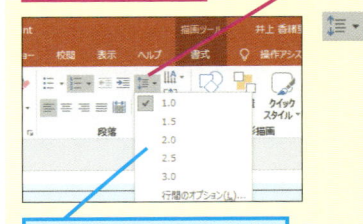

行間の一覧が表示された

Point

プレゼンテーションの方法でフォントサイズは異なる

プレースホルダーのフォントサイズは、テーマごとに決まっています。プレースホルダー内に決まった行数以上の項目を入力すると、自動で文字の大きさが小さくなります。このレッスンのサンプルのように、プレースホルダー内の行数が少ないときはできるだけ文字を大きくしておきましょう。特に、大きな会場でプロジェクターに画面を映し出すプレゼンテーションでは、後ろからでも文字が読めるように文字サイズを大きめにしておく必要があります。一方、印刷したスライドを配布して手元で見る会議などでは、文字サイズが少々小さめでも問題ありません。

21

フォントサイズ

22

特定の文字に色を付けるには

フォントの色

スライドの中でも特に強調したい文字は、ほかの文字と違う色を付けると目立ちます。文字の色を変更するには、[フォントの色] ボタンを使います。

第3章　スライドのデザインを整える

1 特定の文字を選択する

3枚目のスライドにある文字色を変更する | **1** 「早」をドラッグ

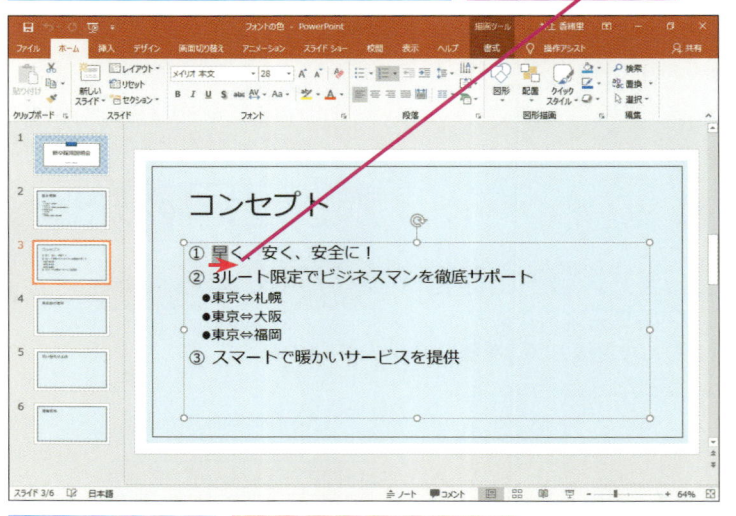

「早」の文字が選択された | **2** Ctrl キーを押しながら「安」「安全」をドラッグ

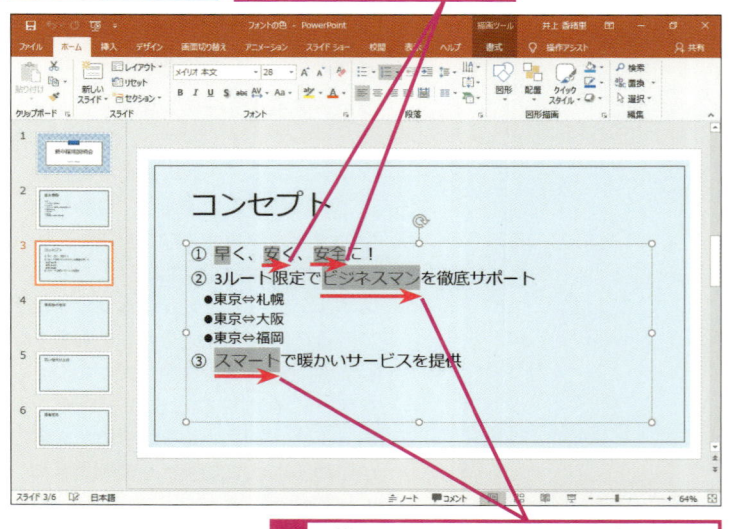

3 同様に Ctrl キーを押しながら「ビジネスマン」「スマート」をドラッグ

キーワード

コピー	p.305
書式	p.306
スライド	p.306
テーマ	p.308
貼り付け	p.309
フォント	p.310
プレースホルダー	p.310

📄 **レッスンで使う練習用ファイル**
フォントの色.pptx

⌨ **ショートカットキー**

Ctrl + E ……………中央揃え
Ctrl + R ……………右揃え
Ctrl + Shift + C
……………………書式のコピー
Ctrl + Shift + V
……………………書式の貼り付け

HINT!

文字の配置を変更するには

プレースホルダー内の文字の配置を変更するには、[ホーム] タブの [中央揃え] や [右揃え][均等割り付け] ボタンを使います。

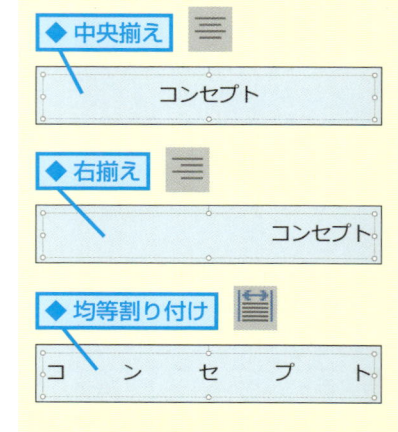

◆ 中央揃え

◆ 右揃え

◆ 均等割り付け

テクニック 強調する文字には暖色系の色を使う

強調したい文字には暖色系の色を使うと効果的です。なぜなら、暖色系の色は前面に飛び出して見える特性があるからです。反対に寒色系の色は引っ込んで見えるため、文字を強調するには不向きです。

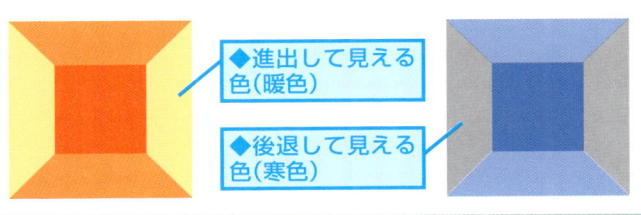

◆進出して見える色（暖色）

◆後退して見える色（寒色）

2 文字の色を変更する

1 [ホーム] タブをクリック

2 [フォントの色] のここをクリック

3 [赤] をクリック

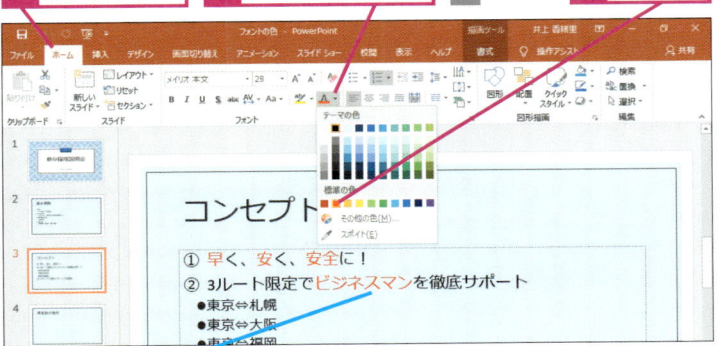

フォントの色にマウスポインターを合わせると、一時的に文字の色が変わり、設定後の状態を確認できる

3 文字の色が変わった

文字に色が付いた

1 スライドの外側をクリック

プレースホルダーの枠が非表示になり、選択が解除される

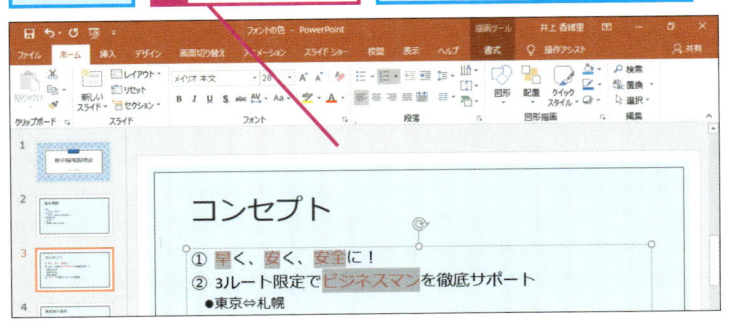

HINT!

[テーマの色] を使うとテーマに連動して色が変わる

[フォントの色] ボタンの▼をクリックしたときに表示されるパレットは、[テーマの色] と [標準の色] に分かれています。[テーマの色] を使うと、後からテーマを変更したときに、連動して文字の色も変わります。[標準の色] を使うと、テーマを変えても文字の色は変わりません。

HINT!

文字の書式だけをコピーするには

文字に設定した書式をほかの文字にコピーするには、[書式のコピー /貼り付け] ボタン（）を使います。

1 書式をコピーする文字をドラッグ

① 早く、安く、安全に！
② 3ルート限定でビジネス
●東京⇔札幌

2 [ホーム] タブの [書式のコピー /貼り付け] をクリック

3 書式を貼り付ける文字をドラッグ

① 早く、安く、安全に！
② 3ルート限定でビジネス
●東京⇔札幌

書式がコピーされた

Point

強調する色を限定して繰り返して使う

スライドの中でも特に重要なキーワードは、聞き手の印象に残るように目立たせる工夫が必要です。フォントの色を変更してほかの文字とはっきり区別すると、キーワードを際立たせられます。このとき、キーワードごとに異なる色や飾りを設定するのではなく、常に同じ色を設定します。そうすると、繰り返しの効果で聞き手の印象に強く残ります。

23 文字に特殊効果を付けるには

ワードアートのスタイル

1枚目のスライドのタイトルに「ワードアート」の効果を付けます。ワードアートとは、あらかじめデザインされた特殊効果付きの文字のことです。

① 特殊効果を付ける文字を選択する

1枚目のスライドにある文字に効果を設定する

1 1枚目のスライドをクリック

2 タイトルのプレースホルダーの中をクリック

マウスポインターの形が変わった

3 「新卒採用説明会」をドラッグ

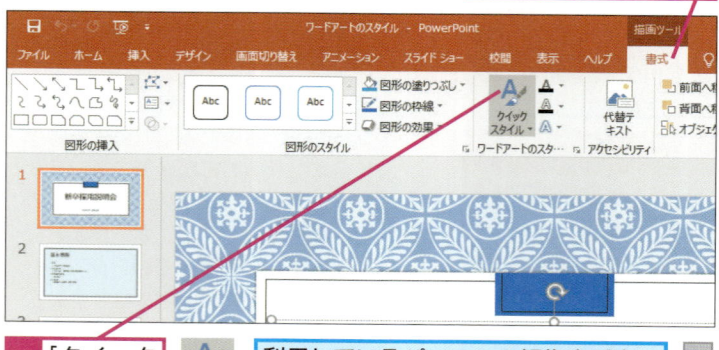

強調したい文字が選択された

② [クイックスタイル] の一覧を表示する

1 [描画ツール] の [書式] タブをクリック

2 [クイックスタイル] をクリック

利用しているパソコンの解像度が高いときは、[ワードアートのスタイル]の[その他]をクリックする

▶キーワード

書式	p.306
ワードアート	p.311

📄 **レッスンで使う練習用ファイル**
ワードアートのスタイル.pptx

HINT!

ワードアートって何？

ワードアートは、影や輪郭などの効果の付いた文字のことです。適用しているテーマごとに最適な候補が表示されるため、クリックするだけでスライドのデザインに合ったワードアートに変換できます。ワードアートを使うと、文字の色や飾りを付けるだけでは実現できない視覚効果の高い文字を作成できます。

HINT!

文字の形を変えるには

[描画ツール] の [書式] タブにある [文字の効果] ボタンから [変形] を選ぶと、波型や円形などに文字を変形できます。

1 [描画ツール]の[書式]タブをクリック

2 [文字の効果] をクリック

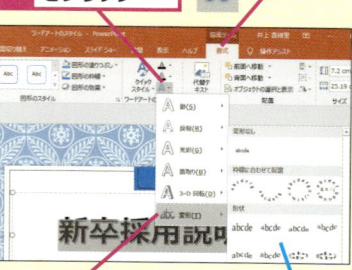

3 [変形]にマウスポインターを合わせる

一覧から形状を選ぶと文字を変形できる

第3章 スライドのデザインを整える

③ 文字に影を付ける

[クイックスタイル]の一覧が表示された

1 [塗りつぶし: 黒、文字色 1; 輪郭: 白、背景色 1; 影（ぼかしなし）: 白、背景色 1]をクリック

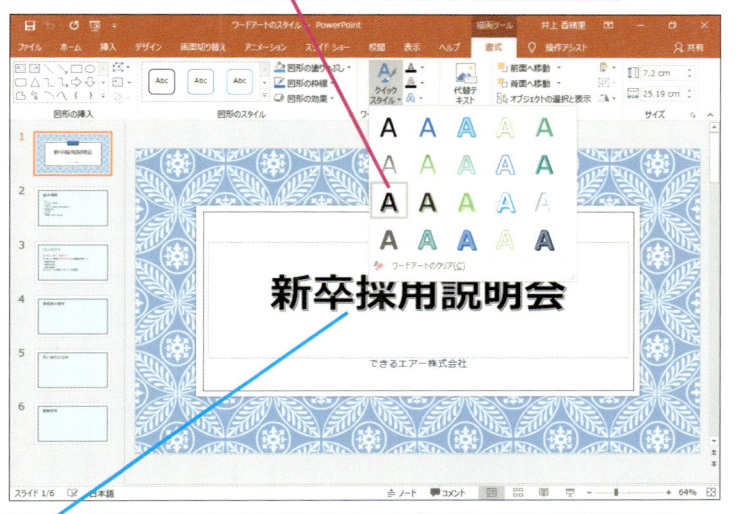

クイックスタイルにマウスポインターを合わせると、一時的に文字の外観が変わり、設定後の状態を確認できる

④ 文字に効果が設定された

選択を解除して変更した文字を確認する

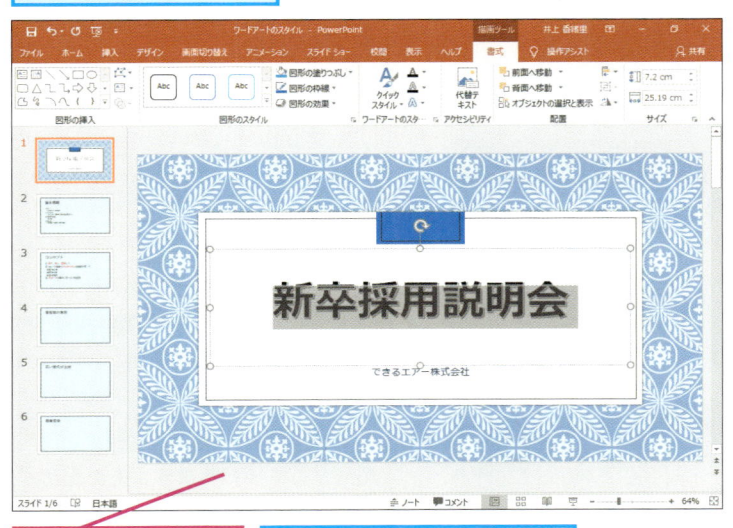

1 スライドの外側をクリック

プレースホルダーの枠が非表示になり、選択が解除される

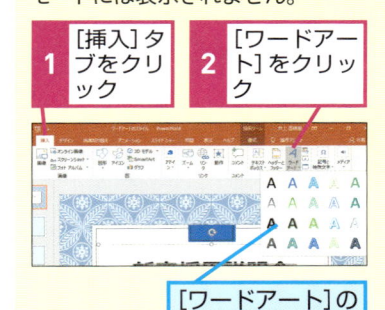

24

好きな場所に文字を入力するには

テキストボックス

プレースホルダー以外の場所に文字を入力するには、テキストボックスを使うといいでしょう。このレッスンでは、新卒採用説明会の開催年度を入力します。

第3章

スライドのデザインを整える

① ［テキストボックス］を選択する

スライドの好きな場所に文字を入力する

1 ［挿入］タブをクリック

2 ［テキストボックス］をクリック

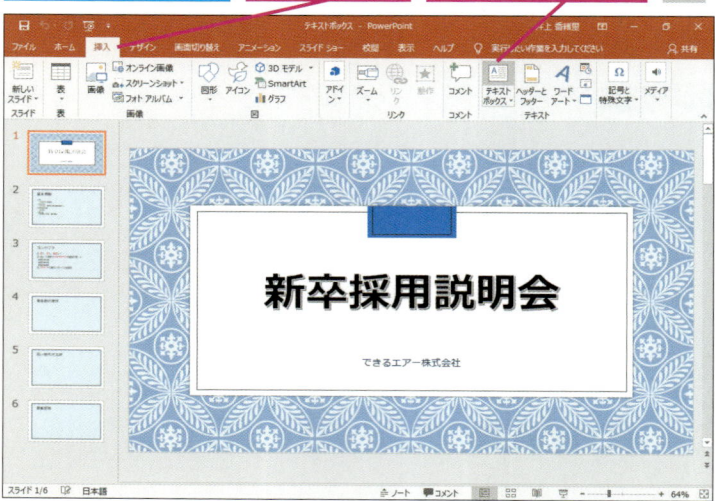

② 文字を入力する位置を設定する

1 入力する位置にマウスポインターを合わせる

マウスポインターの形が変わった

2 そのままクリック

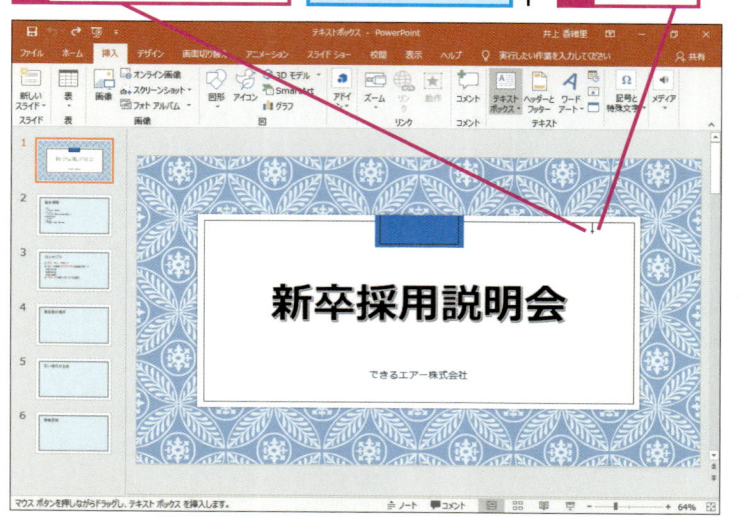

キーワード

テキストボックス	p.308
プレースホルダー	p.310

📄 **レッスンで使う練習用ファイル**
テキストボックス.pptx

HINT!

テキストボックスって何？

テキストボックスは、名前の通り文字を入れるための図形のことです。テキストボックスを使うと、スライド内の好きな位置に文字を入力できます。

HINT!

縦書きの文字を入力するには

スライドに縦書きの文字を入力するときは、［テキストボックス］ボタン（テキストボックス）から［縦書きテキストボックス］をクリックします。

1 ［テキストボックス］をクリック

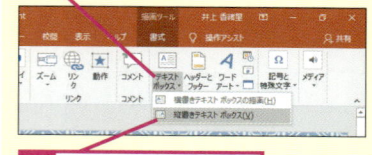

2 ［縦書きテキストボックス］をクリック

HINT!

［アウトライン表示］モードでは表示されない

テキストボックスに入力した文字は、図形として扱われます。そのため、［アウトライン表示］モードには表示されません。［アウトライン表示］モードに表示される文字は、プレースホルダー内に入力した文字だけです。

③ 文字を入力する

文字が入力できる
状態になった

ここでは新卒採用説明会の
開催年度を入力する

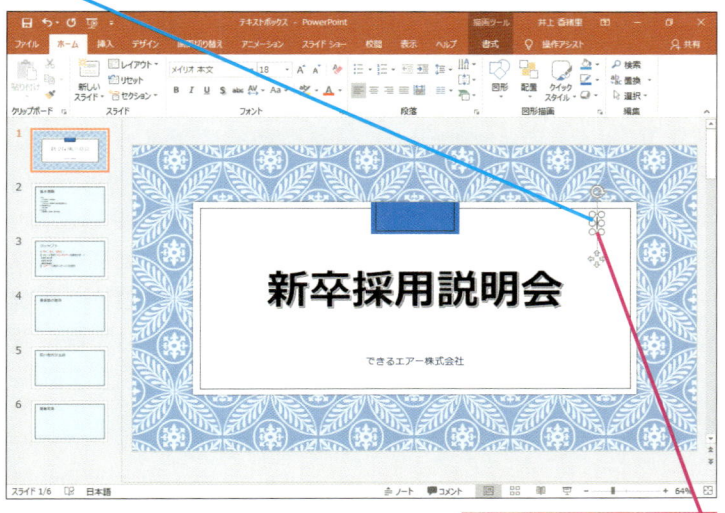

1 「2020年度」と入力

④ テキストボックスの選択を解除する

テキストボックスに
文字が入力された

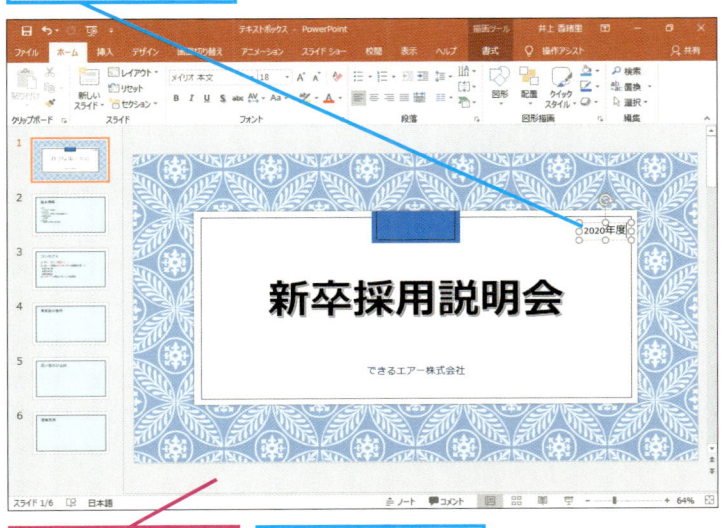

1 スライドの外側を
クリック

テキストボックスの
選択が解除される

HINT!

テキストボックスを移動するには

テキストボックスを移動するには、テキストボックスをクリックして表示される外枠にマウスポインターを合わせ、マウスポインターの形が（ ）に変わったらドラッグします。

1 ここにマウスポインターを合わせる

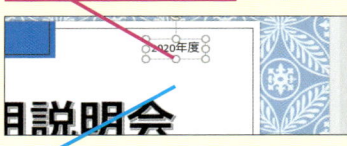

ドラッグするとテキストボックスが移動する

HINT!

テキストボックスのサイズを変更するには

テキストボックスは、入力した文字の長さに連動して自動的にサイズが変化します。後からテキストボックスのサイズを変更するには、テキストボックスの周りにあるハンドル（○）にマウスポインターを合わせてドラッグしましょう。

Point

テキストボックスで自由なレイアウトができる

日付や年度、表やグラフの出典情報、スライドの補足事項など、あらかじめスライドに用意されているプレースホルダー以外の場所に文字を入力するときは、テキストボックスが便利です。テキストボックスには縦書き用と横書き用があり、これらのテキストボックスを組み合わせて使うと、縦書きと横書きが混在したスライドも作成できます。また、テキストボックスに入力した文字は、プレースホルダーに入力した文字と同じように、ワードアートをはじめとしたさまざまな書式を設定できます。

この章のまとめ

●ひと手間がデザインの差別化につながる

PowerPoint 2019に用意されている「テーマ」はシンプルで汎用性のあるデザインが多いため、いろいろなシーンで利用できます。しかも、あっという間にプロ並みのデザインのスライドに仕上がるため、ついつい既存のテーマを適用するだけで満足してしまいがちです。

しかし、PowerPointがプレゼンテーションソフトのグローバルスタンダードとなった昨今では、既存のテーマを使ったスライドが氾濫しています。ほかの人が作るスライドとはちょっと違った個性のあるスライドを作成するには、既存のテーマの「バリエーション」や「配色」「フォント」などを変更したり、キーワードとなる文字を目立たせたりするなどの「ひと手間」が必要です。このひと手間をかけるかかけないかで、聞き手の印象に残るスライドになるかどうかが決まるのです。

**テーマや配色を工夫して
デザインを適用する**

用意されているテーマや配色、
フォントを組み合わせて目的に
合ったデザインに変更する

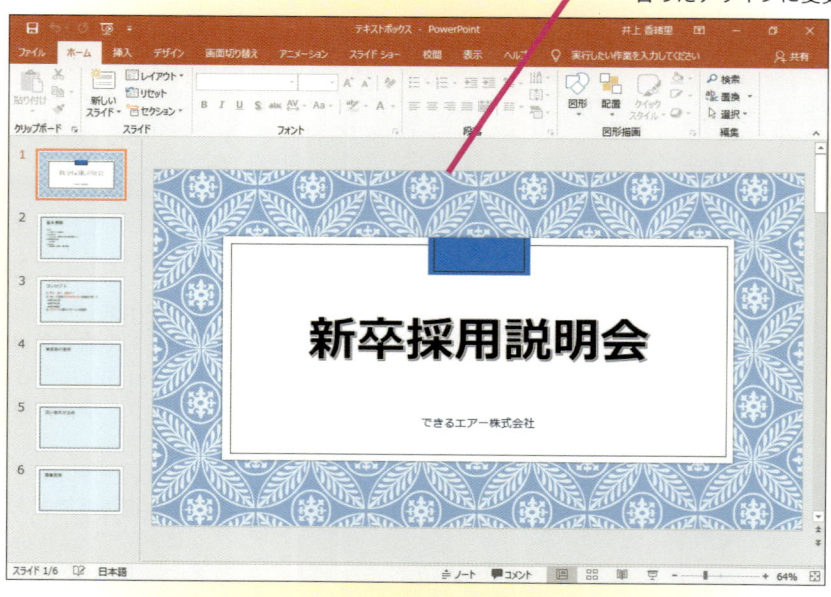

第3章　スライドのデザインを整える

練習問題

1 ··

PowerPointを起動して、新しいスライドを作成してください。作成したスライドに［ファセット］のテーマを設定し、バリエーションを変更してみましょう。なお、PowerPointが起動済みであれば、［ファイル］タブの［新規］をクリックして、［ファセット］を選択し、［作成］ボタンをクリックしても構いません。

●ヒント：［デザイン］タブから操作します。

スライドを新規に作成してテーマを設定する

［バリエーション］の一覧で青色のデザインを選択する

2 ··

練習問題1で作成したスライドのタイトルに「新入社員研修」と入力し、文字に影を付けてみましょう。

●ヒント：入力した文字を選択してから文字に影を付けます。

テーマと配色を設定したスライドに文字を入力する

答えは次のページ

解 答

1

レッスン❷を参考に、PowerPointを起動して[新しいプレゼンテーション]をクリックします。[デザイン]タブの[テーマ]の をクリックして一覧から[ファセット]をクリックしましょう。続いて、[バリエーション]の一覧で青色のデザインをクリックします。

1 [デザイン]タブをクリック

2 [テーマ]のこ こをクリック

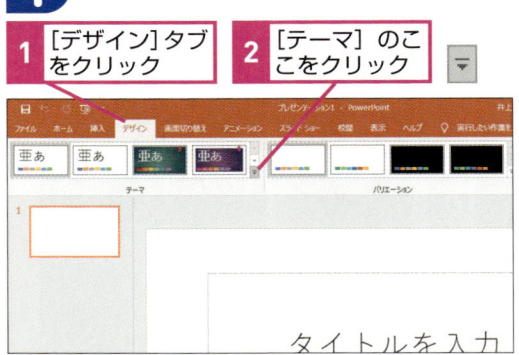

3 [ファセット]をクリック

テーマが変更された

4 [バリエーション]のここをクリック

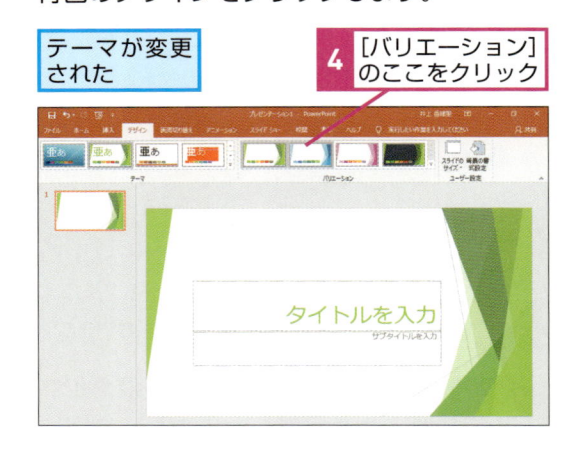

2

「タイトルを入力」と表示されているプレースホルダーをクリックし、「新入社員研修」と入力します。次に、「新入社員研修」の文字をドラッグして選択し、[ホーム]タブの[文字の影]ボタン（ ）をクリックします。

1 タイトルのプレースホルダーの中をクリック

2 「新入社員研修」と入力

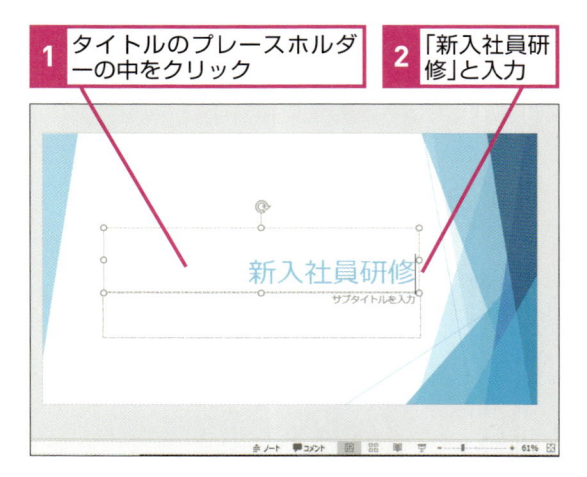

3 文字をドラッグして選択

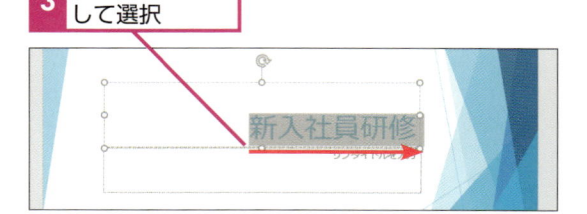

4 [ホーム]タブをクリック

5 [文字の影]をクリック

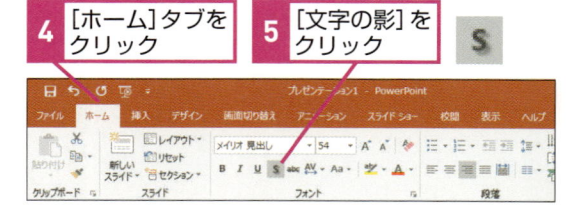

第3章 スライドのデザインを整える

第4章 表やグラフを挿入する

この章では、スライドに表やグラフを挿入する操作を解説します。表やグラフを編集し体裁を整える方法やExcelで作成したグラフをスライドに貼り付けて利用する方法を紹介します。

25

説得力のある スライドを作成しよう

表やグラフの挿入

スライドに表やグラフを挿入すると、プレゼンテーションの説明に説得力が増します。伝えたい内容がひと目で分かるグラフや表に仕上げることがポイントです。

第4章 表やグラフを挿入する

表やグラフの利用

プレゼンテーションの==最終的な目的は、相手を説得すること==です。「この企画を採用したい」とか「この商品を購入したい」と思わせるためには、収集した情報を正しく伝える工夫が必要です。==情報を整理した表や数値を視覚的に見せるグラフ==を使えば、相手に分かりやすい見せ方ができ、結果的に正しい理解へとつながります。

キーワード

グラフ	p.305
スライド	p.306

HINT!

データを整理してから使う

表やグラフの基になるデータがたくさんあるからといって、それらがすべて必要とは限りません。大量のデータを提示すると、本当に伝えたい内容が分かりにくくなってしまうことがあるからです。例えば10年間の数値の動きを見せたいのであれば、ポイントとなる年代だけをピックアップしたり、2年置きの推移を見せるなど、表やグラフを作る前にデータを整理しておく必要があります。

表を挿入して文字を入力する →レッスン㉖

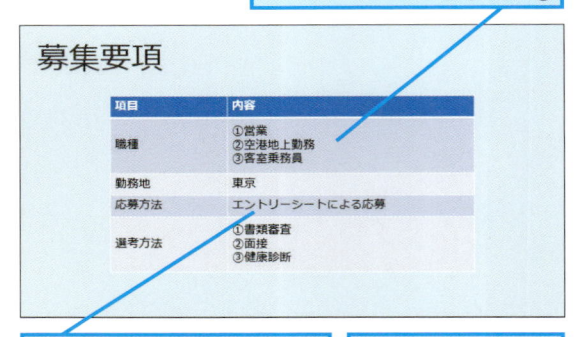

表の配置や表の大きさ、列の幅を変更する →レッスン㉗

完成したスライドを紙に印刷する →レッスン㉝

スライドにグラフを挿入してグラフのデータを入力する →レッスン㉘

グラフのデザインを変更し数値を表示する →レッスン㉙、㉚

Excelで作成した円グラフを貼り付ける →レッスン㉛

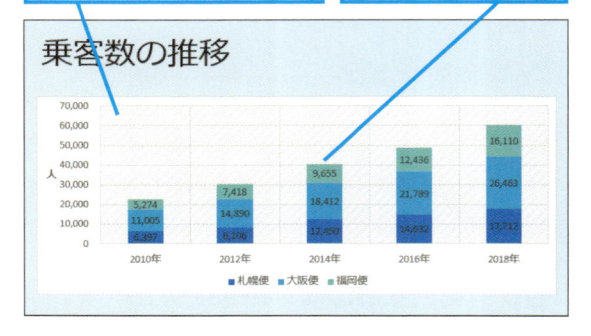

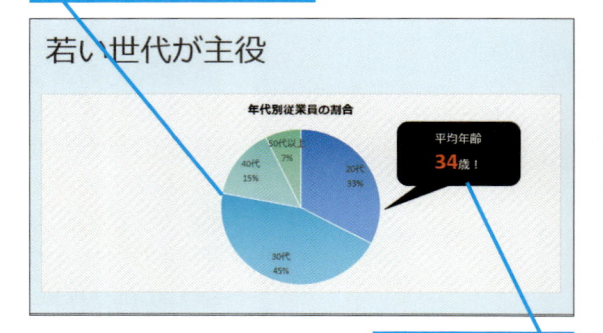

吹き出しの図形を挿入する →レッスン㉜

数値データの効果的な活用

数値の情報を分かりやすく見せるには、表やグラフを使います。数値を「正確に」伝えたいときは表、細かい数値よりも大きさや増減などの「全体的な傾向」を見せたいときはグラフというように、目的に合わせて使い分けましょう。

●表で表すデータ

表は数値や文字の情報を線で区切って整理して見せるものです。正確な情報を整理して伝えたいときは表を使います。

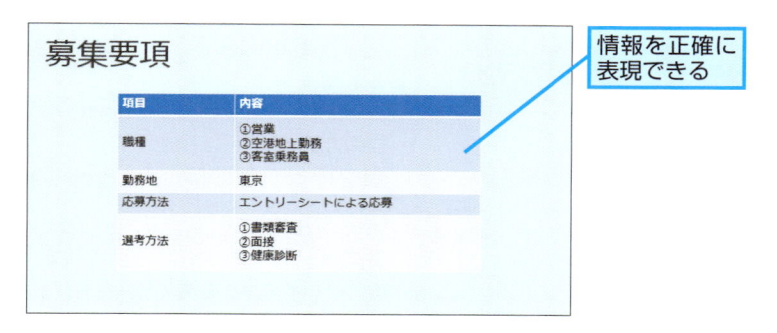

情報を正確に表現できる

●グラフで表すデータ

グラフは、数値の全体的な傾向を視覚的に見せるものです。構成比や伸び率、推移などの傾向を伝えたいときはグラフを使います。

大きな傾向をひと目で伝えられる

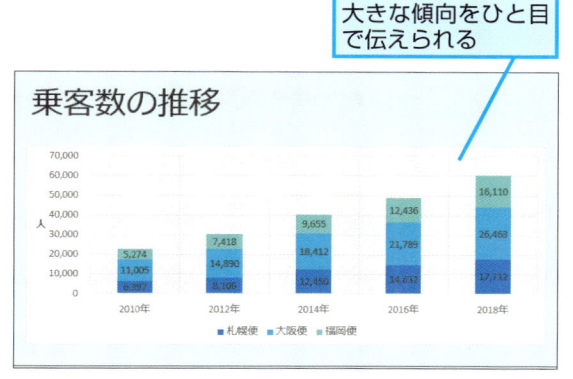

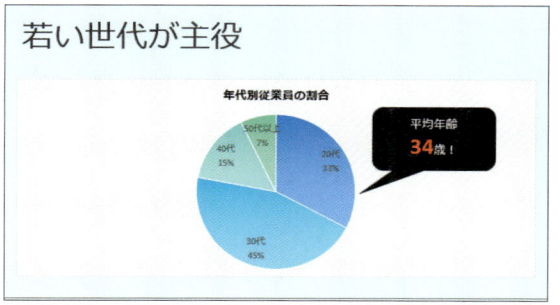

HINT!

表やグラフは分かりやすさが第一

数値や文字の情報を表やグラフにまとめただけで安心してはいけません。情報が多すぎないか、文字が大きくなっていて見やすい色に設定されているか、グラフの種類は適切かなど、聞き手にとって分かりやすい内容になっているかどうかをチェックし、ひと手間かける配慮が必要です。

聞き手に理解してもらえる内容でないと、グラフを使う意味がない

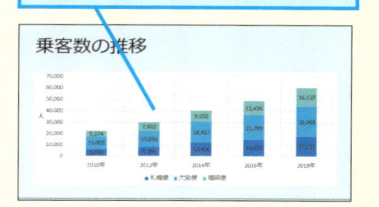

Point

分かりにくい情報を分かりやすく見せる

聞き手を説得するためには、原因や状況、予測の裏付けとなる具体的なデータが求められます。こういったデータはどうしても細かい数値の羅列になりがちですが、そのまま提示しても聞き手に理解してもらうのは難しいでしょう。このようなときは、文字や数値を表にまとめて整理し、聞き手が理解しやすいように加工する必要があります。また、数値の大きさや推移などを伝えるためには、数値の傾向を分かりやすく見せるグラフを使うべきです。常に聞き手の立場に立って、分かりやすい資料を作成するように心掛けましょう。

表を挿入するには

表の挿入

［表の挿入］の機能を使うと、列数や行数を数値で指定するだけで、あっという間に表が挿入できます。ここではスライドに2列5行の表を作成します。

1 表を挿入する

スライドに表を挿入する

| 1 | 6枚目のスライドをクリック | 6枚目のスライドが表示された | 2 | ［表の挿入］をクリック |

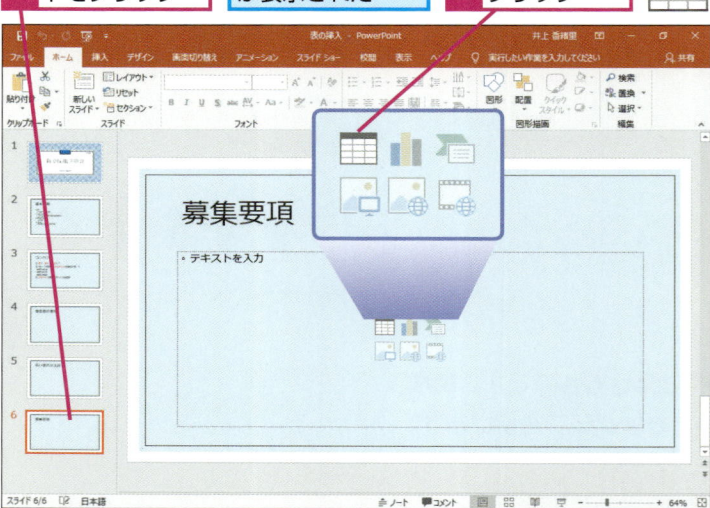

2 表の列数と行数を設定する

［表の挿入］ダイアログボックスが表示された

ここでは2列5行の表を挿入する

1 ［列数］に「2」と入力

2 ［行数］に「5」と入力

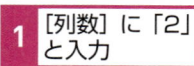

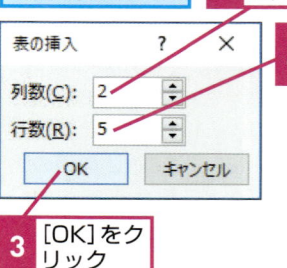

3 ［OK］をクリック

キーワード

スライド	p.306
ハンドル	p.310
レイアウト	p.311

📄 **レッスンで使う練習用ファイル**
表の挿入.pptx

HINT!

1枚のスライドに複数の表を挿入するには

［ホーム］タブの［レイアウト］の一覧にある［2つのコンテンツ］や［比較］のレイアウトを使うと、左右に2つの表を並べて作成できます。

HINT!

［挿入］タブからでも表を挿入できる

手順1のように［タイトルとコンテンツ］のレイアウトを使う以外に、［挿入］タブの［表］ボタンをクリックしても表を挿入できます。既存のスライドに表を挿入するときに利用するといいでしょう。

1 ［挿入］タブをクリック　　**2** ［表］をクリック

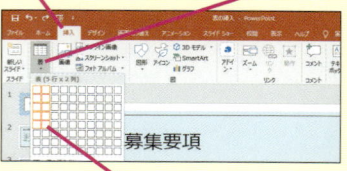

3 ［表（5行×2列）］と表示される位置をクリック

第4章　表やグラフを挿入する

❸ 表の内容を入力する

スライドに2列5行の表が挿入された

表の内容を
入力する

1 1行目の左側の
セルをクリック

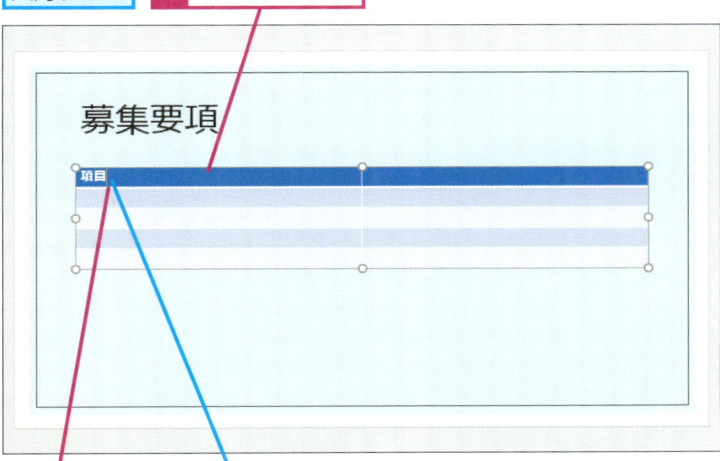

2 「項目」
と入力

カーソルの位置に
文字が入力できた

❹ 隣のセルに移動する

1 Tab キーを押す

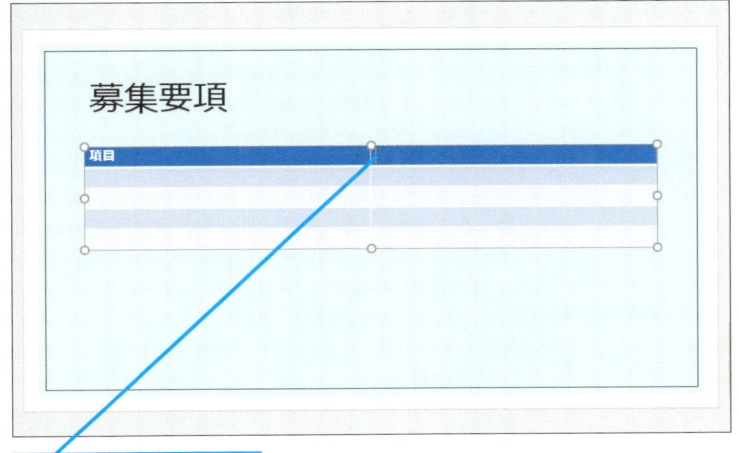

カーソルが隣のセルに
移動した

次のページに続く

HINT!

WordやExcelの表も利用できる

WordやExcelで作成済みの表があれば、そのままスライドに貼り付けて利用できます。操作は、レッスン❸で紹介するグラフの貼り付けと同じです。

HINT!

セルを結合するには

複数のセルを1つにすることを「セルの結合」といいます。セルを結合するには、結合したい複数のセルを選択し、[表ツール] の [レイアウト] タブにある [セルの結合] ボタンをクリックします。反対に1つのセルを複数のセルに分割するには、[レイアウト] タブから [セルの分割] ボタンをクリックし、分割後の列数や行数を指定します。

1 結合するセルをド
ラッグして選択

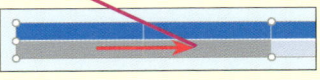

2 [表ツール] - [レイ
アウト]タブの[セル
の結合]をクリック

セルが結合された

 間違った場合は？

表の列数と行数を間違えて指定してしまった場合は、文字を入力する前であれば、クイックアクセスツールバーの [元に戻す] ボタン（ ↩ ）をクリックして、表を挿入する前の状態に戻してから操作します。

5 続けて表の内容を入力する

続けて内容を入力する

1 「内容」と入力 **2** Tab キーを押す

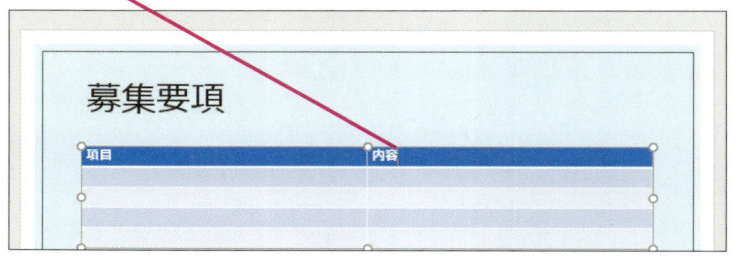

カーソルが次の
セルに移動した

3 「職種」と
入力

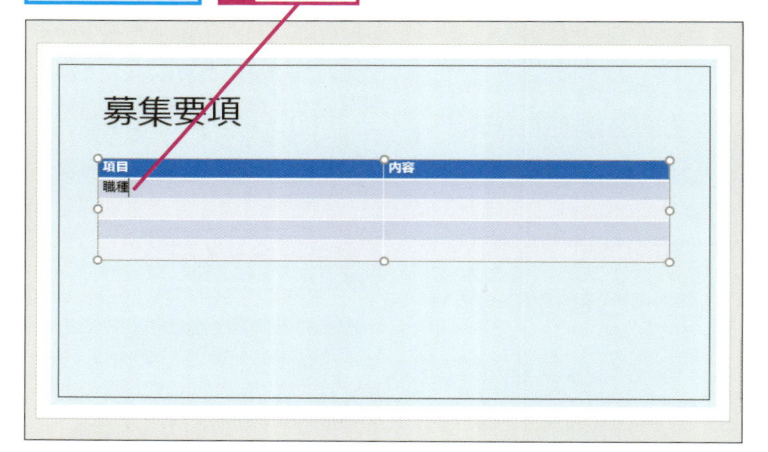

4 同様にして表の
内容を入力

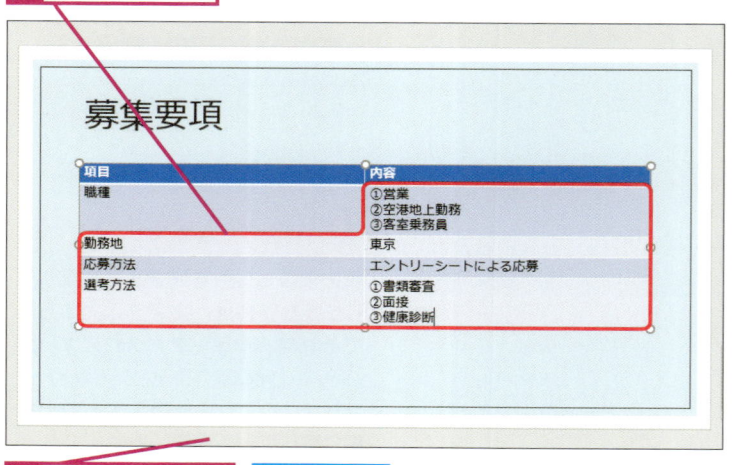

5 スライドの外側を
クリック

表の選択が
解除される

HINT!

**キーボードでセル間を
移動できる**

表の1つ1つのマス目のことを「セル」
と呼びます。セル間を移動するには、
マウスで直接セルをクリックする以
外に、キーボードでも移動できます。
文字を入力しているときに、わざわ
ざマウスに持ち替えるのが面倒なと
きに便利です。

●セル間の移動に使える
　ショートカットキー

Tab キー	1つ次のセルに移動
Shift + Tab キー	1つ前のセルに移動
↑ ↓ ← → キー	上下左右のセルに移動

HINT!

**表の縦横比を保ったまま
サイズを変更するには**

表の縦横比を保ったままサイズを変
更するには、 Shift キーを押しなが
ら表の四隅にあるハンドル（○）を
ドラッグします。

HINT!

表を移動するには

表の外枠をクリックしてドラッグす
ると表全体を移動できます。 Shift
キーを押しながらドラッグすると水
平方向や垂直方向に移動できます。

1 表の外枠を
クリック

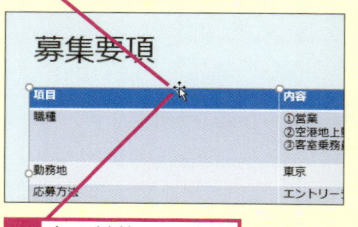

2 表の外枠にマウス
ポインターを合わ
せてドラッグ

6 表のサイズを変更する

表の内容が
入力された

1 ハンドルにマウスポ
インターを合わせる

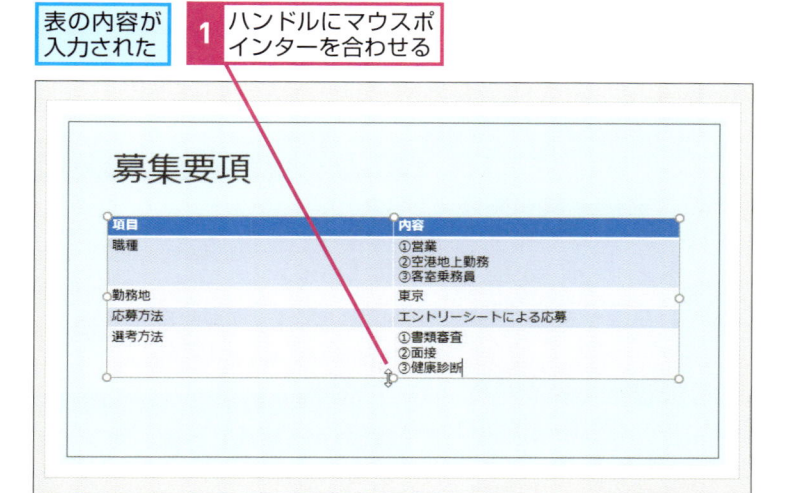

マウスポインター
の形が変わった

表のサイズを縦方向
に伸ばす

2 ここまで
ドラッグ

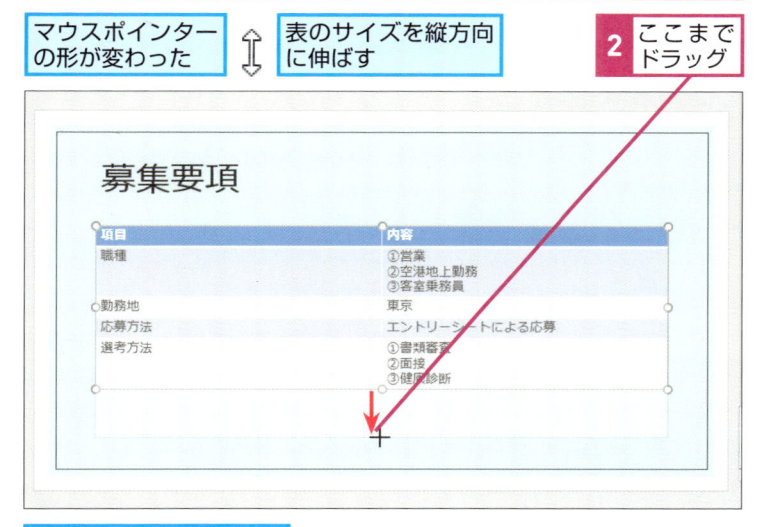

表のサイズが変更された

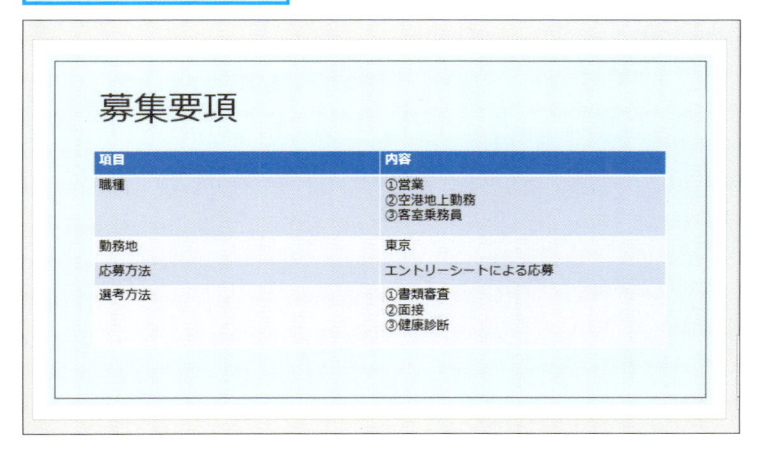

HINT!

行や列を後から挿入するには

行や列が足りなくなったときは、[表ツール] の [レイアウト] タブを使って後から行や列を挿入します。まず、行や列を追加したい位置をクリックし、[表ツール] の [レイアウト] タブの [行と列] からどの位置に挿入するかを選択します。また、行や列を削除する場合は、[表ツール] の [レイアウト] タブの [行と列] にある [削除] ボタンをクリックし、[列の削除]や [行の削除] を選択します。

[レイアウト] タブの [行と列]
で行や列を挿入できる

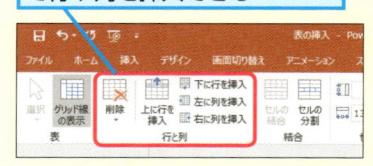

HINT!

セル内で改行するには

セルの中にカーソルがある状態で [Enter] キーを押すと、改行されます。セルの中で改行したくないときは、[Back space] キーを押します。

Point

表の情報を整理して一覧性を高める

表はたくさんの情報を整理して正確に伝えるためのものです。項目が多岐にわたるたくさんの情報をそのまま提示すると、数値や文字ばかりの分かりにくいスライドが出来上がってしまいます。また、提示された情報を聞き手が頭の中で整理するため、理解するのに多少時間がかかります。その点、表を使えば数値や文字などの項目を縦横の罫線で区切って見せることができるので、一覧性が高まります。罫線で区切られた表にまとめることで、情報が整理され、グンと分かりやすくなります。

表の見た目を整えるには

列幅の変更・文字の配置

表を挿入した直後は、すべての列の幅が同じです。セルの文字数に合わせて列幅を変更したり、セル内の文字の配置や表の位置を調整して見た目を整えます。

① 表を選択する

表の見た目を変更する

1 6枚目のスライドをクリック

2 表の中をクリック

表が選択された

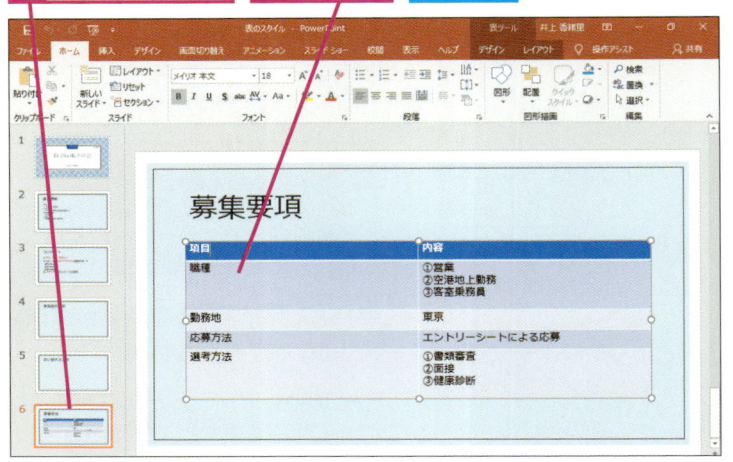

② 表の幅を変更する

表の幅を狭める

1 表のここにマウスポインターを合わせる

マウスポインターの形が変わった

 ⟺

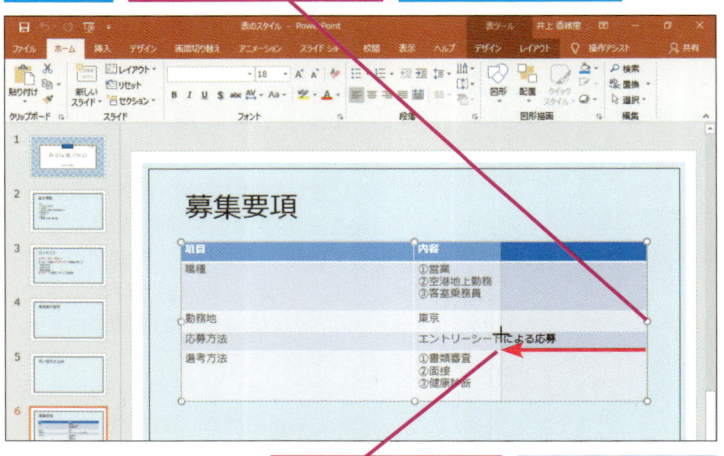

2 ここまでドラッグ

表の幅が変わった

キーワード

📄 **レッスンで使う練習用ファイル**
表のスタイル.pptx

HINT!

[表のスタイル] を使って見栄えを整える

[表ツール] の [デザイン] タブにある「表のスタイル」機能を使うと、表全体の色あいをまとめて変更できます。スタイルの選び方は、105ページのテクニックを参考にしてください。

HINT!

表を選択するコツ

表全体を選択するには、手順1の操作で表の外枠をクリックします。行を丸ごと選択するには、行の左端にマウスポインターを合わせて「➡」に変化した状態でクリックします。列を丸ごと選択するには、列の上端にマウスポインターを合わせて「⬇」に変化した状態でクリックします。また、特定のセルを選択するには、目的のセルをドラッグします。

③ 表を移動する

1 表のここにマウスポインターを合わせる

マウスポインターの形が変わった

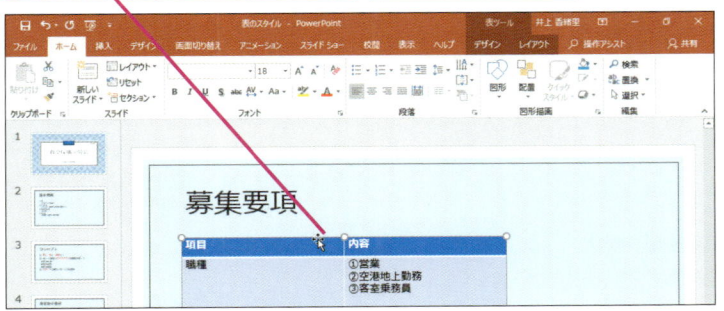

2 ここまでドラッグ

表を移動するとスマートガイドが表示される

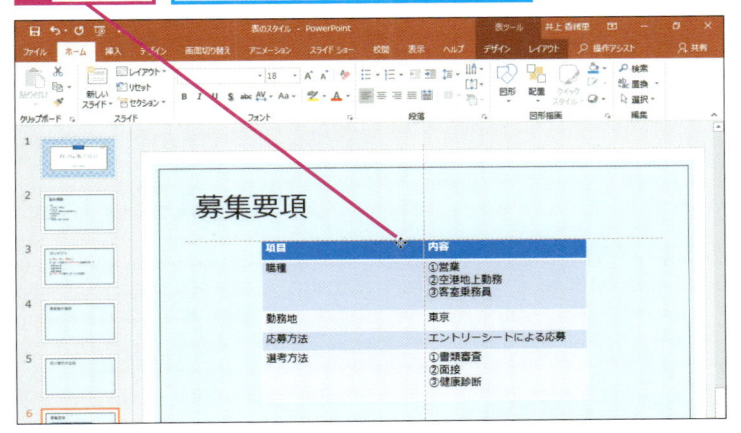

④ 表が移動した

表がスライドの中央に配置された

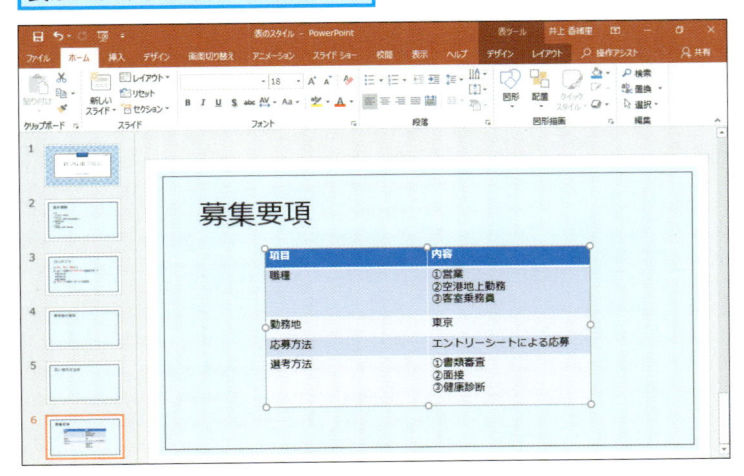

次のページに続く

HINT!

セルの色や罫線を個別に変更するには

［表ツール］の［デザイン］タブにある［塗りつぶし］ボタン（ ）や［ペンの色］ボタン（ ペンの色▼ ）、［罫線］ボタン（ ）を使うと、個別にセルの色や罫線の色、罫線の種類などを変更できます。

HINT!

オブジェクトを移動する時に表示される赤い点線は何？

手順3の操作2で表をドラッグしたときに表示される赤い点線を「スマートガイド」と呼びます。スマートガイドは、表や画像などの配置をサポートする目安となる線のことです。ここでは、スライドの左右中央を示すスマートガイドが表示されるため、ドラッグ操作だけで目的の位置に正確に移動できます。

⑤ 列の幅を変更する

| 1列目の幅を変更する | **1** 列の境界線にマウスポインターを合わせる | マウスポインターの形が変わった |

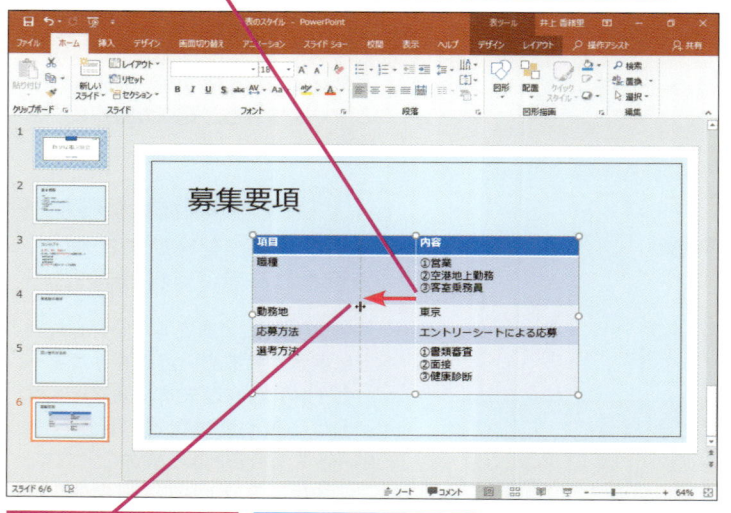

2 ここまでドラッグ　列の幅が変更された

⑥ 文字の配置を変更する

| セル内の文字の位置を変更する | **1** [表]ツールの[レイアウト]タブをクリック |

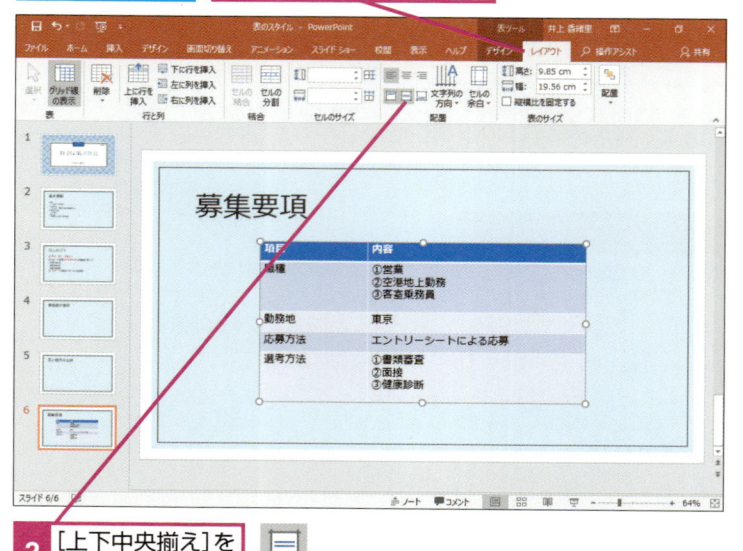

2 [上下中央揃え]をクリック

HINT!
文字の配置は内容に合わせて変更する

表のセルに文字を入力すると、最初はセルの横方向に対して左ぞろえで表示されます。横方向の配置は、文字ならば左ぞろえ、数値ならば右ぞろえというように、データの種類に合わせて変更します。セル内の配置を変更するには、[表ツール]の[レイアウト]タブにある[配置]のボタンを使います。

●文字配置のおすすめの設定

| 表の見出し項目は左右中央にそろえる | | 数値データは右にそろえる |

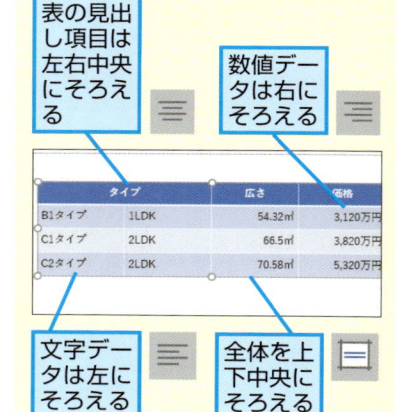

| 文字データは左にそろえる | | 全体を上下中央にそろえる |

⚠ 間違った場合は？

手順6を実行して、表の一部の文字だけしか配置が変わらなかった場合は、表全体が正しく選択されていない可能性があります。表の外枠をクリックして表全体を選択し、[上下中央揃え]ボタン（）をクリックし直しましょう。

第4章　表やグラフを挿入する

テクニック　表のスタイルを選ぶコツ

［表ツール］の［デザイン］タブにある表のスタイルの一覧には、［淡色］［中間］［濃色］の3つのグループがあります。［淡色］を選ぶと柔らかい印象になり、［濃色］を選ぶとシャープな印象になります。どちらの場合も、スライドの内容やデザインに合ったものを選ぶことが大切です。また、1行ごとに色が交互に付くスタイルは、行の区別を明確にする効果があります。

1 ［デザイン］タブをクリック

2 ［表のスタイル］の右端の矢印をクリック

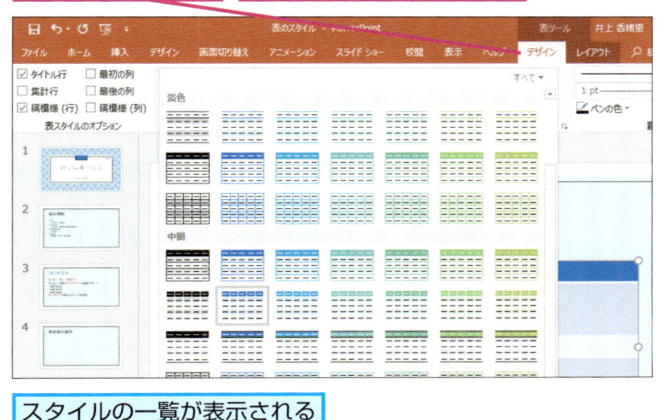

スタイルの一覧が表示される

⑦ 表の選択を解除する

セル内の文字が中央に配置された

1 スライドの外側をクリック

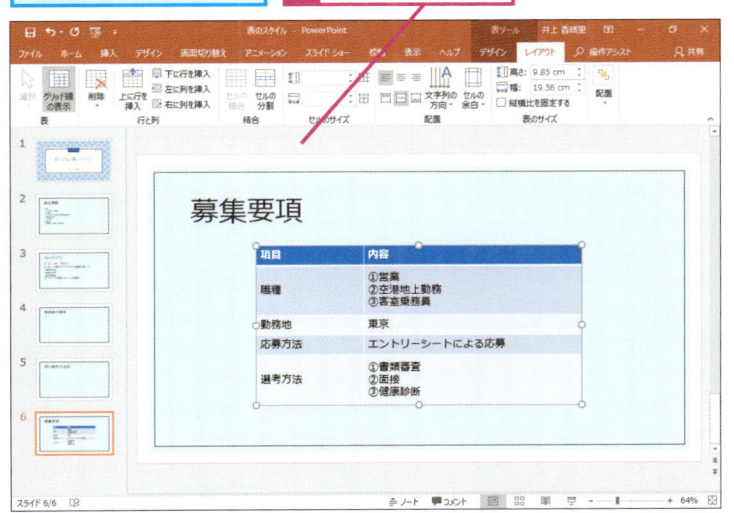

表の選択が解除される

HINT!

行の高さを変更するには

行の高さを変更するには、変更したい行の下側の罫線にマウスポインターを合わせ、マウスポインターの形が（ ÷ ）に変わった状態でドラッグします。なお、表の底辺中央にある白いハンドル（○）をドラッグすると、表のサイズが縦方向に広がり、結果的にすべての行の高さが広がります。

1 行の下側の罫線にマウスポインターを合わせてドラッグ

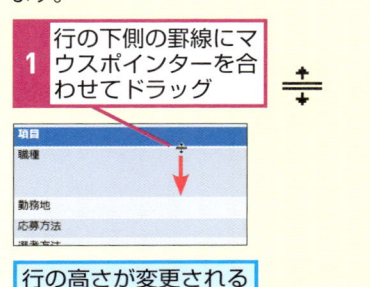

行の高さが変更される

Point

見やすい表に仕上げよう

表のセルに文字を入力できたら、列幅や文字の配置などの見た目にも手を加えましょう。最初は、すべての列が同じ幅なので、セル内の文字数が少ないと間延びした印象を与えてしまいます。また、セルの上側に文字が詰まっていると窮屈なイメージになりがちです。文字を上下中央に配置し直すと、セル内に余裕が生まれます。表を見た人が文字を読みやすいように見た目を調整しましょう。

スライドにグラフを挿入するには

グラフの挿入

スライドにグラフを挿入するときは、表計算ソフトのExcelを使います。[グラフの挿入] ボタンをクリックすると、ワークシートが表示されます。

① グラフを挿入する

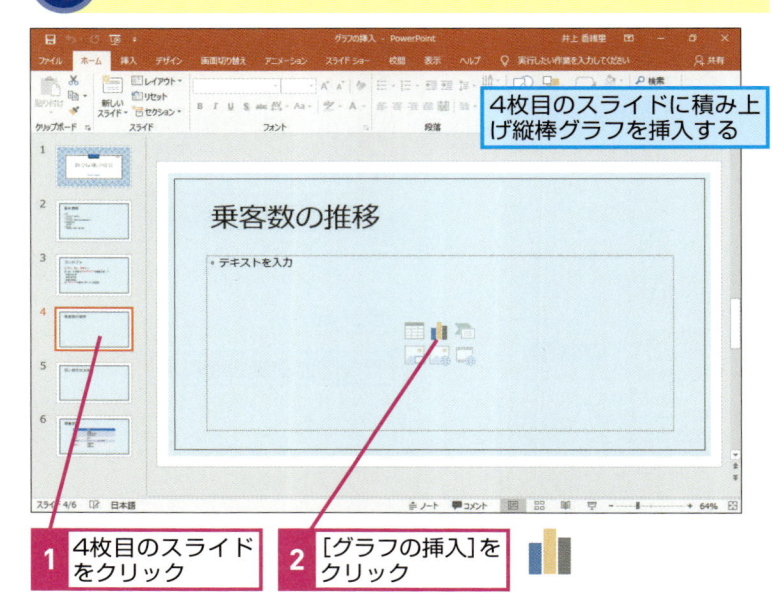

4枚目のスライドに積み上げ縦棒グラフを挿入する

| **1** | 4枚目のスライドをクリック |
| **2** | [グラフの挿入]をクリック |

② グラフの種類を選択する

ここでは[積み上げ縦棒]グラフを挿入する

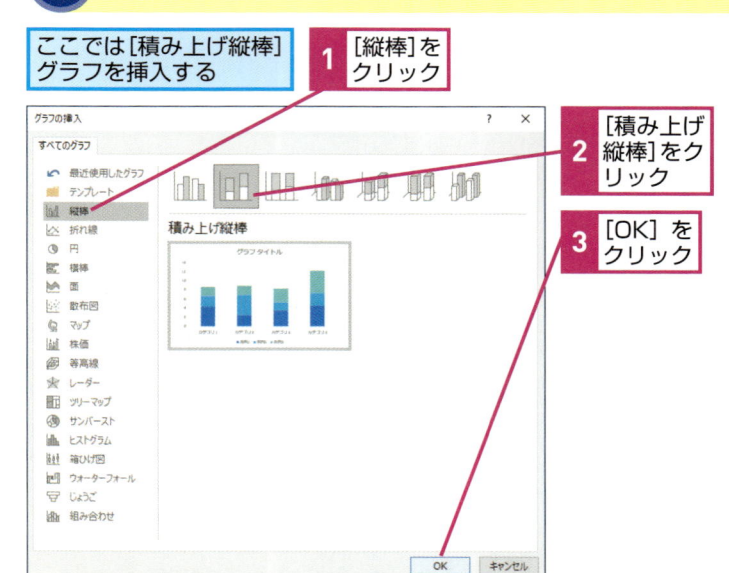

1	[縦棒]をクリック
2	[積み上げ縦棒]をクリック
3	[OK]をクリック

キーワード

グラフ	p.305
系列	p.305
ダイアログボックス	p.308
ハンドル	p.310

📄 **レッスンで使う練習用ファイル**
グラフの挿入.pptx

HINT!

[挿入] タブからもグラフを作成できる

既存のスライドにグラフを挿入するときには、[挿入] タブの [グラフ] ボタンをクリックしてもいいでしょう。[グラフ] ボタンをクリックすると、[グラフの挿入] ダイアログボックスが表示されます。

| **1** | [挿入]タブをクリック |
| **2** | [グラフ]をクリック |

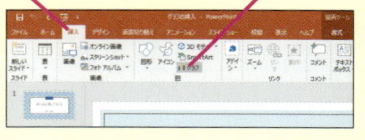

[グラフの挿入] ダイアログボックスが挿入された

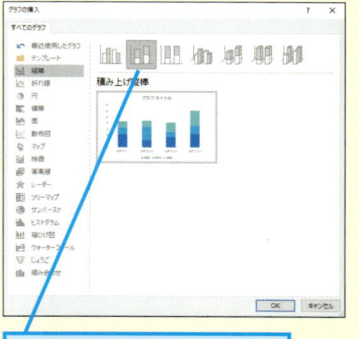

手順2を参考にしてグラフの種類を選択する

第4章 表やグラフを挿入する

③ グラフが挿入された

スライドにグラフ
が挿入された

[Microsoft PowerPoint内のグラフ]
ウィンドウが表示された

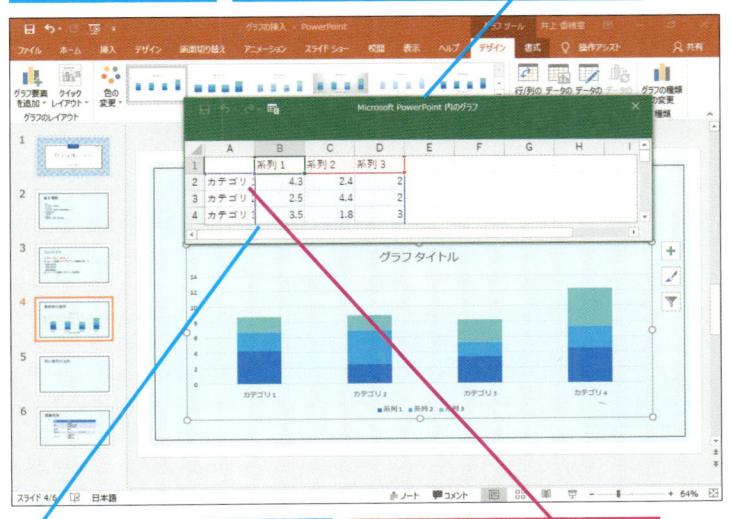

ワークシートの表にサンプル
のデータが入力されている

1 [カテゴリ1] と表示され
ているセルA2をクリック

④ グラフの下に表示する分類名を入力する

カテゴリの名前を入力する　　A列のセルの幅を広げておく

1 「2010年」
と入力

2 Enter キー
を押す

	A	B	C	D	E	F	G	H	I
1		系列 1	系列 2	系列 3					
2	2010年	4.3	2.4	2					
3	カテゴリ 2	2.5	4.4	2					
4	カテゴリ 3	3.5	1.8	3					
5	カテゴリ 4	4.5	2.8	5					
6									
7									

3 同様にしてカテゴリの名前を入力

	A	B	C	D	E	F	G	H	I
1		系列 1	系列 2	系列 3					
2	2010年	4.3	2.4	2					
3	2012年	2.5	4.4	2					
4	2014年	3.5	1.8	3					
5	2016年	4.5	2.8	5					
6	2018年								
7									

HINT!

[Microsoft PowerPoint内のグラフ] って何？

手順2でグラフの種類を選ぶと[Microsoft PowerPoint内のグラフ]ウィンドウが表示され、ワークシートが表示されます。これは、PowerPointでExcelの一部の機能を利用できるウィンドウです。Excelのすべての機能を利用してデータを入力・編集するには [Microsoft Excelでデータを編集]ボタン(🖼)をクリックします。

HINT!

グラフの種類は
後から変更できる

最初に選択したグラフが数値を表すのに適さなかったときは、[グラフツール]の[デザイン]タブにある[グラフの種類の変更]ボタンをクリックしてグラフの種類を変更します。

1 [グラフツール] の [デザイン]タブをクリック

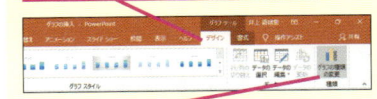

2 [グラフの種類の
変更]をクリック

表示される [グラフの種類の変更]ダイアログボックスでグラフの種類を変更できる

HINT!

青枠の内側がグラフ化される

ワークシートに青枠で囲まれている内側がグラフ化されるデータです。不要なデータがあれば、青枠の右下にマウスポインターを合わせてから内側にドラッグしましょう。反対に青枠を外側にドラッグすると、グラフ化する範囲を拡大できます。

次のページに続く

⑤ 系列を入力する

系列の名前と数値を入力する

1 [系列1]と表示されているセルをクリック

2 「札幌便」と入力

3 Enter キーを押す

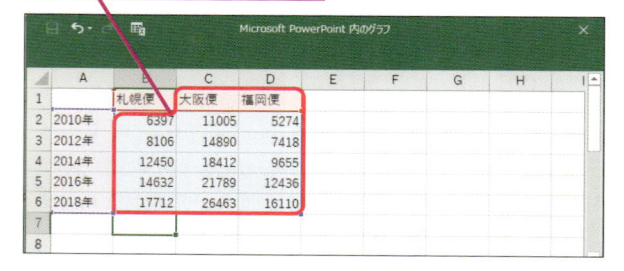

4 同様にしてデータを入力

⑥ データの入力を終了する

データの入力が完了した

1 [閉じる]をクリック

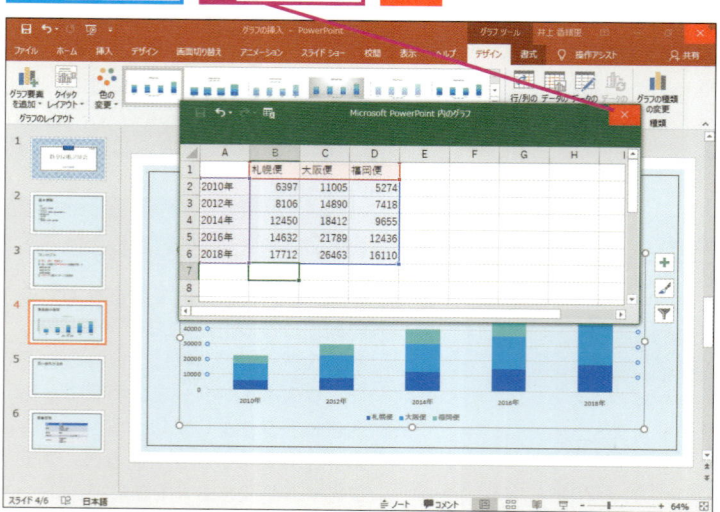

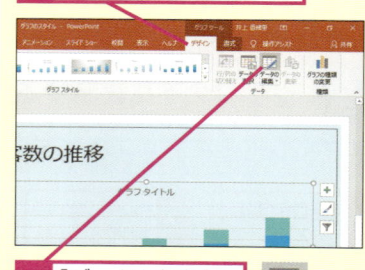

7 **グラフの選択を解除する**

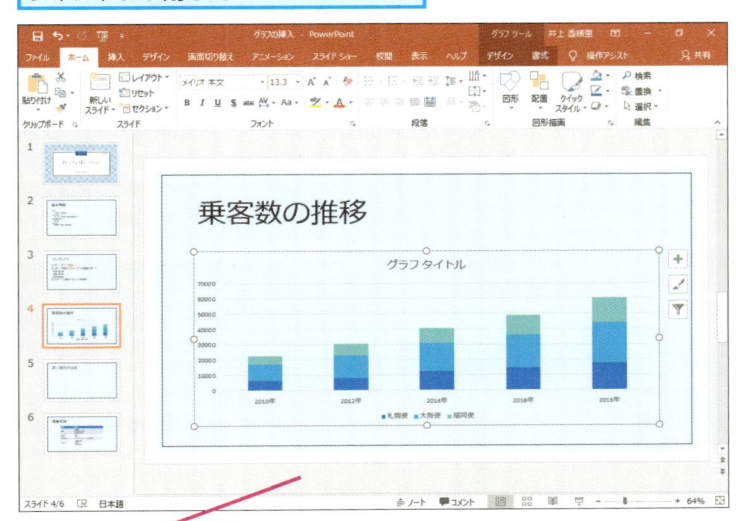

1 スライドの外側
をクリック

8 **グラフの選択が解除された**

グラフの選択が解除された

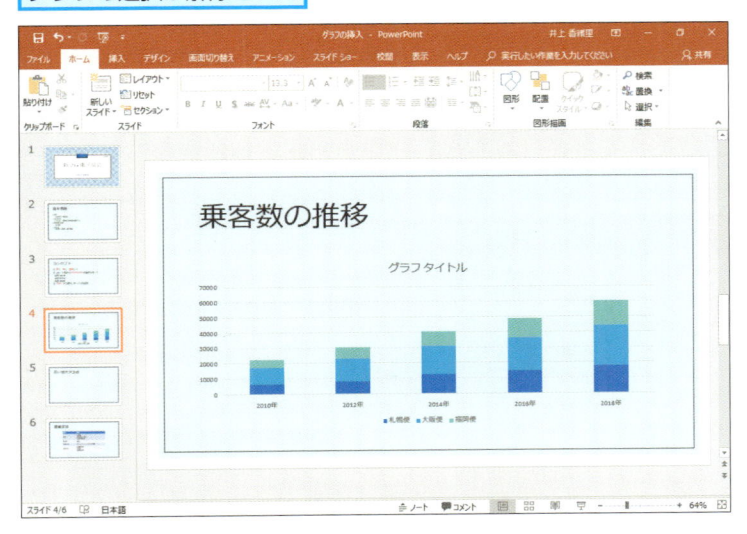

HINT!

グラフのサイズや位置を調整するには

グラフの選択時に表示されるハンドル（○）をドラッグすると、グラフのサイズを自由に調整できます。このとき、[Shift]キーを押しながら四隅のハンドルをドラッグすると、グラフの縦横比を保持したままサイズを変更できます。また、グラフの外枠をドラッグすると、グラフを移動できます。

ハンドルをドラッグすると
グラフのサイズを変更できる

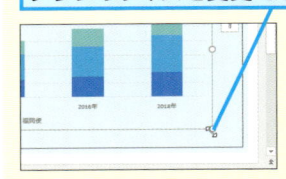

⚠ 間違った場合は？

グラフを削除して、初めから作り直したいときは、グラフの外枠をクリックしてから[Delete]キーを押します。グラフを削除すると、手順1の画面が表示されます。

Point

グラフのデータはワークシートで編集する

スライドの中にグラフを挿入するときは、PowerPoint内に計算用のワークシートのウィンドウを表示します。グラフの種類を選ぶと、サンプルデータを使った仮のグラフが表示されます。ワークシートに表示される青枠のデータ範囲の系列名と数値を変更すれば、そのままグラフに反映されます。

ただし、最初に表示されるワークシートでは、Excelの一部の機能しか利用できません。データを入力するだけであれば十分ですが、関数などを使って計算するときは、ウィンドウ内にある［Microsoft Excelでデータを編集］ボタンをクリックして編集するといいでしょう。

グラフのデザインを変更するには

グラフのスタイル

作成したグラフの見栄えを整えましょう。[グラフのスタイル]の機能を使えば、グラフの色や背景の色など、グラフ全体のデザインをまとめて変更できます。

▶ キーワード

グラフ	p.305

📄 **レッスンで使う練習用ファイル**
グラフのスタイル.pptx

1 [グラフのスタイル]の一覧を表示する

4枚目のスライドを表示しておく

1 [グラフエリア]をクリック

2 [グラフツール]の[デザイン]タブをクリック

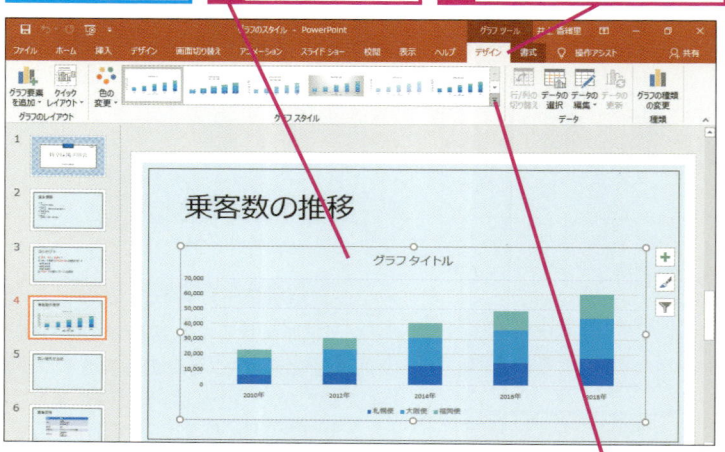

3 [グラフスタイル]のここをクリック

2 グラフのデザインを変更する

[グラフスタイル]の一覧が表示された

1 [スタイル7]をクリック

スタイルにマウスポインターを合わせると、一時的にグラフのスタイルが変わり、設定後の状態を確認できる

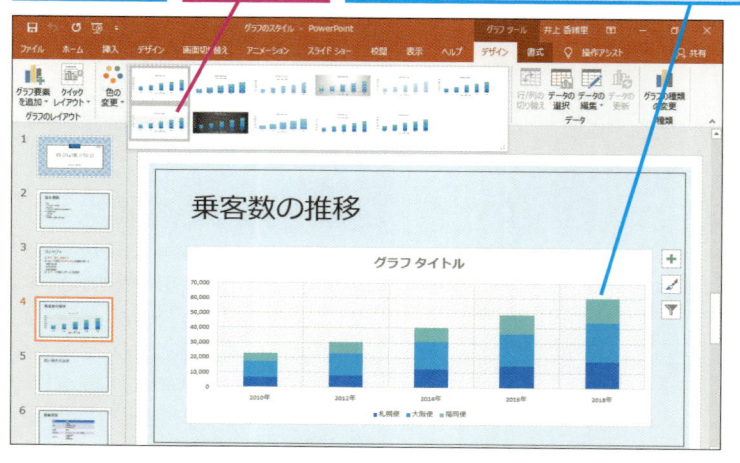

HINT!

グラフエリアって何？

グラフが表示されているプレースホルダーを「グラフエリア」と言います。グラフエリアにはグラフを構成する系列やタイトル、凡例など、すべての要素が含まれます。

HINT!

[デザイン]タブは2つある

ここではグラフを選択したときのみに表示される[グラフツール]の[デザイン]タブを利用しますが、[挿入]タブの右にも[デザイン]タブがあります。タブの名前が同じなので、間違わないように注意しましょう。

HINT!

グラフの右横のボタンでデザインを変えられる

グラフの右横に表示される[グラフスタイル]ボタン（）でも、グラフのスタイルや色を変更できます。

1 [グラフスタイル]をクリック

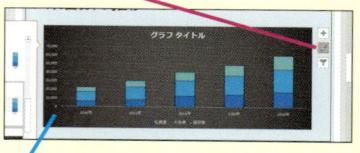

変更するデザインを選択する

③ グラフの色を変更する

グラフのデザインが変更できた

1 [色の変更]をクリック

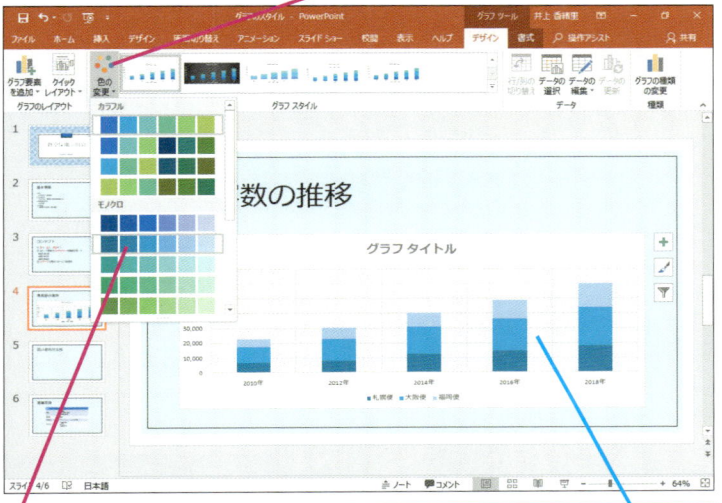

2 [モノクロパレット2]をクリック

色にマウスポインターを合わせると、一時的にグラフのスタイルが変わり、設定後の状態を確認できる

④ グラフの選択を解除する

グラフの色が変更された

1 スライドの外側をクリック

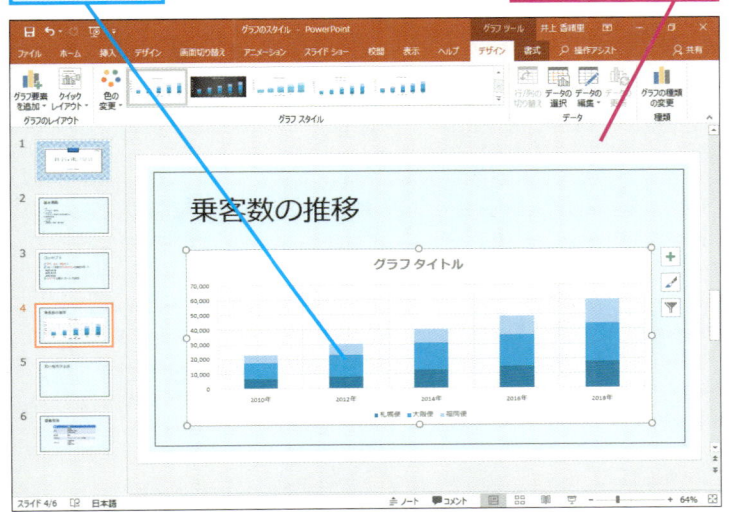

結果が気に入らないときは、手順1から操作をやり直して何回でもデザインを変更できる

HINT!

グラフの各要素を個別に変更するには

グラフはタイトルや凡例など、複数の要素で構成されています。
例えば、1本の棒の色だけを変更したいというように、それぞれの要素を個別に変更するには、変更したい要素をクリックして選択し、[グラフツール]の[書式]タブで書式を設定します。

変更したい系列をゆっくり2回クリックして選択したら、[グラフツール]の[書式]タブに切り替えて書式を設定する

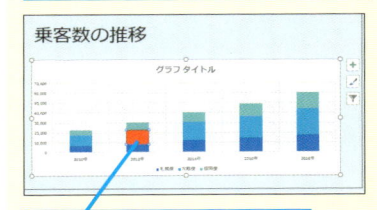

一部の系列に色を付けて目立たせることができる

Point

グラフのデザインは PowerPointに任せよう

数値の傾向を分かりやすく伝えることができるグラフは、プレゼンテーションや会議で聞き手を説得するために欠かせないツールです。グラフを構成する要素ごとに1つ1つの書式を手動で設定できますが、[グラフスタイル]の機能を使って手際よくデザインするのがお薦めです。[グラフスタイル]や[色の変更]には、適用している「テーマ」に合ったデザインや色合いが用意されているため、スライド全体を通して統一感のある仕上がりになるからです。
グラフのデザインはPowerPointに任せて、その分をほかの作業にあてると、プレゼンテーション資料を作成する時間を短縮できます。

30

表の数値をグラフに表示するには

データラベル

グラフの右側に表示されるボタンを使って、不要なグラフ要素を非表示にします。また、グラフの基となるワークシートの数値を棒の中に表示します。

① グラフ要素の一覧を表示する

不要なグラフ要素を非表示にして、必要なグラフ要素を表示する

1 [グラフエリア]をクリック

2 [グラフ要素]をクリック

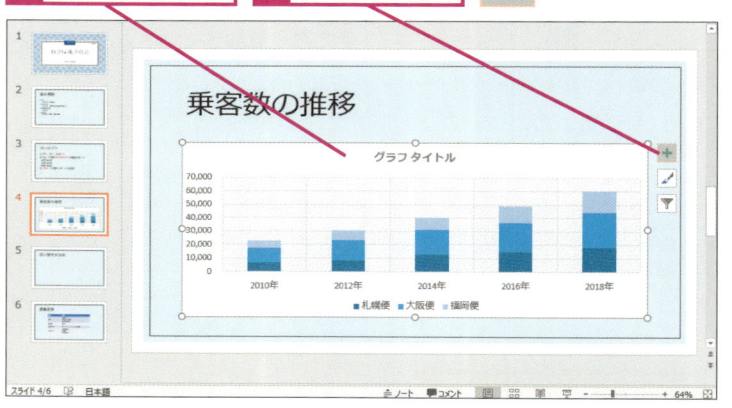

② [グラフタイトル] を非表示にする

グラフ要素の一覧が表示された

1 [グラフタイトル] のここをクリックしてチェックマークをはずす

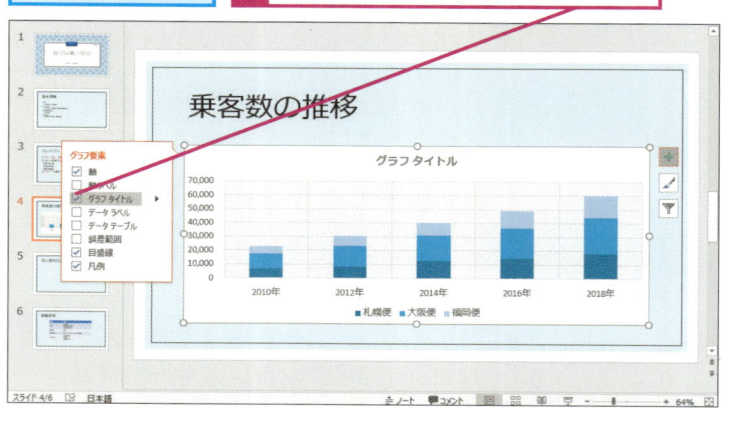

キーワード

グラフ	p.305
系列	p.305
作業ウィンドウ	p.305
書式	p.306
データラベル	p.308
ハンドル	p.310

レッスンで使う練習用ファイル
グラフ要素.pptx

HINT!

グラフ要素って何？

グラフは、グラフタイトルや凡例、軸、目盛などのたくさんの部品で構成されています。この1つ1つの部品のことを「グラフ要素」と言います。

◆グラフタイトル　◆目盛線

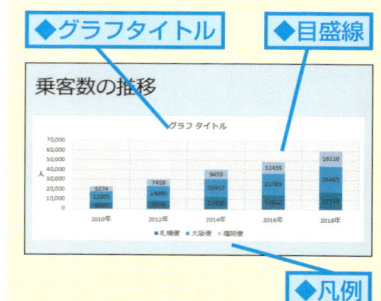

◆凡例

◆軸　◆データラベル

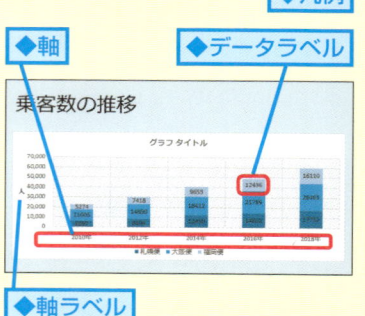

◆軸ラベル

③ ［データラベル］のグラフ要素を表示する

［グラフタイトル］のグラフ
要素が非表示になった

［データラベル］を
表示する

1 ［データラベル］
のここにチェック
マークを付ける

マウスポインターを合わせると、
一時的にグラフ要素が追加され、
設定後の状態を確認できる

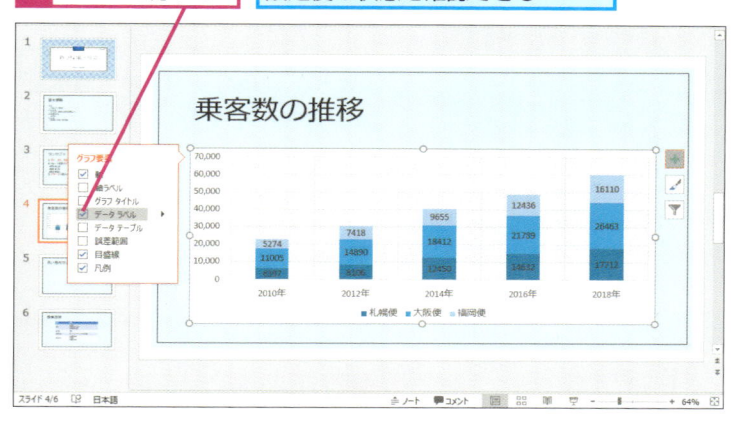

④ グラフに数値が表示された

データラベルが表示され、グラフの値が表示された

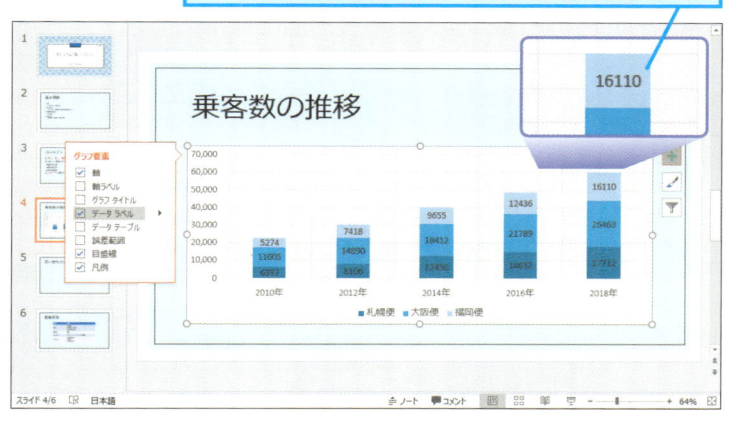

次のページに続く

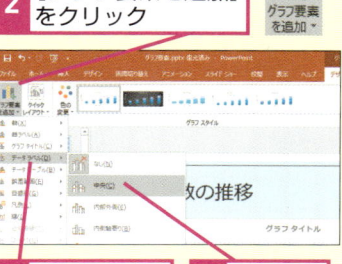

HINT!

なぜグラフタイトルを非表示にするの？

グラフタイトルがスライドのタイトルと重複する場合は、グラフタイトルを非表示にした方がすっきりします。また、グラフの系列（ここでは棒）が1種類だけの場合は凡例がない方がいいでしょう。ここでのサンプルのように複数の系列がある場合は、どの色が何を示すかが分かるように凡例を表示しておきましょう。

HINT!

［グラフツール］の［デザイン］タブからデータラベルを追加するには

グラフを選択し、［グラフツール］の［デザイン］タブにある［グラフ要素を追加］ボタンをクリックして、データラベルを追加する方法もあります。

グラフを選択しておく

1 ［グラフツール］の［デザイン］
タブをクリック

2 ［グラフ要素を追加］
をクリック

3 ［データラベ
ル］にマウス
ポインター
を合わせる

4 ［中央］を
クリック

 間違った場合は？

［グラフタイトル］以外の要素を非表示にしてしまったときは、手順1～2を参考に先頭のチェックマークを付け直します。

⑤ 軸ラベルを表示する

グラフの軸に「人」のラベルを表示する

1 [軸ラベル]のここ をクリック

2 [第1縦軸]のここをクリック してチェックマークを付ける

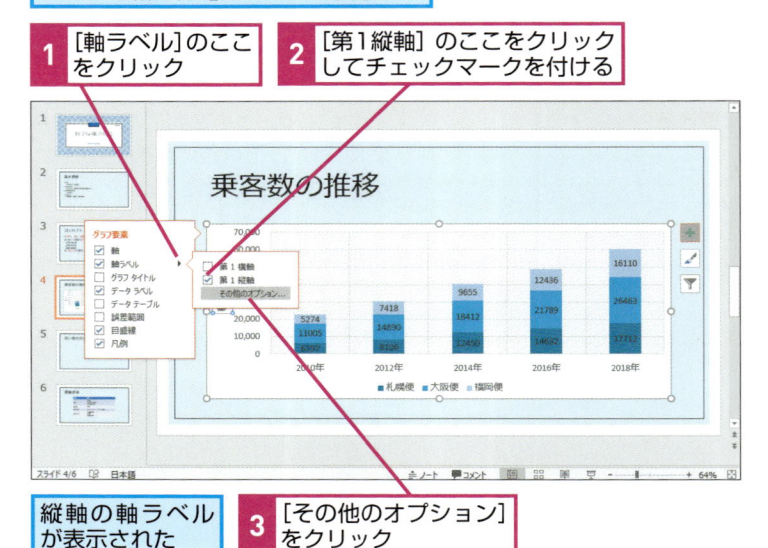

縦軸の軸ラベル が表示された

3 [その他のオプション] をクリック

⑥ 軸ラベルのテキストボックスを編集する

[軸ラベルの書式設定] 作業 ウィンドウが表示された

1 [文字のオプション] をクリック

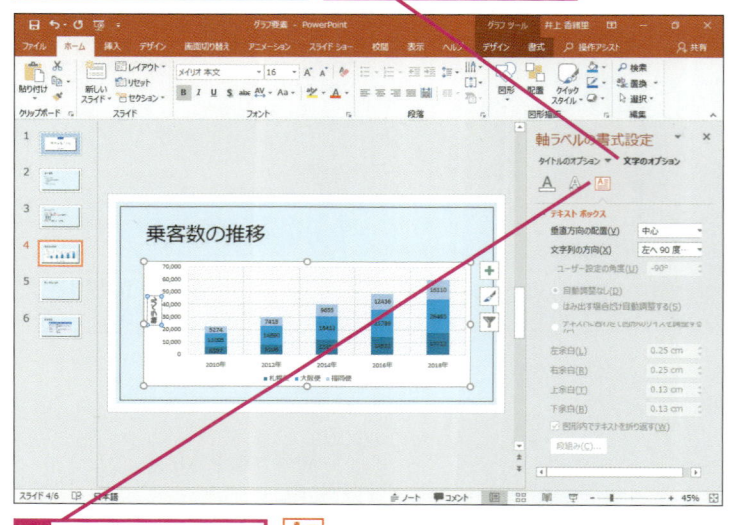

2 [テキストボックス] をクリック

HINT!

[クイックレイアウト] ボタンで レイアウトを丸ごと変更できる

[グラフツール] の [デザイン] タブ にある [クイックレイアウト] ボタ ンには、タイトルの有無やデータラ ベルの有無、目盛線の間隔などを組 み合わせたいくつものグラフ用のレ イアウトが表示されます。レイアウ トをクリックするだけでグラフ全体 のレイアウトを変更できます。ただ し、選択するレイアウトによってグ ラフ要素が削除されることがあるの で注意しましょう。

グラフを選択しておく

1 [グラフツール]の[デザイン] タブをクリック

2 [クイックレイアウ ト]をクリック

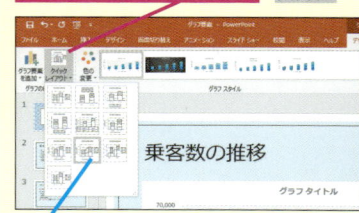

一覧からレイアウトを選択す るだけで、グラフ全体のレイ アウトを変更できる

HINT!

特定の棒にデータラベルを 表示するには

特定の棒にデータラベルを表示する には、最初にデータラベルを表示し たい棒をゆっくり2回クリックして、 目的の棒だけにハンドル（○）が付 いたことを確認します。その後で手 順1からの操作を行います。

第4章 表やグラフを挿入する

⑦ 軸ラベルを横書きにする

1 [文字列の方向]の ここをクリック

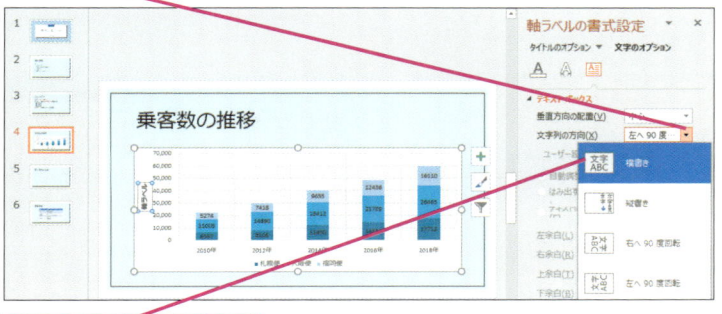

2 [横書き]をクリック

軸ラベルが横書きになった

3 [閉じる]をクリック

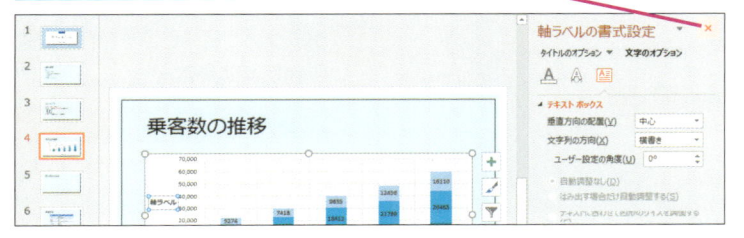

⑧ 軸ラベルを入力する

[軸ラベルの書式設定]作業ウィンドウが閉じた

1 軸ラベルをクリック

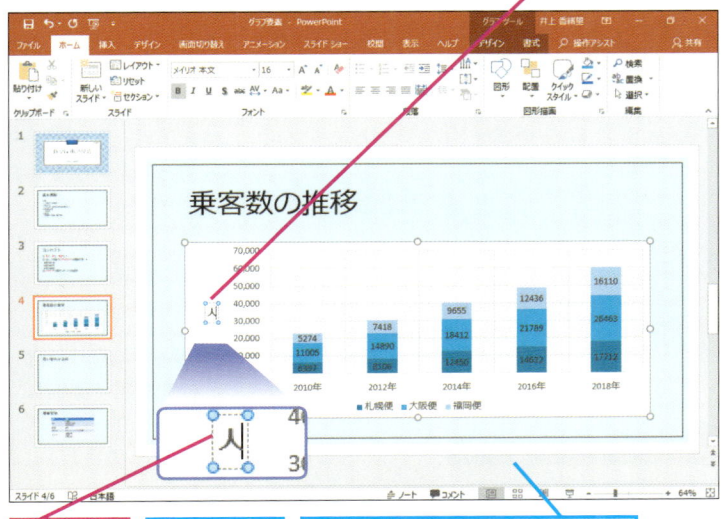

2 「人」と入力

軸ラベルを表示できた

スライドの外側をクリックしてグラフの選択を解除しておく

HINT!

系列や分類名を非表示にするには

グラフの右側に表示される［グラフフィルター］ボタン（ ）を使うと、グラフに表示されている系列や分類を一時的に非表示にできます。

1 [グラフフィルター]をクリック

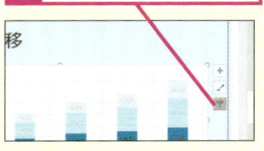

2 [札幌便]のここをクリックしてチェックマークをはずす

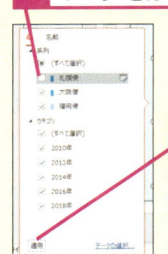

3 [適用]をクリック

札幌便の棒グラフが非表示になる

Point

データラベルで正確な数値を表示できる

グラフは全体的な数値の傾向を示すものです。「棒グラフ」は数値の大きさを棒の長さで表し、「折れ線グラフ」は時系列による数値の推移を線の角度で表します。また、「円グラフ」は数値の比率を扇型の面積で表します。

ただし、一方では正確な数値が分かりにくいという弱点もあります。グラフの中に数値を表示して、数値そのものを印象付けたいときは、「データラベル」の機能を使います。すると、グラフの基になるワークシートの数値が自動的にグラフ内に表示されます。ワークシートの数値を修正すると、グラフとデータラベルが連動して変わります。

Excelで作成した
グラフを利用するには

グラフのコピーと貼り付け

Excelで作成したグラフをPowerPointのスライドで利用してみましょう。ここでは、Excel 2019で作成した円グラフをコピーして、スライドに貼り付けます。

キーワード

グラフ	p.305
コピー	p.305
書式	p.306
スライド	p.306
タスクバー	p.308
テーマ	p.308
貼り付け	p.309
貼り付けのオプション	p.309

① スライドを選択する

PowerPointとExcelを起動して練習用ファイルを開いておく

5枚目のスライドにExcelのグラフを貼り付ける

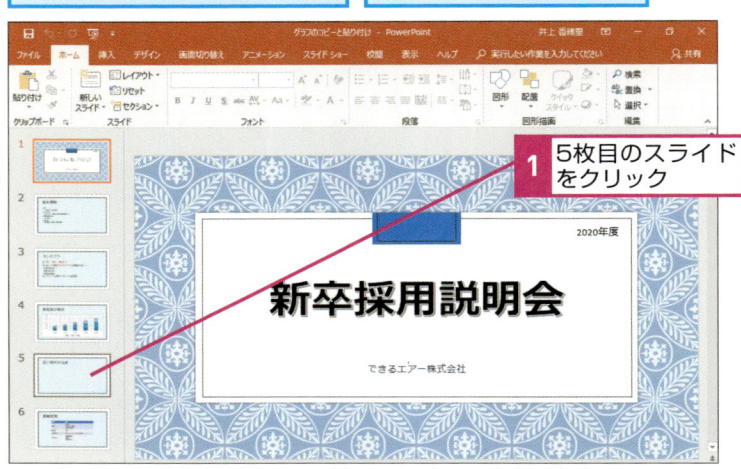

1 5枚目のスライドをクリック

レッスンで使う練習用ファイル
グラフのコピーと貼り付け.pptx
年代別従業員数.xlsx

⌨ ショートカットキー

Ctrl + C	………コピー
Ctrl + V	………貼り付け

HINT!

**ほかのレイアウトにも
貼り付けられる**

このレッスンでは、あらかじめ用意しておいた［タイトルとコンテンツ］のレイアウトのスライドにExcelのグラフを貼り付けます。ほかのレイアウトが設定されたスライドや、文字とイラストなどが入力されたスライドにグラフを貼り付けることもできます。

② Excelの画面に切り替える

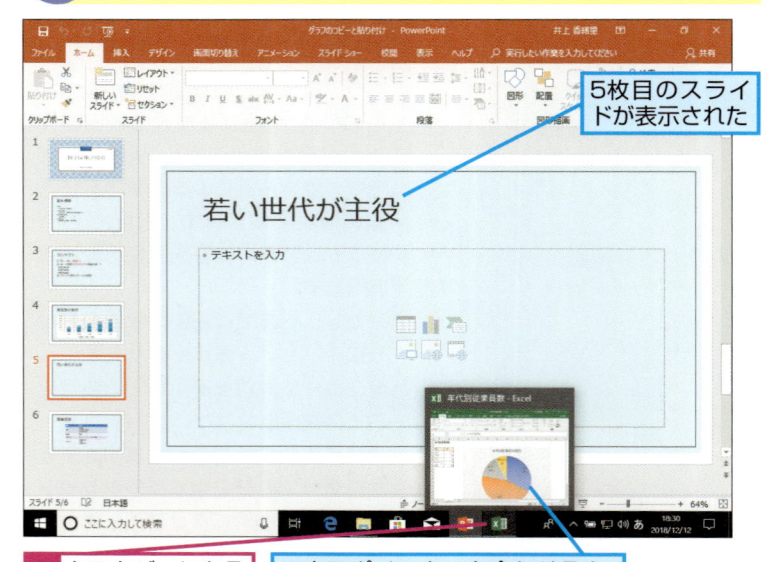

5枚目のスライドが表示された

1 タスクバーにあるExcelのボタンをクリック

マウスポインターを合わせると、ファイルの内容がプレビューで表示される

HINT!

Excelの表も貼り付けられる

Excelのグラフをスライドに貼り付けるのと同様に、Excelの表を選択した後にコピーして、PowerPointのスライドに貼り付けることもできます。

第4章　表やグラフを挿入する

③ Excelのグラフを選択する

Excelの画面に切り替わった

1 [グラフエリア]をクリック

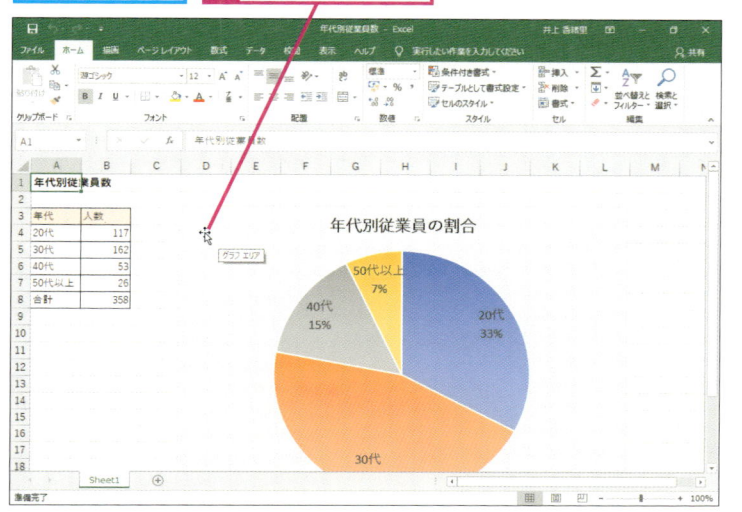

④ グラフをコピーする

グラフが選択された

1 [ホーム] タブをクリック

2 [コピー] をクリック

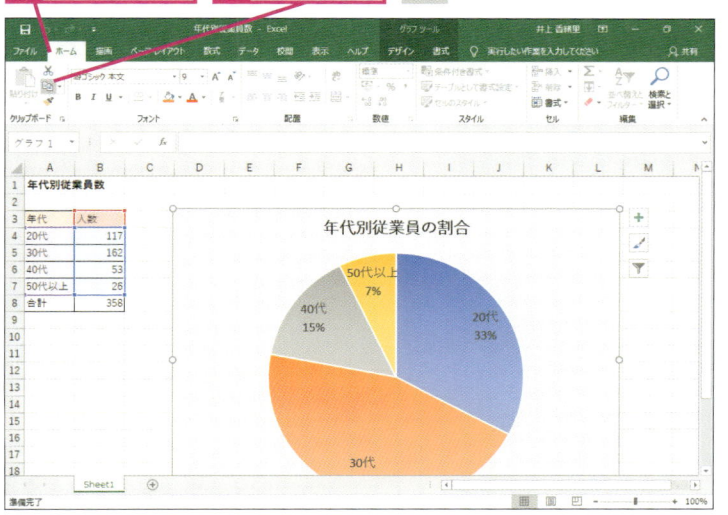

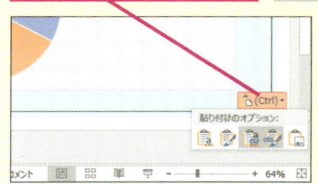
次のページに続く

⑤ グラフを貼り付ける

グラフがコピーされた	**1** 手順2と同様にPowerPointの画面に切り替える	
コンテンツのプレースホルダーを選択する	**2** ここをクリック	プレースホルダーが選択された

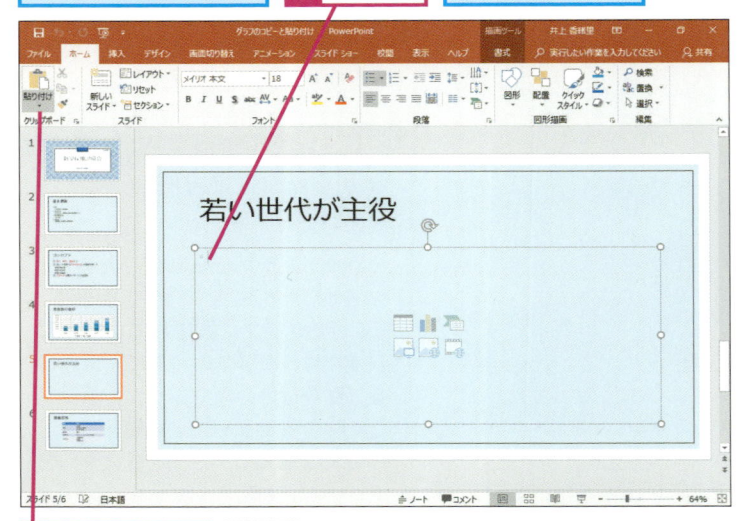

3 [貼り付け] をクリック

⑥ 貼り付けのオプションを選択する

貼り付けのオプションが表示された	**1** [貼り付け先テーマを使用しデータをリンク]をクリック

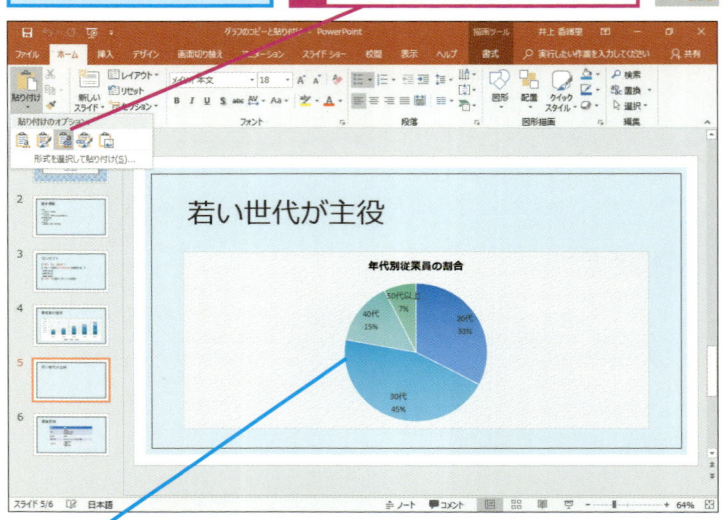

PowerPoint 2019のテーマが適用された状態でグラフが貼り付けられた	Excelでグラフを修正すると、スライドのグラフも修正される

HINT!

スライドのデザインに合わせて色が自動的に変わる

手順5で[貼り付け]ボタン（🔖）を直接クリックするか、貼り付けのオプションから[貼り付け先のテーマを使用しブックを埋め込む]や[貼り付け先テーマを使用しデータをリンク]をクリックすると、Excelで作成したグラフの色合いが、貼り付け先のスライドに適用しているテーマに合わせて自動的に変化します。

HINT!

貼り付けたグラフを編集するには

スライドに貼り付けたExcelのグラフは、グラフを選択したときに表示される[グラフツール]タブを使ってPowerPointで編集できます。基になるデータそのものを編集したいときは、[グラフツール]の[デザイン]タブにある[データの編集]ボタン（データの編集）から[Excelでデータを編集]をクリックして、Excelを起動します。

グラフを選択しておく	**1** [グラフツール]の[デザイン]タブをクリック

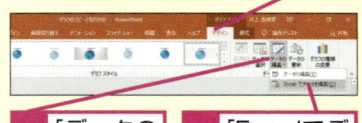

2 [データの編集]をクリック	**3** [Excelでデータを編集]をクリック

HINT!

Excelのデータと連動させるには

手順6では、[貼り付け先テーマを使用してデータをリンク]を選んでグラフを貼り付けています。この方法で貼り付けると、Excelのグラフを修正すると、スライドに貼り付けたグラフも自動的に更新されます。貼り付けのオプションの貼り付け方の違いは、119ページのテクニックで詳しく解説しています。

テクニック 貼り付けのオプションで選択できる貼り付け方法

コピーしたグラフを貼り付けるときの方法は、次の5種類があります。[貼り付けのオプション]ボタンに表示される5つのアイコンにマウスポインターを合わせると、グラフを貼り付けた結果が一時的にスライドに反映されるため、目的通りに貼り付けられます。

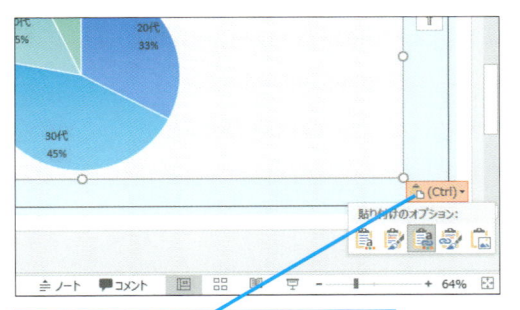

グラフを貼り付けた後でも[貼り付けのオプション]をクリックすれば、後から貼り付け方法を選択できる

アイコン	貼り付け方法	説明
	貼り付け先のテーマを使用しブックを埋め込む	Excelとは切り離してグラフを貼り付ける。その際、グラフの色はスライドのテーマに変更される
	元の書式を保持しブックを埋め込む	Excelとは切り離してグラフを貼り付ける。その際、グラフの色はExcelでの設定を保つ
	貼り付け先テーマを使用しデータをリンク	Excelと連動した状態でグラフを貼り付ける。その際、グラフの色はスライドのテーマに変更される
	元の書式を保持しデータをリンク	Excelと連動した状態でグラフを貼り付ける。その際、グラフの色はExcelでの設定を保つ
	図	Excelのグラフを画像として貼り付ける。グラフデータの編集は一切できない

7 グラフの選択を解除する

コンテンツのプレースホルダー内にグラフが貼り付けられた

[貼り付けのオプション]が表示されているときは、再度貼り付け方法を変更できる

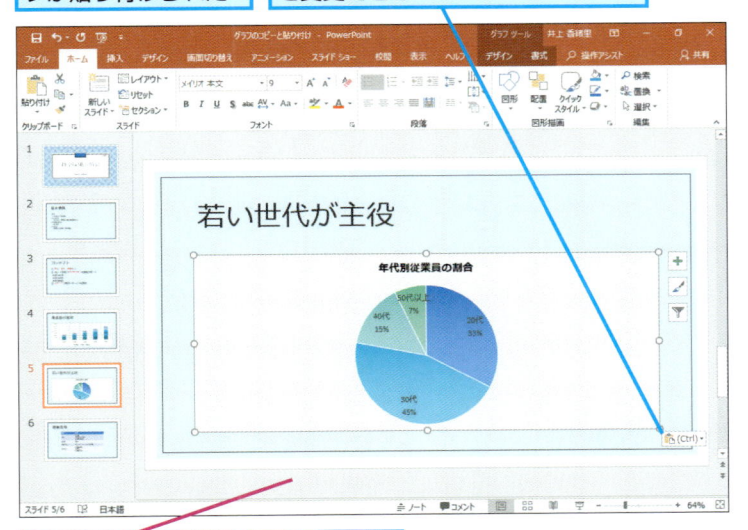

1 スライドの外側をクリック

グラフの選択が解除される

⚠ 間違った場合は？

目的とは違うスライドにグラフを貼り付けてしまったときは、グラフを選択した状態で Delete キーを押してグラフを丸ごと削除します。

Point

既存のデータを有効に使って作業を効率化しよう

プレゼンテーションの資料や企画書に必要な情報が、WordやExcelなどのほかのソフトウェアですでに用意されている場合があります。既存のデータと同じ内容を入力し直すのは時間がかかる上に、転記する際に入力ミスも起こりがちです。コピーと貼り付けの機能を上手に利用して、既存のデータを積極的に利用しましょう。Office 2019を使っていれば、ほかのソフトウェアで作成したグラフを貼り付けるだけで、スライドのデザインに合った色合いに自動的に変わるため、グラフの作成と編集の両方の時間を節約できます。

32

グラフに吹き出しを付けるには

図形

グラフの目的を正確に伝えるために、ポイントとなる説明を吹き出しで入力します。吹き出しの図形は、スライド上をドラッグかクリックするだけで挿入できます。

① 図形の種類を選択する

グラフで強調したい内容を吹き出しで表現する

1 [挿入]タブをクリック

2 [図形]をクリック

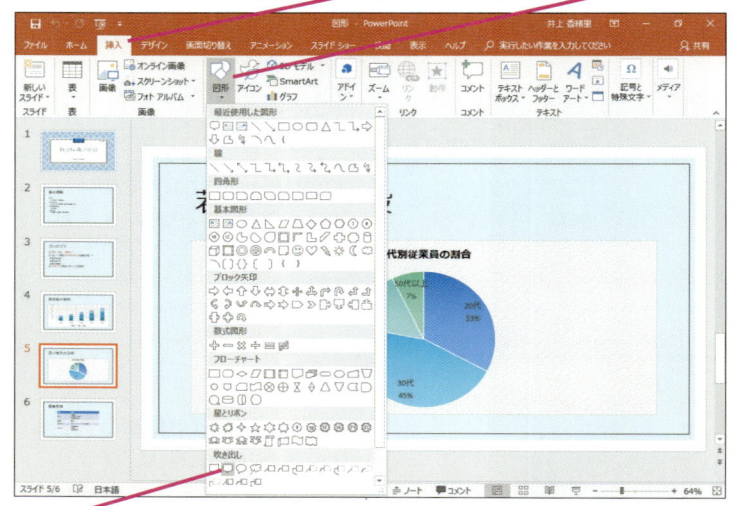

3 [吹き出し：角を丸めた四角形]をクリック

② 図形を描画する

1 ここにマウスポインターを合わせる

マウスポインターの形が変わった ＋

2 ここまでドラッグ

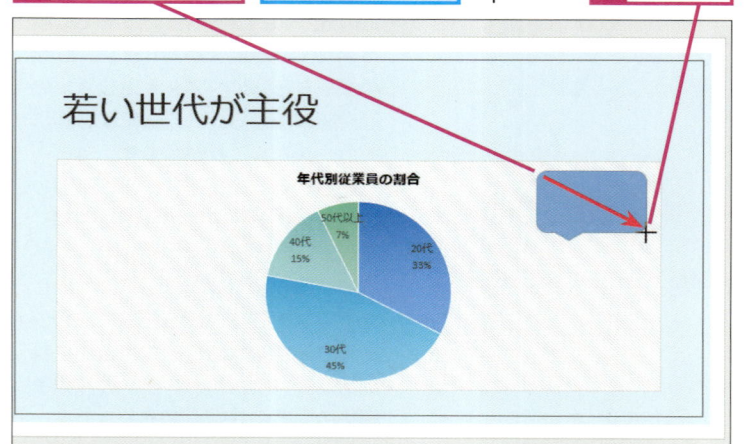

キーワード

スライド	p.306
ダイアログボックス	p.308
ハンドル	p.310
ワードアート	p.311

 レッスンで使う練習用ファイル
図形.pptx

HINT!

コメント付きのレイアウトもある

PowerPointには、あらかじめグラフのコメントを入力するプレースホルダーがあるレイアウトも用意されています。ただし、グラフの一部を指し示してコメントを入力するときは、[吹き出し]の図形の方が効果的です。

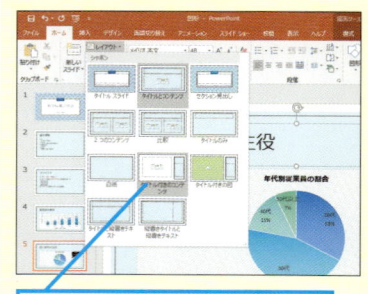

[タイトル付きのコンテンツ]のレイアウトでもコメントを入力できるが、グラフの一部を指し示すことはできない

⚠ 間違った場合は？

手順1で目的とは違う図形を選択してしまったときは、再度[図形]ボタンをクリックする操作からやり直します。

第4章 表やグラフを挿入する

③ 吹き出しに文字を入力する

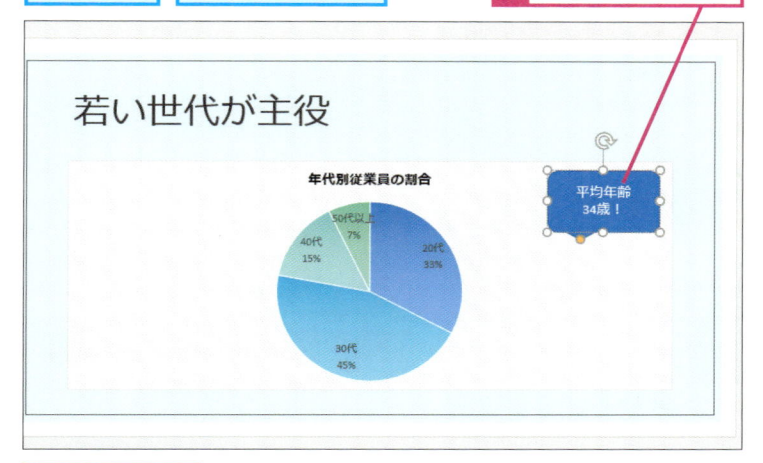

吹き出しが
作成された

そのまま吹き出し
に文字を入力する

1 「平均年齢34歳！」
と入力

吹き出しに文字
が入力された

④ 吹き出しのスタイルを変更する

[図形のスタイル]
の一覧を表示する

1 [描画ツール] の [書
式]タブをクリック

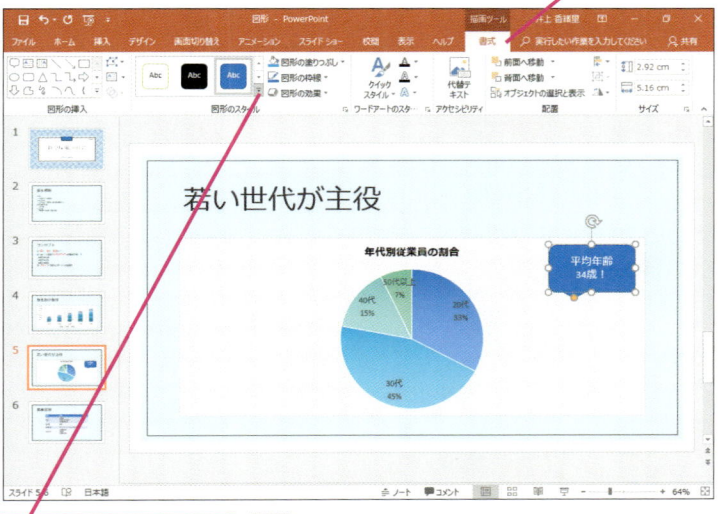

2 [図形のスタイル]
のここをクリック

次のページに続く

HINT!

後から吹き出しの種類を変更するには

吹き出しを描画した後で、吹き出しの種類を変更できます。吹き出しの図形を選択し、[描画ツール] の [書式] タブから [図形の編集] ボタン（）の [図形の変更] にマウスポインターを合わせます。表示される図形の中から目的の吹き出しをクリックします。

HINT!

塗りつぶしや文字の色を個別に指定できる

[図形のスタイル] を使わなくても、[描画ツール] の [書式] タブから [図形の塗りつぶし] ボタンをクリックすると、図形の色を手動で変更できます。[図形の枠線] ボタンをクリックすれば、図形の線の色も変更できます。また、図形内の文字の色を変更するときは、同じタブ内の [文字の塗りつぶし] ボタン（）を使います。図形の色が濃いときには、文字の色を薄くすると文字が読みやすくなります。

1 [描画] ツールの [書式]タブをクリック

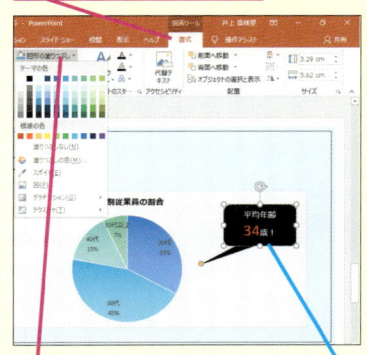

2 [図形の塗りつぶし] をクリック

図形の色を自由に変更できる

⑤ 吹き出しのスタイルを選択する

図形のスタイルの一覧が表示された	**1** [塗りつぶし - 黒、濃色1]をクリック

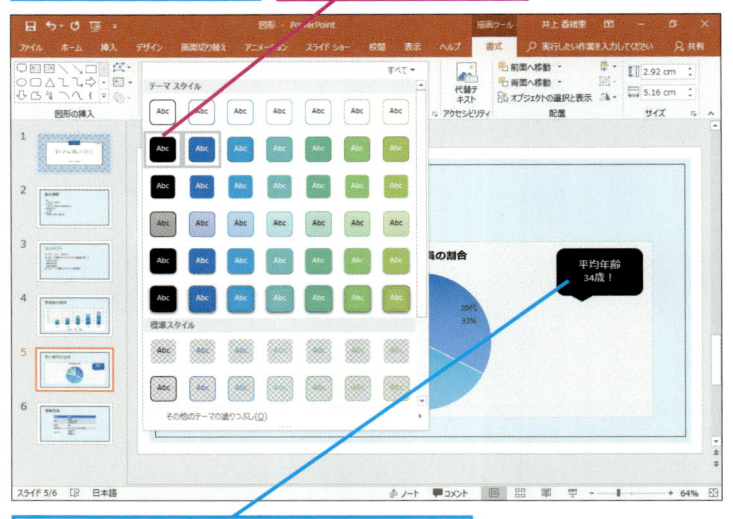

スタイルにマウスポインターを合わせると、一時的にデザインが変わり、設定後の状態を確認できる

第4章 表やグラフを挿入する

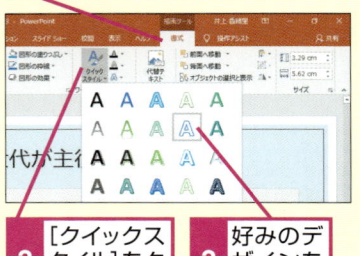

👆 **テクニック** ## 入力する文字に応じて図形の大きさを変更できる

吹き出しのサイズよりも多くの文字を入力すると、図形の外に文字があふれて表示されます。後から吹き出しのサイズを手動で調整することもできますが、文字数に合わせて自動的に吹き出しが大きくなるように設定しておくと便利です。吹き出しの図形を選択し、[描画ツール]の[書式]タブから[図形のスタイル]の[図形の書式設定]ボタン（▫）をクリックして[図形の書式設定]作業ウィンドウを表示し、以下の手順で設定します。

1 [描画ツール]の[書式]タブをクリック

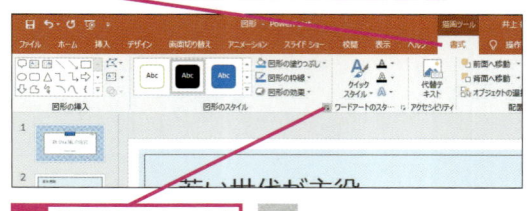

2 [図形のスタイル]のここをクリック

[図形の書式設定]作業ウィンドウが表示された

3 [サイズとプロパティ]をクリック

4 [テキストボックス]をクリック

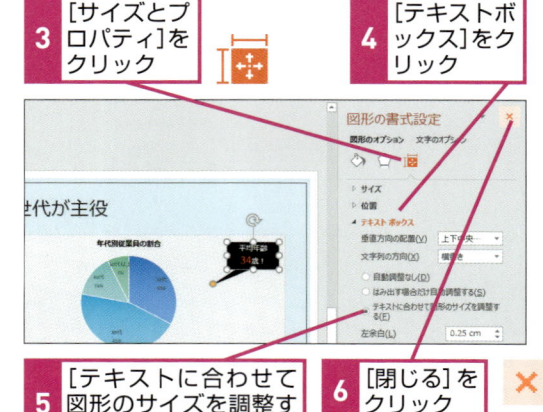

5 [テキストに合わせて図形のサイズを調整する]をクリック

6 [閉じる]をクリック

入力した文字数に応じて自動的に吹き出しのサイズが変わる

⑥ 吹き出し口の位置を調整する

図形のスタイルが変更された

1 調整ハンドルにマウスポインターを合わせる ⬤

マウスポインターの形が変わった ▷

2 ここまでドラッグ

若い世代が主役

年代別従業員の割合

平均年齢
34歳！

⑦ 吹き出しの中の文字を調整し、図形の選択を解除する

吹き出し口の位置が変更された

1 [ホーム]タブをクリック

2 [34]をドラッグして選択

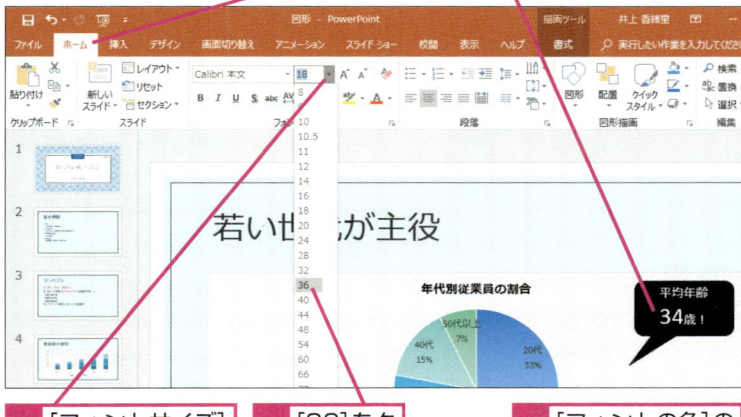

3 [フォントサイズ]のここをクリック

4 [36]をクリック

5 [フォントの色]のここをクリック

6 [標準の色]の[赤]をクリック

7 スライドの外側をクリック

図形の選択が解除される

HINT!

黄色いハンドルは何？

このレッスンで利用している吹き出しのように、図形によっては黄色いハンドル（）が表示されます。これは「調整ハンドル」と呼ばれ、図形の形状を変更するときに使います。吹き出しの調整ハンドルをドラッグすると、吹き出し口の位置を変更できます。

⚠ **間違った場合は？**

目的の位置に、吹き出し口が移動できなかった場合は、黄色い調整ハンドル（⬤）をドラッグし直します。

Point

グラフの目的を正確に伝える工夫が必要

グラフは、見る人によって注目するポイントが違います。年代別従業員の割合を示す円グラフを見て、数値の小さい年代に注目する人もいれば、数値の大きい年代に注目する人、あるいは高年齢層の数値に注目する人もいるでしょう。グラフを使ってせっかく数値を分かりやすく伝えるつもりが、逆効果になることもあります。これを防ぐには、グラフで一番伝えたいことが正確に伝わるような工夫が必要です。吹き出しなどの図形を使ってグラフのポイントを書き込めば、誰もが同じ印象を持つように誘導できます。

33

スライドを印刷するには

印刷

このレッスンでは、作成したスライドを1枚ずつA4用紙に大きく印刷します。印刷を実行する前に、[印刷]の画面で印刷イメージをしっかり確認しておきましょう。

① [印刷]の画面を表示する

| 作成したスライドを印刷する | 印刷イメージを確認する | パソコンにプリンターが接続され、電源が入っていることを確認しておく |

1枚目のスライドを表示しておく

1 [ファイル]タブをクリック

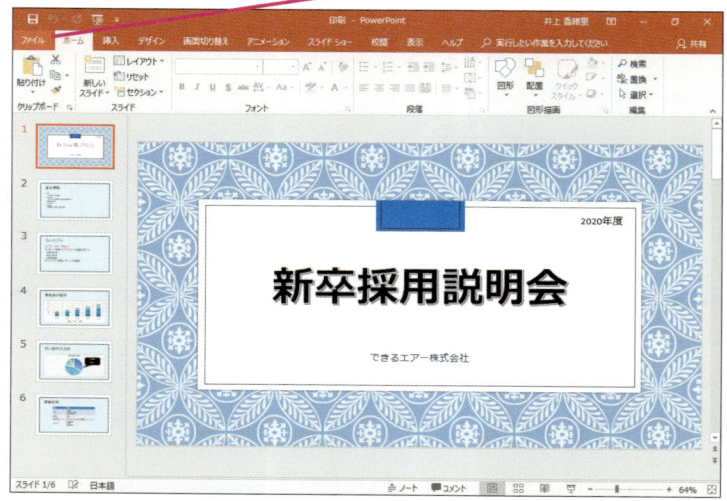

2 [印刷]をクリック　　印刷イメージが表示された　　**3** [次のページ]をクリック

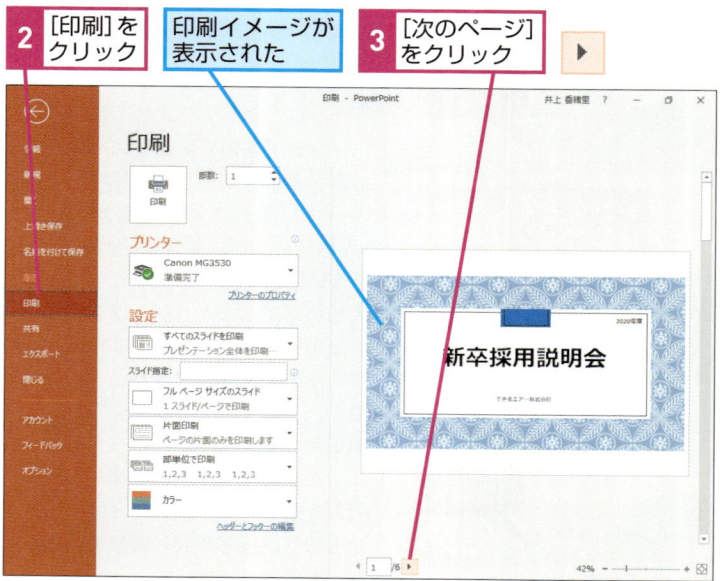

キーワード

| 印刷 | p.304 |
| スライド | p.306 |

 レッスンで使う練習用ファイル
印刷.pptx

ショートカットキー

Ctrl + P ………[印刷]画面の表示

HINT!

印刷イメージを素早く確認するには

印刷イメージを確認するたびに[ファイル]タブから[印刷]をクリックするのは少々面倒です。付録3の操作で[印刷プレビューと印刷]ボタンをクイックアクセスツールバーに追加すると、次回からはクリック1回で印刷イメージを表示できます。

HINT!

モノクロで印刷するには

スライドをモノクロで印刷するには、[印刷]の画面で[カラー]をクリックし、[グレースケール]をクリックします。[単純白黒]を選ぶと、図形やグラフなどの塗りつぶしが正しく印刷できない場合があるので注意しましょう。

HINT!

プリンターの設定画面を開くには

パソコンに接続しているプリンターの詳細設定画面を開くには、プリンター名の右下にある[プリンターのプロパティ]をクリックします。

② 印刷の設定を確認する

2枚目の印刷イメージ
が表示された

1 印刷部数を
確認

2 パソコンに接続したプリンターが
表示されていることを確認

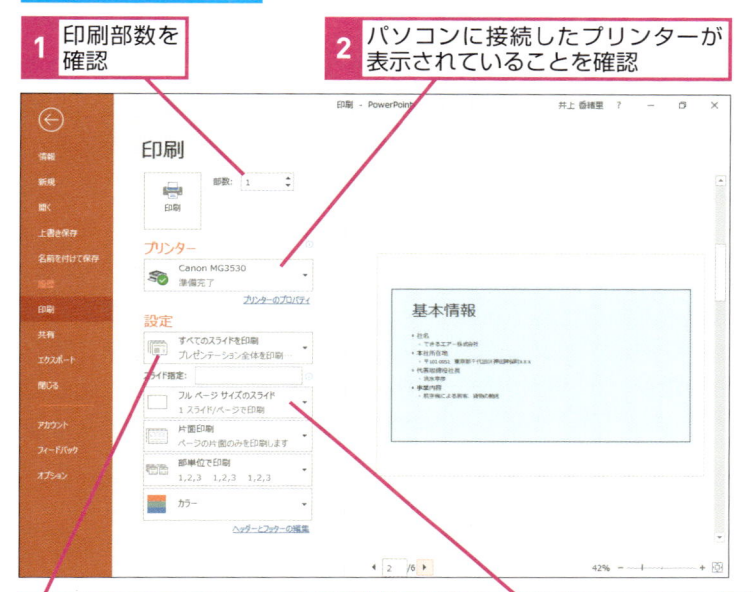

3 [すべてのスライドを印刷] が
表示されていることを確認

4 [フルページサイズのスライド]
が表示されていることを確認

③ 印刷を開始する

印刷の設定が完了したの
でスライドを印刷する

1 [印刷] を
クリック

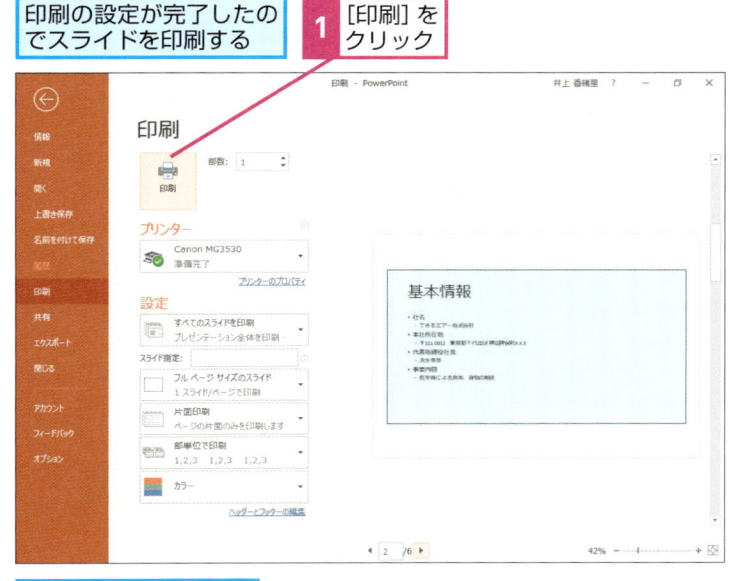

スライドが印刷される

HINT!

特定のスライドを印刷するには

特定のスライドを印刷するには、[印刷] の画面で [スライド指定] にスライド番号を入力します。[スライド指定] の右の入力欄に「2-4」のようにハイフンを使って印刷するスライドを指定すると、[設定] が自動的に [ユーザー指定の範囲] に切り替わって、2枚目から4枚目までという連続したスライドを印刷できます。「2,4」のようにカンマで区切って指定すると、2枚目と4枚目といった離れたスライドを印刷できます。ハイフンとカンマを組み合わせて、「2-4,6」のように指定することもできます。

 間違った場合は？

手順3で [印刷] ボタンをクリックしても印刷が実行されない場合は、パソコンとプリンターが正しく接続されているか、プリンターの電源が入っているかを確認しましょう。

Point

提出用の印刷物はスライドを大きく、美しく

スライドをイメージ通りに美しく印刷するには、事前に印刷イメージをしっかり確認しておくことが大切です。手順3で印刷を実行する前に、[フルページサイズのスライド] が選択されていれば、1枚の用紙に1枚のスライドが大きく印刷されます。スライドの枚数にもよりますが、資料を提出するときは、なるべくスライドを用紙いっぱいに印刷しましょう。スライドの内容が読みやすいことはもちろん、用紙の種類にまでこだわってカラーで印刷すれば、高級感を演出できます。なお、聞き手に配る配布資料の印刷はレッスン**⑰**、発表者用のメモの印刷はレッスン**⑱**でそれぞれ紹介します。

この章のまとめ

●表やグラフは分かりやすさが大事

文字や数値を羅列しただけのスライドよりも、表やグラフを使った方が、情報を整理して伝えられるため、表やグラフはプレゼンテーションの資料や企画書では欠かせないツールです。

表やグラフを作成するときは、聞き手が見たときに、分かりやすいかどうかが一番重要です。分かりやすさには、「見ための分かりやすさ」と「内容の分かりやすさ」の2種類があります。まず、表やグラフがすっきりしていて見やすいかどうか、さらに円グラフや棒グラフなど、データの内容に合ったグラフを使っているどうかをチェックしましょう。複雑なグラフを使うと、グラフの見方そのものが分からずに聞き手の理解を妨げることがあるからです。

次に、表やグラフを使って何を伝えたいかが、見ただけではっきり分かるかどうかをチェックします。聞き手の自由な解釈でさまざまな受け取られ方をされないように、吹き出しでポイントを強調するなど、伝えたいことを正しく印象に残す工夫が必要です。

表やグラフの挿入

表やグラフを利用して説得力のあるプレゼン資料を作成できる。グラフを使うときは、吹き出しの図形を追加してポイントを分かりやすくする

練習問題

1

PowerPointを起動して、[タイトルとコンテンツ] のレイアウトのスライドに、[マーカー付き折れ線] のグラフを挿入してみましょう。

●ヒント：スライド上の [グラフの挿入] ボタンをクリックします。

PowerPointを起動し、スライドを1枚追加してマーカー付き折れ線のグラフを挿入する

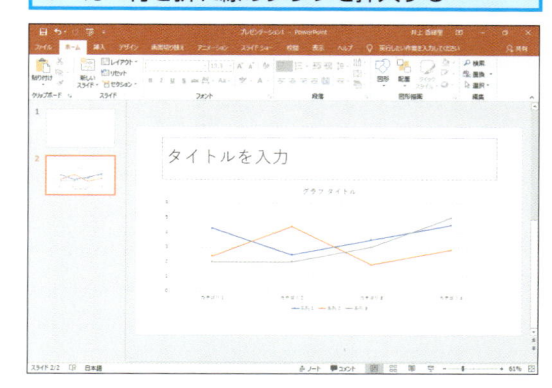

2

練習問題1で作成したスライドに [タイトルとコンテンツ] のレイアウトのスライドを追加し、3列4行の表を挿入してみましょう。

●ヒント：スライド上の [表の挿入] ボタンをクリックします。

3枚目のスライドに表を挿入する

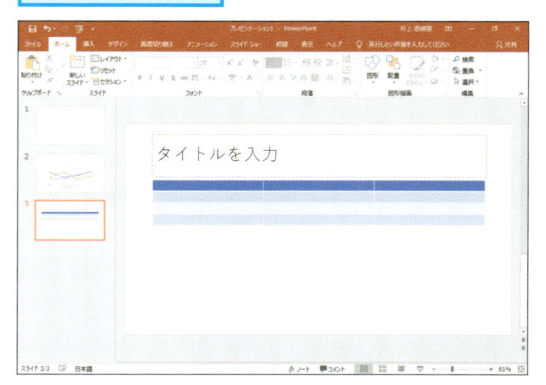

答えは次のページ

解　答

1

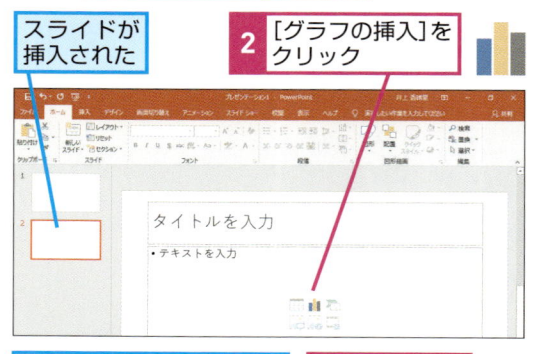

1 [ホーム]タブの[新しい
スライド]をクリック

2 [グラフの挿入]を
クリック

スライドが
挿入された

[グラフの挿入]ダイア
ログボックスが表示された

3 [折れ線]を
クリック

4 [マーカー付き折
れ線]をクリック

5 [OK]を
クリック

[ホーム］タブの［新しいスライド］ボタンを
クリックします。［タイトルとコンテンツ］の
レイアウトのスライドが挿入されたら、［グラ
フの挿入］ボタンをクリックします。次に［グ
ラフの挿入］ダイアログボックスで、［マーカ
ー付き折れ線］をクリックしましょう。そうす
ると、仮のデータを入力されたグラフが挿入さ
れます。最後に、［Microsoft PowerPoint内
のグラフ］の［閉じる］ボタンをクリックして、
ウィンドウを閉じておきましょう。

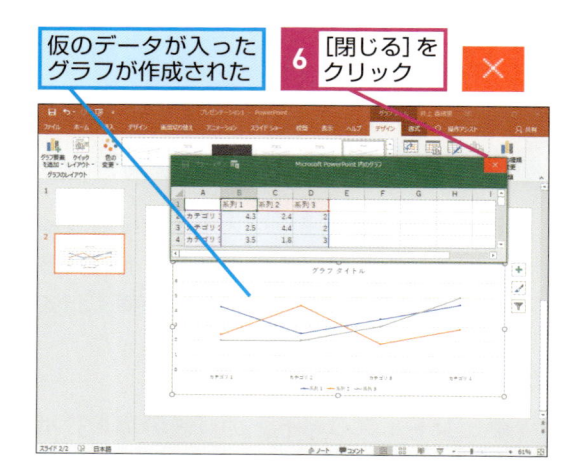

仮のデータが入った
グラフが作成された

6 [閉じる]を
クリック

2

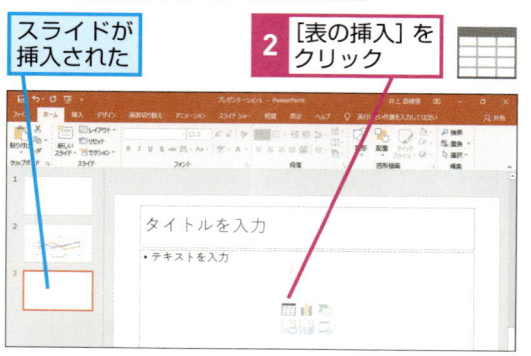

1 [ホーム]タブの[新しい
スライド]をクリック

2 [表の挿入]を
クリック

スライドが
挿入された

[ホーム］タブの［新しいスライド］ボタンをク
リックします。［タイトルとコンテンツ］のレイ
アウトのスライドが挿入されたら、［表の挿入］
ボタンをクリックします。［表の挿入］ダイアロ
グボックスで、［列数］に「3」、［行数］に「4」
と入力して［OK］ボタンをクリックします。

[表の挿入]ダイアログボックスが表示された

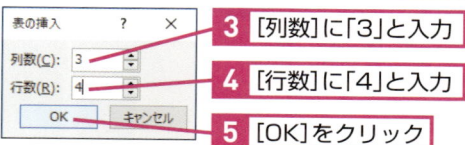

3 [列数]に「3」と入力

4 [行数]に「4」と入力

5 [OK]をクリック

第5章 写真や図表を挿入する

この章では、スライドに写真やイラスト、図表を挿入する操作を解説します。文字ばかりのスライドにこれらの視覚効果の高い要素が加わると、スライドが華やかになり表現力が高まります。

●この章の内容

表現力のある
スライドを作成しよう

写真や図表の挿入

スライドに写真やイラスト、図表が入ると、スライドが華やかになり、表現力が増します。ここでは、写真やイラスト、図表の効果的な使い方を紹介します。

写真や図表で表現力を高める

写真や図表を使うと、スライドに表現力が生まれ、聞き手の注目を集められます。スライドで説明している内容の実物を正確に見せたいときは写真、イメージを伝えたいときはイラスト、概念を伝えたいときは図表というように、一番適切な手段を選んで使いましょう。

図表を挿入し、色や形を変更する　→レッスン❸❺、❸❻

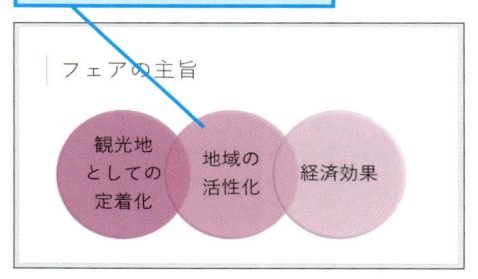

スライドにイラストを挿入する →レッスン❹❶

スライドに手描き文字を挿入する　→レッスン❹❷

パソコンに表示された画面を挿入する →レッスン❹❸

キーワード

HINT!

視覚効果を利用する

写真やイラスト、図表は、たくさんの文字で説明しなければ伝わらない情報を一瞬で伝えられます。なぜなら、人間は文字を読むことで一度頭の中で情報を整理しているのに対し、写真やイラスト、図表は見ただけで内容を理解できるからです。むやみに使うと逆効果ですが、ポイントとなるスライドに写真やイラスト、図表を使うと視覚に訴えかけ、情報の伝達効率を高められます。

パソコンに保存済みの写真を挿入する →レッスン❸❼

写真にスタイルや効果を設定する →レッスン❹❶

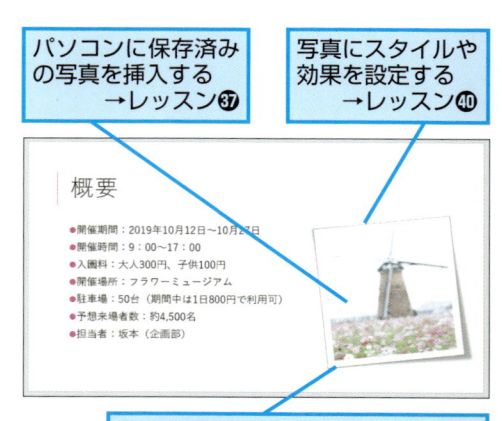

写真の切り取り、位置やサイズの変更を行う　→レッスン❸❽、❸❾

第5章　写真や図表を挿入する

画像や図表を使う考え方

伝えたい内容を文字だけで表現すると、単調で面白みのないスライドになりがちです。聞き手を説得することが目的であるからには、写真やイラストを使って<mark>聞き手の視線や関心を集める工夫</mark>や、図表を使って<mark>概念を分かりやすく見せるための工夫</mark>が必要です。

●目的に合う素材の利用

写真やイラストは視覚効果が高いため、スライド上にあるだけで聞き手の視線が集まります。そのため、スライドの内容に関係のない素材が使われていると、聞き手を混乱させてしまいます。プレゼンテーションの理解を助ける写真やイラストを使うことが大切です。

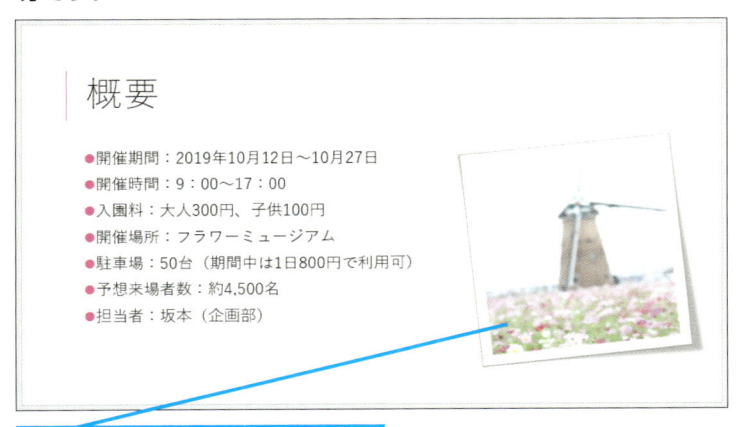

> スライドやプレゼンテーションの
> 内容と関係がある写真を利用する

●図表の項目は論理的に

PowerPoint 2019には、たくさんの図表のパターンが登録されています。形の面白さで選ぶのではなく、意味を正しく理解して、「表現したい内容を正確に伝えられる図表」を選びましょう。

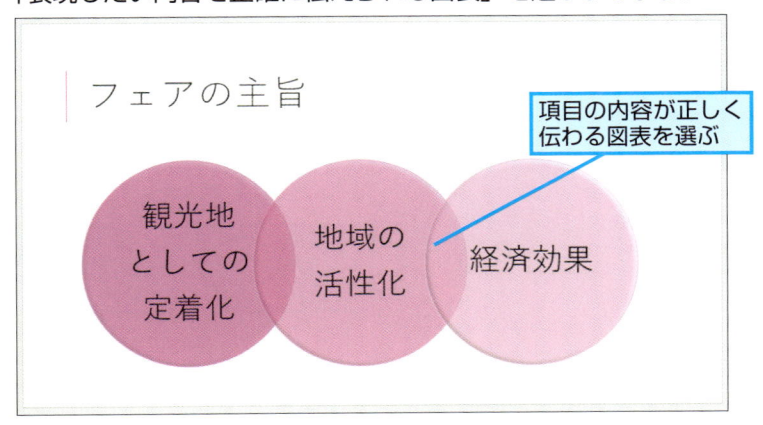

> 項目の内容が正しく
> 伝わる図表を選ぶ

HINT!

図表って何？

図表とは、キーワードが入力された図形同士を関連付けることで、概念や手順、仕組みを表現したものです。代表的な図表には、組織図やフローチャートなどがあります。PowerPoint 2019の [SmartArt] の機能を使うと、簡単に見栄えのする図表を作成できます。

HINT!

図形やスクリーンショットも入れられる

スライドには、四角形や吹き出しなどの図形も入れられます。図形を組み合わせたオリジナルの図表や地図などを作成したり、[スクリーンショット] の機能を使って、ほかのソフトウェアの画面をコピーし、スライドに貼り付けることもできます。

> 図形を挿入したスライド
> も作成できる

Point

PowerPoint 2019の強力な編集機能を活用しよう

写真やイラスト、図表を使うと、スライドに表現力が生まれ、聞き手の関心を集めることができますが、好きな素材を目的なく使っていいわけではありません。それぞれの素材で最大限の効果を発揮させるには、イラストの内容や位置、写真に写っているもの、図形の形や色合いなどが重要です。PowerPoint 2019には、画像編集ソフト顔負けの強力な編集機能が備わっているので、納得がいくまでスライド上で何度も編集できます。

図表を作成するには

SmartArt

組織図や流れ図などの概念図を作成するには、[SmartArt]の機能を使います。ここでは、[横方向ベン図]の図表を使って、イベントの主旨を表します。

① プレースホルダーを選択する

2枚目のスライドに図表を挿入する

1 2枚目のスライドをクリック

2 図表を挿入するプレースホルダーをクリック

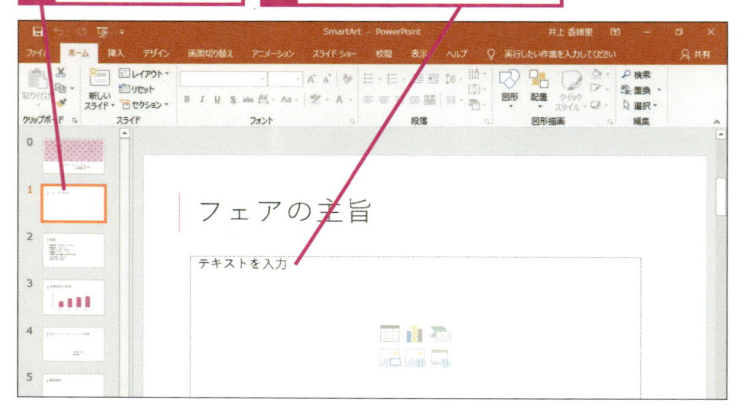

② [SmartArtグラフィックの選択]ダイアログボックスを表示する

プレースホルダーが選択された

1 [挿入] タブをクリック

2 [SmartArt] をクリック

 SmartArt

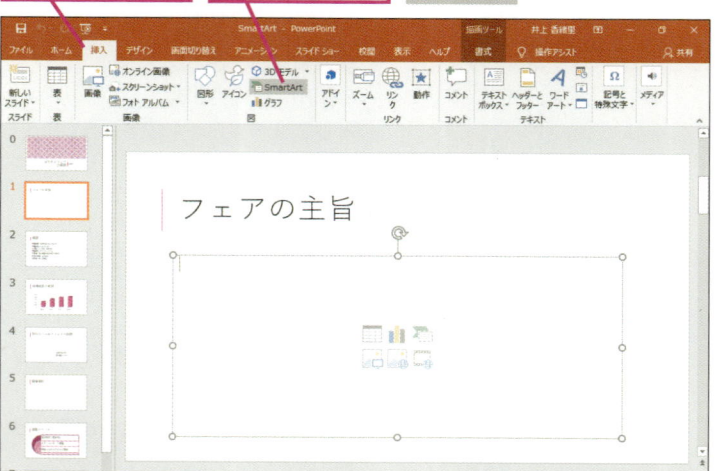

 動画で見る
詳細は3ページへ

▶ キーワード

SmartArt	p.302
プレースホルダー	p.310

📄 **レッスンで使う練習用ファイル**
SmartArt.pptx

HINT!

SmartArt って何？

SmartArtには組織図や循環図など、利用頻度が高い図表が数多く登録されています。そのため、自分で図形を描画して組み合わせなくても、デザイン性の高い図表を簡単に作成できます。

HINT!

入力済みの文字をSmartArtに変換できる

このレッスンでは、新しく図表を作成しましたが、スライドの作成済みの文字を選択してから以下の操作を行うと、後から図表に変換することもできます。

1 [ホーム]タブをクリック

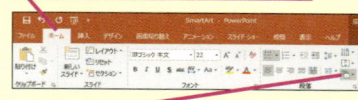

2 [SmartArtグラフィックに変換]をクリック

[SmartArtグラフィックの選択] ダイアログボックスが表示される

③ 図表の形を選択する

[SmartArtグラフィックの選択] ダイアログボックスが表示された | ここでは [横方向ベン図] の図表に変換する

1 [集合関係] をクリック

2 ここをドラッグして下にスクロール

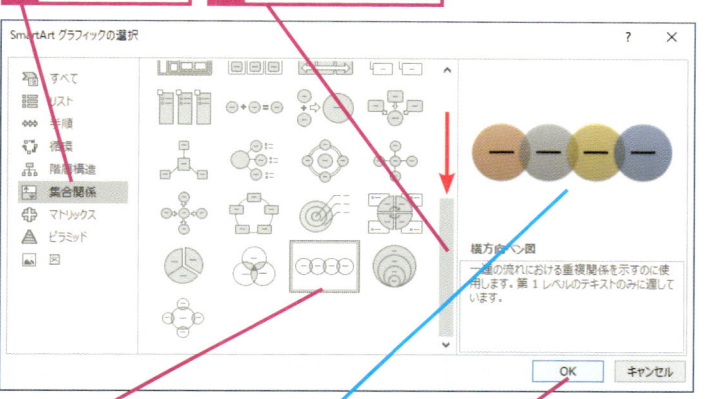

3 [横方向ベン図] をクリック

ここに図表のイメージと説明が表示される

4 [OK] をクリック

④ 図表の外枠が作成できた

4つの図形が表示された

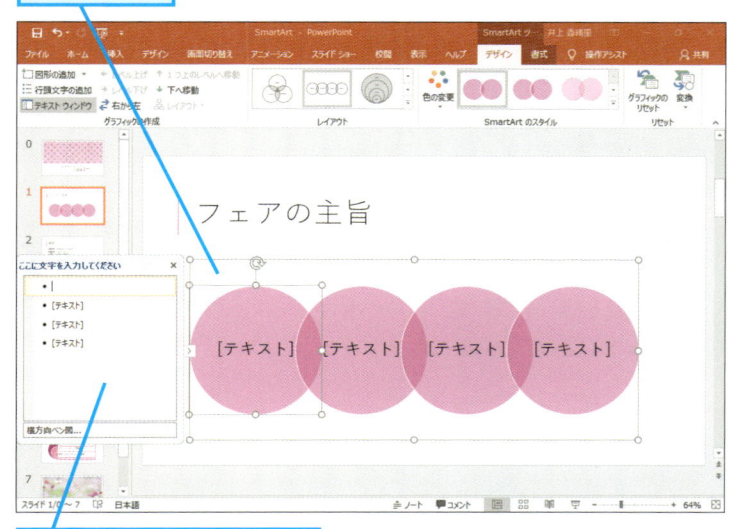

◆テキストウィンドウ
SmartArtの図表にある文字の内容を修正できる

HINT!

後から図表の種類を変更するには

SmartArtで作成した図表は、以下の手順で後から種類を変更できます。図表の種類を変更しても、入力済みの文字はそのまま新しい図表に引き継がれます。

SmartArtの種類を変更する図表を選択しておく

1 [SmartArtツール]の[デザイン] タブをクリック

2 [レイアウト] のここをクリック

レイアウトの一覧が表示され、変更したいレイアウトをクリックすると図表の種類を変更できる

HINT!

組織図を作成するには

企業やプロジェクトのメンバー構成を表すときは「組織図」の図表を使います。組織図を作るときは手順3で [階層構造] をクリックして、一覧から組織図の種類を選びます。

 間違った場合は？

間違った図表に変換してしまった場合は、[SmartArtツール] の [デザイン] タブの [変換] ボタンから [テキストに変換] をクリックして文字の項目に戻します。

35

SmartArt

次のページに続く

⑤ 図形に文字を入力する

1つ目の図形を
選択しておく

1 「観光地としての
定着化」と入力

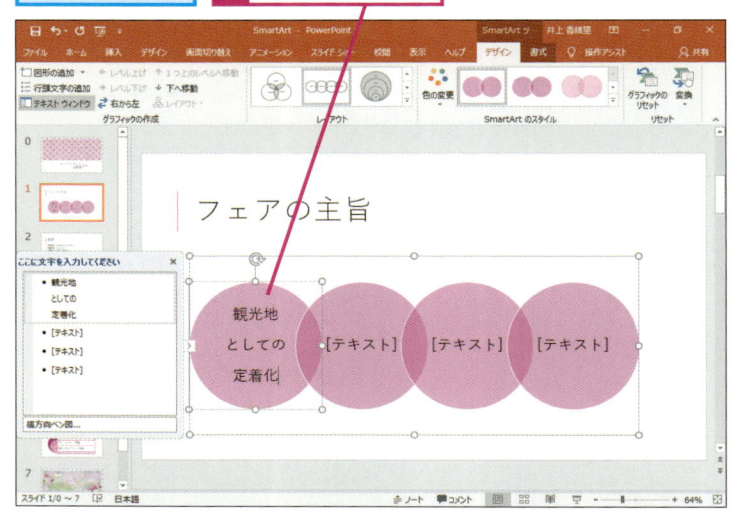

適当な文字数
で改行する

2 同様にして図形に「地域の
活性化」「経済効果」と入力

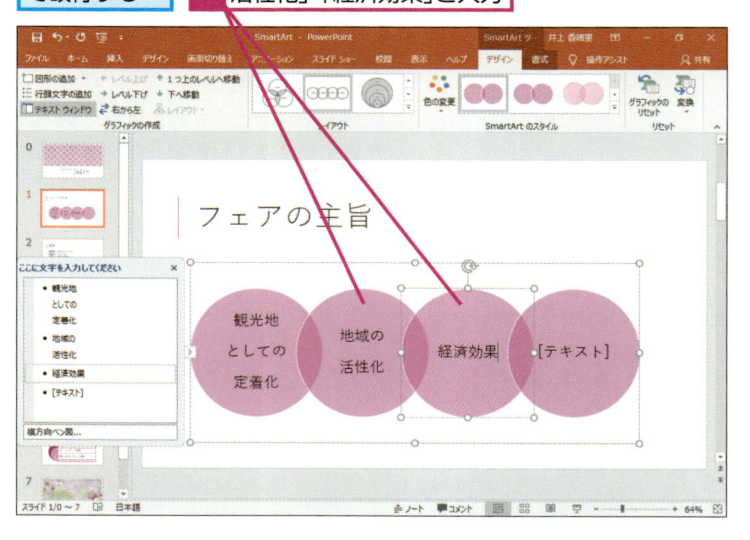

HINT!

**テキストウィンドウで
文字を編集できる**

図表の左側に表示されるテキスト
ウィンドウには、図表内の文字だけ
が表示されます。テキストウィンド
ウと図表は連動しており、テキスト
ウィンドウ内をクリックして入力・
編集した文字はそのまま図表に反映
されます。

テキストウィンドウに入力した
文字が図表に反映される

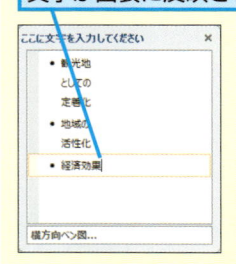

HINT!

**テキストウィンドウを
閉じるには**

テキストウィンドウ右上の［閉じる］
ボタンをクリックすると、テキスト
ウィンドウを閉じられます。
［SmartArtツール］の［デザイン］
タブの［テキストウィンドウ］ボタ
ンをクリックすると、いつでも再表
示できます。

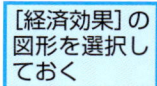

テクニック　SmartArtの図形の位置は変更できる

SmartArtを構成している個々の図形の位置は、以下の手順で後から変更できます。なお、図表の外枠をクリックして図表全体を選択してから［右から左］ボタンをクリックすると、左右の図形を丸ごと入れ替えられます。

●図形の左右入れ替え

> ［経済効果］の図形を選択しておく

1 ［SmartArtツール］の［デザイン］タブをクリック

2 ［右から左］をクリック　⮂ 右から左

> 図形の左右が入れ替わった

●図形の移動

> ［観光地としての定着化］の図形を選択しておく

1 ［SmartArtツール］の［デザイン］タブをクリック

2 ［下へ移動］をクリック　↓ 下へ移動

> ［観光地としての定着化］の図形が1つ後ろに移動した

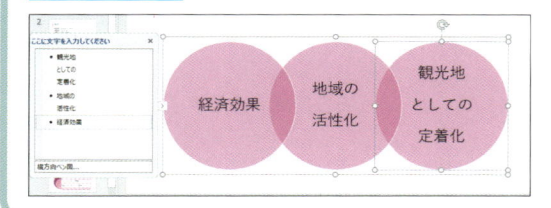

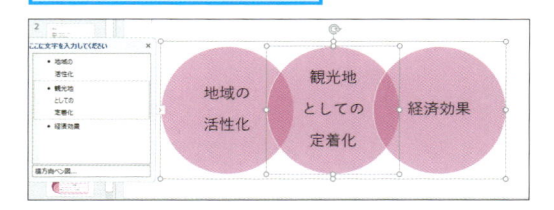

⑥　不要な図形を削除する

1 不要な図形を選択する

2 Delete キーを押す

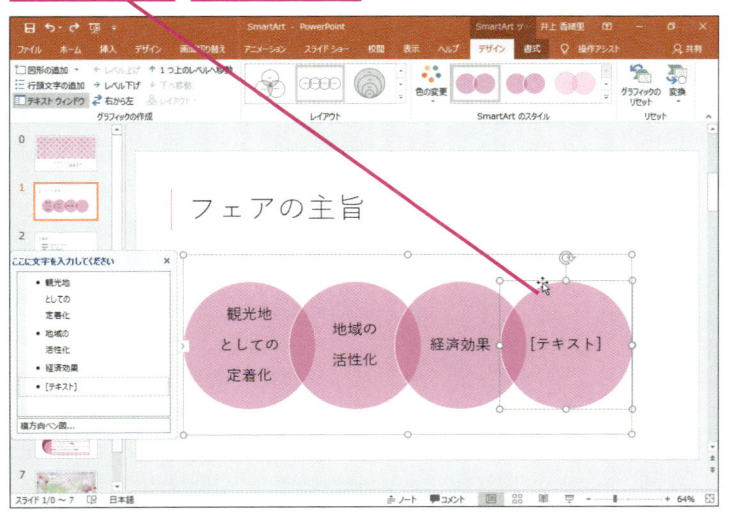

> 不要な図形が削除されサイズが自動調整される

Point

図表の意味と種類をしっかり吟味しよう

項目同士の関係や手順などは、たくさんの文字で説明するよりも、図表を使った方が一目瞭然です。なぜなら、図表を構成している図形の形や数、大きさ、並び方を見ただけで内容を把握できるからです。SmartArtで図表を作成するときは、最初に図表の種類を正しく選択します。箇条書きの項目を表すときは［リスト］、ステップを表すときは［手順］、階層関係を表すときは［階層構造］や［ピラミッド］というように、目的に合った種類を選ぶことが大切です。どれだけ見ためが美しくても、内容が伝わらない図表では意味がありません。

36

図表の色や形を変更するには

SmartArtのスタイル

SmartArtを構成している図形の色やデザインは後から自由に変更できます。このレッスンでは、［横方向ベン図］の図表の色とスタイルを変更します。

① 図表を選択する

図表を選択して色の組み合わせを変更する

1 図表をクリック

2 ［SmartArtツール］の［デザイン］タブをクリック

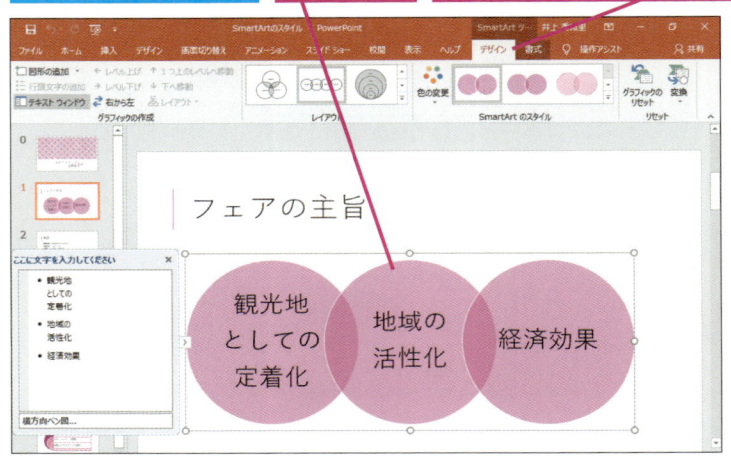

レッスンで使う練習用ファイル
SmartArtのスタイル.pptx

HINT!

テーマに応じて色が変わる

［色の変更］ボタンに表示される一覧は、スライドに適用しているテーマごとに異なります。そのため、後からテーマを変更すると、図表に設定した色の組み合わせも自動で変わります。

テーマを変更すると、［色の変更］の一覧もテーマに応じて変わる

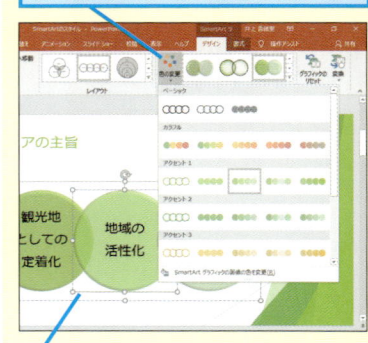

テーマの変更に応じて設定済みの色も変わる

② 図表の色を変更する

［デザイン］タブの内容が表示された

1 ［色の変更］をクリック

図表の色の組み合わせの一覧が表示された

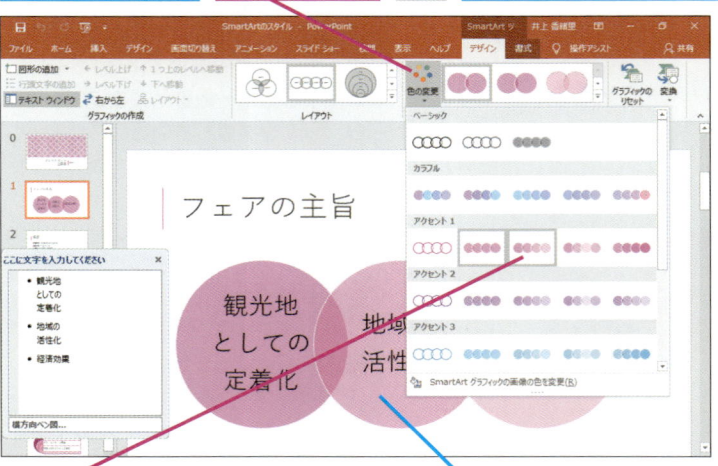

2 ［グラデーション - アクセント1］をクリック

色にマウスポインターを合わせると、一時的に配色が変わり、設定後の状態を確認できる

⚠ 間違った場合は？

［デザイン］タブに［色の変更］ボタンが表示されないときは、［挿入］タブの右にある［デザイン］タブを選択している可能性があります。図表を選択し、［SmartArtツール］の［デザイン］タブをクリックします。

第5章 写真や図表を挿入する

3 図表のデザインを変更する

図表の色が変更された

続いて図表のデザインを変更する

1 [SmartArtのスタイル]のここをクリック

スタイルの一覧が表示された

2 [パウダー]をクリック

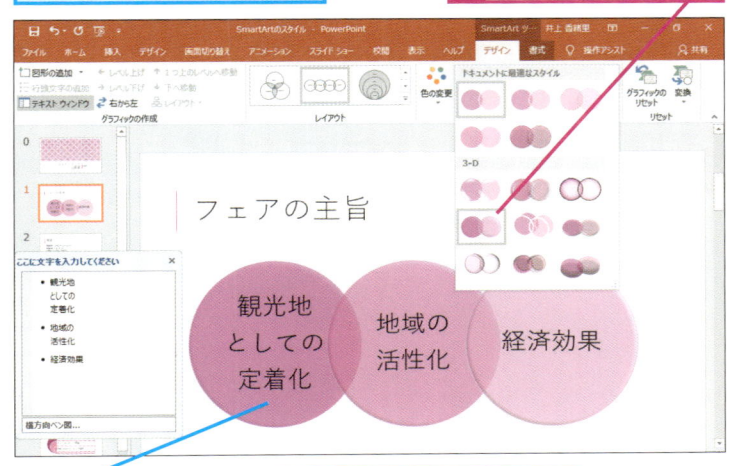

スタイルにマウスポインターを合わせると、一時的にデザインが変わり、設定後の状態を確認できる

4 図表の選択を解除する

図表のデザインが変更された

1 スライドの外側をクリック

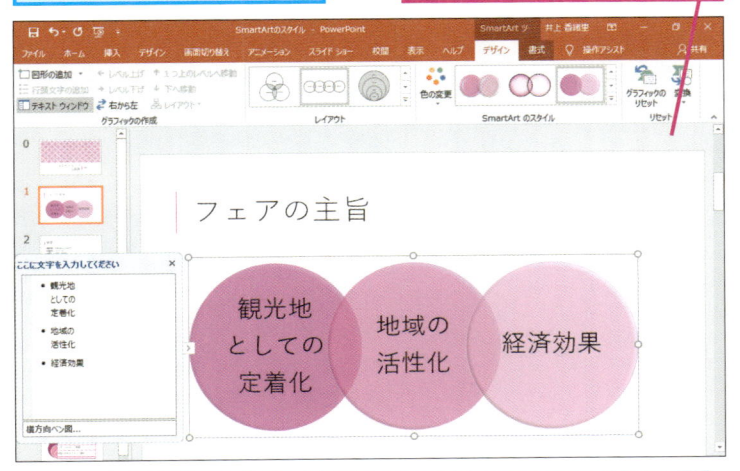

図表の選択が解除され、テキストウィンドウが非表示になる

結果が気に入らないときは、手順1から操作をやり直して何回でも変更できる

HINT!

図表に設定した効果をまとめて削除するには

図表に設定したさまざまな効果をまとめて削除するには、[SmartArtツール]の[デザイン]タブにある[グラフィックのリセット]ボタンをクリックします。

1 [SmartArtツール]の[デザイン]タブの[グラフィックのリセット]をクリック

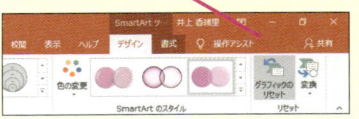

HINT!

図形は後から追加できる

図形の数は、[SmartArtツール]の[デザイン]タブにある[図形の追加]ボタンをクリックして後から追加できます。図形の外枠をクリックしてから Delete キーを押すと図形を削除できます。

Point

色とスタイルでオリジナリティーを演出する

SmartArtで作成した図表の色やスタイルを変えると、さらに見栄えがします。PowerPointはスライドに適用したテーマに合った色やスタイルを提示してくれますが、その中から効果的な色やスタイルを判断して選ぶのは自分自身です。判断の基準は、スライドのデザインに合っているかどうかと文字の見やすさです。[SmartArtのスタイル]には3-D効果の付いたスタイルがいくつも用意されていますが、3-Dにすることで情報が正しく読み取れないようでは逆効果です。リアルタイムプレビューで事前に確認し、最適なスタイルを見つけましょう。

37

写真を挿入するには

画像

スライドに写真を挿入する方法を紹介します。デジタルカメラなどで撮影した写真を使うときは、あらかじめ写真をパソコンに取り込んで保存しておきましょう。

① [図の挿入] ダイアログボックスを表示する

| 3枚目のスライドに写真を挿入する | あらかじめ練習用ファイルの [コスモス.jpg] を [ピクチャ]フォルダーにコピーしておく |

1 3枚目のスライドをクリック **2** [挿入]タブをクリック **3** [画像]をクリック

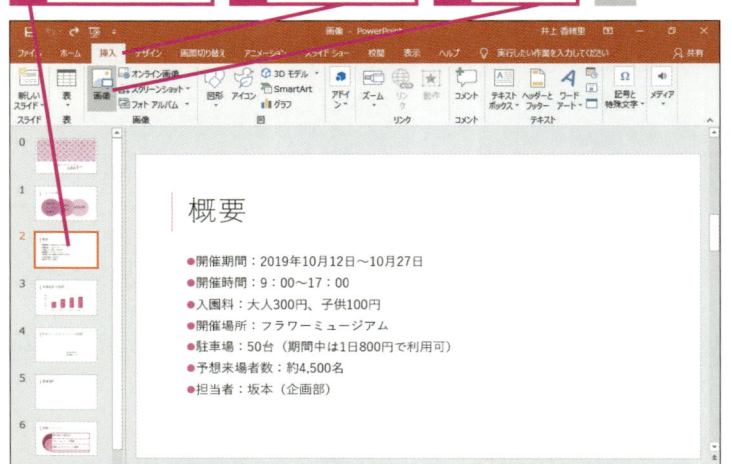

② 写真を挿入する

[図の挿入] ダイアログボックスが表示された **1** [コスモス]をクリック **2** [挿入]をクリック

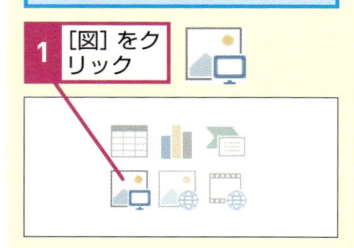

📄 **レッスンで使う練習用ファイル**
画像.pptx
コスモス.jpg

HINT!

コンテンツのレイアウトからも挿入できる

[タイトルとコンテンツ] などのレイアウトのスライド中央にある [図] ボタン（🖼️）を使っても写真を挿入できます。[図] ボタンをクリックすると、手順2の [図の挿入] ダイアログボックスが表示されます。

| スライドにコンテンツを含むレイアウトを適用しておく |

1 [図] をクリック

| [図の挿入] ダイアログボックスが表示される |

HINT!

[オンライン画像] って何？

[挿入] タブの [オンライン画像] をクリックすると、インターネット上の写真やイラストを検索して、スライドに挿入できます。ただし、インターネットには勝手に利用できない画像もあるので、利用規約をしっかり確認してから利用しましょう。

テクニック　写真の配置や重なり順を整えよう

複数の写真を挿入したときは、それぞれの写真の端や間隔がきっちりそろうときれいです。以下のように[オブジェクトの配置]機能を使う方法や、写真をドラッグしたときに表示される「スマートガイド」と呼ばれる赤い点線を目安にして配置する方法があります。また、写真を重ねて配置するときは、重なりの順番を指定できます。

●配置の変更

複数の写真を選択しておく

1 [図ツール]の[書式]タブをクリック

2 [オブジェクトの配置]をクリック

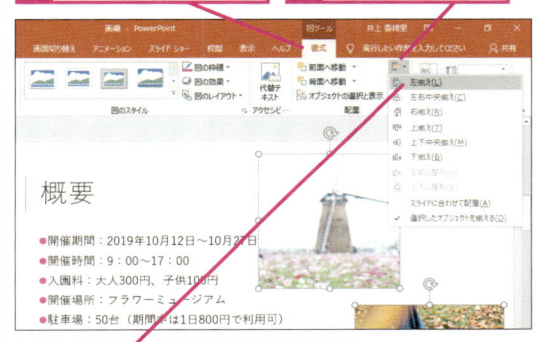

3 [左揃え]をクリック

複数の写真の左端がそろう

●重なり順の変更

重なり順を変更したい写真を選択しておく

1 [図ツール]の[書式]タブをクリック

2 [背面へ移動]をクリック

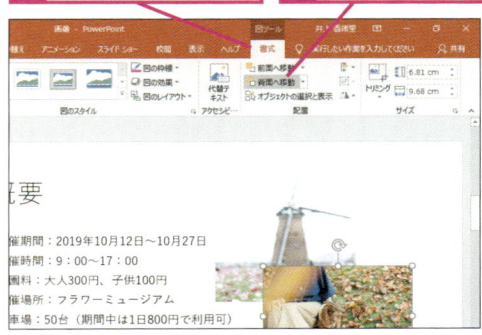

写真が背面に移動する

---

3 写真が挿入された

スライドに写真が挿入された

写真が選択されているときは、ハンドルが表示される

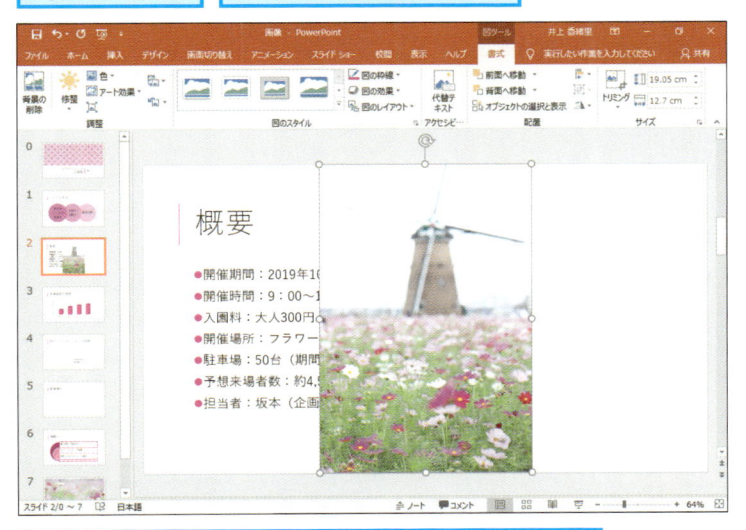

続けて次のレッスンで、写真の位置とサイズを調整する

Point

写真は「実物」を伝えるときに使う

写真は、このレッスンのスライドのようにイベントで実際に訪れる場所や自社の商品など、「実物」を具体的に見せるときに使うと効果的です。風景などのイメージ写真を使うことはありますが、実際の商品などをイラストで表すと、正確な情報が伝わらない可能性があるので注意しましょう。反対にイラストは、スライドのイメージを伝えるときに使います。写真やイラストがあるだけでスライドが華やかになり、相手の注目を集めることができますが、どちらもスライドの内容に合った素材を使うことが大切です。

38 写真の一部を切り取るには

トリミング

写真に不要なものが映り込んでいても心配はありません。[トリミング]の機能を使って、写真の不要な部分を隠し、表示されないようにしましょう。

① 切り取り用のハンドルを表示する

レッスン㊲で挿入した写真を切り取る

1 写真をクリック	2 [図ツール]の[書式]タブをクリック	3 [トリミング]をクリック

② 写真の切り取りを開始する

ハンドルの形が変わった

1 ハンドルにマウスポインターを合わせる

マウスポインターの形が変わった

キーワード

書式	p.306
トリミング	p.308
ハンドル	p.310

📄 **レッスンで使う練習用ファイル**
トリミング.pptx

HINT!

[書式]タブが表示されないときは

[図ツール]の[書式]タブは、写真やイラストを選択しているときだけ一時的に表示されるタブで、通常は隠れています。[書式]タブが表示されていないときは、スライドにある写真をクリックします。

HINT!

図形で写真を切り取るには

写真を図形の形に合わせて切り取るには、手順1で以下の手順を実行します。

トリミングする写真を選択しておく

1 [トリミング]をクリック

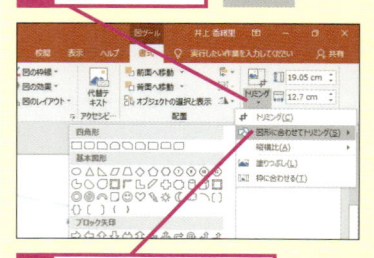

2 [図形に合わせてトリミング]にマウスポインターを合わせる

図形を選択すると、その形で写真が切り抜かれる

第5章 写真や図表を挿入する

③ 切り取り範囲を指定する

1 ここまでドラッグ

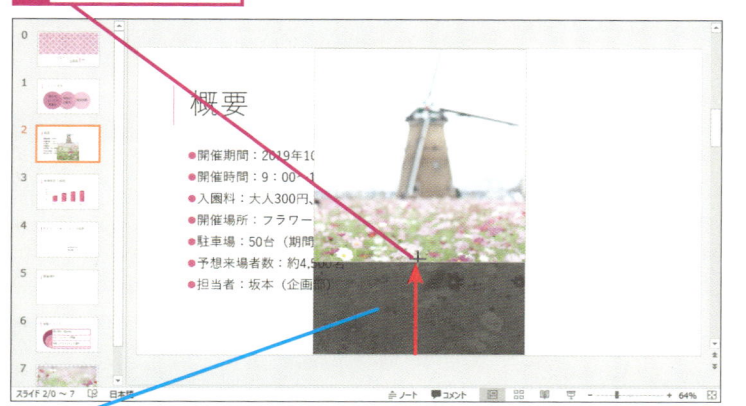

切り取られて非表示になる範囲は黒く表示される

トリミングのハンドルが表示されているときに写真をドラッグすると、表示位置を変更できる

④ 切り取り範囲を確定する

切り取りの操作を終了し、切り取り範囲を確定する

1 [トリミング]をクリック

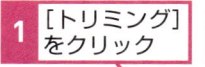

⑤ 写真の切り取りが完了した

写真が切り取られた

写真が選択されている状態で[トリミング]をクリックすれば、切り取り範囲を再調整できる

HINT!

トリミング前の写真に戻すには

トリミング前の写真に戻すには、黒いハンドルを反対方向にドラッグします。なお、[図のリセット]ボタン（・）から[図とサイズのリセット]をクリックすると、写真を最初の状態に戻せます。

1 [図ツール]の[書式]タブをクリック

2 [図のリセット]のここをクリック

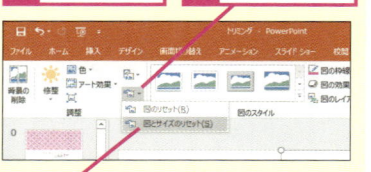

3 [図とサイズのリセット]をクリック

Point

一番見せたいものだけをはっきり見せる

デジタルカメラで撮影した写真を後から見ると、目的以外の人物や建物が映り込んでいる場合があります。そのままの写真をスライドに挿入すると、余計なものが邪魔をして本当に見せたいものの焦点がぼやけてしまう危険性があります。見せたいものだけがはっきり分かるように写真を加工しておきましょう。PowerPointの[トリミング]の機能を使えば、専用のソフトウェアを使わなくても、不要な部分を簡単に削除できます。トリミングした結果、写真そのもののサイズが小さくなってしまったときは、白いハンドルをドラッグして拡大しておくといいでしょう。

39

写真の位置やサイズを変更するには

写真の移動と大きさの変更

スライドに挿入した写真は、撮影するカメラや設定によって表示される大きさが違います。挿入した写真は、最適な位置やサイズに調整して見栄えを整えましょう。

1 写真の位置を変更する

レッスン㊳でトリミングした写真の位置とサイズを調整する

1 写真をクリック

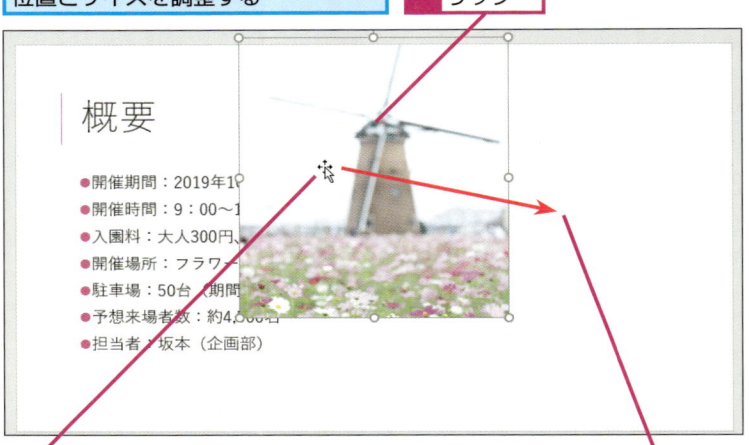

2 ここにマウスポインターを合わせる

マウスポインターの形が変わった

3 ここまでドラッグ

2 写真のサイズを小さくする

写真が移動した

続けて写真のサイズを小さくする

1 ハンドルにマウスポインターを合わせる

マウスポインターの形が変わった

2 ここまでドラッグ

キーワード

書式	p.306
ハンドル	p.310

レッスンで使う練習用ファイル
写真の移動と大きさの変更.pptx

HINT!

縦横比を保持したままサイズを変更するには

写真の周りに表示されているハンドルをドラッグすると、自由にサイズを変更できます。四隅にある丸いハンドルをドラッグすると、写真の縦横比を保ったままの状態でサイズを変更できます。

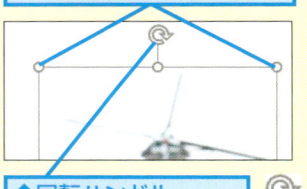

◆ハンドル
サイズを自由に変更できる

◆回転ハンドル
ここをドラッグするとイラストを回転できる

HINT!

写真の色合いを変更するには

[図ツール]の[書式]タブにある[色]ボタン（■色▼）を使うと、写真の色合いを後から変更できます。[色の彩度]や[色のトーン][色の変更]などのサムネイルにマウスポインターを合わせると、スライドにある写真の色合いの変化を確認できます。ただし、写真によっては、[色の変更]しか表示されない場合もあります。

テクニック 写真やイラストの背景を削除できる

写真やイラストによっては、背景の色が邪魔になることがあります。[背景の削除]の機能を使って背景を削除すると、背景が透明になり、スライドが見えるようになります。ただし、写真の背景がごちゃごちゃしている場合は、きれいに削除できない場合もあります。

背景を削除する写真を選択しておく

1 [図ツール]の[書式]タブをクリック

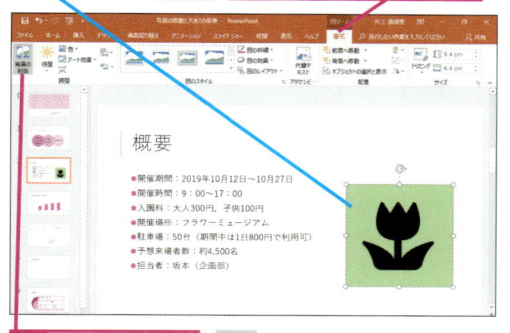

2 [背景の削除]をクリック

写真の内容が自動的に判断され、削除する領域が紫色で表示された

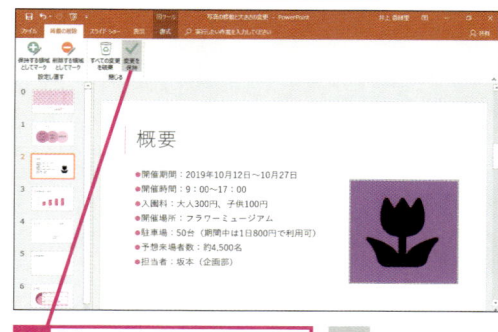

3 [変更を保持]をクリック

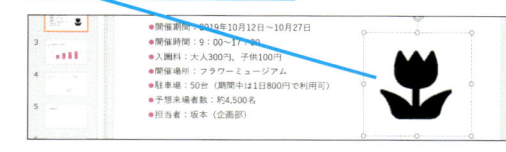

写真の背景が削除された

---

3 写真の選択を解除する

写真を縮小できた

1 スライドの外側をクリック

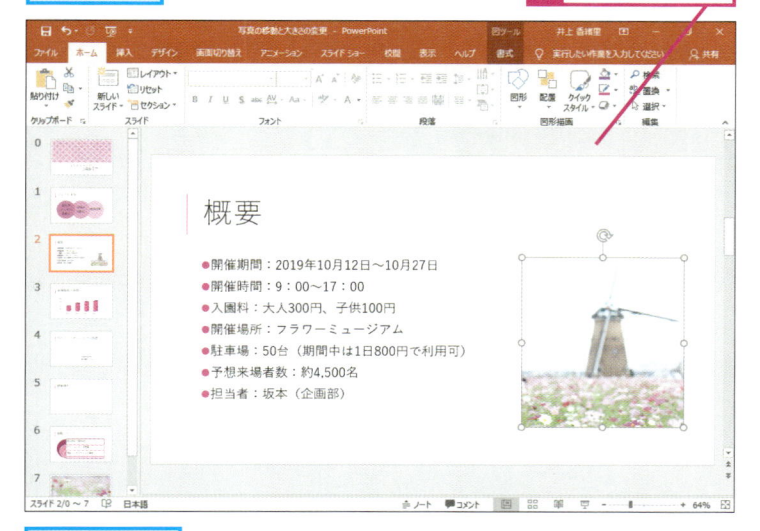

写真の選択が解除される

⚠ 間違った場合は？

写真が目的と違う大きさになってしまったときは、[元に戻す]ボタン（↺）をクリックします。

Point

アクセントとして使う写真は右下が定位置

写真そのものが主役ではなく、スライドのアクセントとして使う場合は、写真をスライドの右下に配置するといいでしょう。なぜなら、人間の視線はスライドの左上から右下に向かってZ字を描くように移動するため、右下以外の場所に配置すると、視線の流れを中断して、スライドの内容を理解するのを妨げてしまうからです。また、右下に写真があると、視線の動きの最後で目に入り、スライドのイメージが膨らむ効果もあります。さらに、次のスライドに切り替わるまでに一息つく「間」を演出することもできます。

40

写真にスタイルを設定するには

図のスタイル

PowerPoint 2019は、画像の編集機能も豊富です。ここでは、レッスン③から③で挿入・トリミングした写真を傾けて枠を付ける［図のスタイル］を設定します。

① 写真を選択する

切り取りをした写真に効果を付ける

1 写真をクリック

2 ［図ツール］の［書式］タブをクリック

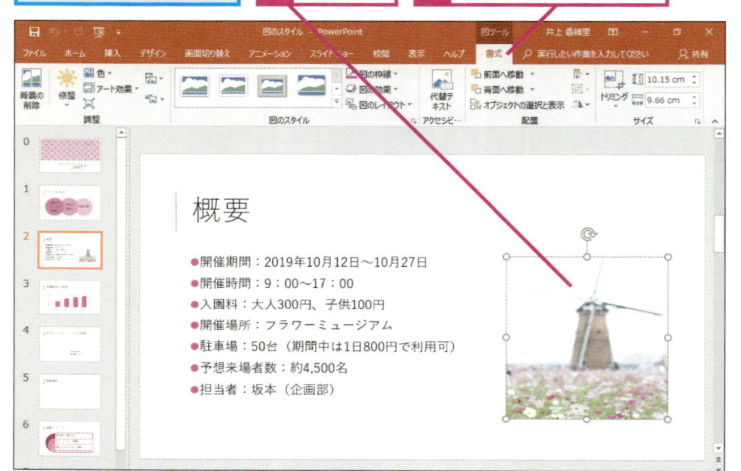

② スタイルを選択する

1 ［図のスタイル］のここをクリック

［図のスタイル］の一覧が表示された

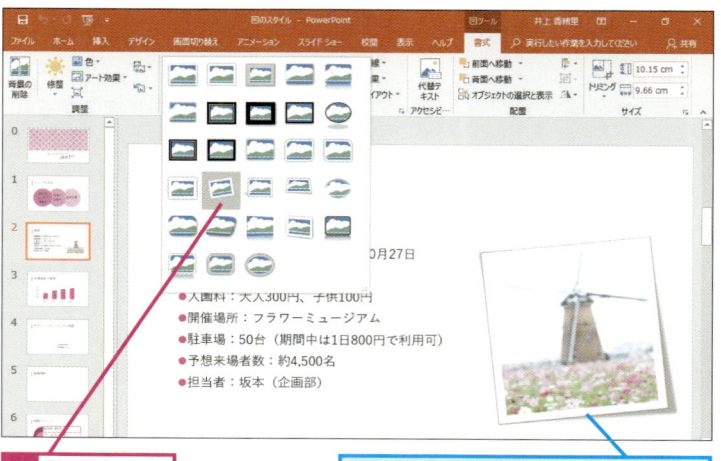

2 ［回転、白］をクリック

スタイルにマウスポインターを合わせると、一時的に写真のスタイルが変わり、設定後の状態を確認できる

キーワード

アート効果	p.303
書式	p.306

レッスンで使う練習用ファイル
図のスタイル.pptx

HINT!

影や面取り、反射の効果を組み合わせて使える

［図のスタイル］を設定した写真に、［書式］タブの［図の効果］ボタンの機能を組み合わせて利用できます。そうすると、ぼかしの幅を変更したり、影を付け加えたりできます。なお、［図の効果］ボタンの機能を単独で利用することも可能です。

HINT!

写真の明るさやコントラストを変更するには

［図ツール］の［書式］タブにある［修整］ボタンをクリックすると、写真の明るさやコントラストを変更できる項目が表示されます。

1 ［図ツール］の［書式］タブをクリック

2 ［修整］をクリック

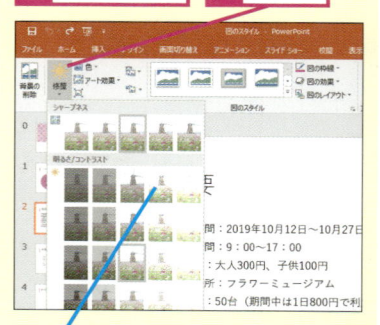

項目をクリックして、シャープネスや明るさ、コントラストを調整できる

第5章 写真や図表を挿入する

テクニック 写真に目立つ効果を設定できる

［書式］タブの［アート効果］ボタンを使うと、写真をパステル調に加工したり、ガラス風に加工したりするなどの効果を一覧から選ぶだけで簡単に実現できます。

1 写真をクリック

2 ［図ツール］の［書式］タブをクリック

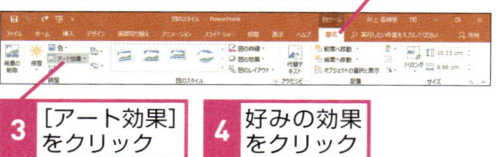

3 ［アート効果］をクリック

4 好みの効果をクリック

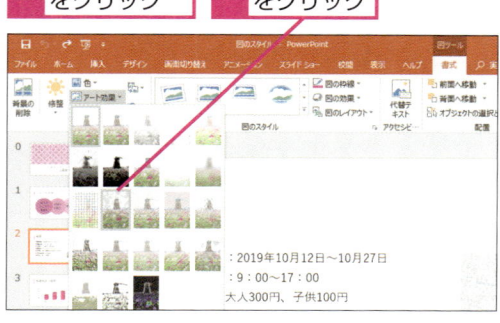

指定した効果が写真に反映された

---

③ 写真の選択を解除する

写真にスタイルが設定された

1 スライドの外側をクリック

写真の選択が解除される

⚠ 間違った場合は？

手順2で違うスタイルをクリックしてしまった場合は、再度手順2の操作を行って正しいスタイルをクリックします。

Point

写真が魅力的に見せる効果を選ぼう

PowerPoint 2019の画像編集機能には目を見張るものがあります。画像編集用のソフトウェアを使わなくても、写真に枠を付ける効果や写真の周りをぼかす効果を、［図のスタイル］の一覧から選ぶだけで設定できます。さらに、［図の効果］と組み合わせたり、［アート効果］で絵画風に加工したりするのも、一覧から選ぶだけです。たくさんの効果があるのでつい効果を多用しがちですが、見せたい写真が一番魅力的に見せる効果を1つか2つシンプルに設定するといいでしょう。

イラストを
挿入するには

アイコン

［アイコン］機能を使うと、自分でイラストを用意しなくても、たくさん用意されているイラストから好きなものを選択できます。

❶ アイコンの一覧を表示する

7枚目のスライドにアイコンを挿入する

1 7枚目のスライ ドをクリック	2 ［挿入］タブを クリック	3 ［アイコン］ をクリック

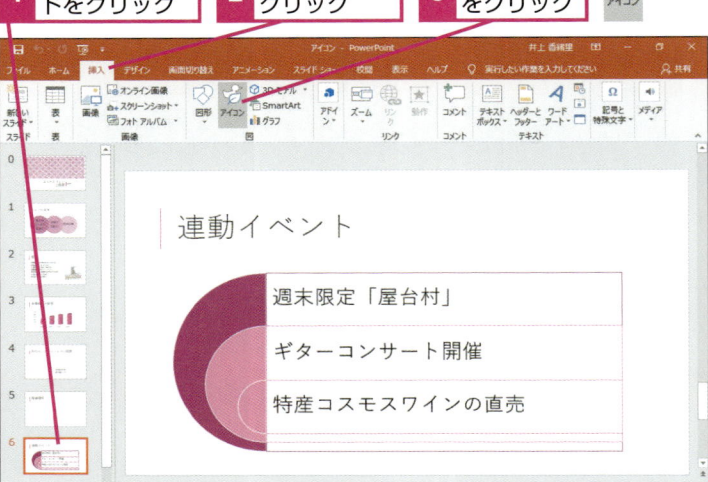

連動イベント

週末限定「屋台村」

ギターコンサート開催

特産コスモスワインの直売

❷ アイコンを挿入する

［アイコンの挿入］ダイアログ ボックスが表示された

ここではホットドッグの アイコンを挿入する

1 ［食品および飲料］ をクリック	2 挿入するアイコンをクリック してチェックマークを付ける

3 ［挿入］を クリック

動画で見る
詳細は3ページへ

キーワード

アイコン	p.303
マウスポインター	p.311

レッスンで使う練習用ファイル
アイコン.pptx

HINT!

アイコンって何？

アイコンとは、PowerPointに用意されているイラスト集のことです。［ビジネス］［建物］などの分類ごとに、黒白のシンプルなイラストが用意されており、クリックするだけでスライドに挿入できます。

HINT!

アイコンの色を変えるには

アイコンの色はモノクロですが、後から色を変更できます。スライドに挿入したアイコンをクリックし、［グラフィックツール］の［書式］タブにある［グラフィックの塗りつぶし］ボタンから変更後の色を選択します。

HINT!

複数のアイコンを 同時に挿入するには

手順2の操作2の後で、他のアイコンを続けてクリックすると、複数のアイコンにチェックマークが付きます。この状態で［挿入］をクリックすると、複数のイラストを同時に挿入できます。

③ アイコンを移動する

ホットドッグのアイコンが挿入された

1 アイコンにマウスポインターを合わせる

マウスポインターの形が変わった

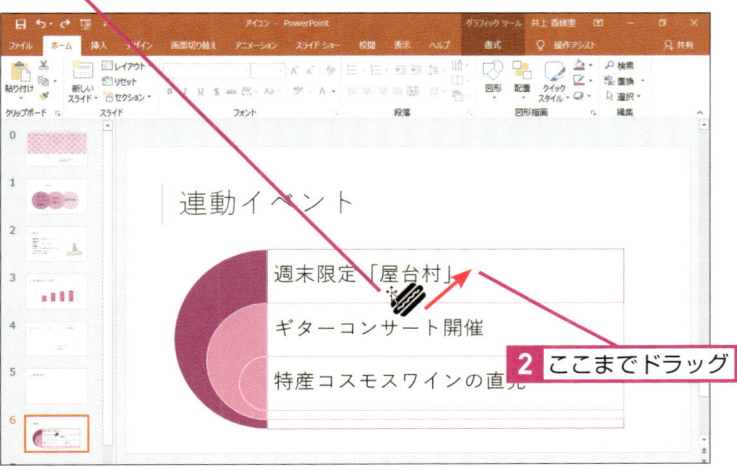

連動イベント

週末限定「屋台村」

ギターコンサート開催

2 ここまでドラッグ

特産コスモスワインの直売

アイコンが移動した

④ アイコンが挿入された

手順1から手順3を参考に残りの項目の後ろにアイコンを挿入する

ギターのアイコンは「芸術」、ワインのアイコンは「食品および飲料」に含まれている

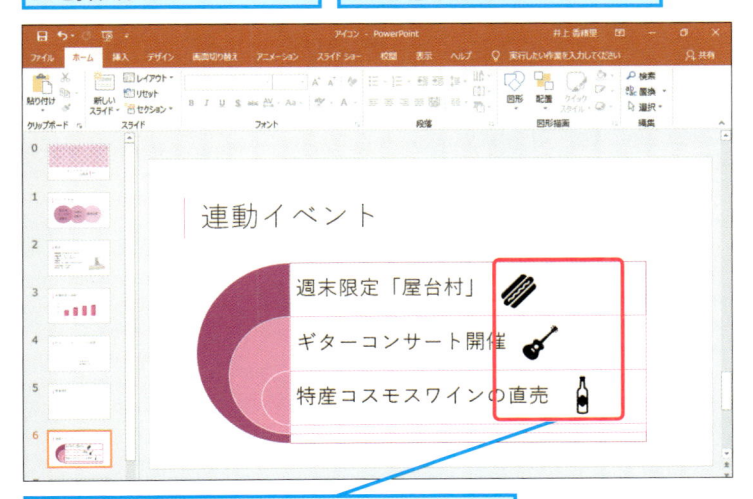

連動イベント

週末限定「屋台村」

ギターコンサート開催

特産コスモスワインの直売

それぞれの項目に合ったアイコンを挿入できた

HINT!

3Dのイラストを挿入するには

[挿入] タブの [3Dモデル] を使うと、立体的な3Dのイラストをスライドに挿入して、上下左右に自由に回転できます。3Dイラストを自作することもできますが、Web上にある3Dイラストを利用する場合は、作成者が利用方法に条件を付けている場合もあるので注意しましょう。

HINT!

アイコンの色を部分的に変えるには

前ページのHINT!の操作でアイコンの色を変えると、アイコン全体の色が変わります。アイコンの色を部分的に変えるには、アイコンをクリックし、[グラフィックツール] の [書式] タブにある [グループ化] ボタンから [グループ解除] を選択して、アイコンを構成する部品に分解しておく必要があります。

⚠️ **間違った場合は？**

手順3で目的とは違うアイコンを挿入してしまった場合は、アイコンをクリックし、Delete キーを押して削除します。

Point

スライドの内容に合ったイラストを使おう

イラストは、スライドを華やかにするだけでなく、スライドの内容をイメージしやすくなる効果があります。このレッスンのように、3つの項目に合ったイラストを入れることで、文字とイラストの相乗効果でイベントの内容が伝わりやすくなります。イラストを使うときは、スライドの内容に合ったイラストを使うことがポイントです。スライドの空間を埋めるためだけにイラストを使うのはやめましょう。

42

手書きの文字を挿入するには

インク

スライドに手書きの文字を描くと、一味違った雰囲気を演出できます。［インク］機能を使うと、マウスでドラッグした通りの文字を表示できます。

① ［描画］タブを表示する

［描画］タブが表示されていない場合は、付録2を参考に［描画］タブを表示しておく

［描画］タブを追加したら、PowerPointを一度再起動しておく

手書きの文字を挿入するスライドを表示しておく

1 ［描画］タブをクリック

動画で見る
詳細は3ページへ

レッスンで使う練習用ファイル
インク.pptx

HINT!

ペンを追加できる

ペンには、鉛筆、ペン、蛍光ペンの3種類があり、それぞれに太さや色を設定できます。最初は5つのペンだけしか表示されていませんが、［描画］タブの［ペンの追加］ボタンをクリックすると、後からペンを追加できます。

HINT!

サイズや種類を変更できる

［ペン］グループに表示されているペンをクリックしたときに表示される∨をクリックすると、ペンの太さや色を変更できます。

② ペンの太さ、色、効果を変更する

ここでは色が［レインボー］で太さが3.5mmのペンを使って描画する

1 ［ペン：銀河、3.5mm］をダブルクリック

2 ［レインボー］をクリック

ペンの太さ、色、効果はこのメニューから変更できる

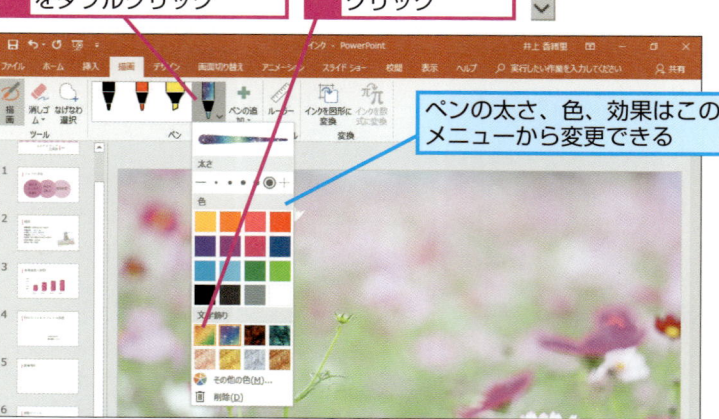

ペンの表示が［ペン：レインボー、3.5mm］に変わる

3 リボンに新しく表示された［ペン：レインボー、3.5mm］のアイコンをクリック

ペンの変更が確定される

第5章 写真や図表を挿入する

③ 手書きの文字を入力する

| 1 | 描画する位置にマウスポインターを合わせる | マウスポインターの形が変わった | |

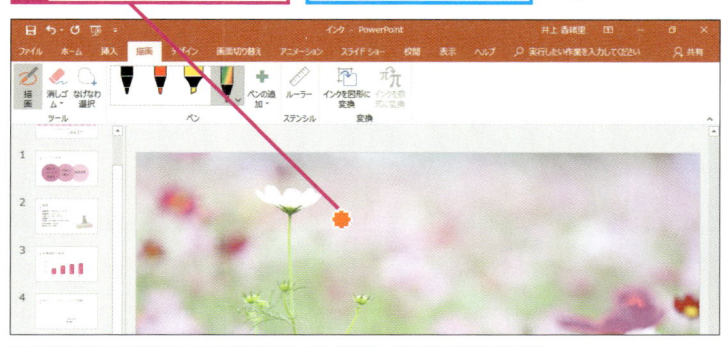

| ここでは「Happy Smile」と描画する | 2 | マウスをドラッグして描画 |

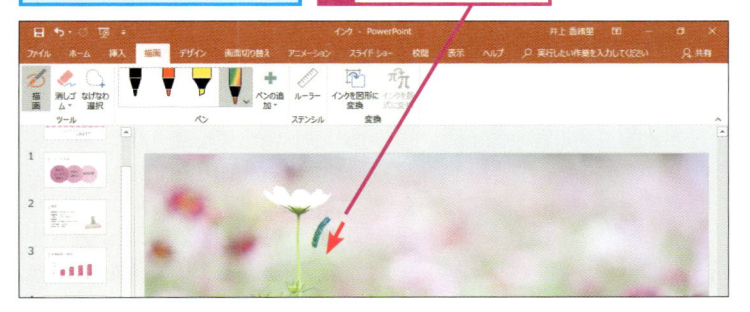

④ 描画を終了する

| 手書きの文字で「Happy Smile」と描画された | 1 | [描画] をクリック |

42

インク

HINT!

直線をきれいに描くには

ペンを使って直線などの図形を描くこともできます。[描画]タブの[ルーラー]ボタンをクリックすると、スライド上にものさしが表示されます。ものさしに沿ってドラッグすると、長さの決まった直線を正確に描画できます。

HINT!

タッチペンを使うには

タッチ対応のディスプレイや端末を使っているときは、マウスでドラッグする代わりに画面上を指でタッチして文字や図形を描画できます。また、デジタルペンを使って描くこともできます。

 間違った場合は？

描画したインクを消すには、[描画]タブの [消しゴム] ボタンをクリックし、マウスポインターが消しゴムの形に変わった状態で、消したい箇所をクリックします。

Point

インクは「校閲用」と「演出用」として使える

インク機能を使う目的は2つあります。1つは、他の人のスライドに手書きのコメントを入れる校閲用としての使い方です。もうひとつは、このレッスンのように、手書き文字でスライドを演出する使い方です。PowerPoint 2019のインク機能は強化され、色や太さのバリエーションが増えました。さらに、ルーラーを表示したり、[インクの再生] ボタンをクリックして、手書きしたペンの動きを再現することもできます。

Webページの画面を挿入するには

スクリーンショット

Webページの情報やほかのソフトウェアの画面をスライドに挿入できます。[スクリーンショット] の機能を使って、パソコンの画面をコピーしてみましょう。

1 地図を貼り付けるスライドを表示する

ここでは6枚目のスライドに地図を貼り付ける

1 6枚目のスライドをクリック

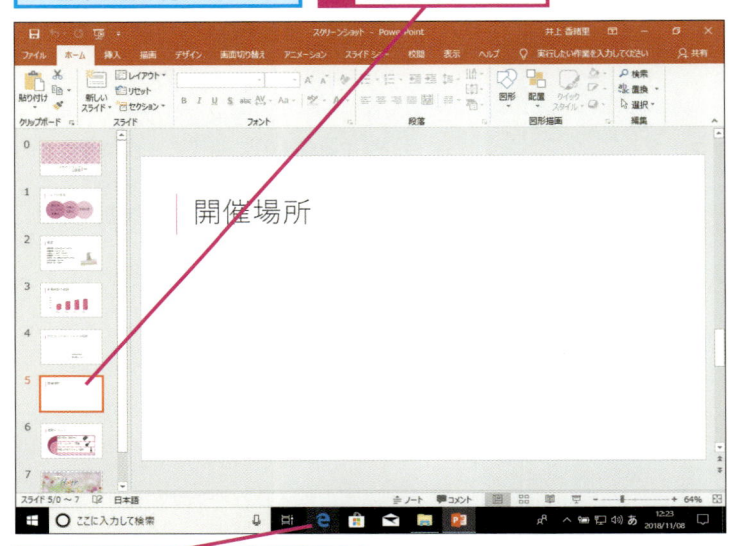

2 タスクバーにあるMicrosoft Edgeのボタンをクリック

2 Googleマップのページを表示する

Microsoft Edge が起動した

ここではGoogleマップのWebページを表示する

▼Googleマップのページ
https://www.google.co.jp/maps

1 GoogleマップのURLを入力

2 [Enter] キーを押す

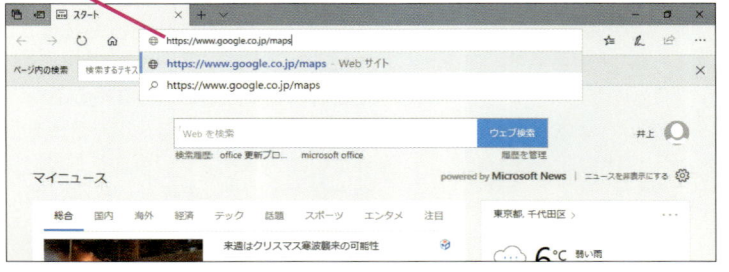

📄 **レッスンで使う練習用ファイル**
スクリーンショット.pptx

HINT!

Webページを表示しておく

このレッスンでは、[スクリーンショット] の機能を使う前に、Webブラウザー（Microsoft Edge）を起動してあらかじめスライドに貼り付けるWebページを表示しています。ほかのソフトウェアの画面を貼り付けたいときにも、直前にソフトウェアを起動して必要な画面を表示しておきます。

HINT!

ウィンドウを最大化しておこう

手順2で表示したMicrosoft Edgeのウィンドウは、[最大化] ボタン（□）をクリックして大きく表示しておきましょう。そうすると、一画面に広範囲の地図を表示できます。

1 [最大化]をクリック

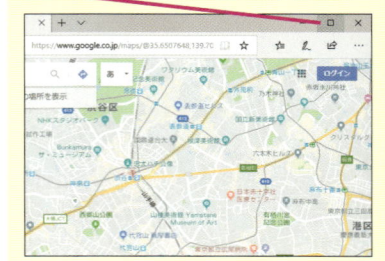

③ Googleマップで地図を表示する

GoogleマップのWebページが表示された

スライドに貼り付ける地図を表示する

1 ここに「千葉市」と入力

2 ここをクリック

千葉市の地図が表示された

3 地図上の何もない場所をクリック

地図をドラッグしてスライドに貼り付けたい部分を表示しておく

4 タスクバーにあるPowerPointのボタンをクリック

④ スクリーンショットを挿入する

PowerPointに切り替わった

1 [挿入] タブをクリック

2 [スクリーンショット]をクリック

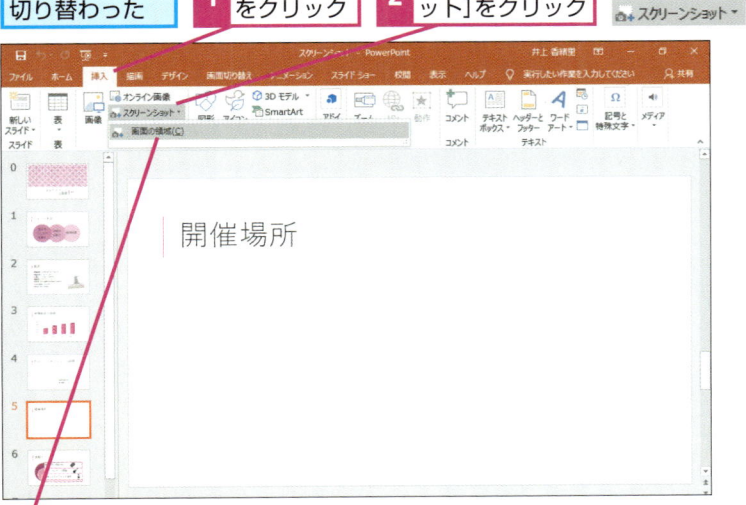

開催場所

3 [画面の領域]をクリック

次のページに続く

HINT!

Googleマップで地図の表示を拡大・縮小するには

手順3でGoogleマップの地図表示を拡大するには、右下にある [ズーム] ボタンの ➕ をクリックするか、マウスホイールを上に回します。縮小するには ➖ をクリックするか、マウスホイールを下に回します。

ここをクリックすると地図を拡大・縮小できる

HINT!

ウィンドウをそのまま貼り付けるには

Webページなど画面の一部分を貼り付けるのではなく、ひとつの画面を丸ごと貼り付けたいときは、手順4で [使用できるウィンドウ] に表示された画面を直接クリックします。[使用できるウィンドウ] には、起動中のソフトウェアやウィンドウが表示されます。

貼り付けるウィンドウをクリックする

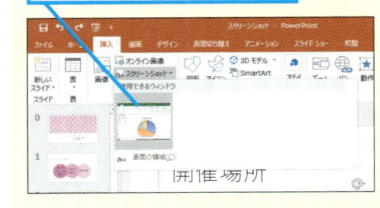

HINT!

PowerPointの画面も貼り付けられる

作業中のスライド以外に、別のスライドを開いているときは、手順4の一覧にPowerPointのウィンドウが表示されます。

5 スライドに貼り付ける範囲を指定する

Microsoft Edgeの画面が薄く表示された	マウスポインターの形が変わった

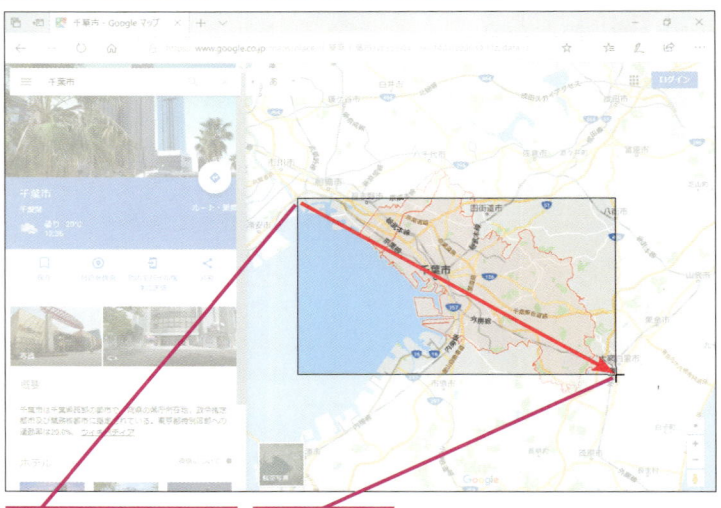

1 ここにマウスポインターを合わせる	2 ここまでドラッグ

6 指定した範囲がスライドに貼り付けられた

画面がPowerPointに切り替わった	指定した範囲の画面が画像としてスライドに貼り付けられた

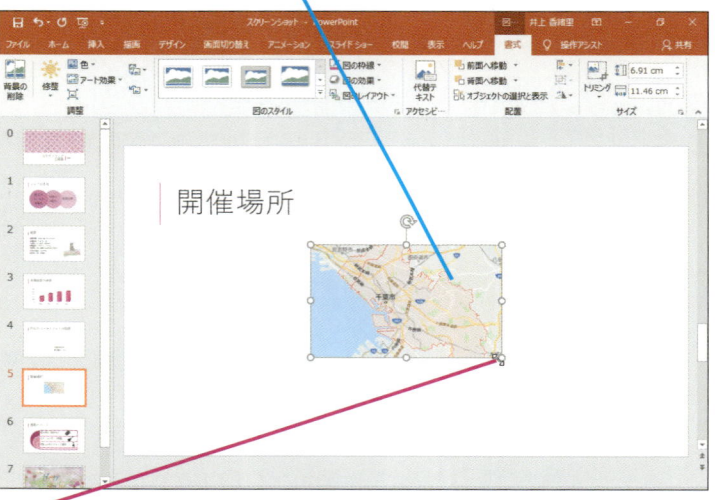

開催場所

1 ハンドルにマウスポインターを合わせる	マウスポインターの形が変わった

> 注意 Microsoft Edgeの画面を撮影すると、PowerPointに切り替わらない場合があります。そのときは、Microsoft Edgeのウィンドウを最小化してPowerPointの画面を表示してください

HINT!

[アート効果]や[図のスタイル]を設定できる

[スクリーンショット]の機能を使って貼り付けた画像は、レッスン⓱で紹介した[図のスタイル]や[アート効果]などを設定できます。

HINT!

Webページの画像は著作権に注意する

Webページの画像や文章には著作権があり、無断で使用すると法律に違反する場合もあります。Webページに注意事項が書かれているときは、内容をよく確認することが大切です。

HINT!

貼り付けた画面を後からトリミングできる

[画面の領域]の機能を使って切り取り範囲をうまく指定できなかったときは、レッスン⓰で紹介した[トリミング]の機能を使って、画像を貼り付けた後で切り取りを実行しましょう。

HINT!

画像の大きさを数値で指定するには

サイズを変更する画像を選択してから、[図ツール]の[書式]タブの[サイズ]グループにある[高さ]や[幅]の数値を変更すると、画像のサイズを変更できます。▲や▼をクリックしても数値を変更できます。

ここをクリックして図の大きさを変更できる	

⚠ 間違った場合は？

複数のウィンドウを開いているときに、手順5で目的のウィンドウ以外に切り替わってしまったときは、Esc キーを押して操作を取り消します。手順3から操作をやり直してください。

7 画像のサイズを調整する

画像のサイズを大きくする

1 ここまでドラッグ

8 画像を移動する

画像のサイズを調整できた

1 ここにマウスポインターを合わせる

マウスポインターの形が変わった

2 赤い点線が中心に表示されるところまでドラッグ

画像がスライドの左右中央に配置された

画像の選択を解除しておく

HINT!

[配置] ボタンでスライドの中央にレイアウトできる

手順8ではマウスでドラッグして画像の位置を変更していますが、以下の手順でも画像を中央に配置できます。

画像を選択しておく

1 [図ツール] の [書式] タブをクリック

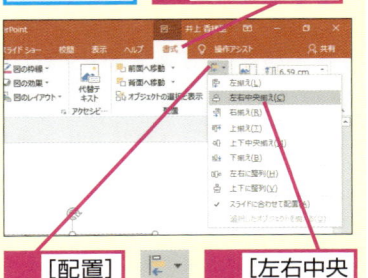

2 [配置] をクリック

3 [左右中央揃え]をクリック

画像がスライドの左右中央に配置される

Point

実際の画面を見せて「分かりやすさ」をアップする

スライドに地図を入れるときは、インターネットで提供されている地図サービスの画面を画像として貼り付けると便利です。ただし、地図サービスの画像などを利用するときは、利用許諾や出典の明示が必要な場合があります。公的な資料などに地図サービスの画像を使うときは、レッスン㉔で紹介したテキストボックスを利用して、出典などを明示しておくといいでしょう。また、操作マニュアルを作るときや新しいソフトウェアのプレゼンテーションを行うときなどでは、ソフトウェアの操作画面そのものを丸ごと貼り付けて見せた方が、具体性が出て聞き手に伝わりやすくなるでしょう。

この章のまとめ

●写真や図表の編集は PowerPoint にお任せ

写真や図表は、見ただけで内容を理解できる視覚効果の高い要素です。素材をそのまま使うだけでも十分効果がありますが、ほかのプレゼンテーションと差をつけたければ、それぞれが魅力的に見えるような効果を付けるといいでしょう。

PowerPoint 2019には、画像編集用のソフトウェアを使う必要がないほど、写真を編集するための機能が豊富に用意されており、複数の効果を組み合わせて設定できます。しかも、リアルタイムプレビューの機能により、マウスポインターを合わせただけで効果をスライド上で事前に確認できます。何より目的

の効果が決まったら、クリックするだけでいいので簡単です。そのため、最初はついつい過剰に効果を設定してしまいがちですが、奇抜な効果が必ずしも聞き手の印象に残るわけではありません。リアルタイムプレビューの機能を有効に使い、素材を引き立てる効果を見極めることが大切です。

また、視線の動きを考えてイラストを配置したり、[トリミング]機能を使って写真の不要な部分を削除したりするなど、細かい部分まで手を抜かないことが素材を引き立てることにつながります。

写真や図表の利用

文字だけでなく写真や図表をスライドに挿入すると、情報が伝わりやすくなる

概要

- ●開催期間：2019年10月12日〜10月27日
- ●開催時間：9：00〜17：00
- ●入園料：大人300円、子供100円
- ●開催場所：フラワーミュージアム
- ●駐車場：50台（期間中は1日800円で利用可）
- ●予想来場者数：約4,500名
- ●担当者：坂本（企画部）

フェアの主旨

観光地としての定着化　地域の活性化　経済効果

練習問題

1

PowerPointを起動して［白紙］のレイアウトのスライドに、「家族」の写真を挿入してみましょう。

●ヒント：［挿入］タブの［画像］ボタンをクリックし、［family.jpg］ファイルを選択します。

パソコンに保存されている家族の写真をスライドに挿入する

2

練習問題1で挿入した写真に［楕円、ぼかし］の図のスタイルを設定してみましょう。

●ヒント：［図ツール］の［書式］タブから設定します。

［図のスタイル］の一覧を表示して写真にスタイルを設定する

答えは次のページ

解　答

1

レッスン❷を参考に、新しい
スライドを作成しておく

[白紙] レイアウト
を適用しておく

1 [挿入] タブ
をクリック

2 [画像]を
クリック

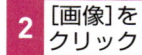

[挿入] タブの [画像] ボタンをクリックし、[図
の挿入] の画面を表示します。[ピクチャ] フ
ォルダーをクリックし、保存済みの家族の写真
を選択して [挿入] ボタンをクリックします。

[図の挿入]ダイアログボックスが表示された

3 [ピクチャ]を
クリック

4 [family] を
クリック

5 [挿入] を
クリック

スライドに写真
が挿入される

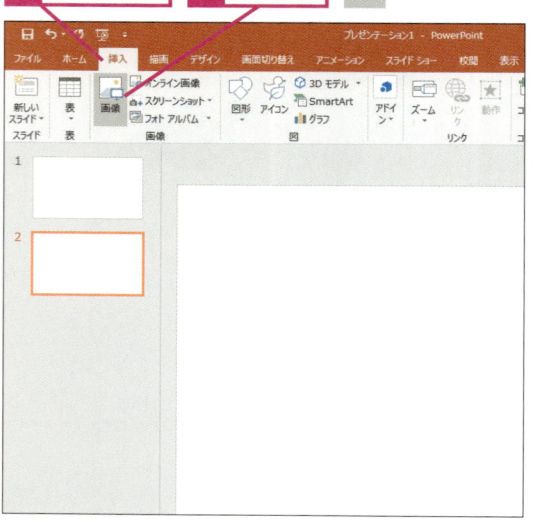

2

1 写真をク
リック

2 [図ツール] の [書式]
タブをクリック

3 [図のスタイル]の
ここをクリック

練習問題1で挿入した写真をクリックし、[図ツ
ール] の [書式] タブから [図のスタイル] の
をクリックします。一覧が表示されたら、[楕円、
ぼかし] をクリックします。

[図のスタイル]の
一覧が表示された

4 [楕円、ぼかし] を
クリック

第6章

動画や音楽を挿入する

この章では、スライドに動画や音楽を挿入する操作を解説します。スライドショーで動画や音楽を再生すると、聞き手の注目を集める演出ができます。

スライドに動画や音楽を挿入しよう

動画や音楽の利用

スライドショーで音楽を流したり、動画を再生したりすると、「音」と「映像」というまったく新しい情報の登場によって聞き手の注目を集めることができます。

あらかじめパソコンに保存しておいた動画をスライドに挿入する
→レッスン㊺

音楽（オーディオ）をスライドに挿入する　　→レッスン㊼

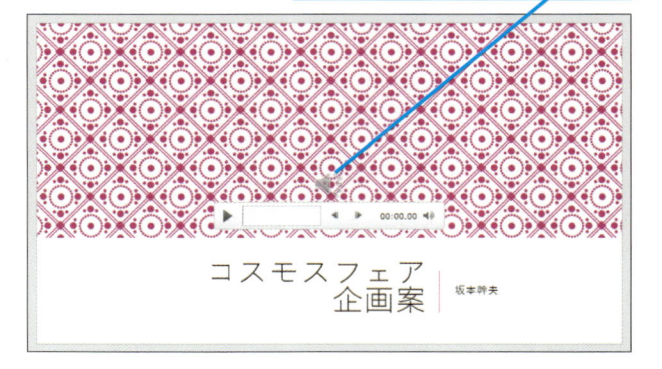

HINT!

音楽はどんなときに使うの？

表紙のスライドに音楽を挿入して、プレゼンテーションの開始と共に音楽が再生されるようにすると、聞き手が説明を聞く態勢になり、プレゼンテーションへの期待感が高まります。また、店頭などで流すデモンストレーションでは、BGMとして音楽を再生し続けるのも効果的です。

HINT!

音楽素材を入手するには

最近では、著作権フリーの音楽素材をインターネット上で提供するWebサイトが増えてきました。基本的には有料ですが、一部、無料の音楽を用意しているサイトもあるので、好みの音楽があれば利用してみましょう。代表的なサイトは以下の通りです。なお、実際に利用するときは、商用利用が可能か、編集可能かなど、各サイトの利用条件をよく確認しておきましょう。

▼OTOTUKa
https://www.ototuka.jp/

動画や音楽を挿入する　第6章

動画の編集

PowerPoint 2019には、動画の編集機能も用意されています。専用のソフトウェアを使わないとできないような<mark>動画のトリミング</mark>も行えます。<mark>見せたいシーンを一番効果的に見せる</mark>ように編集しましょう。

> 特定のシーンだけが再生されるように設定する
> →レッスン㊻

→レッスン㊻

動画を挿入するには

ビデオの挿入

デジタルカメラや携帯電話、スマートフォンなどで撮影した動画をスライドに挿入してみましょう。イラストや写真の挿入と同様の操作で動画を挿入できます。

① [ビデオの挿入] ダイアログボックスを表示する

5枚目のスライドに動画を挿入する	あらかじめ練習用ファイルの [コスモス動画.mp4]を[ビデオ]フォルダーにコピーしておく

1 5枚目のスライドをクリック

2 [挿入] タブをクリック

3 [メディア] をクリック

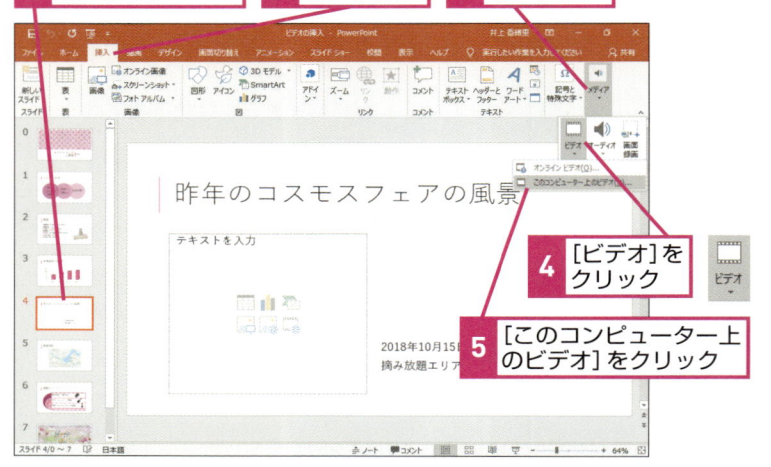

4 [ビデオ]をクリック

5 [このコンピューター上のビデオ] をクリック

② 動画を挿入する

[ビデオの挿入] ダイアログボックスが表示された

1 [ビデオ] をクリック

2 [コスモス動画] をクリック

3 [挿入] をクリック

キーワード

アイコン	p.303
スライド	p.306
ハンドル	p.310
ビデオ	p.310
マウスポインター	p.311

レッスンで使う練習用ファイル
ビデオの挿入.pptx
コスモス動画.mp4

ショートカットキー
[Alt]+[P]…………動画の再生／一時停止

HINT!

スライドのアイコンからも動画を挿入できる

[タイトルとコンテンツ] などのレイアウトであれば、スライド中央にある[ビデオの挿入]ボタン（🖥）を使っても動画を挿入できます。

1 [ビデオの挿入]をクリック

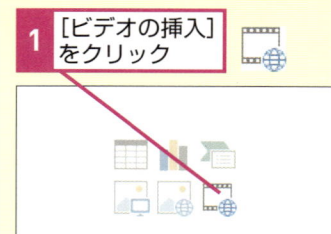

[ビデオの挿入] ウィンドウが表示される

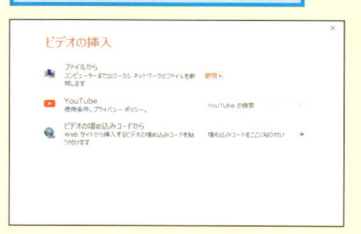

③ 挿入した動画を再生する

スライドに動画
が挿入された

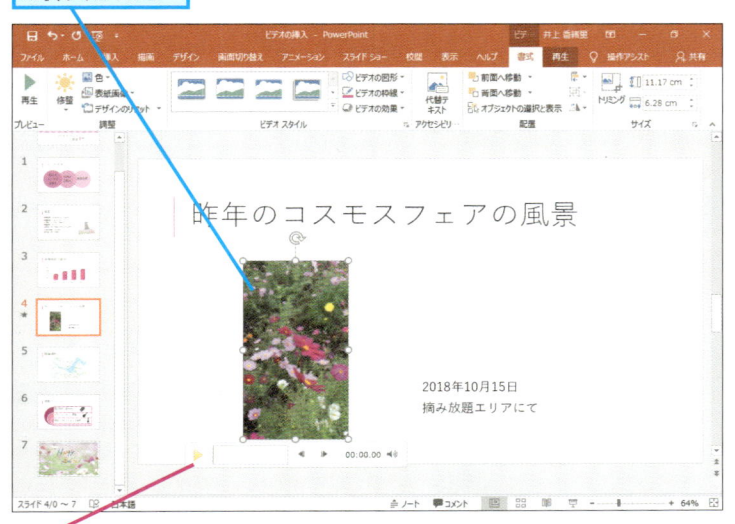

1 [再生/一時停止]
をクリック

④ 挿入した動画が再生された

動画が再生された

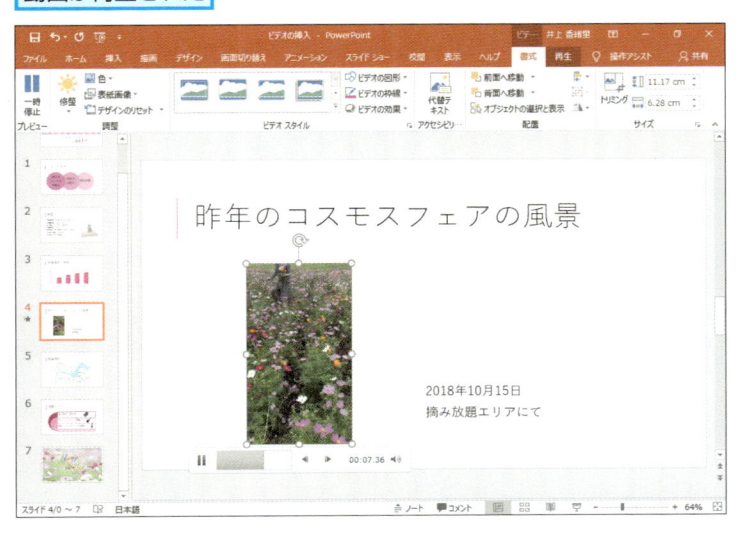

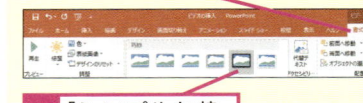

HINT!

挿入した動画に影や枠の効果を設定できる

[ビデオツール] の [書式] タブにある [ビデオスタイル] の機能を使うと、動画に枠や影を付けられます。

1 [ビデオツール]の[書式]タブをクリック

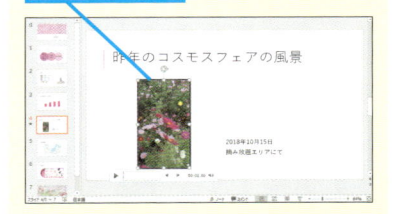

2 [シンプルな枠、黒]をクリック

動画に黒い枠が付いた

Point

動きを表現するときに動画を使う

動画は聞き手の注目を集めるツールとしては便利ですが、静止画で内容が十分に伝わるのであれば、動画をむやみに使う必要はありません。動画を挿入したスライドはファイルサイズが大きくなり、メールに添付できない場合があります。また、印刷物では動画を再生できません。静止画では伝えられない動きを表現する必要のあるときだけ、効果的に動画を使うといいでしょう。1つのプレゼンで動画は1つあれば十分です。

46

動画の長さを調整するには

ビデオのトリミング

スライドに挿入した動画の再生時間を調整してみましょう。[ビデオのトリミング]の機能を使うと、動画が再生される先頭位置と終了位置を調整できます。

---

1 [ビデオのトリミング] ダイアログボックスを表示する

動画の再生範囲を変更する

1 動画をクリック

2 [ビデオツール]の[再生]タブをクリック

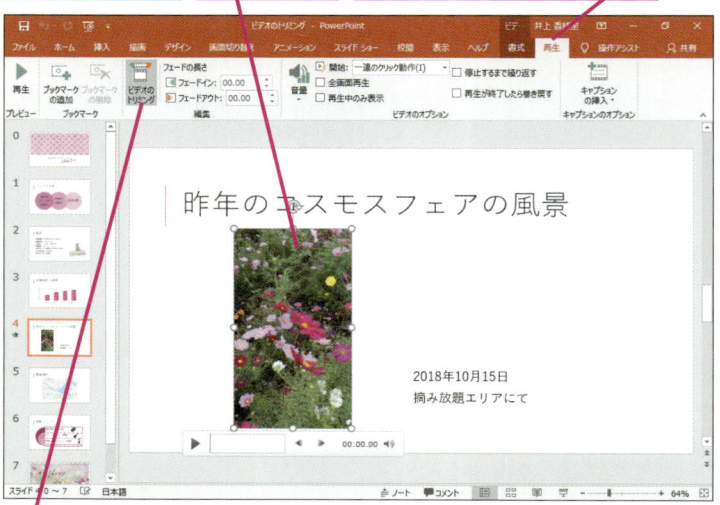

3 [ビデオのトリミング]をクリック

2 動画の開始時間を指定する

[ビデオのトリミング]ダイアログボックスが表示された

動画の開始位置は既定では0秒になっている

1 「00:00」であることを確認

キーワード

トリミング	p.308

レッスンで使う練習用ファイル
ビデオのトリミング.pptx

ショートカットキー

`Alt` + `P` ………… 動画の再生／一時停止

HINT!

再生しながら調整できる

秒数がはっきり分からないときは、手順2の画面で緑(開始時間)や赤(終了時間)のハンドルをドラッグして、コマ送りのように再生しながら位置を調整できます。

HINT!

自動的に動画を再生するには

スライドに動画を挿入すると、スライドショー実行時に動画をクリックしたタイミングで再生が始まります。スライドが表示されると同時に自動的に動画を再生するには、[ビデオツール]の[再生]タブの[開始]をクリックして、[自動]を選びます。

1 [ビデオツール]の[再生]タブをクリック

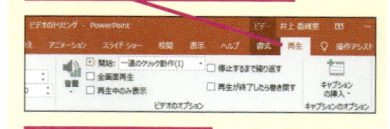

2 [開始]のここをクリック

3 [自動]をクリック

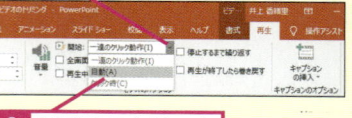

---

③ 動画の終了時間を指定する

続いて、動画が4秒まで再生されるように設定する

1 「4」と入力

トリミングした動画をプレビューする

2 [再生]をクリック

トリミングした動画が再生された

3 [OK]をクリック

④ 再生範囲の変更が完了した

動画の再生範囲が変更された

再生ボタンをクリックして再生範囲を確認しておく

動画に[フェードイン]の効果を設定するには

動画の再生時に徐々に映像を表示する「フェードイン」や終了間際に映像がだんだん消えていく「フェードアウト」の効果を、以下の手順で設定できます。

ここでは動画が2秒間でフェードインするよう設定する

1 [ビデオツール]の[再生]タブをクリック

2 [フェードイン]のここを8回クリック

[フェードイン]の開始時間が[02.00]に設定された

3 [再生/一時停止]をクリック

動画がフェードインで再生された

Point

「もう少し見たい」というところで止めておく

動画はインパクトが強いだけに、最大限にその効果を発揮させるには再生する長さが重要です。撮影したままの状態でだらだら再生しても、聞き手が興味を持つのは最初だけで、すぐに飽きてしまいます。動画ファイルのクライマックス部分を中心にして、長くても2分以内になるようにトリミングを実行しておきましょう。聞き手が「もう少し見てみたい」と思うくらいの長さがちょうどいいのです。

47

スライドショーの開始時に音楽を流すには

オーディオの挿入

パソコンに保存済みのオーディオファイルを表紙のスライドに挿入してみましょう。スライドショーの開始と同時にBGMとして音楽が再生されるように設定します。

動画や音楽を挿入する　第6章

1 [オーディオの挿入] の画面を表示する

| 1枚目のスライドに音楽を挿入する | あらかじめ練習用ファイルの [sample.mp3] を[ミュージック]フォルダーにコピーしておく |

1 1枚目のスライドをクリック

2 [挿入] タブをクリック

3 [メディア]をクリック

4 [オーディオ]をクリック

5 [このコンピューター上のオーディオ]をクリック

2 音楽を挿入する

| [オーディオの挿入]ダイアログボックスが表示された |

1 [ミュージック]をクリック

2 [sample]をクリック

3 [挿入] をクリック

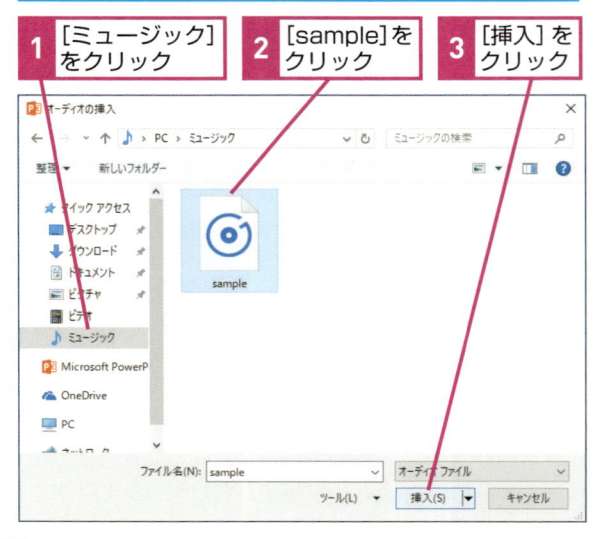

▶キーワード

| オーディオ | p.304 |
| トリミング | p.308 |

レッスンで使う練習用ファイル
オーディオの挿入.pptx
sample.mp3

HINT!

再生音量を変更するには

[オーディオツール] の [再生] タブにある [音量] ボタンを使うと、音楽再生時の音量を指定できます。

1 [オーディオツール] の [再生]タブをクリック

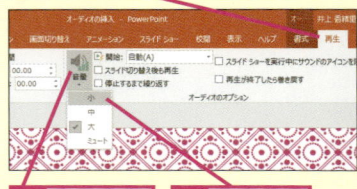

2 [音量] をクリック

3 [小]をクリック

HINT!

挿入した音楽を削除するには

音楽を削除するには、スライドに表示されている音楽のアイコンをクリックし、Delete キーを押します。

⚠ 間違った場合は？

手順2で違う音楽を挿入してしまった場合は、手順3で音楽のアイコンが選択された状態で、Back space キーまたは Delete キーを押します。

③ 音楽を再生するタイミングを設定する

音楽が挿入され、スライドの中央にアイコンが表示された

1 [オーディオツール]の[再生]タブをクリック

2 [開始]のここをクリック

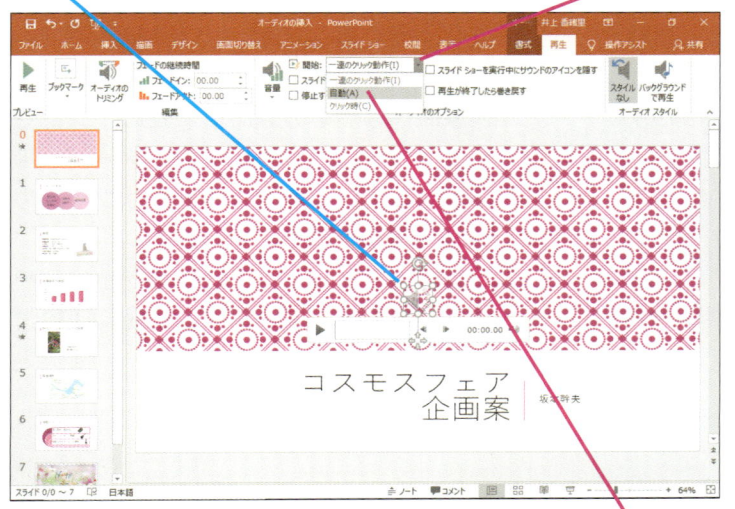

3 [自動]をクリック

④ 音楽のアイコン表示の設定を変更する

スライドショーの開始と同時に音楽が再生されるように設定された

1 [スライドショーを実行中にサウンドのアイコンを隠す]をクリックしてチェックマークを付ける

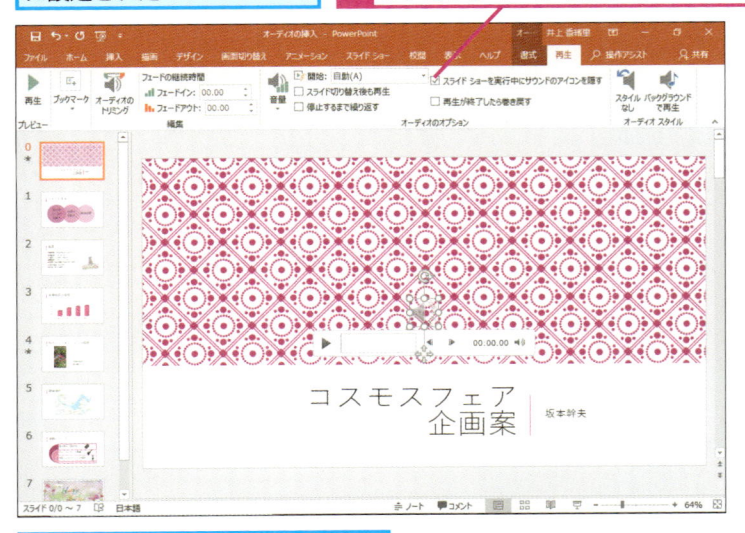

スライドショーの実行中に音楽のアイコンが非表示になる

HINT!

スライドが切り替わっても音楽が再生され続ける

このレッスンの設定では、表紙から2枚目のスライドに切り替えた瞬間に音楽の再生が停止します。スライドが切り替わっても音楽の最後まで再生し続けるには、手順4で[スライド切り替え後も再生]をクリックしてチェックマークを付けます。

HINT!

音楽の一部だけを利用するには

[オーディオツール]の[再生]タブにある[オーディオのトリミング]ボタンを使うと、音楽も動画と同様にトリミングできます。詳しい手順はレッスン㊻を参考にしてください。

HINT!

PowerPointで利用できる音楽の形式とは

PowerPointで利用できる主なファイル形式は以下の通りです。

ファイルの種類	拡張子
MIDIファイル	.midi
MP3オーディオファイル	.mp3
Windowsオーディオファイル	.wav

Point

プレゼンテーションの雰囲気を音楽で盛り上げる

プレゼンテーションの開始時に音楽が再生されると、聞き手の関心を集められるとともに、これから始まるプレゼンテーションへの期待感を膨らませる効果があります。このレッスンのように、表紙のスライドだけに音楽を挿入したときは、再生時の音量を少し上げるとプレゼンテーションを元気よくスタートできます。一方、スライドショーの実行中にBGMとして音楽を再生し続けるときは、説明の邪魔にならないように再生音量を小さく設定しましょう。

この章のまとめ

●ときにはプレゼンテーションに遊び心を

すべてのプレゼンテーションに当てはまるわけではありませんが、新製品発表や子供向けイベントなどのプレゼンテーションでは、視覚を刺激する「映像」や聴覚を刺激する「音楽」を上手に取り入れるのも1つの方法です。

いろいろな楽器で奏でられるメロディーや効果音は気持ちを高揚させる効果があり、プレゼンテーションのオープニングや新製品の名前、製品写真などを見せるスライドで使うといいでしょう。商品の使い方を説明したり、スポーツシーンの迫力を伝えたりするときに、映像にかなうものはありません。プレゼンテーションの最後に宣伝用のコマーシャルビデオを流して、プレゼンテーションを締めくくるのも効果的です。

こうしたちょっとした遊び心が聞き手の心を和ませて、プレゼンテーションを強く印象付ける結果につながることもあります。

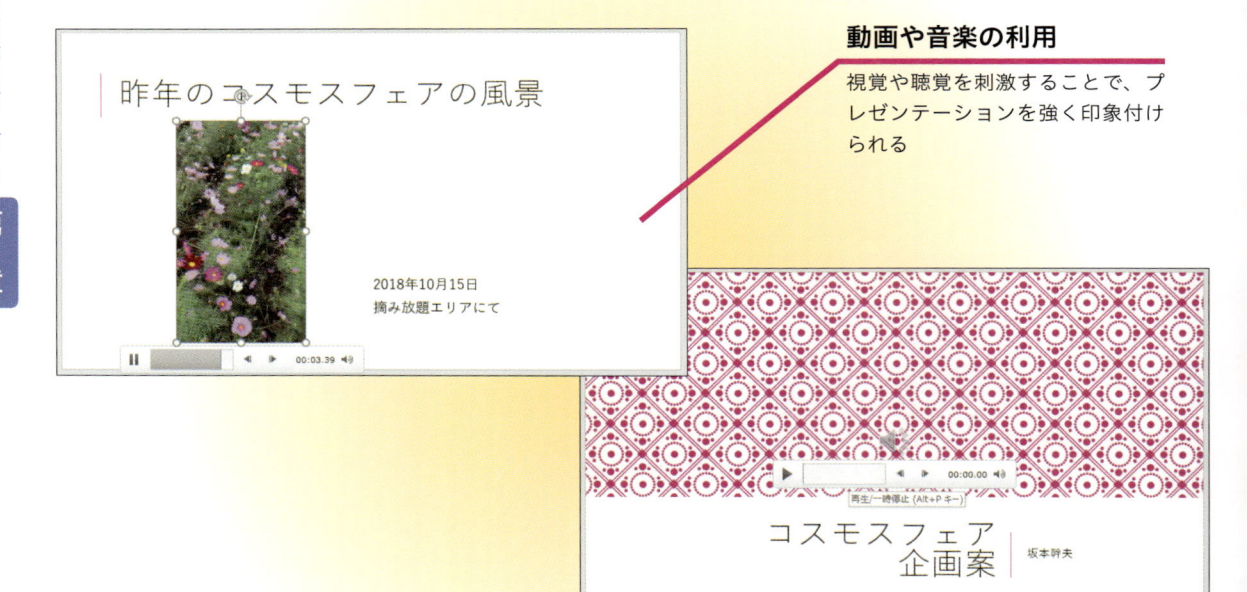

動画や音楽の利用

視覚や聴覚を刺激することで、プレゼンテーションを強く印象付けられる

練習問題

1

PowerPointを起動して新しいスライドを作成し、[白紙] のレイアウトを設定します。練習用ファイルの [Flower.mov] をスライドに挿入してみましょう。

●ヒント：[挿入] タブの [メディア] ボタンから行います。

あらかじめ練習用ファイルの [Flower.mov] を[ビデオ]フォルダーにコピーしておく

[白紙] のレイアウトでは、スライドいっぱいに動画が配置される

2

練習問題1で挿入した動画に [ぼかし] の効果を設定してみましょう。ここでは大きさを [25ポイント] に設定します。

●ヒント：[ビデオツール] の [書式] タブにある [ビデオの効果] ボタンを使います。

[ビデオの効果] の一覧を表示して動画に効果を設定する

答えは次のページ

この章のまとめ・練習問題

1

レッスン❷を参考に、新しいスライドを作成しておく

[白紙] レイアウトを適用しておく

1 [挿入] タブをクリック

2 [メディア] をクリック

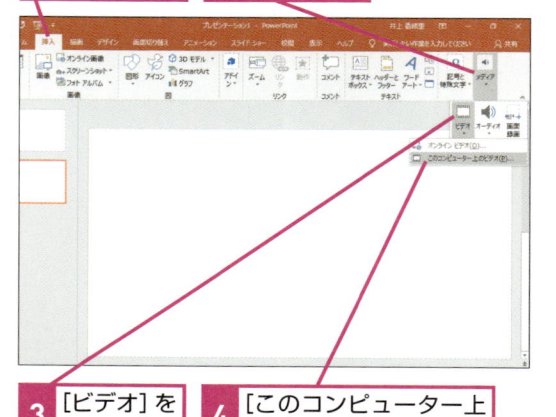

3 [ビデオ] をクリック

4 [このコンピューター上のビデオ]をクリック

スライドに [白紙] のレイアウトを適用してから、[挿入] タブにある [メディア] ボタンから [ビデオ] ボタンをクリックし、[このコンピューター上のビデオ] を選択します。[ビデオの挿入] ダイアログボックスでサンプルファイルの [Flower.mov] を選択しましょう。

[ビデオの挿入]ダイアログボックスが表示された

5 [ビデオ] をクリック

6 [Flower] をクリック

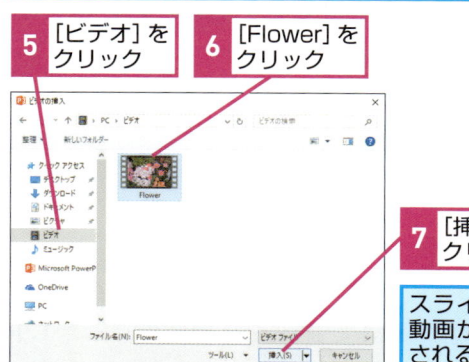

7 [挿入]をクリック

スライドに動画が挿入される

2

1 動画をクリック

2 [ビデオツール] の [書式] タブをクリック

3 [ビデオの効果] をクリック

[ビデオの効果]の一覧が表示された

4 [ぼかし]にマウスポインターを合わせる

5 [25ポイント]をクリック

練習問題1で挿入した動画をクリックし、[ビデオツール] の [書式] タブにある [ビデオの効果] から適用したい効果を選びます。効果を設定したら動画を再生してみましょう。

動画に効果が設定された

動画を再生する

6 [再生/一時停止]をクリック

効果が設定された状態で動画が再生される

動画や音楽を挿入する

第6章

第7章 アニメーションを設定して動きを付ける

この章では、PowerPointのアニメーション機能を解説します。アニメーション機能を使うと、スライドショーでスライドが切り替わるときの動きや、文字や図表、グラフなどの動きを設定できます。

●この章の内容

48

スライドに動きを付けよう

アニメーションと画面切り替え効果

スライドショーで、スライドの文字や図表、グラフが動くことを「アニメーション」と呼びます。アニメーションの種類や設定のコツを確認しておきましょう。

アニメーションを設定して動きを付ける

第7章

アニメーションの設定

アニメーションは、第8章で紹介する「スライドショー」を魅力的にするための演出効果です。アニメーションの設定は、<mark>スライド作成の仕上げ</mark>とも言える作業です。

HINT!

アニメーションには2種類ある

PowerPointのアニメーションには、スライドショーでスライドが切り替わる「画面切り替え」と、スライドの文字や図表、グラフが動く「アニメーション」の2種類があります。それぞれ別のタブで設定します。

画面の切り替え効果を設定する
→レッスン㊾

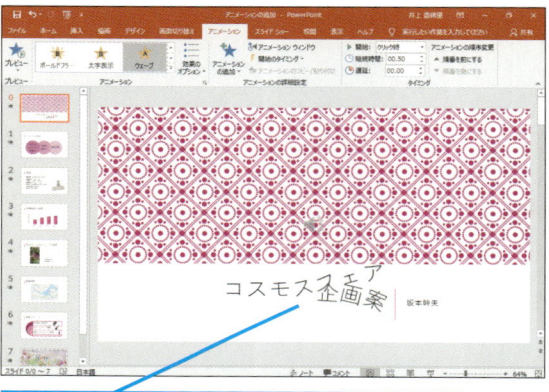

テキストボックスにアニメーションを設定する
→レッスン㊿、㊿

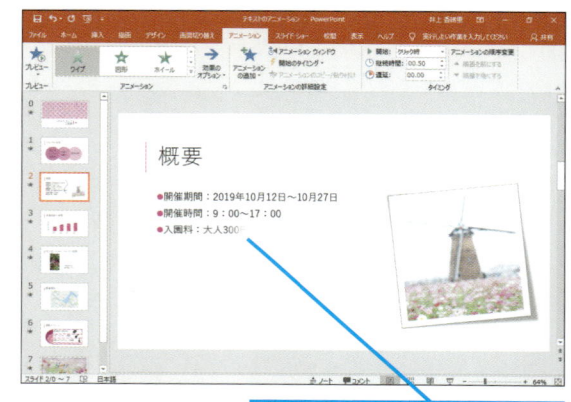

項目の文字にアニメーションを設定する
→レッスン㊾

グラフにアニメーションを設定し、項目が順番に表示されるようにする
→レッスン㊾

アニメーションを使うときの考え方

PowerPointには多彩なアニメーションが用意されているので、ついついたくさん設定したくなりますが、==アニメーションが主役ではありません==。説明に合ったシンプルな動きを選び、==脇役に徹する==ようにしましょう。

●画面切り替え効果のコツ

画面の切り替え効果は、スライドショーでスライドを切り替えるときの動きです。1枚ごとに異なる動きを付けるのではなく、スライド全体にシンプルな動きを1種類だけ付けると統一感が出ます。

> 表紙の画面切り替え効果には
> 華やかな効果を設定する

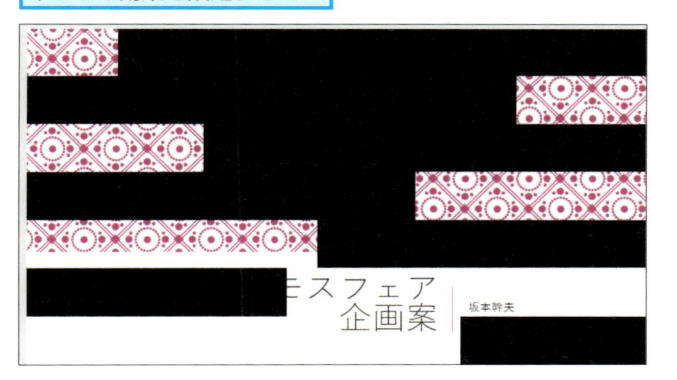

●項目や図形に設定するアニメーション

見ためを飾るアニメーションのほかに、スライドの文字や図表、グラフを説明に合わせて動かすアニメーションもあります。説明に合わせて絶妙なタイミングで動くアニメーションは、スライドの内容の理解を助ける効果があります。

> 説明に合わせて順番
> に項目を表示する

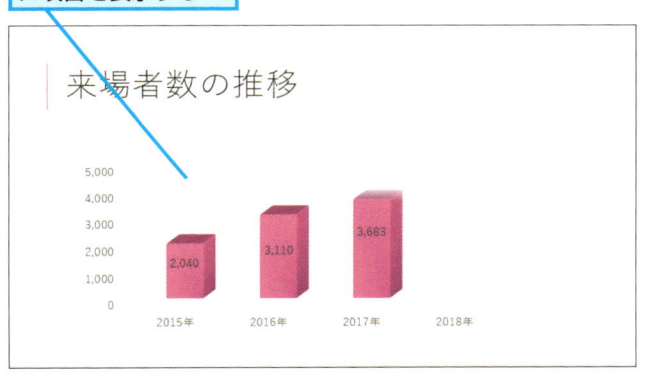

49

スライドが切り替わるときに動きを付けるには

画面切り替え

スライドショーでスライドが切り替わるときの動きを設定しましょう。ここでは、左右からくしの歯が互い違いに表示される［コーム］という動きを設定します。

① ［画面切り替え］の一覧を表示する

1枚目のスライドに画面切り替え効果を設定する

| 1 | 1枚目のスライドをクリック | 2 | ［画面切り替え］タブをクリック | 3 | ［画面切り替え］のここをクリック |

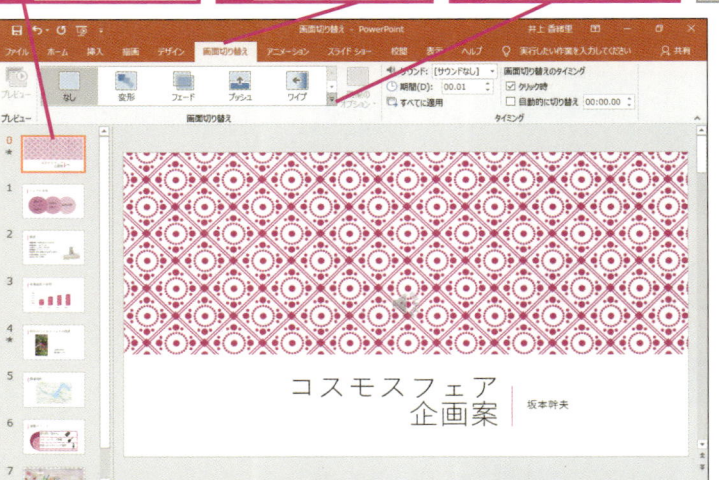

② 画面切り替え効果を設定する

［画面切り替え］の一覧が表示された

| 1 | ［コーム］をクリック |

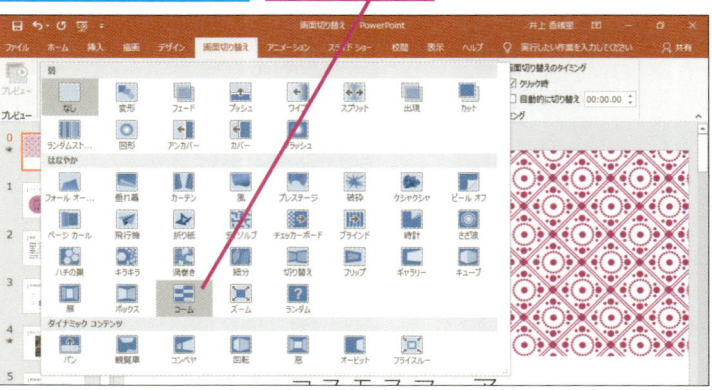

動画で見る
詳細は3ページへ

キーワード

画面切り替え効果	p.304
スライド	p.306
プレゼンテーション	p.310

📄 **レッスンで使う練習用ファイル**
画面切り替え.pptx

HINT!

画面切り替え効果の種類

PowerPoint 2019の画面切り替え効果には、紙を手で握りしめるような動きをする［クシャクシャ］や、スライドが紙飛行機になって飛び立つような動きの［飛行機］など、ダイナミックで華やかな効果がたくさん用意されています。手順3を参考に［プレビュー］ボタンをクリックして、動きをよく確認して選びましょう。

HINT!

スライドごとに異なる画面切り替え効果を設定するには

スライドごとに別の画面切り替え効果を設定するには、効果を設定するスライドをクリックしてから、画面切り替え効果を設定します。Ctrlキーを押しながら複数のスライドをクリックして選択しておくと、同じ効果をまとめて設定できます。

HINT!

画面切り替え効果を解除するには

設定した画面切り替え効果を解除するには、［画面切り替え］の一覧から［なし］を選択します。

③ 画面切り替え効果を確認する

1 画面切り替え効果がプレ
ビューされたことを確認

[プレビュー]をクリックする
と切り替え効果を確認できる

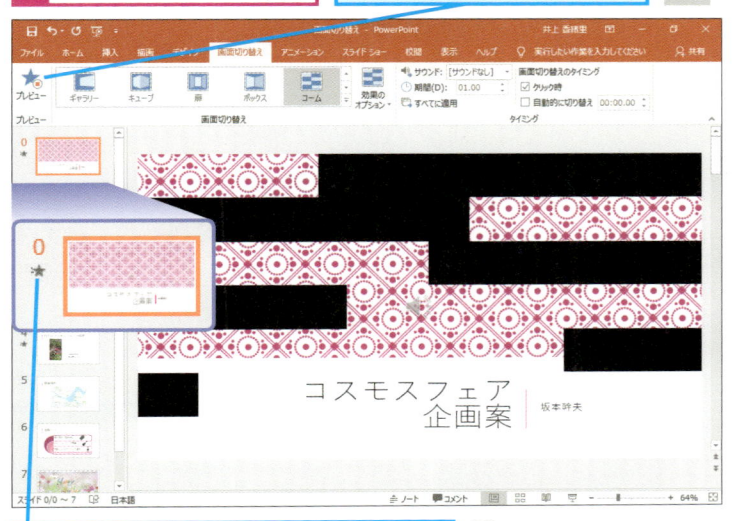

画面切り替え効果が設定されたスライド
には星のマークが付く

④ 残りのスライドに画面切り替え効果を設定する

2枚目から8枚目のスライドに
画面切り替え効果を設定する

1 [すべてに適用]
をクリック

2枚目から8枚目までのスライド
に画面切り替え効果が設定された

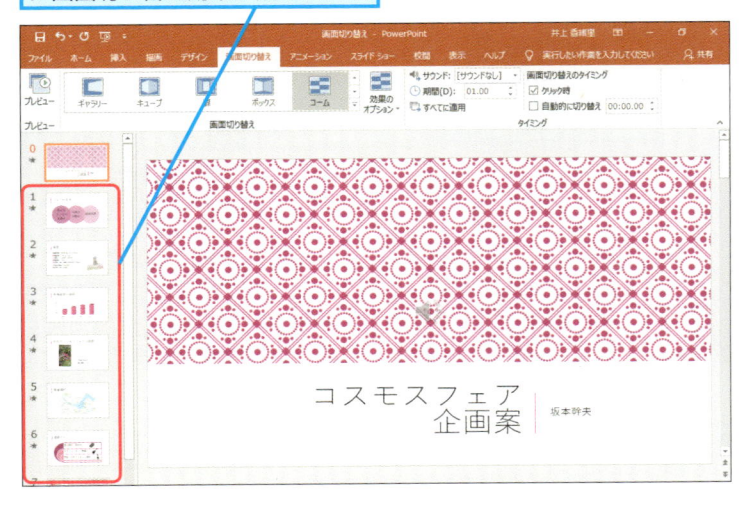

HINT!

画面切り替えが設定された
スライドを確認するには

画面切り替えが設定されたスライド
には、スライド番号の下に星のマー
ク（＊）が表示されます。以降のレッ
スンで解説するアニメーションを設
定したスライドも、同様です。星の
マーク（＊）をクリックすると、そ
のスライドに設定した画面切り替え
効果やアニメーションが再生されま
す。

画面切り替えやアニメーショ
ンを設定したスライドには、
星のマークが表示される

Point

画面切り替え効果は
1種類か2種類に抑えよう

PowerPoint 2019には魅力的な画面
切り替え効果が数多く用意されてい
ますが、スライドごとに異なる効果
を設定するとスライドの内容よりも
動きに関心が集まってしまいます。
あまり凝りすぎないシンプルな動き
を選んで、すべてのスライドに同じ
動きを1種類だけ付けるといいで
しょう。表紙のスライドにダイナミッ
クで華やかな動きを設定してプレゼ
ンテーションのスタートを盛り上げ、
2枚目以降のスライドに控えめな動
きを設定するというように、2種類
の動きでメリハリを付けるのも効果
的です。

50 タイトルに動きを付けるには

アニメーション

スライドに入力してある文字に、下から浮かび上がってくる動きを設定しましょう。アニメーションに関する機能は［アニメーション］タブにまとまっています。

アニメーションを設定して動きを付ける 第7章

❶ ［アニメーション］の一覧を表示する

テキストボックス全体にアニメーションを設定してメッセージに動きを付ける

| 1 | 1枚目のスライドをクリック | 2 | 設定するテキストボックスをクリック |

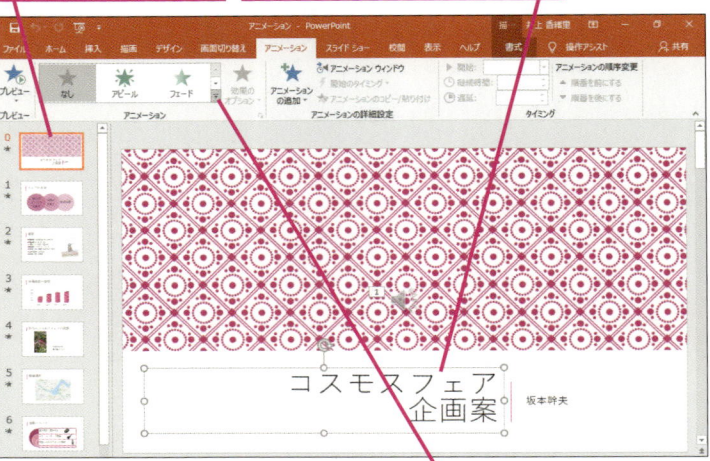

| 3 | ［アニメーション］タブをクリック | 4 | ［アニメーション］のここをクリック |

❷ アニメーションの効果を設定する

［アニメーション］の一覧が表示された

1 ［フロートイン］をクリック

▶ キーワード

アニメーション	p.303
スライド	p.306
ダイアログボックス	p.308
タイトルスライド	p.308
テキストボックス	p.308

📄 **レッスンで使う練習用ファイル**
アニメーション.pptx

HINT!

［開始］の効果から選ぶ

手順2で表示される一覧には、［開始］グループと［強調］グループなどに分類されたアニメーションが表示されます。文字や写真、図表などをスライドに表示するときは［開始］グループにあるアニメーションを選択しましょう。

HINT!

使えないアニメーションもある

手順2で一部のアニメーションが灰色で表示され、選択できないことがあります。灰色で表示されたアニメーションは、表やグラフ、イラストに設定できません。

HINT!

一覧にないアニメーションを表示するには

手順2で表示される一覧以外のアニメーションを設定するには、［その他の開始効果］［その他の強調効果］［その他の終了効果］［その他のアニメーションの軌跡効果］をクリックして専用のダイアログボックスを開きます。

③ アニメーションの効果を確認する

1 アニメーションの効果がプレビューされたことを確認

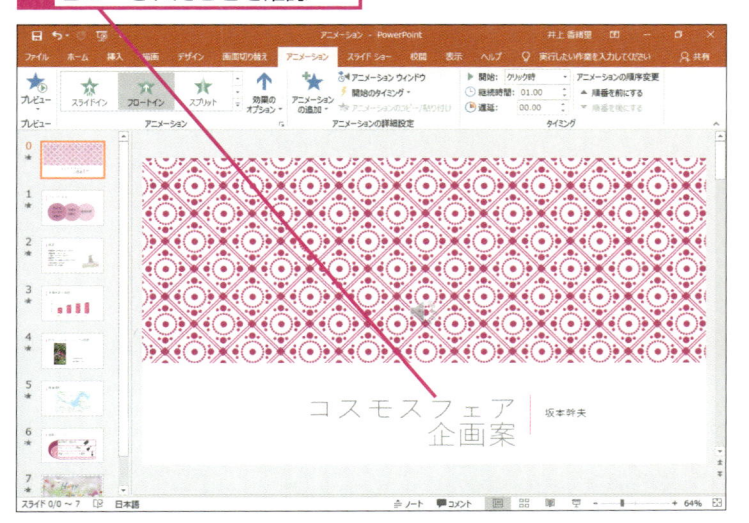

④ テキストボックスの選択を解除する

テキストボックスにアニメーションの番号が付いた

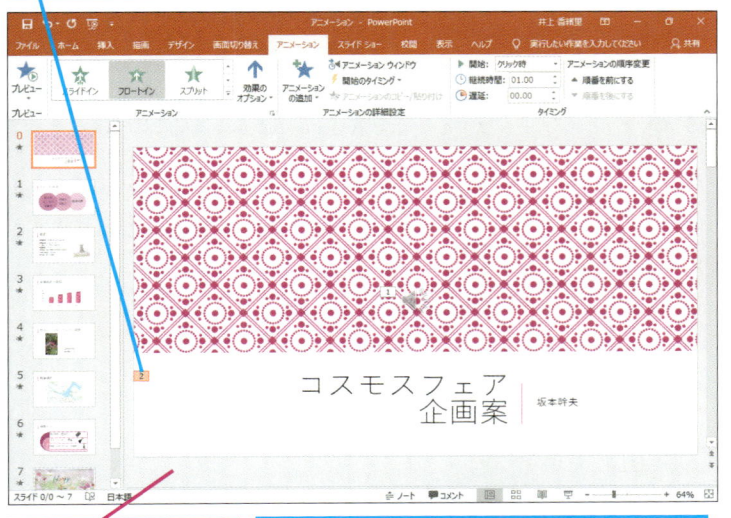

1 スライドの外側をクリック

テキストボックスの選択状態が解除され、アニメーションの番号が灰色で表示される

HINT!

アニメーションを削除するには

設定したアニメーションを削除するには、スライドに表示されているアニメーションの番号（ 2 ）をクリックしてから、［アニメーション］の一覧を表示して［なし］を選びます。番号をクリックした後に Delete キーを押してもアニメーションを削除できます。

⚠ 間違った場合は？

間違ったアニメーションの効果をクリックしたときは、スライドに表示されているアニメーションの番号（ 2 ）をクリックしてからアニメーションを設定し直します。そうすると、後から設定したアニメーションに上書きされます。

Point

アニメーションの設定対象に番号が付く

PowerPoint 2019でアニメーションを設定すると、設定した個所に四角で囲まれた番号が表示されます。これは、「アニメーションが設定されている」ということを示す記号であり、複数のアニメーションを付けたときにどの順番で実行するかを表す記号でもあります。どこにどんなアニメーションを設定したのか忘れてしまったときは、この番号をクリックすると、［アニメーション］タブで設定した内容をタブで確認できます。また、アニメーションを変更したり削除したりするときも、この番号をクリックしてから操作します。

51

複数の動きを設定するには

アニメーションの追加

レッスン**50**で設定したアニメーションに［強調］の動きを追加します。タイトルの文字が表示された後に、タイトルの文字を強調するアニメーションを設定します。

① テキストボックスを選択する

強調するアニメーションを追加して、メッセージの動きに変化をつける

1 設定するテキストボックスをクリック

2 ［アニメーション］タブをクリック

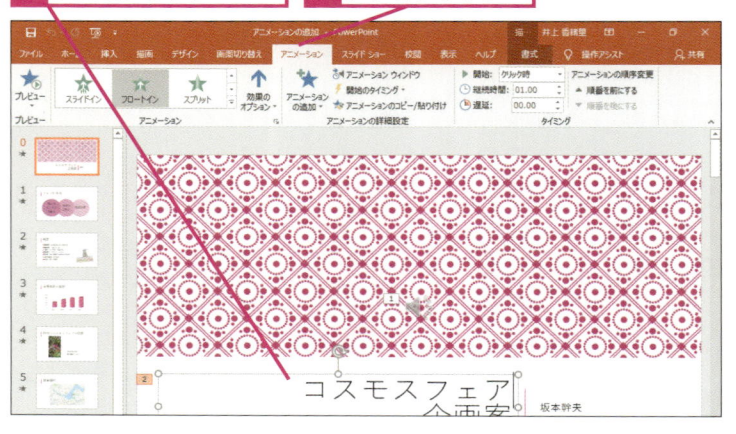

② アニメーションの効果を設定する

1 ［アニメーションの追加］をクリック

2 ［ウェーブ］をクリック

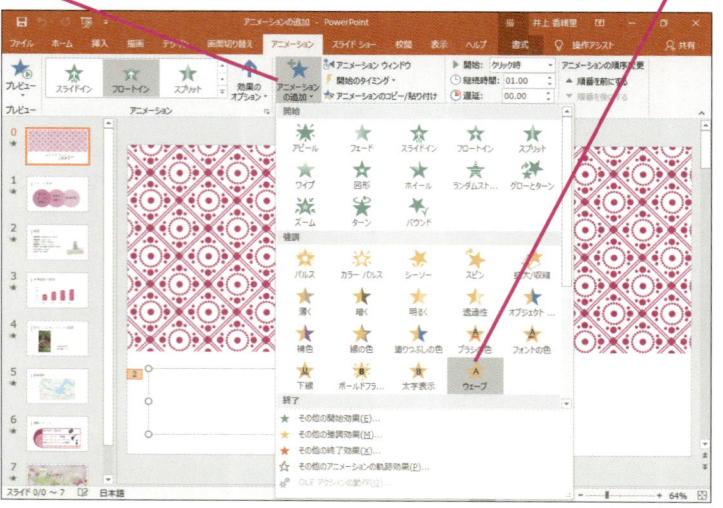

▶ キーワード

アニメーション	p.303
タイトルスライド	p.308
テキストボックス	p.308

📄 **レッスンで使う練習用ファイル**
アニメーションの追加.pptx

HINT!

アニメーションを追加すると連番の番号が付く

すでにアニメーションが設定されている個所に別のアニメーションを追加すると、スライド上に 2 の番号が表示されます。これは、アニメーションを実行する順序を表します。

HINT!

アニメーションの順番を変更するには

アニメーションの実行順番を変更するには、順序を変更する番号をクリックし、［アニメーション］タブの［順番を前にする］ボタンや［順番を後にする］ボタンをクリックします。

1 順番を変更するアニメーションの番号をクリック

2 ［順番を前にする］をクリック

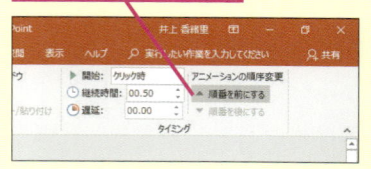

③ アニメーションの効果を確認する

1 アニメーションの効果がプレビューされたことを確認

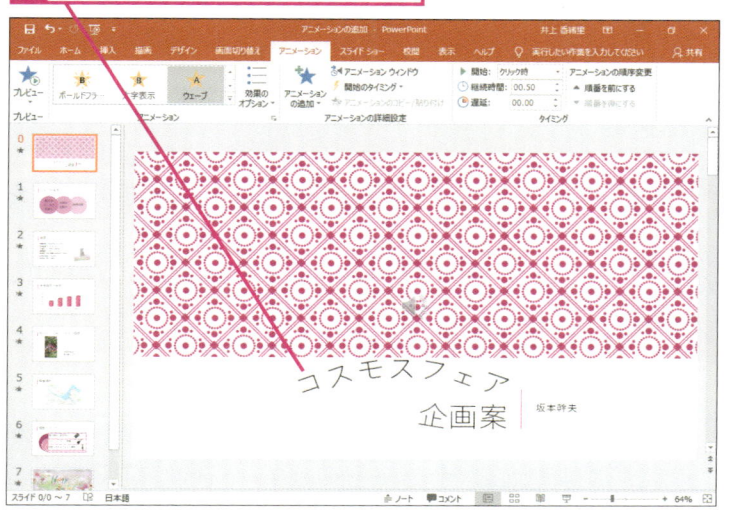

④ テキストボックスの選択を解除する

テキストボックスに追加したアニメーションの番号が表示された

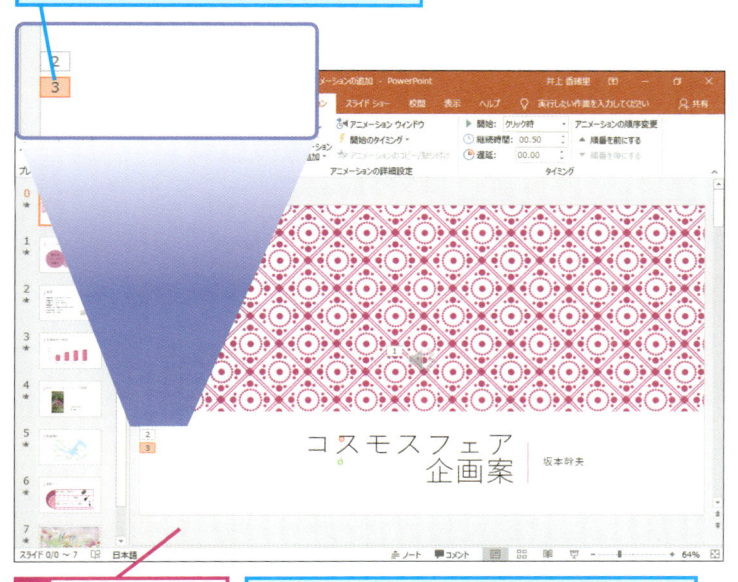

1 スライドの外側をクリック

テキストボックスの選択状態が解除され、アニメーションの番号が灰色で表示される

HINT!

設定済みのアニメーションの一覧を表示するには

複数設定したアニメーションを確認するには、[アニメーション]タブの[アニメーションウィンドウ]ボタンをクリックしましょう。右側に作業ウィンドウが表示され、設定個所や設定したアニメーションなどを一覧で確認できます。

HINT!

スライドショーではクリックしないと動かない

複数のアニメーションを設定しても、スライドショーの実行時にスライドをクリックしないと次のアニメーションが動きません。クリックしなくても自動的に連続してアニメーションを動かすには、アニメーションの番号をクリックし、[アニメーション]タブの[タイミング]グループで、[開始]の[クリック時]を[直前の動作の後]に変更します。

Point

動きを組み合わせて効果的に演出する

アニメーションは、[開始][強調][終了]などの効果を組み合わせて設定できます。[開始]は選択した要素がスライドに現れるときの効果で、[強調]は表示された後に要素を目立たせるための効果です。また、[終了]は要素がスライドから消えるときの効果です。3つの効果を組み合わせれば、複雑な動きを自由に設定できますが、頻繁に使いすぎるのは考えものです。アニメーションは表紙のスライドにあるタイトル文字や製品名、キャッチフレーズなど、ここぞという個所に限定して使うと、効果を発揮します。

文字に動きを設定するには

テキストのアニメーション

スライドショーでスライドをクリックするたびに、項目の文字を1行ずつ順番に表示する動きを設定します。文字が読みやすい動きを付けましょう。

1 [アニメーション]の一覧を表示する

プレースホルダー全体にアニメーションを設定して、項目が次々に表示されるようにする

1 3枚目のスライドをクリック

2 設定するプレースホルダーをクリック

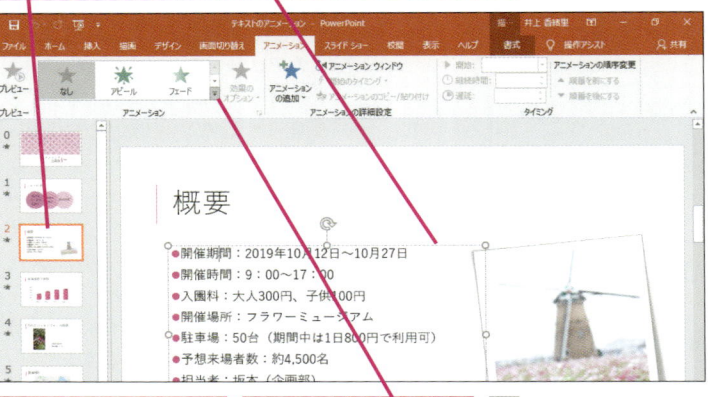

3 [アニメーション]タブをクリック

4 [アニメーション]のここをクリック

2 アニメーションの効果を設定する

[アニメーション]の一覧が表示された

1 [ワイプ]をクリック

設定したアニメーションがプレビューで表示される

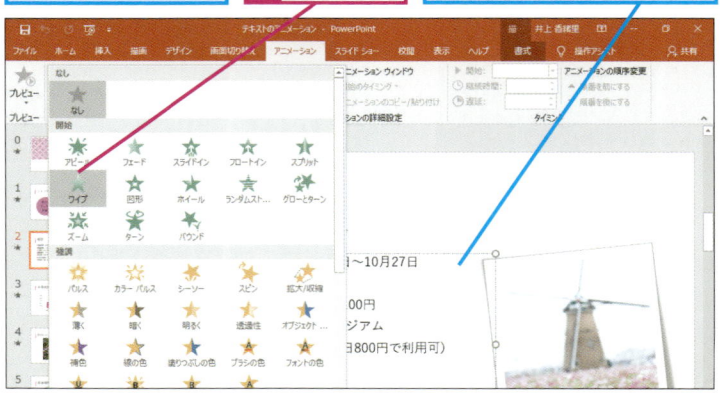

動画で見る
詳細は3ページへ

▶ **キーワード**

アニメーション	p.303
プレースホルダー	p.310

📄 **レッスンで使う練習用ファイル**
テキストのアニメーション.pptx

HINT!

表示済みの文字を消すには

2行目の文字が表示されるのと同時に、1行目の文字が自動的に消えるようにするには、以下の手順で設定します。

項目のプレースホルダーを選択しておく

1 [アニメーション]タブをクリック

2 [アニメーション]のここをクリック

[ワイプ]ダイアログボックスが表示された

3 ここをクリック

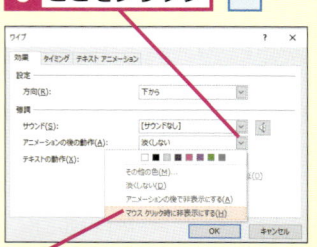

4 [マウスクリック時に非表示にする]をクリック

5 [OK]をクリック

③ 文字の表示方向を設定する

文字が表示される
方向を設定する

1 [効果のオプション]
をクリック

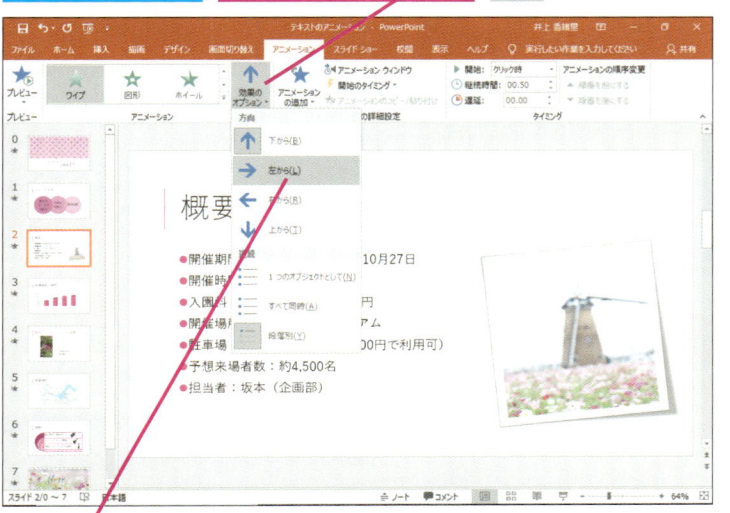

2 [左から] を
クリック

設定したアニメーションが
プレビューで表示される

④ プレースホルダーの選択を解除する

アニメーションが動作する
順番に番号が表示された

1 スライドの外側
をクリック

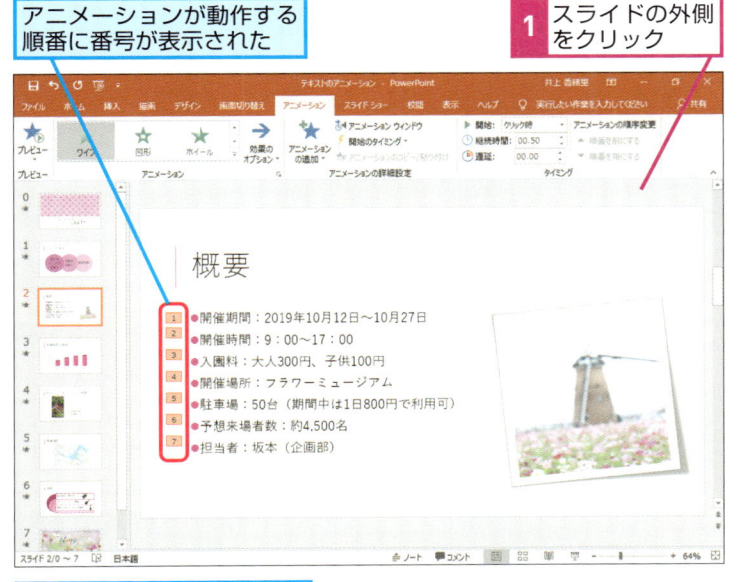

アニメーションを設定した
番号の選択が解除される

HINT!

**説明に合わせて
1行ずつ表示させる**

箇条書きの項目を最初からすべて見せてしまうと、聞き手が2行目や3行目以降の文字に気を取られて説明に集中できなくなる場合があります。説明に注目してもらうには、1行ずつ項目を表示しながら説明するのが一番です。

HINT!

自然な効果を心掛ける

横書きの項目や文章を入力したプレースホルダーは、アニメーションの効果を [ワイプ]、[効果のオプション] を [左から]、もしくはアニメーションの効果を [スライドイン]、[効果のオプション] を [右から] にすると、読むときに違和感がありません。図表やグラフに動きを付けるときも、奇抜な動きを付けるのではなく、違和感のない自然な動きを付けることを心掛けましょう。

Point

**アニメーションを使うと
説明が円滑に進められる**

レッスン㊿やレッスン㊶では、動きを付けてスライド上の要素を華やかに見せるためにアニメーションを設定しました。一方、このレッスンは、説明する内容の理解を助け、プレゼンテーションの進行を円滑に進めるために、箇条書きの項目を順番に表示するアニメーションを設定しました。どちらも聞き手の注目を集めるという点では同じですが、役割は大きく異なります。説明を円滑に進めるときに付けるアニメーションは、奇抜な動きでなく、見やすい動きが適しています。スライドの要素に合わせて設定するアニメーションを使い分けましょう。

53 グラフに動きを設定するには

グラフのアニメーション

スライドに挿入したグラフに、アニメーションを設定します。ここでは、集合縦棒グラフの棒が1本ずつ順番に表示されるアニメーションを設定します。

アニメーションを設定して動きを付ける　第7章

① アニメーションを設定するグラフを選択する

グラフ全体にアニメーションを設定して、棒が順番に表示されるようにする

1 4枚目のスライドをクリック

2 設定するグラフをクリック

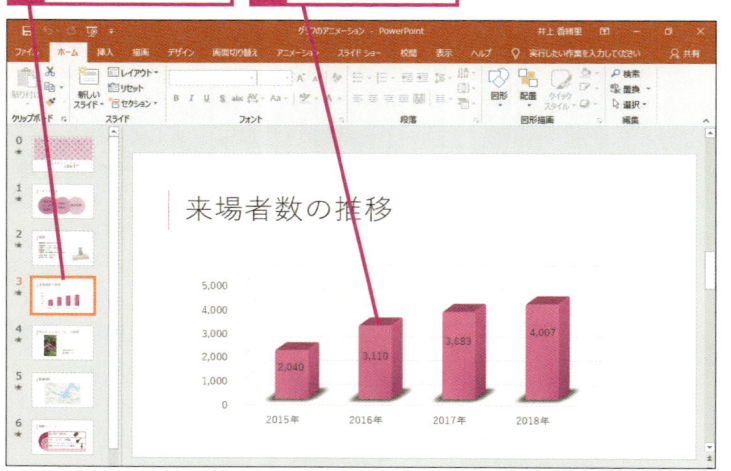

② [アニメーション] の一覧を表示する

1 [アニメーション]タブをクリック

2 [アニメーション]のここをクリック

▶ キーワード

グラフ	p.305
系列	p.305

📄 **レッスンで使う練習用ファイル**
グラフのアニメーション.pptx

⌨ **ショートカットキー**

[Shift] + [F5] …このスライドから開始

HINT!

棒グラフや円グラフにもアニメーションを設定できる

レッスン㉘の操作でスライドに挿入した棒グラフにも、アニメーションを設定できます。レッスン㉛でExcelから貼り付けた円グラフにも設定可能です。

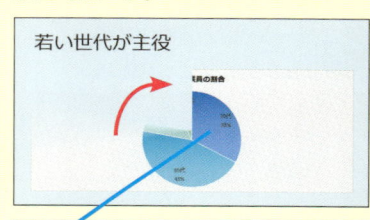

[ホイール] に設定すると、弧を描くように表示されるアニメーションになる

HINT!

表や写真にもアニメーションを設定できる

グラフ以外にも、表や写真、図形などにもアニメーションを設定できます。ただし、動きの必要のない要素にわざわざアニメーションを設定する必要はありません。

③ アニメーションの効果を設定する

[アニメーション]の
一覧が表示された

1 [ワイプ]を
クリック

設定したアニメーションが
プレビューで表示される

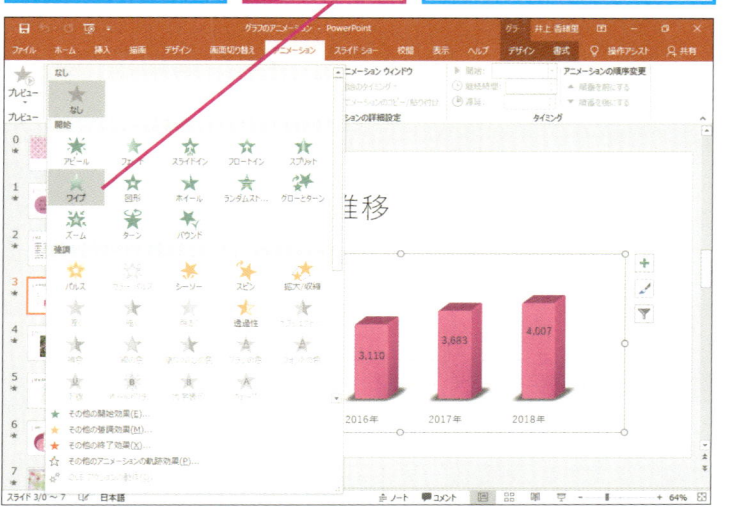

④ 効果を付ける順序を設定する

棒グラフが1本ずつ表示さ
れるようにする

1 [効果のオプション]
をクリック

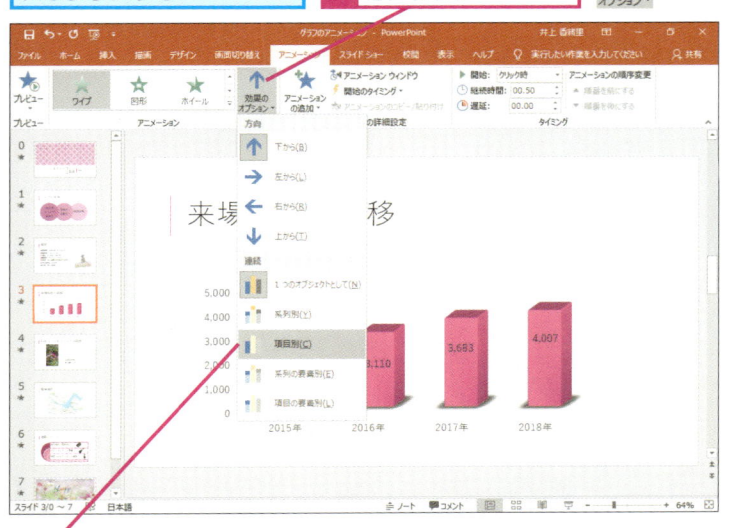

2 [項目別] を
クリック

次のページに続く

HINT!

[系列別] と [項目別] の違い

棒グラフにアニメーションを設定し
たときの [効果のオプション] には、
[系列別] と [項目別] が表示され
ます。それぞれの違いは以下の図の
通りです。「1月」「2月」「3月」に「A」
と「B」の2本の棒が表示されている
グラフでは、各月の「A」の棒だけ
をまとめて表示するのが [系列別]
で、「1月」の「A」と「B」の2本の
棒をまとめて表示するのが [項目別]
です。

● [系列別] での表示

同じ系列のデータごと
に順番に表示できる

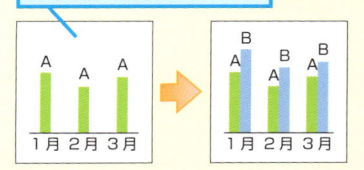

● [項目別] での表示

同じ項目のデータごと
に順番に表示できる

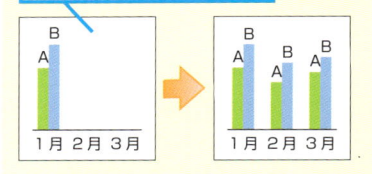

HINT!

グラフで伝えたいことを
アニメーションで表現する

グラフに設定するアニメーションは、
グラフで伝えたい内容と同じ動きを
選択します。このレッスンで紹介し
た棒グラフで数値の大きさを表す場
合は、棒が下から伸び上がる動きを
設定すると効果的です。また、円グ
ラフでは、弧を描くように表示され
る動きが適しています。

⑤ アニメーションの継続時間を設定する

スライドショーの実行時にアニメーションがゆっくりと動くように設定する

1 [継続時間]のここをドラッグして選択

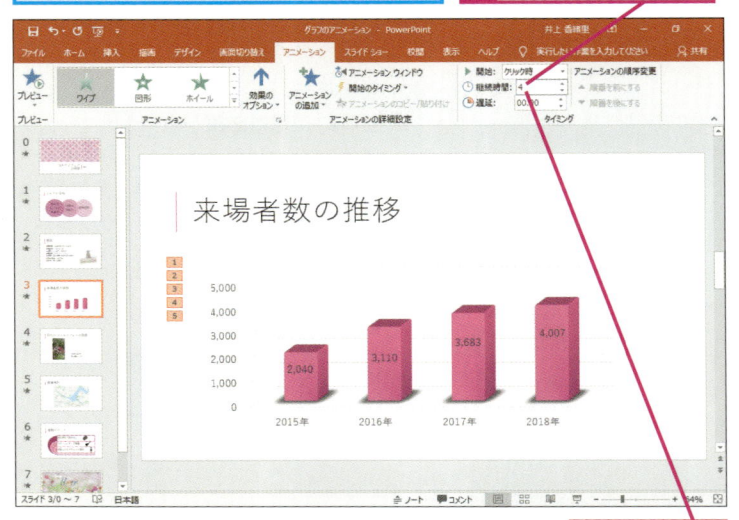

2 「4」と入力

⑥ スライドショーを実行する

アニメーションにかかる時間が長くなった

1 [スライドショー]タブをクリック

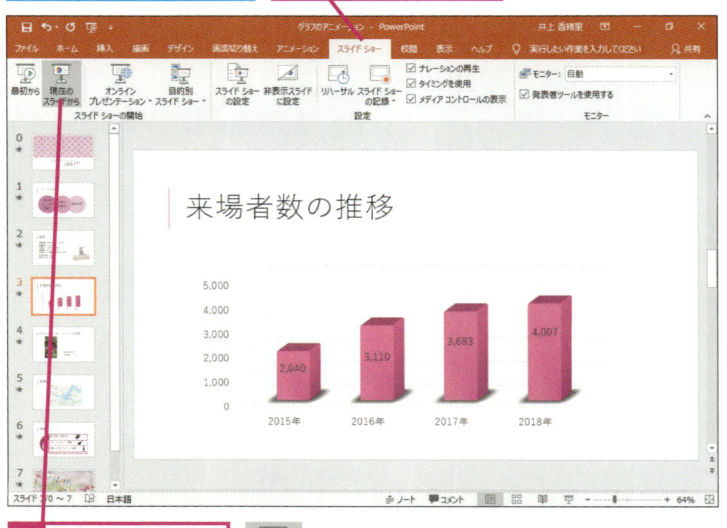

2 [現在のスライドから]をクリック

HINT!

[継続時間]って何？

アニメーションを再生する時間は、[アニメーション]タブの[タイミング]グループで変更します。[継続時間]を変更すると、アニメーションの再生が始まってから終了するまでの時間を調節できます。

HINT!

アニメーションが動作するタイミングを変更するには

スライドショーの実行中に、スライドをクリックしたときにアニメーションを動かすか、スライドをクリックしなくても自動的にアニメーションが動くようにするかは[開始]で設定できます。

HINT!

背景のアニメーションを削除するには

背景のあるデザインのグラフでは、最初にグラフの背景が動きます。背景のアニメーションが不要なときは、以下の手順で削除しましょう。

1 [アニメーションウィンドウ]をクリック

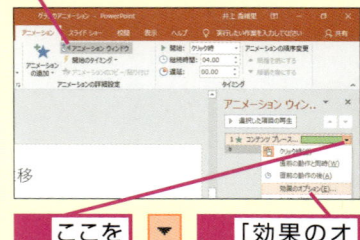

2 ここをクリック

3 [効果のオプション]をクリック

4 [グラフアニメーション]タブをクリック

5 ここをクリックしてチェックマークをはずす

6 [OK]をクリック

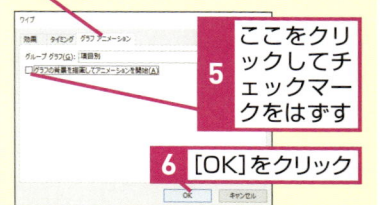

左余白（縦書き）：アニメーションを設定して動きを付ける　第7章

7 **アニメーションを再生する**

スライドショー が開始された	**1** 画面をク リック	クリックするごとにアニメー ションが再生される

8 **スライドショーを終了する**

アニメーションの 再生が終了した	**1** Esc キー を押す

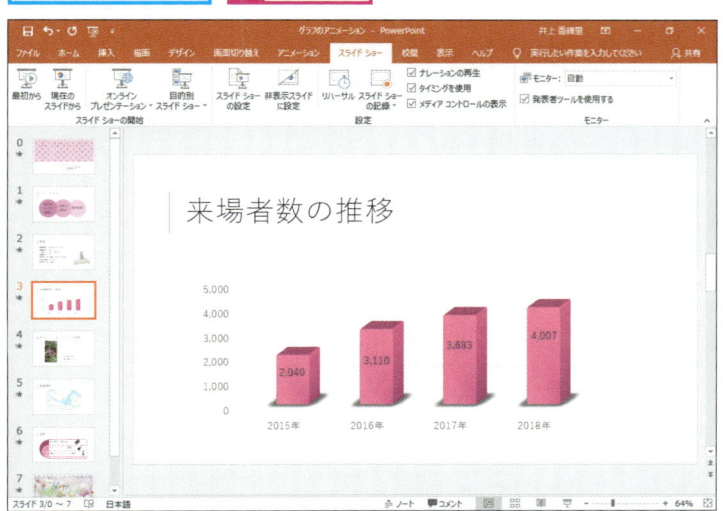

表示が元に戻った

HINT!

折れ線グラフに動きを付けるには

折れ線グラフで線の傾きを強調したければ、[ワイプ]の動きを設定し、[効果のオプション]ボタンの[方向]を[左から]に設定します。そうすると、折れ線が左から右へと流れるように動きます。

1 [アニメーション] タブを クリック	**2** [ワイプ] をクリック

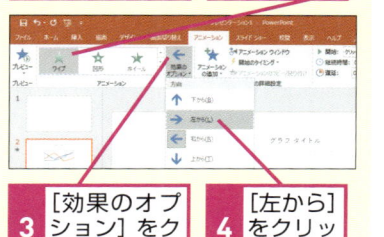

3 [効果のオプ ション]をク リック	**4** [左から] をクリッ ク

折れ線が左から延びるように表示される

Point

アニメーションの最終確認はスライドショーで

設定したアニメーションは、[アニメーション]タブにある[プレビュー]ボタンをクリックすると、流れるように連続して再生されます。しかし、スライドショーに切り替えると、マウスをクリックしないとアニメーションが動きません。これは、説明に合わせて発表者自身がアニメーションの動き出すタイミングを決められるように設計されているからです。複数のアニメーションが連続して動く方が説明しやすい場合は、手順5の[継続時間]の上にある[開始]のタイミングを[直前の動作の後]に設定しておきましょう。アニメーションの[開始]のタイミングは、スライドショーを実行しないと確認できません。スライドショーでの最終確認を忘れずに行ってください。

この章のまとめ

●アニメーションの目的を理解して設定しよう

アニメーションを設定しただけで、テクニックを駆使したスライドを作成できたと思うのは間違いです。なぜならアニメーションは、「どこ」に「どんな」動きを付けるのかが一番重要だからです。

アニメーションを付ける目的は2つあります。1つは、聞き手の注目を集めるために付ける動きで、印象に残したいキーワードに設定すると効果的です。もう1つは、聞き手の理解を助けるために付ける動きで、項目の文字や図表などを説明に合わせて順番に表示したいときに設定するといいでしょう。

それ以外の目的でアニメーションを設定しても、聞き手の関心が内容以外にそれてしまうばかりか、聞き手をうんざりさせる結果になりがちです。そもそもアニメーションを設定する必要があるかどうかを落ち着いて考え、それからスライドの内容に応じて一番合った動きを設定しましょう。

アニメーションを設定して動きを付ける　第7章

アニメーションの設定

聞き手の注目を集める動きと、聞き手の理解を助けるための動きをスライドに設定する

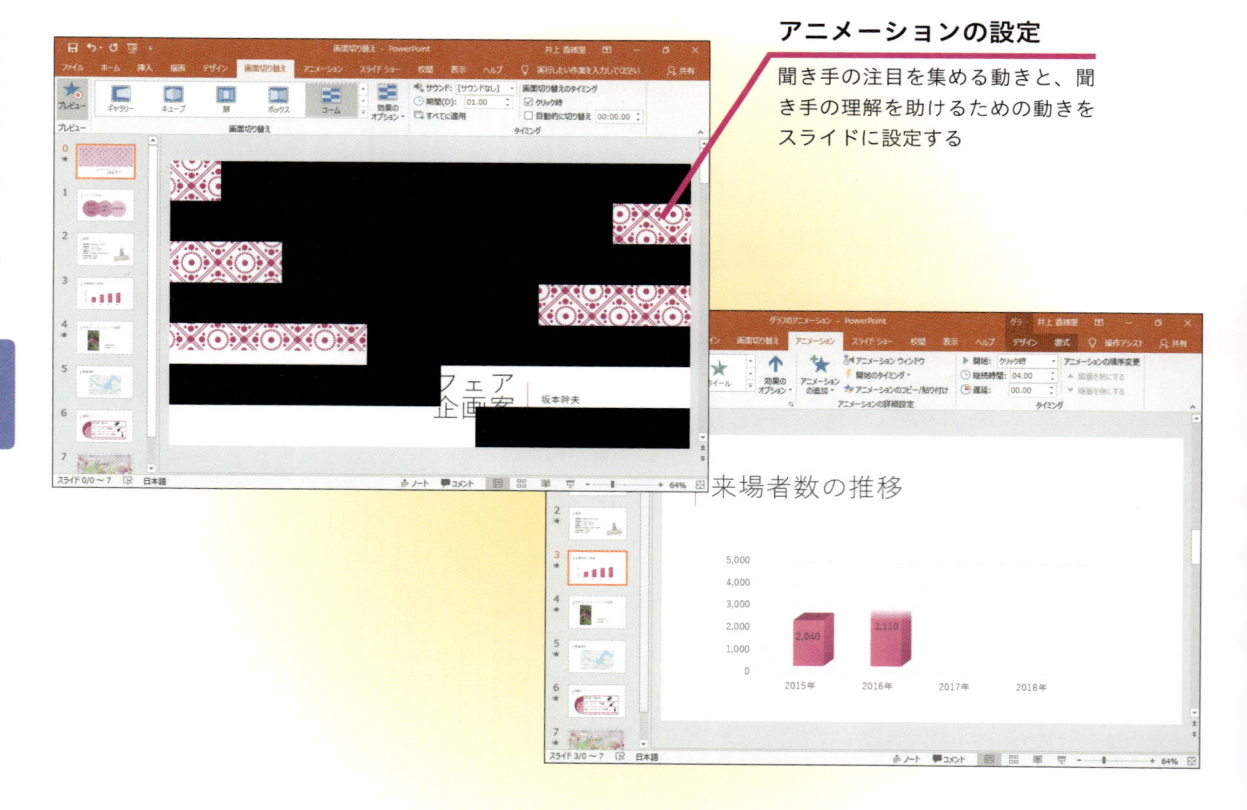

練習問題

1

練習用ファイルの［第7章_練習問題.pptx］を開き、すべてのスライドに［ブラインド］の画面切り替え効果を設定してみましょう。

●ヒント：スライドの画面切り替え効果は、［画面切り替え］タブから設定します。

［ブラインド］の画面切り替え効果をすべてのスライドに設定する

2

1枚目のスライドを表示し、「コスモスフェア企画案」のタイトルが入力されているプレースホルダーに、［開始］グループにある［スライドイン］のアニメーションを設定しましょう。さらにタイトルの文字が左から右へ表示されるように設定してください。

●ヒント：［効果のオプション］ボタンの一覧で表示方向を変更します。

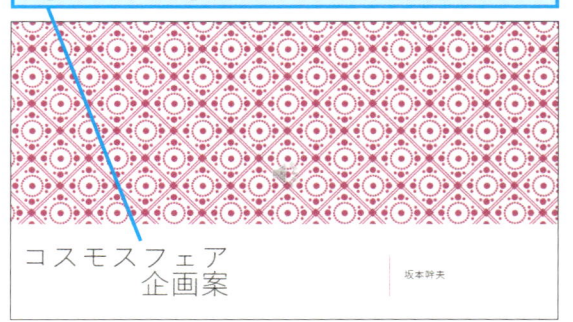

タイトルの文字が入力されているプレースホルダーに［スライドイン］のアニメーションを設定する

答えは次のページ

1

[第7章_練習問題.pptx]
を表示しておく

練習用ファイルの［第7章_練習問題.pptx］を開きます。［画面切り替え］タブの［画面切り替え］の▼をクリックし、一覧から［ブラインド］をクリックします。ここではすべてのスライドに画面切り替え効果を設定するので、［すべてに適用］ボタンをクリックするのを忘れないようにしてください。

1　1枚目のスライドをクリック
2　［画面切り替え］タブをクリック
3　［画面切り替え］のここをクリック
［画面切り替え］の一覧が表示された
4　［ブラインド］をクリック

5　［すべてに適用］をクリック

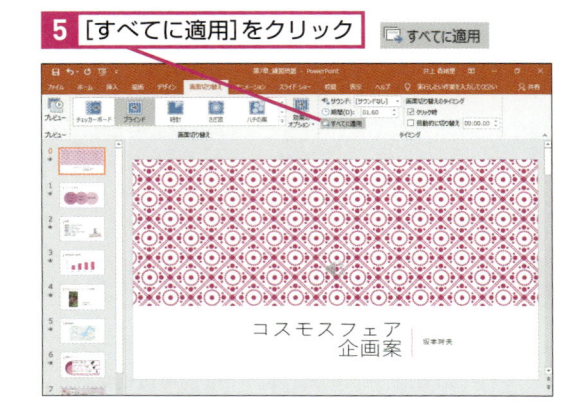

2

練習問題1で入力したタイトルのプレースホルダーをクリックし、［アニメーション］タブの［アニメーション］の▼をクリックします。一覧から［スライドイン］を選択し、［効果のオプション］ボタンの一覧から［左から］をクリックします。

1　プレースホルダーをクリック
2　［アニメーション］タブをクリック
3　［アニメーション］のここをクリック
4　［スライドイン］をクリック

5　［効果のオプション］をクリック
6　［左から］をクリック

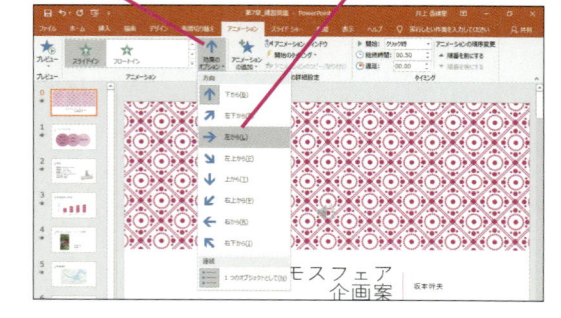

アニメーションを設定して動きを付ける　第7章

第8章 スライドショーを実行する

この章では、作成したスライドを「スライドショー」で実行する操作を解説します。また、実行前の準備作業やスライドショーの中断、発表中のスライドへの書き込みなど、発表者がプレゼンテーションの実行中に使うと便利な機能を紹介します。

●この章の内容

プレゼンテーションを実行しよう

スライドショーの準備と実行

スライドの作成が終わったら、プレゼンテーションを実行します。パソコンの画面を使ってプレゼンテーションを実行することを「スライドショー」といいます。

■ プレゼンテーションの実行

スライドが完成したら、スライド番号を設定してプレゼンテーションを実行しましょう。プレゼンテーションの実行中にスライドの一部を拡大したり、その場でスライドに印を付けたりすると、メリハリのある説明ができます。さらに［発表者ツール］の機能を使えば、発表者のパソコンに発表者用のメモや経過時間などを表示できます。プレゼンテーションの実行中に発表者が使える便利な機能を覚えておくと、スマートな操作で聞き手に安心感を与えられます。

HINT!

スライドショーって何？

スライドショーとは、スライドをパソコンの画面いっぱいに大きく表示しながらプレゼンテーションを実行することです。説明に合わせてスライドをクリックすると、そのたびにスライドが切り替わったり、アニメーションを開始したりできます。

●プロジェクターを使用したプレゼンテーション

スクリーンに画面を大きく映し出してプレゼンテーションを実行する

●パソコンを使ったプレゼンテーション

発表者と聞き手が同じ画面を見ながらプレゼンテーションを実行する

スライドショーを実行する　第8章

プレゼンテーションを成功させる考え方

プレゼンテーションを成功させるためには、「分かりやすい資料」と「発表技術」の2つが必要です。「分かりやすい資料」とは、PowerPointで作成したスライドのことです。また、「発表技術」とは発表者の態度や話し方、プレゼンテーションに対する情熱などのことです。

●ファイルの準備

聞き手が必要としている情報を正確に分かりやすく説明したスライドを準備します。最後にスライド全体を見直し、スライド番号を付けて本番に備えましょう。

スライド番号を追加して本番に備える

●発表の練習

発表技術を磨くには、事前の練習が欠かせません。本番さながらにスライドショーを実行し、PowerPointの操作や話し方などを繰り返し練習しましょう。練習した自信が成功への扉を開けるのです。

実際にスライドショーを実行して練習する

54

スライドショーの準備と実行

HINT!
会場の下見をしておこう

発表会場を前もって見学できる場合は、下見をしておくといいでしょう。パソコンの設置場所や電源の位置、プロジェクターとの接続などを確認しておくと、当日は余裕を持ってプレゼンテーションに臨めます。

HINT!
パソコンを最新の状態にしておこう

プレゼンテーションで使うパソコンは、更新プログラムを実行して最新の状態にしておきます。そうしないと、プレゼンテーションの実行中にメッセージが表示されたり、更新プログラムの追加によってパソコンが再起動したりする場合があります。

HINT!
関係ないソフトウェアを終了しておこう

プレゼンテーションの実行前は、メールやSNSなどを完全に終了しておきましょう。プレゼンテーションの実行中にほかの人からメッセージが届くと、メッセージの通知や送信元が注目されてしまいます。

Point
スマートなプレゼンテーションは準備次第

PowerPointは、スライドを作成するだけでなく、プレゼンテーションの実行中に使える便利な機能がたくさんあります。いくらスライドの内容や話し方が素晴らしくても、クリックするタイミングがずれて説明とスライドが合わなかったり、PowerPointの操作そのものに戸惑っていたりしては、聞き手の心はつかめません。事前に十分なリハーサルを行い、納得できるまで操作と話し方の練習を重ね、自信を持って本番を迎えたいものです。

スライドに番号を挿入するには

スライド番号

スライド作成の仕上げとして、表紙以外のスライドにスライド番号を挿入しましょう。[挿入] タブの [ヘッダーとフッター] ボタンで操作します。

1 [ヘッダーとフッター] ダイアログボックスを表示する

1枚目以外のスライドすべてにページ番号を挿入する

1 [挿入] タブをクリック

2 [ヘッダーとフッター]をクリック

2 スライド番号を設定する

[ヘッダーとフッター] ダイアログボックスが表示された

ここでは、1枚目のスライドにはスライド番号を表示させず、2枚目のスライド以降にスライド番号を表示させる

1 [スライド] タブをクリック

2 [スライド番号] をクリックしてチェックマークを付ける

3 [タイトルスライドに表示しない] をクリックしてチェックマークを付ける

4 [すべてに適用]をクリック

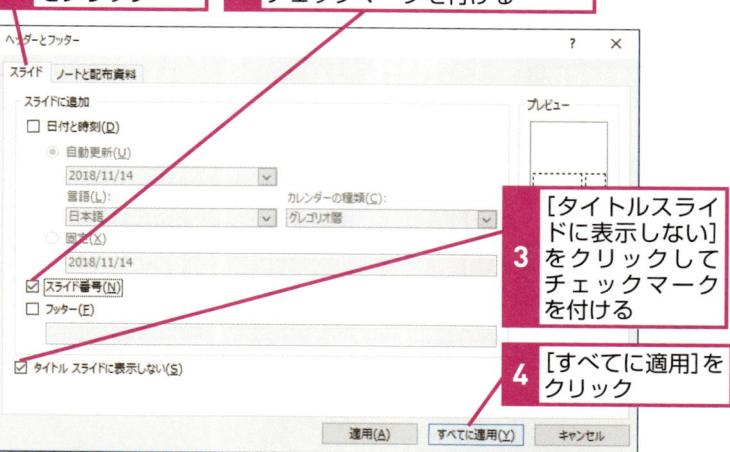

📄 **レッスンで使う練習用ファイル**
スライド番号.pptx

HINT!

ヘッダーとフッターって何？

ヘッダーとは、スライドの上部の領域のことです。また、フッターとは、スライドの下部の領域のことです。ヘッダーやフッターに会社名やプロジェクト名、実施日、スライド番号などの情報を設定すると、すべてのスライドの同じ位置に同じ情報が表示されます。

HINT!

[スライド番号] ボタンからも設定できる

[挿入] タブの [スライド番号] ボタン（🔲）をクリックしても、スライド番号を挿入できます。[スライド番号] ボタンをクリックすると、手順2のダイアログボックスが表示されます。

1 [挿入] タブをクリック

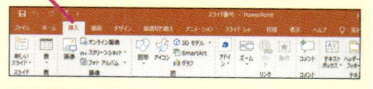

2 [スライド番号]をクリック

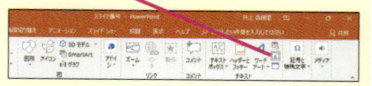

[ヘッダーとフッター]ダイアログボックスが表示される

③ 表紙のスライド番号を確認する

1 1枚目のスライドをクリック

1枚目のスライドが表示された

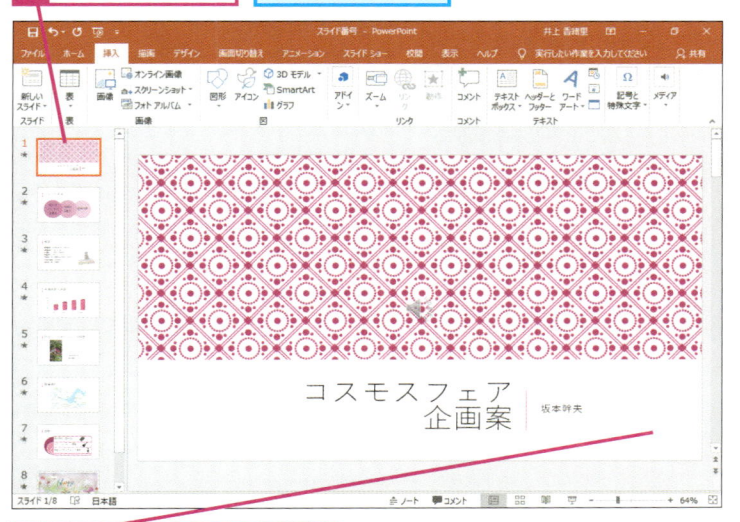

2 表紙にスライド番号が表示されていないことを確認

④ 2枚目のスライド番号を確認する

1 2枚目のスライドをクリック

2枚目のスライドが表示された

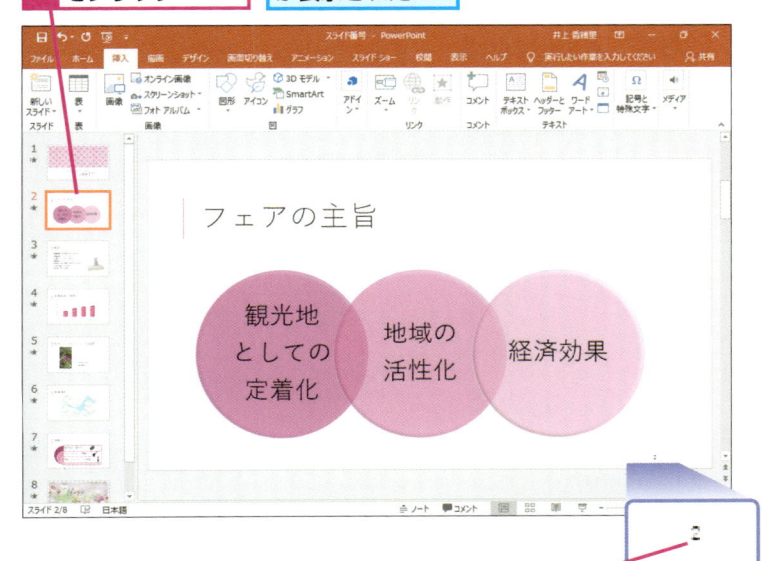

2 2枚目のスライドに[2]と表示されていることを確認

HINT!

表紙にスライド番号は表示しない

手順2で[タイトルスライドに表示しない]にチェックマークを付けないと、表紙のスライドにもスライド番号が表示されてしまいます。一般的には表紙や目次のスライドにはスライド番号は付けないので、忘れずにチェックマークを付けてください。

HINT!

スライド番号の位置はテーマによって異なる

このレッスンのスライドに設定している[インテグラル]のテーマでは、スライド番号が右下に表示されました。テーマにはスライド番号を含めたデザインが設計されているため、テーマによってスライド番号が表示される位置が異なります。

例えば[イオン]のテーマでは、スライド番号が右上に表示される

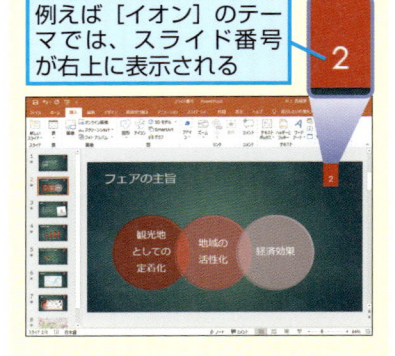

⚠ 間違った場合は？

手順2で[適用]ボタンをクリックしてしまうと、選択しているスライドだけにスライド番号が挿入されます。再度手順1から操作して、[すべてに適用]ボタンをクリックします。

次のページに続く

⑤ [スライドのサイズ] ダイアログボックスを表示する

2枚目のスライド番号を「1」から開始するように変更する

1 [デザイン] タブをクリック

2 [スライドのサイズ]をクリック

3 [ユーザー設定のスライドのサイズ]をクリック

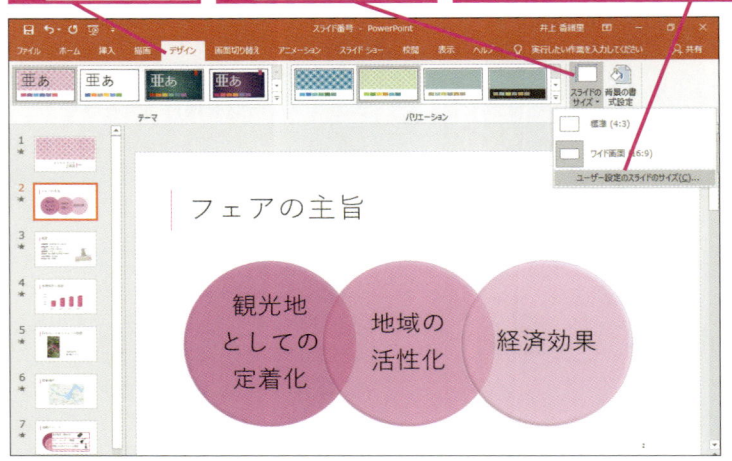

⑥ スライドの開始番号を設定する

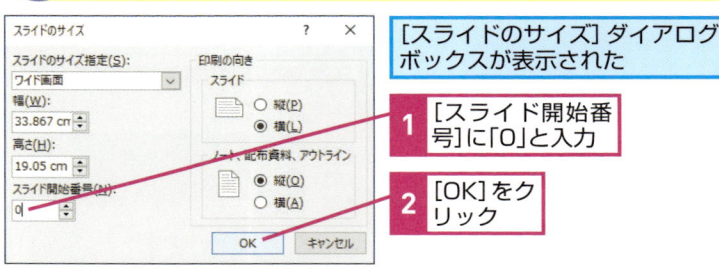

[スライドのサイズ] ダイアログボックスが表示された

1 [スライド開始番号]に「0」と入力

2 [OK]をクリック

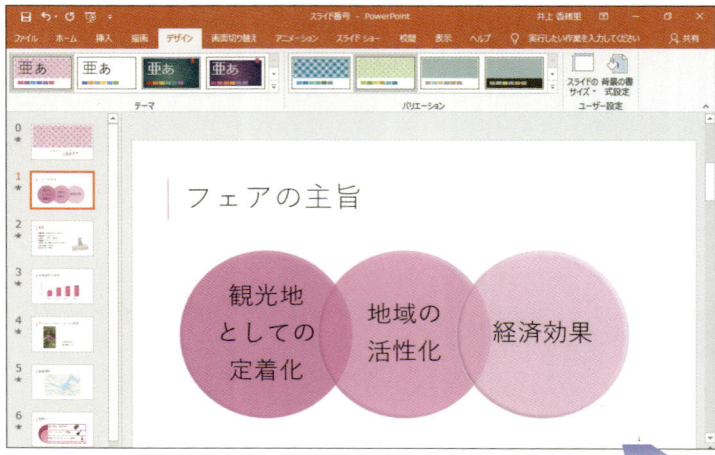

スライド番号が変更され、2枚目のスライドに[1]と表示された

HINT!

スライド番号に書式を設定するには

スライド番号に書式を設定するには、[表示]タブの[スライドマスター]ボタンをクリックしてスライドマスターを表示します。スライド番号が表示されている「<#>」のプレースホルダーを選択し、[ホーム]タブからフォントやフォントサイズ、色などの書式を設定すると、すべてのスライドのスライド番号に反映されます。スライドマスターについては、レッスン㉞で詳しく説明しています。

1 [表示]タブをクリック

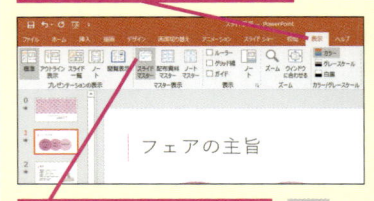

2 [スライドマスター]をクリック

スライドマスターが表示された

スライドにあるレイアウトの書式を変更できる

スライド番号にまとめて書式を付けられる

スライドマスターを閉じるには [マスター表示を閉じる]をクリックする

HINT!

移動や削除でスライド番号も変わる

スライド番号を挿入してからスライドの追加や削除、移動を実行すると、自動的にスライド番号が調整されます。

テクニック スライド番号の位置を変更できる

スライド番号は、後から位置を変更できます。特定のスライドのスライド番号だけを移動するときは、スライド番号のプレースホルダーを選択し、外枠にマウスポインターを合わせてそのまま目的の位置にドラッグします。すべてのスライドのスライド番号を移動する

ときは、[表示] タブの [スライドマスター] ボタンをクリックしてスライドマスターを表示します。次に、スライド番号が表示されている「<#>」のプレースホルダーをドラッグします。

ここではすべてのスライド番号を移動する

1 [表示] タブをクリック

2 [スライドマスター] をクリック

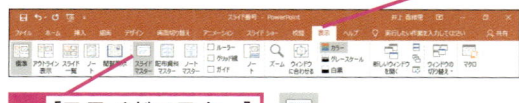

スライドマスターが表示された

3 スライド番号の外枠にマウスポインターを合わせる

マウスポインターの形が変わった

4 ここまでドラッグ

5 [マスター表示を閉じる]をクリック

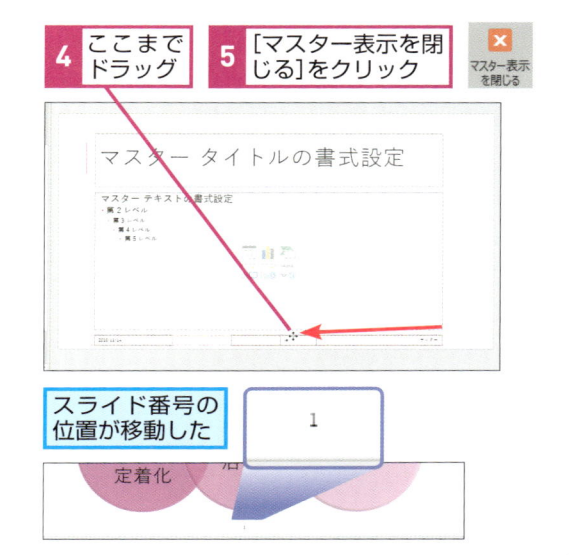

スライド番号の位置が移動した

---

7 スライド番号を確認する

スライドの開始番号を変更できた

同様にほかのスライド番号を確認する

1 5枚目のスライドをクリック

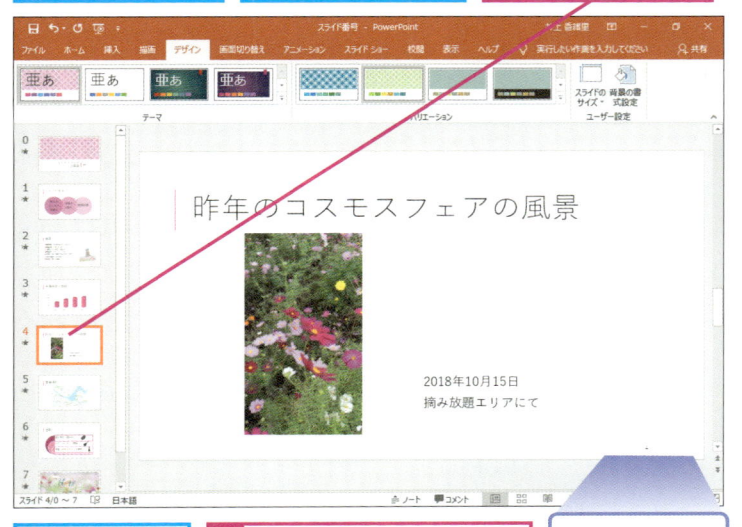

5枚目のスライドが表示された

2 5枚目のスライドに [4] と表示されていることを確認

Point
スライド番号を付けると質疑応答で役立つ

スライド番号は、説明が終了した後に効果を発揮します。質疑応答の時間にスライドの位置を指定しやすくなり、発表者と聞き手の間で意思の疎通が高まります。最近では、プレゼンテーションの終了後にインターネットにスライドを一定期間公開したり、PDFファイルとしてメールで送信したりするケースも増えてきました。このようなときも、スライド番号が付いていれば、後から問い合わせを受けるときに役立ちます。スライド作成の最後の仕上げとして、スライド番号を挿入するのを忘れないようにしましょう。

56

プレゼンテーションを実行するには

スライドショー

> パソコンの画面を使ってプレゼンテーションを実行するには、[スライドショー] モードに切り替えます。画面いっぱいに大きくスライドが表示されます。

① スライドショーを実行する

スライドショーを最初から実行する

1 [スライドショー] タブをクリック

2 [最初から]をクリック

② スライドショーを進める

1枚目のスライドが画面全体に表示された

設定されている画面切り替え効果が実行された

坂本幹夫

1 スライドをクリック

設定した音楽やアニメーションが実行される

2 同様にしてスライドをクリック

キーワード

[スライドショー] モード	p.307
プレゼンテーション	p.310

 レッスンで使う練習用ファイル
スライドショー .pptx

ショートカットキー

Esc	…………………スライドショーの中断
F5	…………………先頭から開始
Shift + F5	…表示しているスライドから開始

HINT!

前のスライドに戻るには

スライドショーの実行中に1つ前のスライドに戻るには、キーボードの Back space キーを押します。マウスで操作するときは、画面の左下に表示される [スライドショー] ツールバーのボタン（◁）をクリックします。

HINT!

タッチ対応機器でスライドショーを進めるには

タブレットなどのタッチ対応機器では、スワイプ（画面を指ではじく操作）で次のスライドを表示してもいいでしょう。右から左にスワイプにスワイプすると、次のスライドが表示されます。逆に左から右にスワイプすると、1つ前のスライドを表示できます。また、レッスン❺で紹介するスライドの拡大もダブルタップ（画面を指でトントンと2回たたく操作）で実行できます。タッチ操作で発表するときは、指先で操作する方法を覚えておきましょう。

---

3 さらにスライドショーを進める

> 4枚目のスライド
> が表示された

1 スライドを
クリック

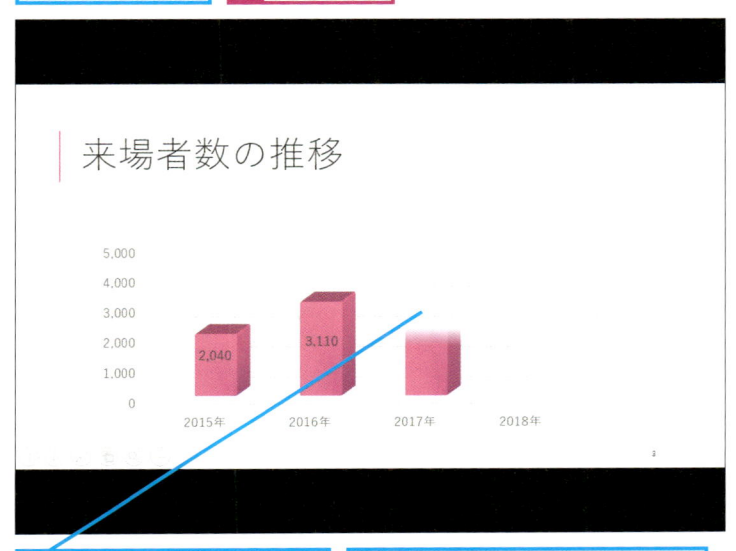

来場者数の推移

> 図表に設定されているアニメ
> ーションが実行された

> 同様の操作で、クリックしながら
> 最後のスライドまで表示する

4 スライドショーを終了する

> すべてのスライドの表示が終了し、
> 黒いスライドが表示された

1 スライドを
クリック

スライド ショーの最後です。クリックすると終了します。

5 スライドショーが終了した

> スライドショーを実行する前
> の画面が表示された

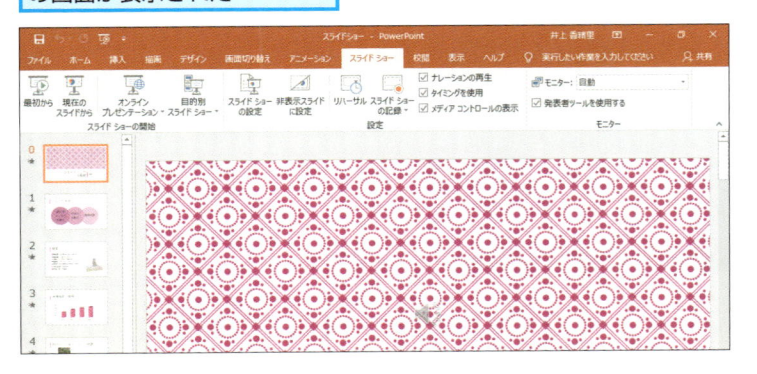

途中からスライドショーを実行するには

いつも1枚目のスライドからスライドショーを実行する必要はありません。スライドに設定したアニメーションなどの機能を確認したいときは、任意のスライドをクリックして選択し、［スライドショー］タブの［現在のスライドから］ボタンをクリックするか、画面右下の［スライドショー］ボタン（ ）をクリックして、特定のスライドだけをスライドショーで確認します。

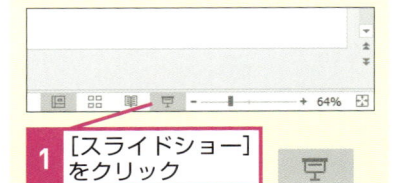

1 ［スライドショー］
をクリック

⚠ **間違った場合は？**

間違ってスライドショーを実行してしまった場合は、 Esc キーを押してスライドショーを中断します。

Point

練習も本番もスライドショーで

スライドショーは、プレゼンテーションを実行するための機能ですが、練習段階でも積極的に活用したいものです。本番さながらのスライドショーを実行して、スライドの動きを念入りにチェックしたり、操作を含めた所要時間を計測したりするのに役立ちます。特にスライドにさまざまなアニメーションを設定しているときは、説明に合わせてスライドをクリックするタイミングを確認できます。何度もスライドショーで練習しておけば、本番で操作にもたついたり、スライドに表示されている要素が説明と異なるといったミスを防げます。

スライドを
拡大するには

拡大

スライドショー実行中に、スライドの一部分を拡大して見せることができます。スライドを拡大するには、画面左下の［スライドショー］ツールバーを使います。

1 スライドショーを実行する

スライドショーの実行中に、スライドの一部を拡大する

1 ［スライドショー］タブをクリック

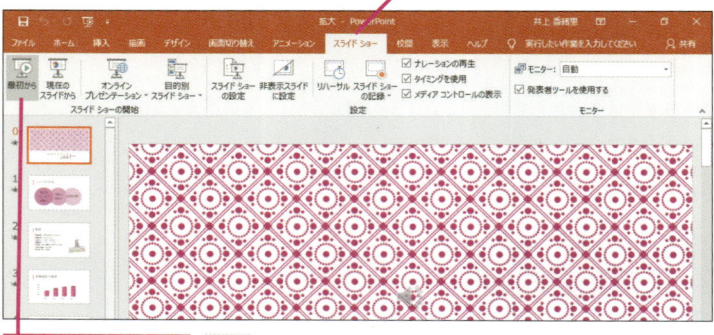

2 ［最初から］をクリック

 レッスンで使う練習用ファイル
拡大.pptx

ショートカットキー

+	……………	スライドの拡大
−	……………	スライドの縮小
Esc	……………	スライドの倍率を元に戻す
F5	……………	先頭から開始

HINT!

［スライドショー］ツールバーって何？

［スライドショー］ツールバーは、スライドショーの実行中だけに画面左下に表示されます。画面にうっすら表示されるので、表示されたかどうかが分かりにくいですが、画面をクリックせずにマウスポインターを動かしましょう。［スライドショー］ツールバーでは下の表のような操作を実行できます。

● ［スライドショー］ツールバーのボタンと機能

ボタン	機能
◁	1つ前のスライドに戻る
▷	次のスライドに進む
✎	ペンのメニューを表示する
▦	スライドの一覧を表示する
🔍	スライドを拡大する
⋯	そのほかの設定項目を表示する

2 ［スライドショー］ツールバーを表示する

1 スライドをクリックし、3枚目まで進める

2 マウスを左下へ動かす

概要

- ●開催期間：2019年10月12日〜10月27日
- ●開催時間：9：00〜17：00
- ●入園料：大人300円、子供100円
- ●開催場所：フラワーミュージアム
- ●駐車場：50台（期間中は1日800円で利用可）
- ●予想来場者数：約4,500名
- ●担当者：坂本（企画部）

画面左下に［スライドショー］ツールバーが表示された

◆ ［スライドショー］ツールバー
スライドショーの実行中の操作はここから行う

3 ここをクリック

③ スライドを拡大する

マウスポインター の形が変わった マウスポインターを中心とする 明るい領域が拡大される

1 拡大する位置 をクリック

概要

- 開催期間：2019年10月12日〜10月27日
- 開催時間：9：00〜17：00
- 入園料：大人300円、子供100円
- 開催場所：フラワーミュージアム
- 駐車場：50台（期間中は1日800円で利用可）
- 予想来場者数：約4,500名
- 担当者：坂本（企画部）

④ スライドを元の倍率に戻す

スライドが拡大された **1** [Esc]キーを押す

- 開催期間：2019年10月12日〜10月27日
- 開催時間：9：00〜17：00
- 入園料：大人300円、子供100円
- 開催場所：フラワーミュージアム
- 駐車場：50台（期間中は1日800円で利用可）
- 予想来場者数：約4,500名
- 担当者：坂本（企画部）

概要

- 開催期間：2019年10月12日〜10月27日
- 開催時間：9：00〜17：00
- 入園料：大人300円、子供100円
- 開催場所：フラワーミュージアム
- 駐車場：50台（期間中は1日800円で利用可）
- 予想来場者数：約4,500名
- 担当者：坂本（企画部）

スライドの倍率 が元に戻った

スライドショー を終了しておく

HINT!

＋キーでも表示を拡大できる

［スライドショー］ツールバーを使わずに、＋キーを押してもスライドを拡大できます。＋キーを押すごとに段階的に拡大します。−キーで1段階ずつ縮小できますが、押しすぎるとスライドの一覧が表示されます。[Esc]キーを押すと一度に元の倍率に戻ります。

HINT!

拡大範囲をドラッグして 移動できる

スライドの一部を拡大した後に、マウスで上下左右にドラッグすると、拡大範囲を移動できます。また、↑↓←→キーでも拡大範囲を移動できます。

Point

細かい数値や文字は拡大して はっきり見せる

スライドの文字は大きなサイズで入力するのが基本です。ただし、大きな会場では、プロジェクターに表示された文字が後ろからだと小さくて見えないことがあります。また、対面式のプレゼンテーションでも、ノートパソコンの画面サイズが小さくて細かい部分が読みづらいこともあります。このようなときは、数値や文字を拡大表示しましょう。なお、プレゼンテーションの「肝」となる数値や文字をその場で拡大して見せると、聞き手の印象に残りやすくなります。

58

任意のスライドを表示するには

任意のスライドを表示

スライドショーの実行中に、特定のスライドを表示できます。後から「3枚目のスライドをもう一度見せて」などと言われたときでもスムーズに操作できます。

1 スライドショーを実行する

> スライドショーの実行中に、スライドの一覧を表示する

1 [スライドショー]タブをクリック

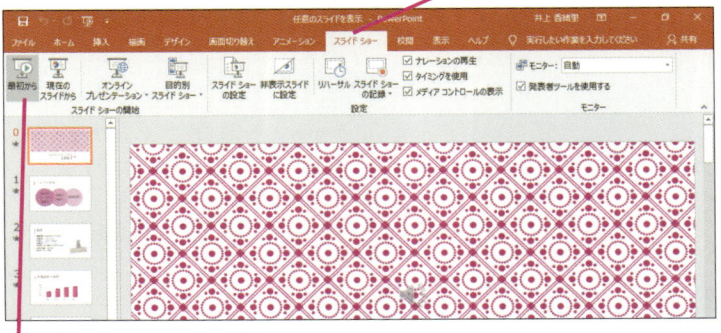

2 [最初から]を クリック

2 スライドの一覧を表示する

1 マウスを左下へ動かす

> [スライドショー]ツールバーが表示された

坂本幹夫

2 ここをクリック

キーワード

[スライドショー] ツールバー	p.307
[スライドショー] モード	p.307
スライド番号	p.307

📄 **レッスンで使う練習用ファイル**
任意のスライドを表示.pptx

⌨ **ショートカットキー**

| F5 | ……………先頭から開始 |
| − | ……………すべてのスライドを表示 |

HINT!

−キーを押すとすぐに一覧を表示できる

[スライドショー] ツールバーを使わずに、−キーを押しても手順3のスライドの一覧を表示できます。

HINT!

スライドショーの実行中に任意のスライドを表示できる

切り替えたいスライド番号が2枚目や3枚目と分かっているときは、スライドショーの実行中に2や3のキーを押してから Enter キーを押すと、目的のスライドにジャンプできます。

HINT!

右クリックでも移動できる

[スライドショー] ツールバーを使わなくても、マウスを右クリックして表示されるメニューから [すべてのスライドを表示] を選ぶと、手順3のスライド一覧を表示できます。また、[最後の表示] を選ぶと、スライド番号に関係なく直前に表示していたスライドに移動します。

③ 表示するスライドを選択する

スライドの一覧が
表示された

ここでは、6枚目の
スライドを表示する

1 6枚目のスライド
をクリック

④ 任意のスライドが表示された

6枚目のスライドが
表示された

最後までスライドショーを進めて
スライドショーを終了しておく

開催場所

HINT!

右下のズームスライダーで
拡大・縮小できる

手順3のスライド一覧で、個々のスライドが小さいときは、画面右下のズームスライダーを右方向にドラッグして表示を拡大しましょう。一画面に多くのスライドを表示したいときは、ズームスライダーを左方向にドラッグします。

HINT!

毎回ジャンプしている
スライドは非表示に設定する

スライドショーで毎回スキップするスライドがある場合には、レッスン㊶の操作で、非表示スライドに設定するといいでしょう。非表示スライドは、スライドそのものを削除するわけではないので、必要なときにいつでも利用できます。

⚠ **間違った場合は？**

違うスライドを表示してしまったら、手順2から操作をやり直します。

Point

スライドをスマートに
切り替える

実際のプレゼンテーションでは、順番通りにスライドを進められるとは限りません。残り時間や聞き手の反応を見ながら、説明予定のスライドを飛ばすこともあるでしょう。また、前のスライドに戻って説明を補足したり、質疑応答で聞き手が質問したスライドを再表示したりすることも考えられます。そのような場合は、スライドショーの実行中にスライド一覧を表示して、スマートにスライドを切り替えたいものです。ただし、スライド一覧を表示すると、説明前のスライドを聞き手に見せることになります。スライドショーの実行中は、前ページのHINT!で紹介するようにキーボードでスライドを移動するといいでしょう。

スライドショーを
一時的に中断するには

スクリーン

スライドショーの実行中に、スライド以外に注目させたいときは、一時的にスライドショーの画面を黒くして中断します。クリックすれば、元の画面に戻ります。

❶ スライドショーを実行する

スライドショーの実行中に、一時的にスライドの表示を消す

1 [スライドショー] タブをクリック

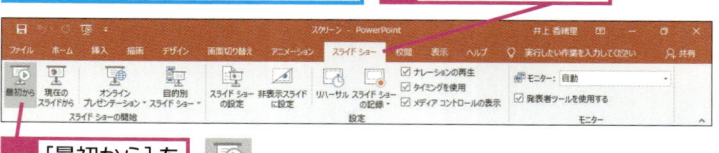

2 [最初から] を クリック

❷ スクリーンを黒くする

1 スライドをクリックし、スライドショーを4枚目まで進めておく

2 マウスを左下へ動かす

[スライドショー] ツールバーが表示された

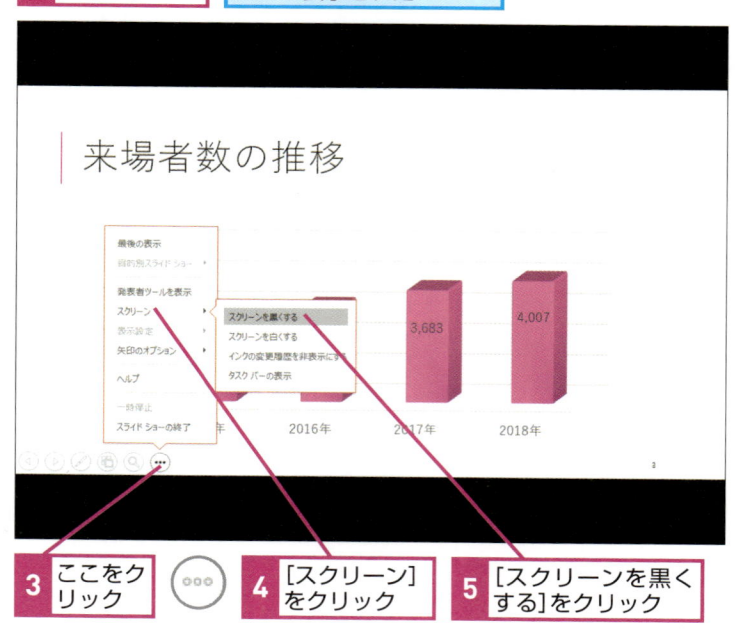

3 ここをクリック

4 [スクリーン] をクリック

5 [スクリーンを黒くする]をクリック

▶ キーワード

スクリーン	p.306
[スライドショー] ツールバー	p.307

 レッスンで使う練習用ファイル
スクリーン.pptx

⌨ ショートカットキー

B	スクリーンを一時的に黒くする
F5	先頭から開始
Q	スクリーンを一時的に白くする

HINT!

スクリーンを白くするには

手順2で [スライドショー] ツールバーの⊖から [スクリーン] - [スクリーンを白くする]をクリックすると、スクリーンを一時的に白くすることもできます。適用しているテーマが濃い色の場合は「黒」、薄い色の場合は「白」というように、違和感のない色を指定しましょう。

HINT!

キーを押しても再開できる

スライドをクリックする代わりに任意のキーを押してもスライドショーを再開できます。

---

③ スライドショーを再開する

スライドが非表示になり、
画面が黒くなった

スライドショー を再開する	**1**	スライドを クリック

④ スライドショーが再開された

1 スクリーンを黒くする前に表示されて
いたスライドが表示されたことを確認

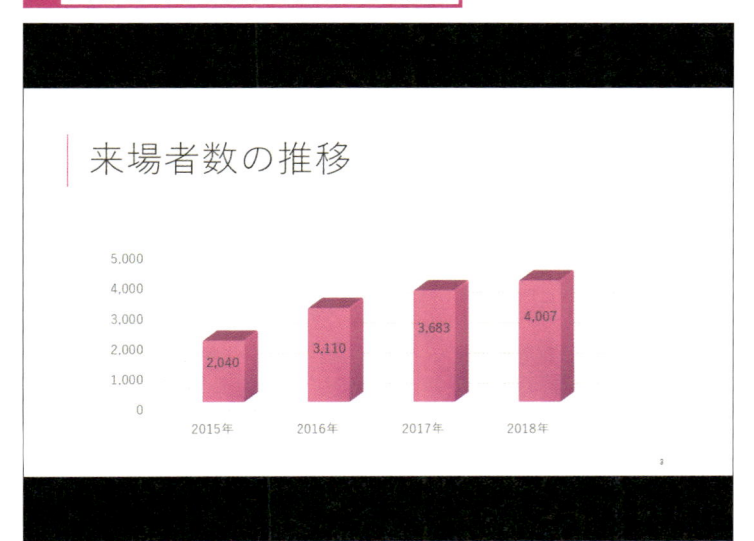

来場者数の推移

	2015年	2016年	2017年	2018年
	2,040	3,110	3,683	4,007

Esc キーを押してスライドショー
を終了しておく

HINT!

キー操作でスライドショーを
よりスマートに

PowerPointには、スライドショーの
実行中に利用できる多くのショート
カットキーがあります。下の表を参
考にして、よく使う機能をキーで操作
できるようにしておくといいでしょう。

キー操作	機能
N、Enter、 Page Down、→、 ↓、Space	次のスライドに進 む、次のアニメーシ ョンを実行する
P、Page Up、←、 ↑、Back space	前のスライドに戻る
数字＋Enter	指定したスライドに ジャンプする
Ctrl＋P	マウスポインターを ペンに変更する
Ctrl＋A	マウスポインターを 矢印に変更する
E	スライドの書き込み をすべて消去する
B	スクリーンを一時的 に黒くする
W	スクリーンを一時的 に白くする
Esc	スライドショーを中 断する

Point

注目を集めるテクニックを
身に付ける

プレゼンテーションでは、実際の商
品を手にして見せたり、別のスクリー
ンで映像を流したり、スライド以外を
じっくり見てもらうこともあるでしょう。
そのような場合に、スライドが表示
されたままでは、スライドの内容に
気をとられて聞き手の関心が変わっ
てしまう可能性があります。今、見せ
たいもの、見てもらいたいものにだ
け注目してもらうことも、発表テクニッ
クの1つです。[スクリーン]の機能は、
スライドショーを終了するわけではな
く、一時的に中断するので、流れを
止めずに元のスライドに戻って説明
を続行できるので安心です。

59

スクリーン

60

スライドショーの実行中に書き込みをするには

蛍光ペン

スライドショーの実行中に、マウスをドラッグしてスライド上に線や図形などを書き込むことができます。書き込んだ内容はその場で消すこともできます。

1 スライドショーを実行する

スライドショーの実行中に、スライドに書き込みを入れる

1 [スライドショー]タブをクリック

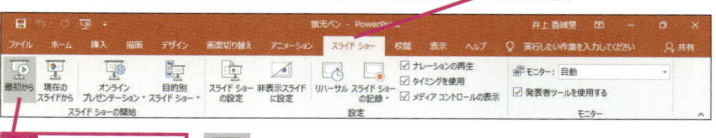

2 [最初から]をクリック

2 マウスポインターを蛍光ペンに切り替える

1 スライドをクリックし、スライドショーを3枚目まで進めておく

2 マウスを左下へ動かす

[スライドショー]ツールバーが表示された

概要

- ●開催期間：2019年10月12日〜10月27日
- ●開催時間：9：00〜17：00
- ●入園料：大人300円、子供100円
- ●開催場所：フラワーミュージアム
- ●（期間中は1日800円で利用可）
- 数：約4,500名
- 本（企画部）

3 ここをクリック

4 [蛍光ペン]をクリック

レッスンで使う練習用ファイル
蛍光ペン.pptx

ショートカットキー

Ctrl + A	………ペンの解除
Ctrl + P	………ペンの開始
E	………書き込んだ内容の消去
F5	………先頭から開始

HINT!

右クリックでもメニューを表示できる

ペンのメニューは、スライド上の任意の位置を右クリックしても表示できます。表示されたメニューから[ポインターオプション]にマウスポインターを合わせて、ペンの種類を選択します。また、Ctrl + Pキーを押してペンの機能に切り替えることもできますが、このときは必ず[ペン]が選ばれます。

1 スライドショーの実行中に右クリック

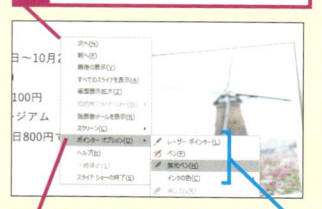

2 [ポインターオプション]にマウスポインターを合わせる

ペンの種類を選択できる

スライドショーを実行する 第8章

③ 蛍光ペンで書き込みをする

マウスポインター
の形が変わった

目立たせたい部分
に印を付ける

1 文字に沿って
ドラッグ

④ 蛍光ペンの色を変更する

ドラッグした部分に黄色いペンで
書いたような印が付いた

蛍光ペンのインクの
色を赤色に変更する

1 ここをク
リック

2 [赤]をク
リック

HINT!
ペンの種類は2種類

ペンには［ペン］と［蛍光ペン］の
2種類があります。選択したペンの
種類によってマウスポインターの形
状が変化します。また、ペンより蛍
光ペンの方が太い線が引けます。

HINT!
ペンの色を変更するには

初期設定では、［ペン］の色は赤色に
なっています。手順2のように、スラ
イドショーの実行中に［スライド
ショー］ツールバーのペンのメニュー
からペンの色を変更できますが、以
下の手順を実行すると、最初に表示
されるペンの色を変更できます。ス
ライドのテーマに合わせて目立つ色
を選ぶと効果的です。ただし、［蛍光
ペン］の色は事前に変更できません。

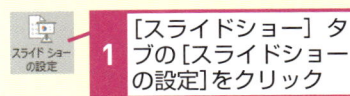

1 ［スライドショー］タ
ブの［スライドショー
の設定］をクリック

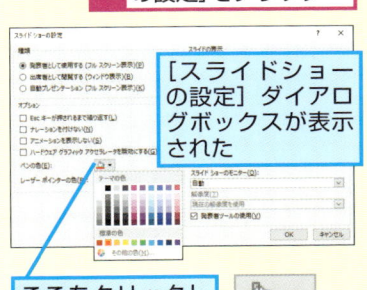

［スライドショー
の設定］ダイアロ
グボックスが表示
された

ここをクリックし
て標準のペンの色
を変更できる

⚠ 間違った場合は？

目的と違うペンの種類を選択してし
まった場合は、［スライドショー］ツー
ルバーのペンのメニューから目的の
ペンを選択し直します。

次のページに続く

5 蛍光ペンの色が赤くなった

マウスポインターの
色が変わった

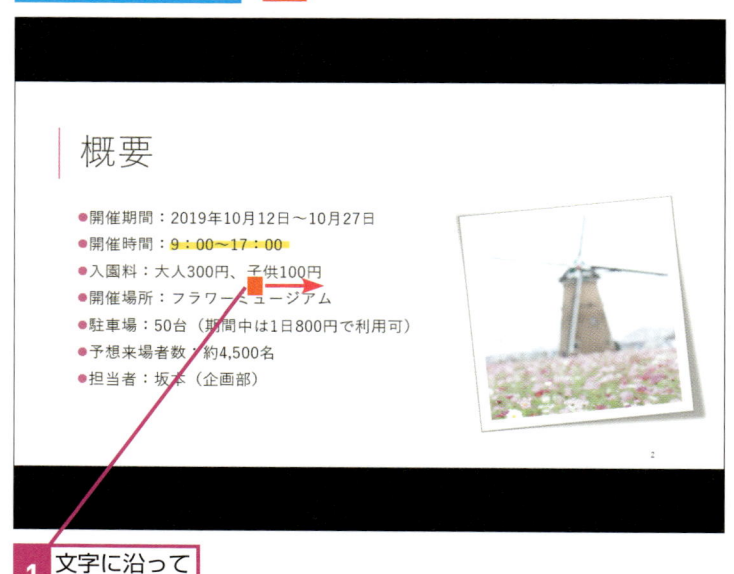

概要

●開催期間：2019年10月12日～10月27日
●開催時間：9：00～17：00
●入園料：大人300円、子供100円
●開催場所：フラワーミュージアム
●駐車場：50台（期間中は1日800円で利用可）
●予想来場者数：約4,500名
●担当者：坂本（企画部）

1 文字に沿って
ドラッグ

HINT!

書き込んだ内容を保存するには

ペンを使ってスライドに書き込んだ内容はスライドと一緒に保存できます。ペンでスライドに書き込みをすると、スライドショーの終了時に「インク注釈を保持しますか？」というメッセージが表示されます。［保持］ボタンをクリックすると、書き込んだ内容が図形として保存されます。ただし、手順6のようにすべての書き込みを消去した場合には、以下のメッセージは表示されません。

ペンの書き込みを保存する場合
は、［保持］をクリックする

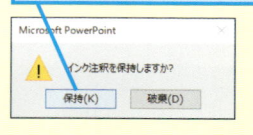

テクニック ［消しゴム］でペンの書き込みを消去する

ペンの書き込みを個別に消去するには、以下の手順を実行しましょう。［スライドショー］ツールバーのペンのメニューから［消しゴム］をクリックすると、マウス

ポインターの形状が消しゴムに変化します。この状態で消去する書き込みをクリックします。ただし、書き込みした個所を部分的に削除することはできません。

●開催時間：9：00～17：00
●入園料：大人300円、子供100円
●開催場所：フラワーミュージアム
レーザー ポインター　　　台（期間中は1日800円で利用
ペン
蛍光ペン　　　　　　　　数：約4,500名
消しゴム　　　　　　　　本（企画部）
スライド上のインクをすべて消去

1 ここをク
リック

2 ［消しゴム］
をクリック

マウスポインター
の形が変わった

●開催時間：9：00～17：00
●入園料：大人300円、子供100円
●開催場所：フラワーミュージアム

3 消去する書き込み
の上をクリック

書き込みが消去された

●開催時間：9：00～17：00
●入園料：大人300円、子供100円
●開催場所：フラワーミュージアム

スライドショーを実行する

第8章

蛍光ペンの書き込みを消去する

> ドラッグした部分に赤いペンで書いたような印が付いた

> ここでは、書き込みをすべて消去する

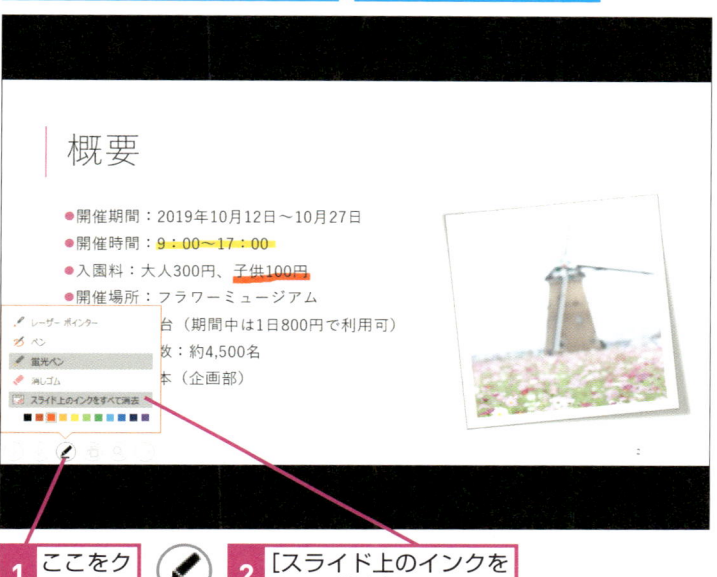

1 ここをクリック **2** [スライド上のインクをすべて消去]をクリック

⑦ **蛍光ペンの書き込みが消去された**

> 蛍光ペンの書き込みがすべて消去された

> 蛍光ペンを解除するには、再度メニューから[蛍光ペン]をクリックする

> Esc キーを押してスライドショーを終了しておく

HINT!

レーザーポインターでスライドを指し示せる

ペンのメニューに表示される[レーザーポインター]を選ぶと、マウスポインターの形状が赤く光ったようになります。この状態でスライド上を動かすと、スライドの文字や図形に注目を集められます。ただし、ペンのような書き込みはできません。スライドショーの実行中に Ctrl キーを押しながらスライド上をドラッグしても、レーザーポインターの機能を使えます。

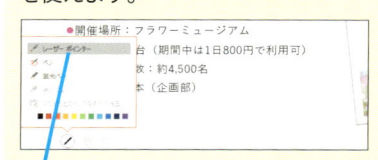

> ペンのメニューを表示して[レーザーポインター]を選択する

⚠ 間違った場合は？

[スライド上のインクをすべて消去]をクリックして消去した内容は元に戻せません。間違って選択してしまった場合は、ドラッグして書き直します。

Point

ペンを使えばライブ感を演出できる

ペンの機能を使って、スライドショー実行中にその場で書き込みをすると、「今まさにこの場で説明している」というライブ感が出せます。注目してほしい部分に線を引いたり、丸で囲んだりして強調してもいいでしょう。ただし、ペン型入力機器でもない限り、文字は思ったように書けません。また、ショートカットキーでは、Ctrl + P キーでペンの開始、Ctrl + A キーでペンの解除、E キーで書き込んだ内容の消去といった操作も可能です。スライドショーの操作に慣れてきたら試してみましょう。

61 スライドショーで不要なスライドを非表示にするには

非表示スライドに設定

発表に使わないスライドを非表示スライドに設定してみましょう。非表示スライドに設定したスライドは、スライドショーでは表示されません。

---

① 6枚目のスライドを非表示に設定する

| スライドショーの実行中に、6枚目のスライドを表示しないようにする | 6枚目のスライドを表示しておく | 1 [スライドショー]タブをクリック |

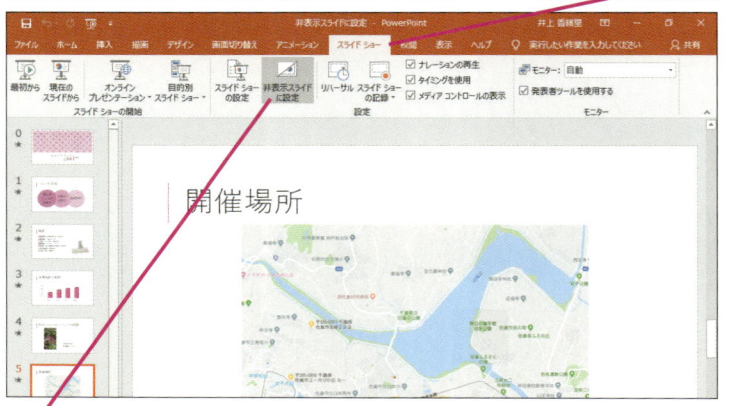

2 [非表示スライドに設定]をクリック

② 非表示スライドに設定されたことを確認する

| スライドが非表示に設定された | 1 スライド番号に斜線が表示されたことを確認 |

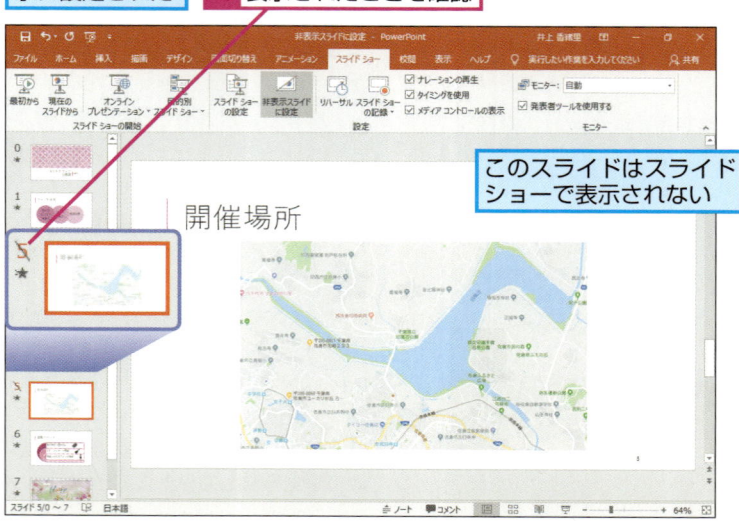

このスライドはスライドショーで表示されない

キーワード

| [スライドショー] モード | p.307 |
| 非表示スライド | p.310 |

📄 **レッスンで使う練習用ファイル**
非表示スライドに設定.pptx

⌨ **ショートカットキー**

F5 ……………先頭から開始

HINT!

右クリックでも設定できる

右クリックでも非表示スライドを設定できます。左側のスライド一覧で非表示にしたいスライドを右クリックし、[非表示スライドに設定]をクリックします。

| 1 6枚目のスライドを右クリック | 2 [非表示スライドに設定]をクリック |

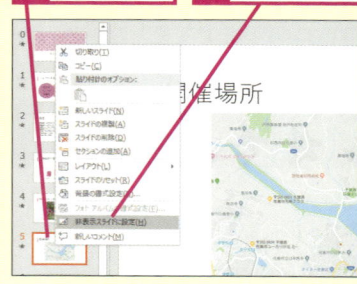

スライドが非表示に設定される

HINT!

スライド番号が1つ飛びになるときは

途中のスライドを非表示スライドに設定すると、スライド番号が飛び飛びになってしまいます。これを防ぐためには、非表示スライドをスライドの末尾に移動します。

③ スライドショーを実行する

スライドショーを実行して確認する

 **1** [最初から]をクリック

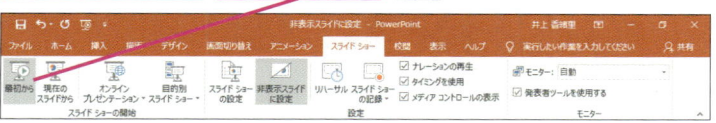

④ スライドショーを進める

スライドショーが実行された

1 スライドをクリックし、スライドショーを5枚目まで進めておく

5枚目のスライドが表示された

昨年のコスモスフェアの風景

2018年10月15日
摘み放題エリアにて

2 スライドをクリック

⑤ 6枚目のスライドが表示されなかったことを確認する

6枚目を飛ばして次のスライドが表示された

非表示スライドに設定した6枚目のスライドは表示されない

連動イベント

週末限定「屋台村」

Esc キーを押してスライドショーを終了しておく

HINT!

非表示スライドの設定を解除するには

非表示スライドの設定を解除するには、解除するスライドを選択し、[スライドショー]タブの[非表示スライドに設定]ボタンを再度クリックします。[非表示スライドに設定]ボタンをクリックするごとに、設定と解除が切り替わります。

1 非表示に設定したスライドを表示

2 [スライドショー]タブをクリック

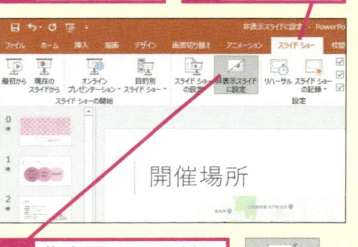

開催場所

3 非表示スライドに設定]をクリック

非表示にしたスライドがスライドショーで表示されるようになる

Point

臨機応変にスライド枚数を調節しよう

プレゼンテーションの本番では、思いがけないトラブルが発生することもあります。例えば、本番直前に発表の持ち時間が短くなったり、予想とは違う年代や立場の聞き手が集まったりすることもあるでしょう。このようなトラブルで慌てないためには、スライドを多めに用意しておき、直前に枚数を調整する臨機応変さも必要です。[非表示スライド]の機能を使うと、今回の説明に必要のないスライドを一時的に隠しておくことができます。スライドを削除したわけではないので、必要なときにいつでも再利用が可能です。

61
非表示スライドに設定

62

発表者専用の画面を利用するには

発表者ツール

スライドショーでは、聞き手に見せる画面とは別に発表者専用の画面を利用できます。この画面を利用した機能のことを「発表者ツール」と呼びます。

動画で見る

詳細は3ページへ

1 スライドショーを実行する

スライドショーを発表者ツールに切り替える

1 [スライドショー] タブをクリック

2 [発表者ツールを使用する] にチェックマークが付いていることを確認

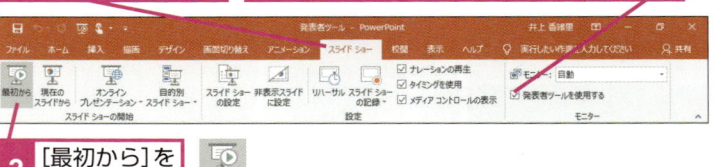

3 [最初から]を クリック

2 発表者ツールを表示する

1 マウスを左下へ動かす

[スライドショー] ツールバーが表示された

2 ここをクリック

3 [発表者ツールを表示]をクリック

注意 パソコンと外部機器を接続してスライドショーを実行したときは、発表者のパソコンに発表者ツールが表示されます

▶ キーワード

アニメーション	p.303
[スライドショー] ツールバー	p.307
ノートペイン	p.309
発表者ツール	p.309

レッスンで使う練習用ファイル
発表者ツール.pptx

HINT!

発表者ツールって何？

発表者ツールとは、スライドショーの実行中に、聞き手に見せる画面とは別の画面で利用できる機能の総称です。聞き手の画面にはスライドだけが表示されますが、発表者用の画面には、次のスライドやノートペインに入力したメモ、経過時間などが表示されます。

HINT!

外部機器を接続すると自動的に発表者ツールが表示される

プレゼンテーションの本番で発表者ツールを利用するときは、発表者が使うパソコンと聞き手が見るためのモニター機器（プロジェクターやテレビ、液晶ディスプレイ）を接続します。通常、[発表者ツールを使用する]のチェックマークが付いていると、スライドショーの実行時に、発表者のパソコンには発表者ツール、聞き手のモニター機器にはスライドが自動で表示されます。

③ 発表者ツールが表示された

発表者ツールが表示された	◆発表者ツール 時間の経過や次のスライドを確認できる	1 表示されているスライドを確認	次のアニメーションが表示される

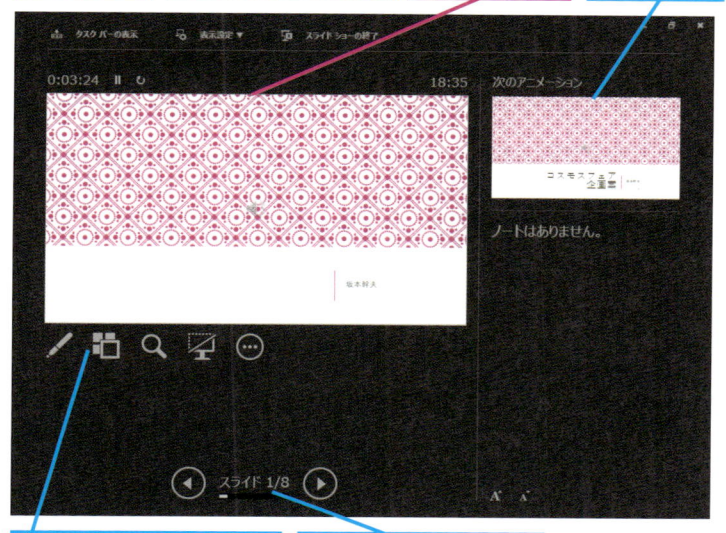

[スライドショー]ツールバーが表示される	現在と合計のスライドが表示される

④ スライドショーを進める

1 スライドを数回クリック	2枚目のスライドが表示された

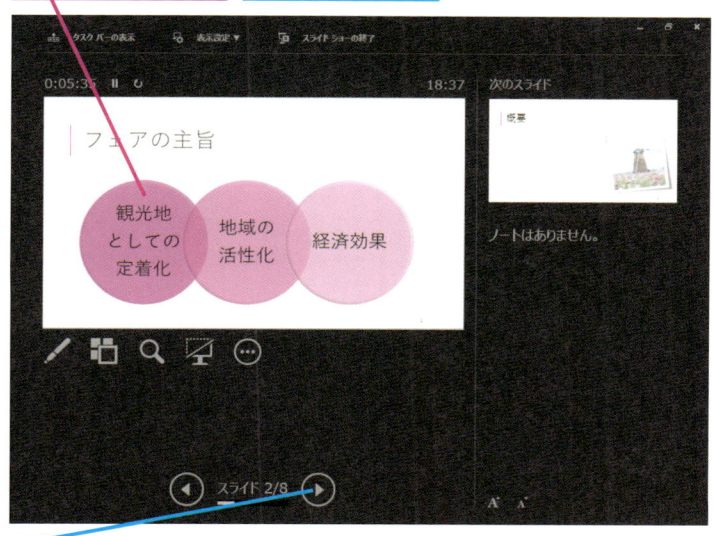

[次のスライドを表示]をクリックしてもスライドショーを進められる	再度スライドをクリックして4枚目のスライドを表示しておく

HINT!

聞き手には中央のスライドだけが表示される

パソコンと外部機器を接続しているときは、聞き手のディスプレイ機器にはスライドが表示されます。

●聞き手の画面

HINT!

発表時間を確認できる

発表者ツールの左上にはタイマーが表示され、スライドショーを開始した後の経過時間が表示されます。残り時間があとどれくらいあるかの目安になります。[タイマーを停止します]ボタン（⏸）をクリックしてタイマーを一時停止したり、[タイマーを再起動します]ボタン（↺）をクリックしてタイマーを「0：00：00」にリセットすることもできます。

発表の経過時間が表示される	現在の時刻が表示される

HINT!

[スライドショー]ツールバーが使える

発表者ツールのメリットは、[スライドショー]ツールバーのボタンを選択しやすいことです。使い方はレッスン⑤からレッスン⑥で解説した方法と同じです。スライドの左下に表示されているボタンをクリックして、スライドの拡大や縮小、ペンの機能などを利用しましょう。

次のページに続く

⑤ さらにスライドショーを進める

次のアニメーションが表示される

スライドをクリックして、テキストボックスや図表に設定されているアニメーションを実行する

1 スライドをクリック

⑥ 4枚目のスライドにある図表が表示された

アニメーションが実行され、積み上げ棒グラフが表示される

次のアニメーションが表示される

同様の操作で、クリックしながら最後のスライドまで表示する

HINT!

ノートを見ながら発表できる

ノートペインにメモが入力されているスライドの場合、発表者ツールの右下に内容が表示されます。手順5のように、スライドのメモを見ながら発表ができるので補足事項や注意事項、スライドのポイントなどを記入しておくといいでしょう。ノートペインの利用方法については、レッスン⑱を参照してください。

◆メモ

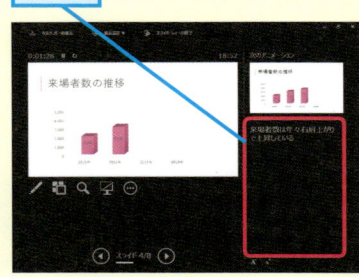

ノートペインの内容がメモに表示される

HINT!

メモの文字を大きくするには

メモの文字サイズは、メモの左下にある［テキストを拡大します］ボタン（🅰）と［テキストを縮小します］ボタン（🄰）で変更できます。文字を大きくすると見やすくなりますが、メモの量が多いとスクロールするのが大変になるので注意しましょう。

 間違った場合は？

間違って発表者ツールを表示したときは、画面上部の［スライドショーの終了］をクリックして元の画面を表示します。

7 スライドショーを終了する

すべてのスライドの表示が終了し、黒いスライドが表示された

| 1 | スライドをクリック |

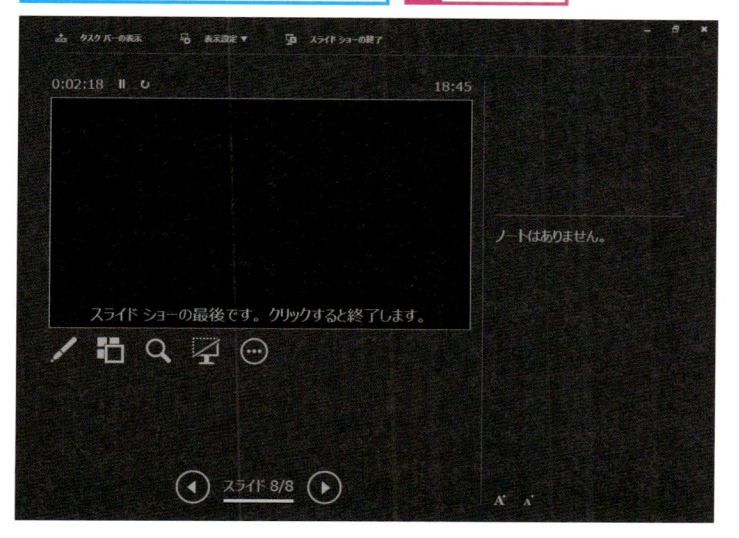

8 スライドショーが終了した

スライドショーを実行する前の画面が表示された

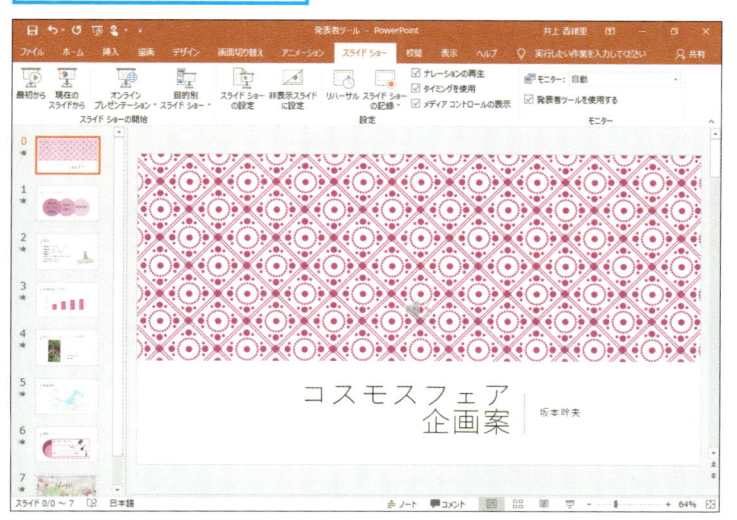

62
発表者ツール

HINT!

発表者ツールですべてのスライドを表示するには

発表者ツールでスライドの一覧を表示したいときは、左下の［すべてのスライドを表示します］ボタンをクリックしましょう。レッスン㊳で紹介した画面と同様にスライドが一覧で表示されます。目的のスライドをクリックすると、そのスライドに切り替わります。

| 1 | ［すべてのスライドを表示します］をクリック |

HINT!

タスクバーを表示するには

スライドショーの実行中にほかのソフトウェアに切り替えるには、画面上部の［タスクバーの表示］をクリックします。WordやExcelの資料を利用するときは、目的のファイルを開いておきましょう。タスクバーのボタンをクリックすれば、画面が切り替わります。

Point

発表者ツールを使いこなせば、説明の不安も軽減される

プレゼンテーション本番は、どれだけ準備をしていても緊張するものです。さらに、聞き手の反応を確認したり、発表の残り時間を把握したりと、発表者がやることはたくさんあります。PowerPointの発表者ツールを使うと、メモや経過時間などを発表者専用の画面で一度に確認できるので、発表者の安心感につながります。自信を持って発表に臨むために、練習段階から積極的に発表者ツールを利用しましょう。

63

スライドショーを自動で繰り返すには

スライドショーの設定

発表者がいないプレゼンテーションでは、スライドショーが終了したら、自動的に1枚目のスライドに戻って自動再生を繰り返すように設定しておくといいでしょう。

---

1 [スライドショーの設定]ダイアログボックスを表示する

[Esc]キーを押すまでスライドショーが繰り返し実行されるように設定する

1 [スライドショー]タブをクリック

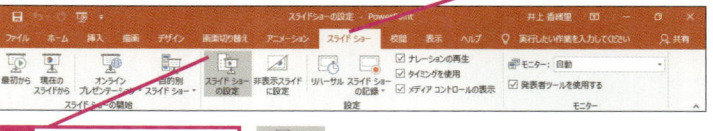

2 [スライドショーの設定]をクリック

---

2 スライドショーの繰り返しを設定する

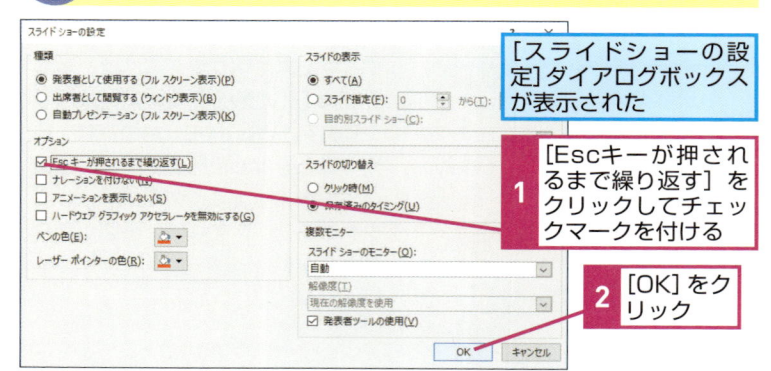

[スライドショーの設定]ダイアログボックスが表示された

1 [Escキーが押されるまで繰り返す]をクリックしてチェックマークを付ける

2 [OK]をクリック

---

3 すべてのスライドを選択する

スライドショーを繰り返して再生するように設定できた

続いてスライドが自動で切り替わるように設定する

1 1枚目のスライドをクリック

2 [Ctrl]+[A]キーを押す

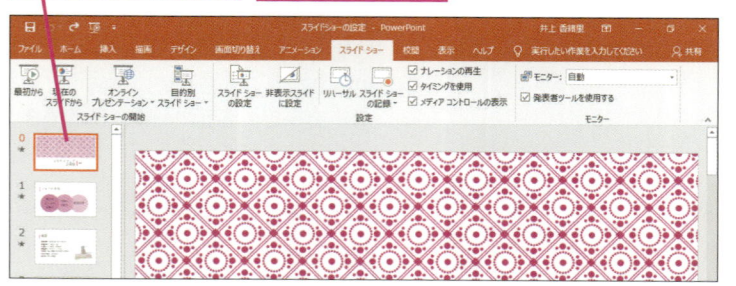

キーワード

アニメーション	p.303
スライド	p.306
[スライドショー] モード	p.307
プレゼンテーション	p.310

📄 **レッスンで使う練習用ファイル**
スライドショーの設定.pptx

⌨ **ショートカットキー**

[Ctrl]+[A] ………すべて選択
[Esc] ………スライドショーの終了
[F5] ………先頭から開始

⚠ **間違った場合は？**

手順2で[Escキーが押されるまで繰り返す]以外のチェックマークを付けてしまった場合は、もう一度クリックしてチェックマークをはずします。

HINT!

スライドが切り替わる秒数を指定する

手順4で[自動的に切り替え]の右側に「5」と入力すると、スライドが5秒間表示されてから次のスライドに切り替わります。スライドごとに表示する秒数が異なる場合は、最初にスライドを選択してから手順4の操作を実行します。この操作をスライドの枚数分繰り返します。

スライドショーを実行する　第8章

スライドの切り替え方法を変更する

すべてのスライドが選択された

ここでは5秒でスライドが自動で切り替わるように設定する

1 [画面切り替え]タブをクリック

2 [自動的に切り替え]をクリックしてチェックマークを付ける

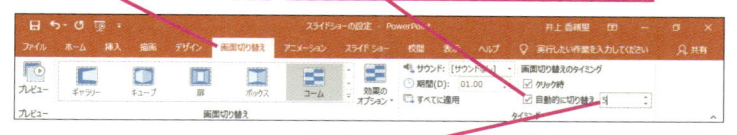

3 ここをクリックして「5」と入力

4 Enterキーを押す

 スライドショーを実行する

スライドが自動的に切り替わるように設定できた

1 [スライドショー]タブをクリック

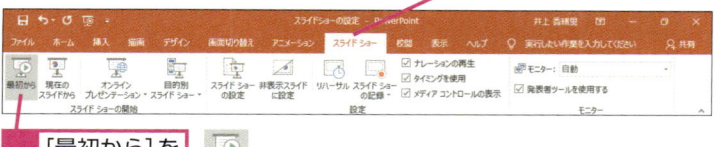

2 [最初から]をクリック

6 **スライドショーの実行を確認する**

スライドショーが開始され、アニメーションが次々に表示される

1 そのまま何もせずに待つ

坂本幹夫

2 スライドが自動的に切り替わり、繰り返し表示されることを確認

音楽の再生が終わるとスライドが切り替わる

Escキーを押してスライドショーを終了しておく

HINT!

特定のスライドだけを繰り返すには

作成したスライドの一部分だけを繰り返すこともできます。手順2の[スライドショーの設定]ダイアログボックスの[スライド指定]に、先頭のスライド番号と最後のスライド番号を指定します。連続していないスライド番号は指定できません。

[スライドショーの設定]ダイアログボックスを表示しておく

1 [スライド指定]をクリック

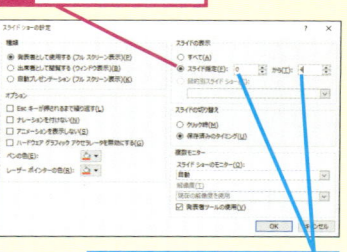

スライドショーを実行する範囲を指定できる

Point

店頭デモや無人デモにも利用できる

これまでのレッスンでは、人が操作や説明をするプレゼンテーションの例を紹介してきました。しかし、店頭などで行う無人のデモンストレーションでは操作をする人がいません。最後のスライドが表示されたときにプレゼンテーションの終了や実行の操作をする人がいないときは、このレッスンの方法で繰り返し再生の設定を行いましょう。また、場合によってはキーボードを操作できないようにしまっておきます。なお、手順3と4の操作で、すべてのスライドが自動的に切り替わるように設定すると、スライドに設定されているアニメーションも自動的に連続して動きます。

63

スライドショーの設定

64

ダブルクリックでスライドショーを実行するには

PowerPointスライドショー

スライドをスライドショー形式で保存する方法を紹介します。スライドショー形式で保存すると、アイコンをダブルクリックするだけでスライドショーを実行できます。

1 [名前を付けて保存] ダイアログボックスを表示する

作成したスライドに名前を付けて保存する

1 [ファイル] タブをクリック

2 [名前を付けて保存]をクリック

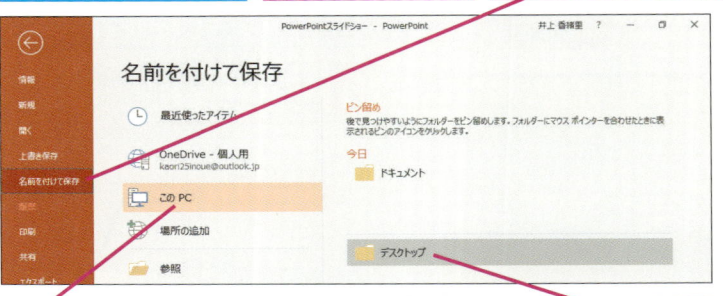

3 [このPC]をクリック

ここでは、デスクトップにファイルを保存する

4 [デスクトップ]をクリック

注意 [このPC]に[デスクトップ]が表示されない場合は、[参照]をクリックして手順2の画面で[デスクトップ]を指定します

2 保存するファイルの種類を選択する

[名前を付けて保存]ダイアログボックスが表示された

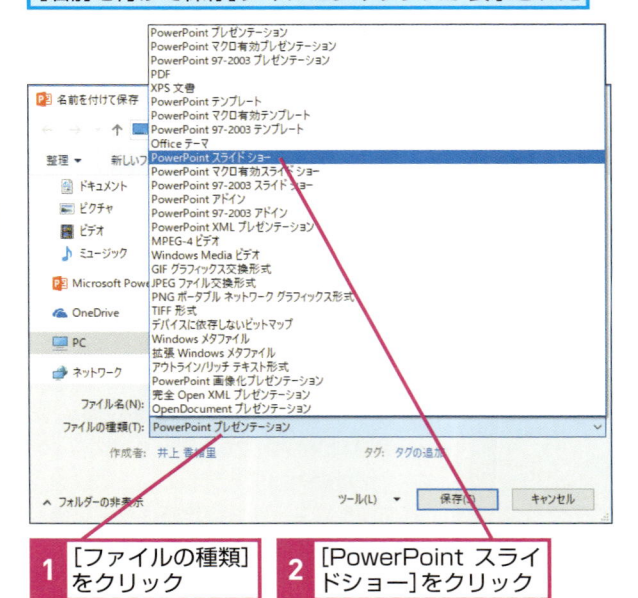

1 [ファイルの種類]をクリック

2 [PowerPoint スライドショー]をクリック

 レッスンで使う練習用ファイル
PowerPointスライドショー .pptx

ショートカットキー

F12 ……………… 名前を付けて保存

HINT!

スライドショー形式で保存するとどうなるの？

[ファイルの種類] を [PowerPointスライドショー] として保存すると、保存先のアイコンをダブルクリックするだけでスライドショーを実行できます。ファイルを開いたり、F5キーなどでスライドショーを実行したりする必要はありません。

HINT!

デスクトップに保存して使う

スライドショーとして保存するときは、デスクトップに保存すると便利です。デスクトップなら素早くファイルを見つけ出してスライドショーを実行できます。OneDriveに保存してもいいですが、プレゼンテーションを行う場所でインターネットが利用できなければ保存したファイルを開けません。

⚠ 間違った場合は？

手順2で[PowerPointスライドショー] 以外をクリックしてしまったときは、再度 [ファイルの種類] の一覧を表示して選び直します。

3 スライドショーを保存する

1 「コスモスフェア企画案」と入力

2 [保存]をクリック

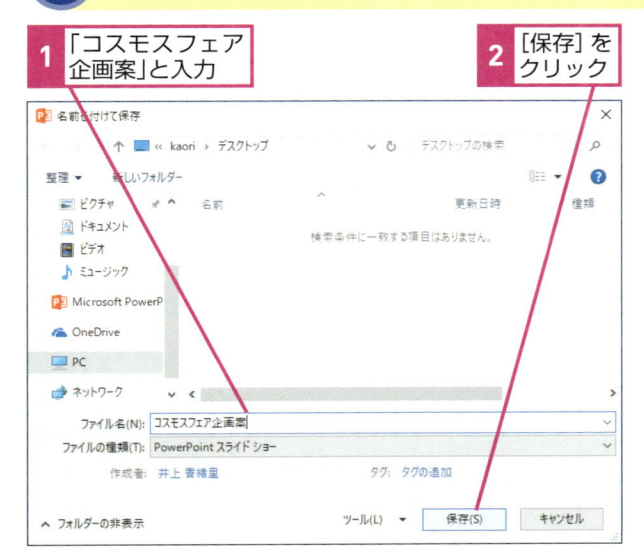

4 スライドショーを起動する

デスクトップを表示しておく

保存したスライドショーのアイコンが表示された

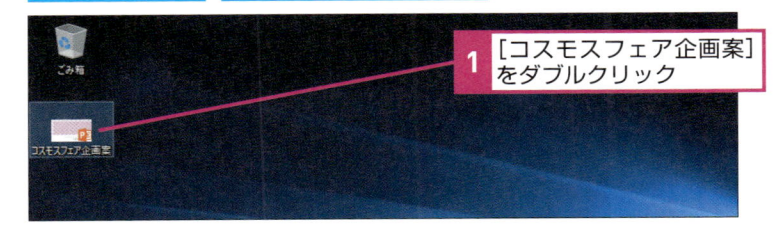

1 [コスモスフェア企画案]をダブルクリック

5 スライドショーが実行された

スライドショーが自動的に開始された

スライドショーが確認できたら[Esc]キーを押して終了しておく

坂本幹夫

HINT!

スライドショーで保存したファイルは編集できない

[PowerPointスライドショー]として保存したファイルは、スライド内容の編集や印刷ができません。スライドを編集するときは、PowerPointを起動し、[ファイル]タブの[開く]をクリックしてからファイルを指定します。ファイルを開く操作はレッスン⑯で解説しています。

Point

スムーズ&スピーディーにスライドショーを始めよう

スライドショーを実行するには、「PowerPointを起動する」「目的のファイルを開く」「スライドショーを開始する」という3つの手順が必要です。大きなプレゼンテーションや大事な会議では、プレゼンテーションの前段階となる「舞台裏の操作」は見せたくないものです。PowerPointの画面を表示すると、聞き手に見せたくない情報が見えてしまうこともあります。作成したプレゼンテーションを[PowerPointスライドショー]として保存すると、アイコンをダブルクリックするだけでスムーズかつスピーディーにスライドショーを開始できます。また、PowerPointの編集画面を一度も表示せずにプレゼンテーションを行えます。

この章のまとめ

●練習の積み重ねが成功への扉を開く

スライドが完成したら、いよいよプレゼンテーションの本番を待つばかり。でも、その前にやっておくことはたくさんあります。本番に備えて練習することもその1つです。

この章で紹介した機能は、スライドショーの実行中に使える便利な機能ばかりですが、本番でいきなり使っても、スムーズに操作できるとは限りません。練習の段階でも、スライドショーの実行中に使える機能を積極的に試しておきましょう。練習では、PowerPointの操作を確認するだけでなく、本番と同様の話し言葉で説明しながら、スライドを切り替えたり、アニメーションを動かすタイミングを繰り返して練習します。

本番前の練習は、頭の中で説明する内容を考えるだけではいけません。実際にスライドショーを動かしながら声に出して説明することが大切です。納得できるまで練習したという自信が、プレゼンテーションの成功の扉を開けるのです。

スライドショーの実行

スライドの拡大や移動、発表者ツールを利用する方法をマスターして、自信を持ってプレゼンテーションを実施できるようにする

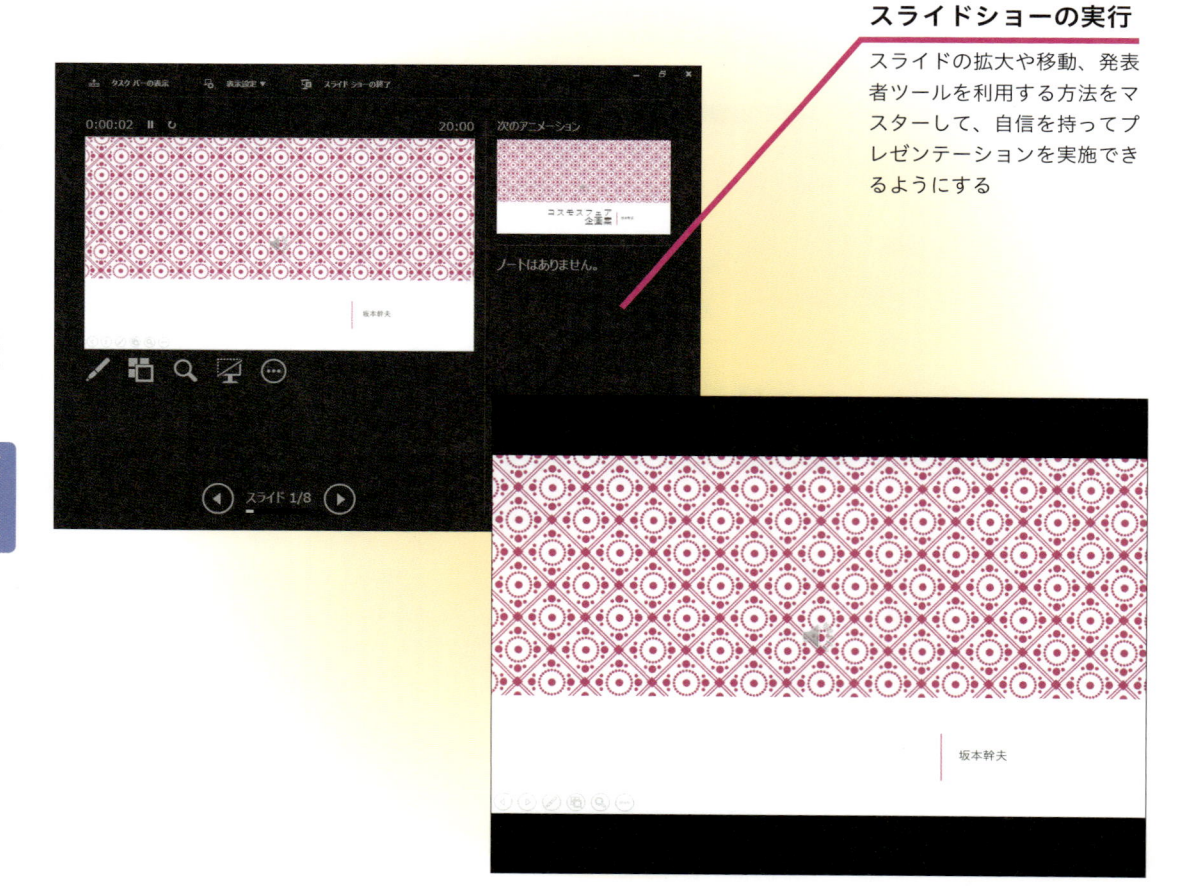

練習問題

1

練習用ファイルの［第8章_練習問題.pptx］を開き、スライドショーを実行します。スライドショーの実行後に発表者ツールを表示しましょう。

●ヒント：［スライドショー］タブからスライドショーを実行します。

スライドショーの実行後に、［スライドショー］ツールバーで発表者ツールに切り替える

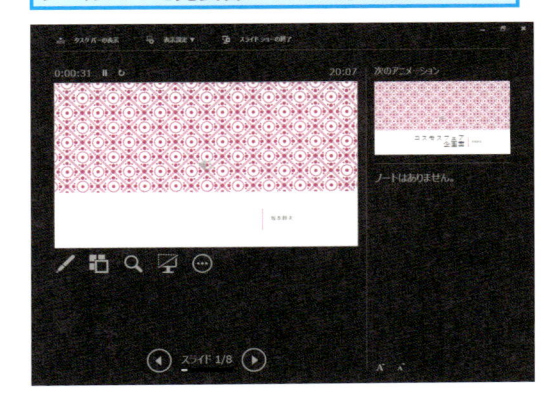

2

発表者ツールを表示した状態で6枚目のスライドを表示し、スライドにある地図を拡大してください。

●ヒント：［スライドショー］ツールバーから操作します。

［スライドショー］ツールバーのボタンでスライドを拡大する

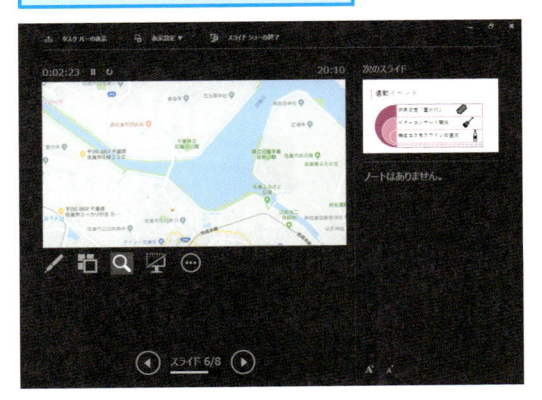

答えは次のページ

解　答

1

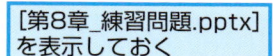
[第8章_練習問題.pptx]
を表示しておく

1 [スライドショー]
タブをクリック

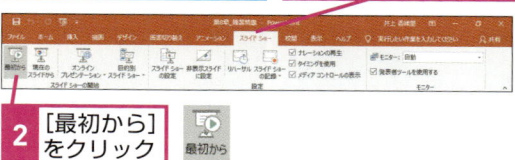

2 [最初から]
をクリック

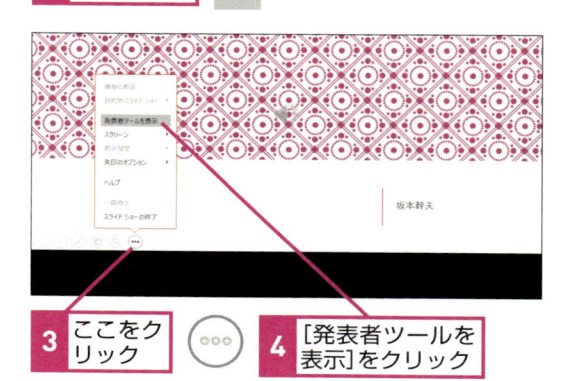

3 ここをク
リック

4 [発表者ツールを
表示]をクリック

練習用ファイルの［第8章_練習問題.pptx］を開
き、［スライドショー］タブにある［最初から］
ボタンをクリックします。［スライドショー］ツ
ールバーにあるボタン（○）をクリックして［発
表者ツールを表示］をクリックしましょう。

発表者ツールが表示された

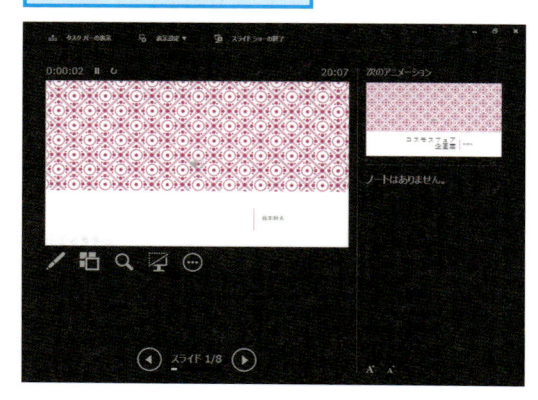

2

[第8章_練習問題.pptx]の6枚目のスライド
を発表者ツールで表示しておく

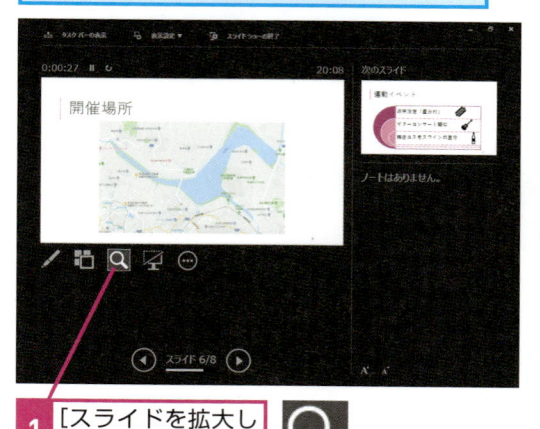

1 [スライドを拡大し
ます]をクリック

スライドをクリックして6枚目のスライドを表示
します。［スライドを拡大します］ボタン（🔍）
をクリックし、拡大する位置にマウスポインター
を合わせてクリックします。

マウスポインター
の形が変わった

2 拡大する位置を
クリック

スライドが拡大される

スライドショーを実行する　第8章

プレゼンテーションの資料を修正する

この章では、スライドマスターを使ってすべてのスライドの文字の色を変更したり、すべてのスライドに画像を表示したりします。スライドを後から修正するときに便利な［スライドマスター］の使い方を覚えましょう。

●この章の内容

65

資料を効率よく修正しよう

スライドマスター

> ［スライドマスター］を使うと、すべてのスライドに共通する修正を効率よく行えます。このレッスンでは、スライドマスターの役割を理解しましょう。

■ スライドマスターって何？

スライドマスターとは、<mark>スライドの設計図</mark>のようなものです。スライドマスターには［タイトルスライド］や［タイトルコンテンツ］など、それぞれの<mark>レイアウトごとにデザインや文字の書式などが登録</mark>されています。そのため、<mark>スライドマスターで変更した内容は自動的にそのレイアウトを適用しているすべてのスライドに反映</mark>されます。

HINT!

スライドマスターはレイアウトごとに用意されている

スライドマスター画面の左側には、レイアウトの一覧が表示されています。これは、PowerPointに用意されているレイアウトごとにマスターが用意されているという意味です。

◆スライドマスター
レイアウトごとに共通の変更を行える

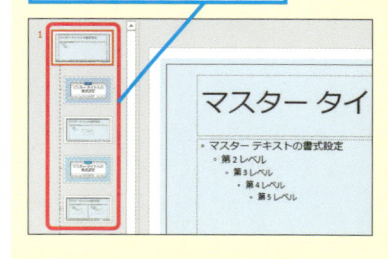

大元のデザインは1枚目のスライドマスターの設定に依存する

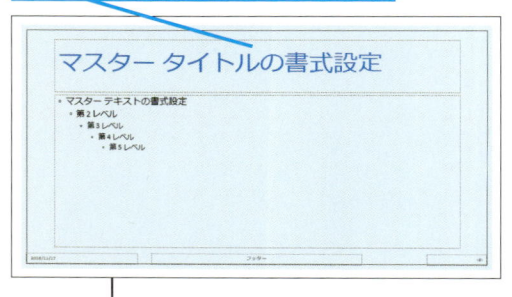

レイアウトごとの調整はレイアウトごとのスライドマスターで行う

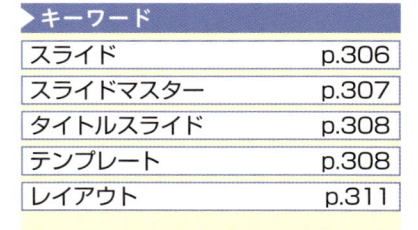

プレゼンテーションの資料を修正する

第9章

効率よく修正できる

スライドマスターで修正した結果は、自動的にすべてのスライド（もしくは指定したレイアウトのスライド）に反映されます。そのため、スライドを<mark>1枚ずつ手作業で修正する手間が省け、大幅に時間を節約</mark>できます。

スライドタイトルの文字の色を変更する　→レッスン㊼

スライドの右上に会社ロゴを挿入する　→レッスン㊻

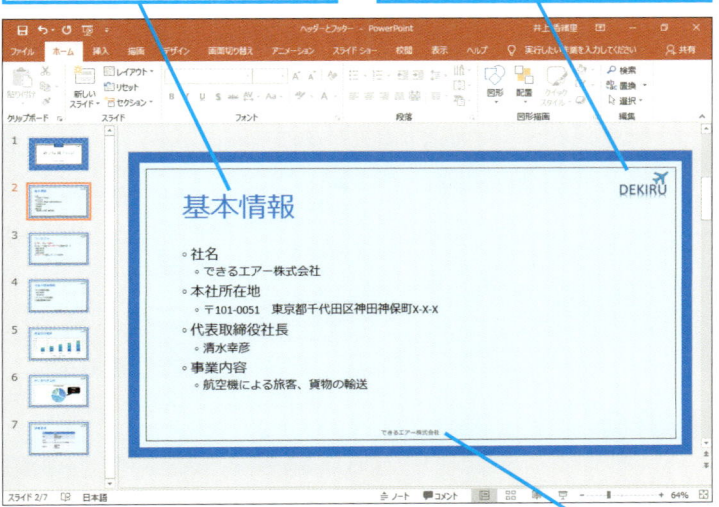

スライドの下に会社名を挿入する　→レッスン㊽

スライドの背景色を変更する　→レッスン㊺

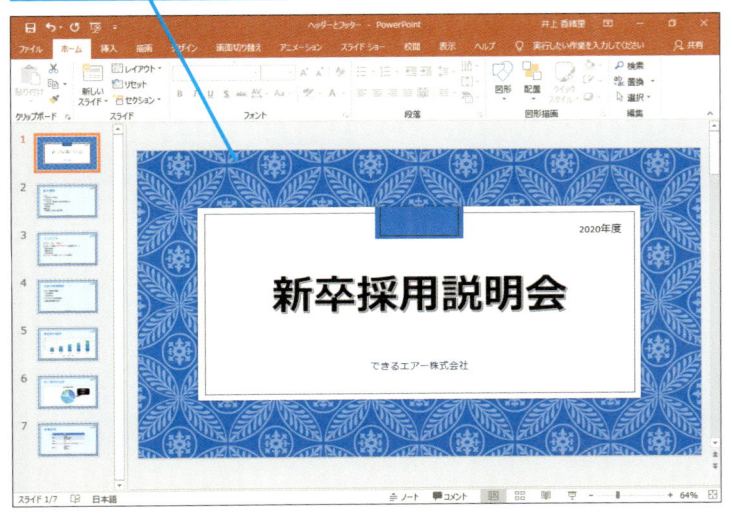

Point

スライドマスターで効率よく修正しよう

スライドが完成した後の推敲段階で、タイトルの文字をもっと大きくしたいとか会社のロゴを入れたいということがあります。1枚ずつ手作業で行うと、時間がかかるばかりでなく、修正漏れがおこる可能性もありますが、スライドマスターを使うと、修正した結果をすべてのスライドに瞬時に反映できます。

すべてのスライドに会社のロゴを挿入するには

スライドマスター、画像

会社説明会のスライドに、会社のロゴを挿入します。すべてのスライドの同じ位置に同じサイズのロゴを表示するには、スライドマスターを使います。

① スライドマスターに表示を切り替える

あらかじめ練習用ファイルの [logo.png] を [ピクチャ] フォルダーにコピーしておく

スライドマスターに切り替えてデザインをカスタマイズする

1 [表示] タブをクリック

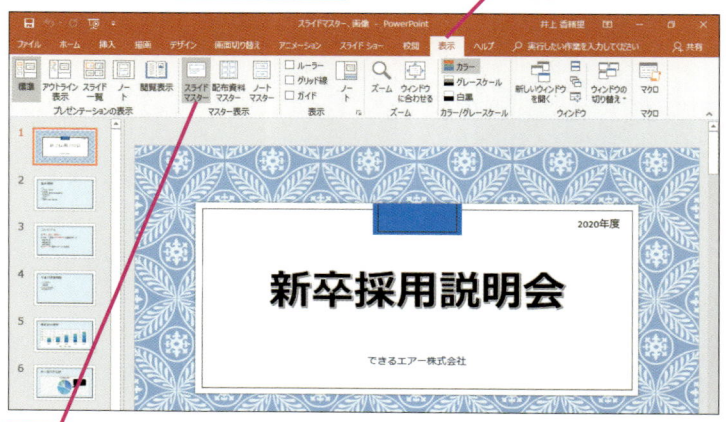

2 [スライドマスター] をクリック

② スライドマスターが表示された

[タイトルスライド] レイアウトのスライドマスターが表示された

◆スライドマスター
レイアウトごとに共通の変更を行える

📄 **レッスンで使う練習用ファイル**
スライドマスター、画像.pptx
logo.png

HINT!

スライドマスター専用のタブが表示される

手順1の操作を実行すると、スライドマスターを編集できる [スライドマスター表示] モードに画面が切り替わります。また、スライドマスターの編集を行うための [スライドマスター] タブが画面に表示されます。

◆[スライドマスター]タブ

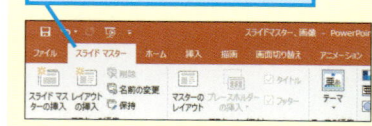

③ 1枚目のスライドマスターを表示する

すべてのレイアウトを変更するので、1枚目のスライドマスターを表示する

1 ここを上にドラッグしてスクロール

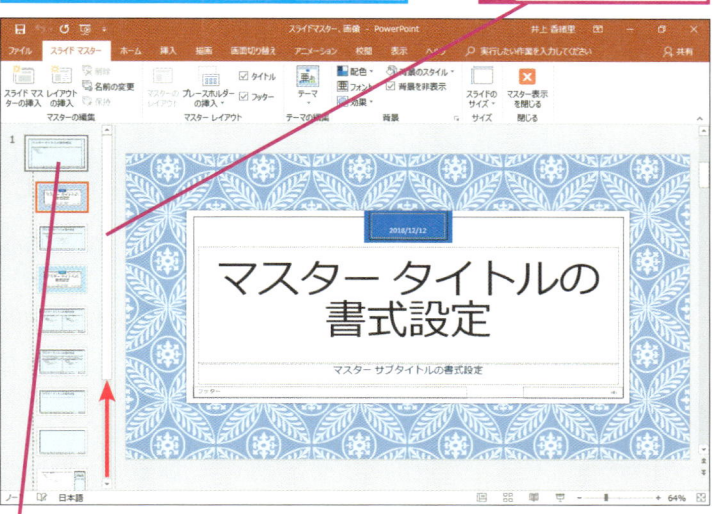

2 1枚目のスライドマスターをクリック

④ [図の挿入] ダイアログボックスを表示する

1枚目のスライドマスターが選択された

ここでは表紙以外のスライドに画像を挿入する

1 [挿入]タブをクリック

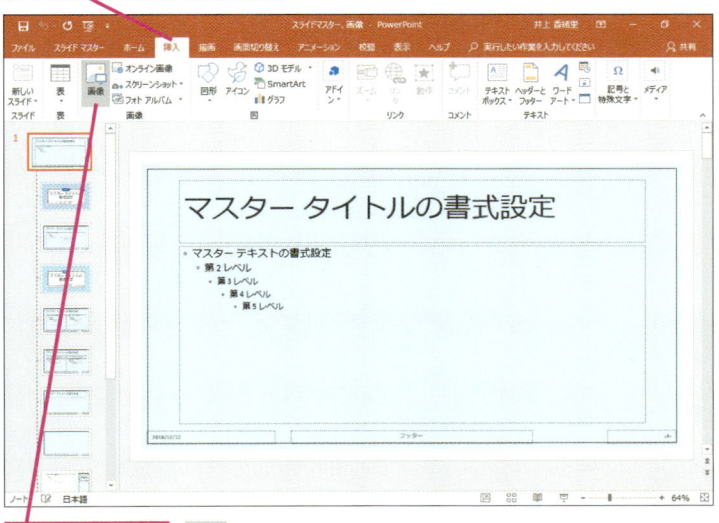

2 [画像]をクリック

次のページに続く

HINT!

特定のレイアウトにロゴを挿入するには

スライドマスター画面の1枚目のスライドマスターに設定したロゴは、表紙のスライドを除き、すべてのスライドに無条件に表示されます。特定のレイアウトにロゴを表示するときは、最初に目的のレイアウトのマスターを選択しておきます。

[タイトルとコンテンツ]レイアウトだけに画像を挿入するときは、3枚目のスライドマスターをクリックする

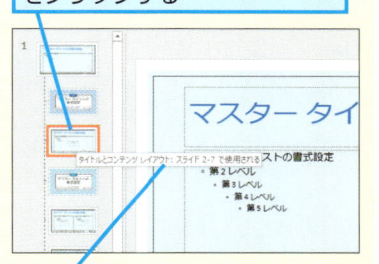

スライドマスターにマウスポインターを合わせると、レイアウトの名前が表示される

HINT!

マスター上に図形も描画できる

会社のロゴのように、保存済みの画像を挿入するだけでなく、スライドマスターに直接図形を挿入できます。スライドマスターに図形を挿入するには、[挿入]タブの[図形]ボタンをクリックして図形の種類を選択し、スライドマスター上でドラッグします。

5 挿入する画像を選択する

[図の挿入]ダイアログ
ボックスが表示された

1 [logo]を
クリック

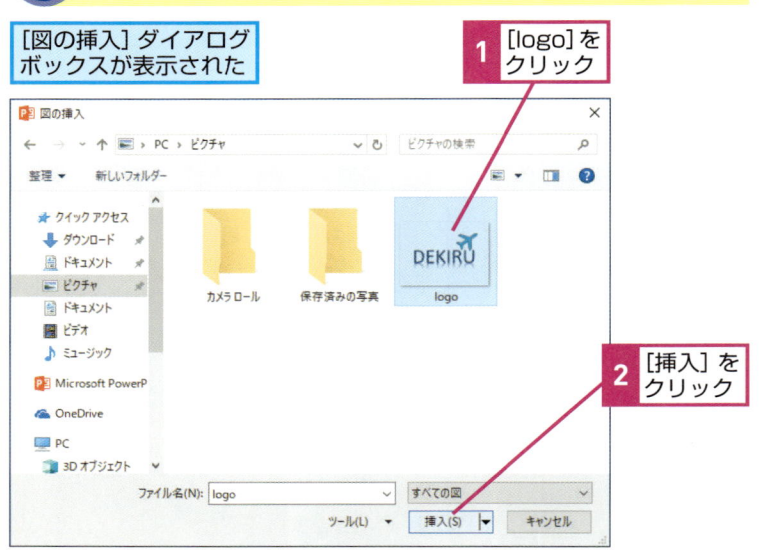

2 [挿入]を
クリック

HINT!

**画像のサイズが
大きすぎるときは**

スライドマスターに挿入したロゴの
画像サイズが大きすぎるときは、画
像の四隅に表示されるハンドル（○）
をドラッグします。すると、元の画
像の縦横比を保持したままサイズを
変更できます。スライドマスターの
上にあるプレースホルダーを移動し
ないように操作してください。

テクニック　配布資料に会社のロゴなどの画像を入れるには

プレゼン会場で配布する印刷物にも会社のロゴを表示
できます。以下の手順で［配布資料マスター］を開い
てから、ロゴ画像を挿入します。そうすると、配布資

料が何ページあっても、同じ位置に会社のロゴが印刷
されます。

ここでは配布資料に会社
のロゴを挿入する

1 [表示]タブを
クリック

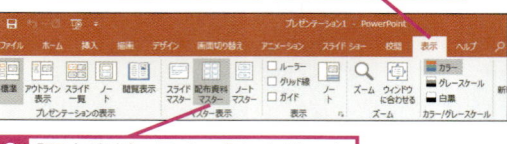

2 [配布資料マスター]をクリック

配布資料マスター画面が表示される

3 [挿入]タブをクリック

4 [画像]をクリック

5 [図の挿入]ダイア
ログボックスが表示さ
れるので、ロゴにし
たい画像を選択して
[挿入]をクリック

画像が配布資料に
挿入された

6 画像の大きさを調整し
好きな位置にドラッグ

7 [配布資料マスター]
タブをクリック

8 [マスター表示を
閉じる]をクリック

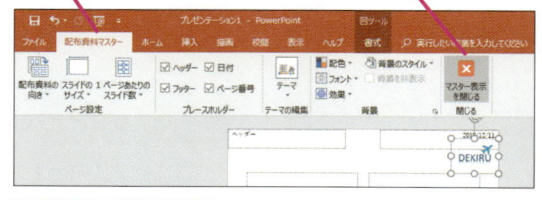

配布資料に会社の
ロゴが挿入される

画像の位置を調整する

| 2枚目以外のスライドマスターの中央に画像が挿入された | **1** ここにマウスポインターを合わせる | マウスポインターの形が変わった |

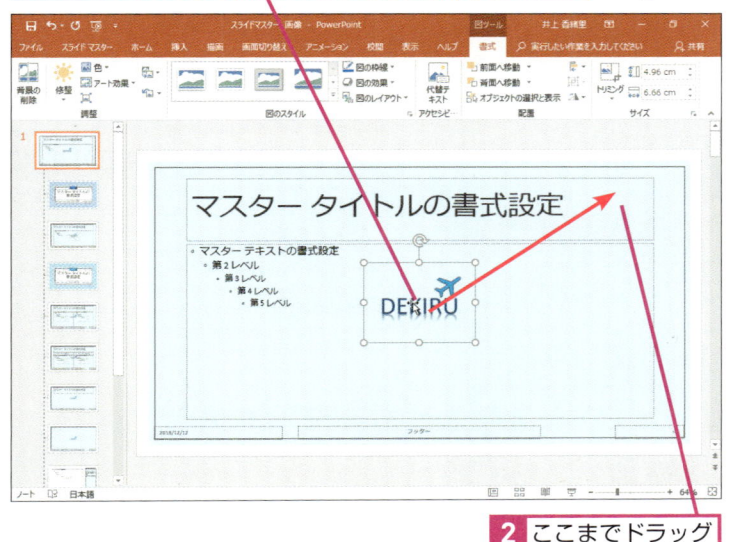

2 ここまでドラッグ

 画像が移動した

| **1** スライドの外側をクリック | 画像の選択が解除される |

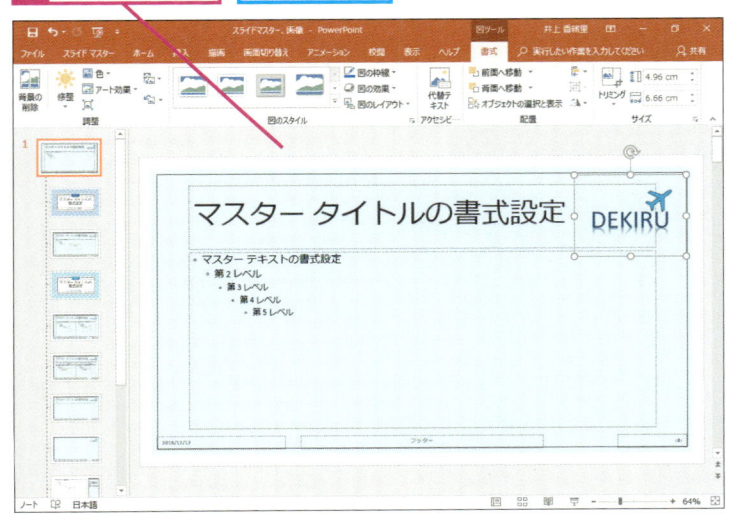

HINT!

すべてのスライドには反映されないことがある

スライドマスターの上から2枚目や4枚目など、一部のスライドマスターに画像が表示されません。このうち、上から2枚目は［タイトルスライド］レイアウトのスライドマスターです。［タイトルスライド］のスライドは表紙に利用することが多く、ほかのスライドと異なるデザインを設定する場合があります。したがって、1枚目のスライドマスターを編集しても、その状態が反映されません。ただし、テーマによっては［タイトルスライド］にスライドマスターの設定が反映される場合もあります。

⚠ 間違った場合は？

スライドマスターのプレースホルダーを間違って移動してしまうと、そのままスライドに反映されてしまいます。移動してしまったときは、クイックアクセスツールバーの［元に戻す］ボタン（↩）をクリックして操作を取り消します。

Point

会社のロゴはスライドマスターに入れる

会社説明会で使うスライドや、会社として公式に発表する内容のスライドには、会社のロゴを入れるのが一般的です。また、新製品発表のスライドに製品のロゴを入れる場合もあるでしょう。いずれの場合も、プレゼン中に繰り返し画像が表示されるので、印象に残りやすい効果があります。ただし、1枚ずつ手作業で画像を入れると、時間がかかるだけでなく、スライドによって画像の位置が微妙にずれてしまいます。スライドマスターに画像を入れると、すべてのスライドの同じ位置に同じサイズの画像が表示され、統一感を保つことができます。

67

タイトルの色をまとめて変更するには

スライドマスター、フォントの色

すべてのスライドのタイトルの文字の色をまとめて変更します。すべてのスライドに共通の書式はスライドマスターの画面で設定します。

1 スライドマスターに切り替える

スライドマスターに切り替えてデザインをカスタマイズする

1 [表示]タブをクリック

2 [スライドマスター]をクリック

2 [タイトルとコンテンツレイアウト]のスライドマスターを表示する

スライドマスターが表示された

ここでは2枚目以降のスライドのタイトルのフォントの色を変更する

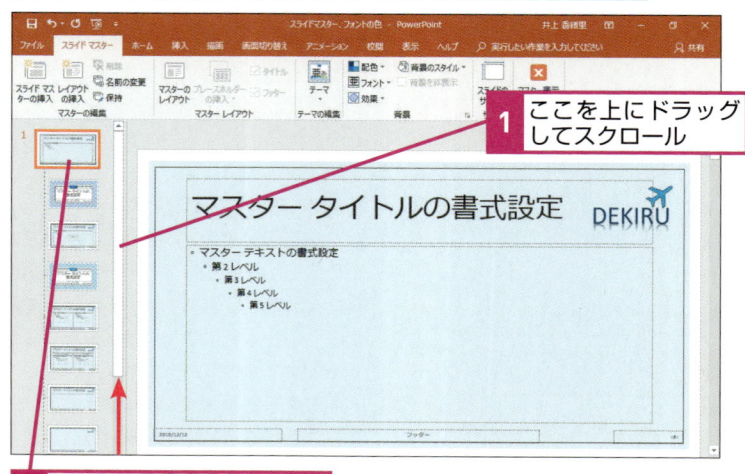

1 ここを上にドラッグしてスクロール

2 1枚目のスライドマスターをクリック

動画で見る

詳細は3ページへ

キーワード

スライド	p.306
スライドマスター	p.307
テンプレート	p.308
[標準表示]モード	p.310
プレースホルダー	p.310

レッスンで使う練習用ファイル
スライドマスター、フォントの色.pptx

HINT!

すべてのスライドに共通の設定をするには

手順2で、1枚目のスライドマスターを選択すると、[タイトルとコンテンツ]や[2つのコンテンツ][タイトルのみ]など、タイトル用のプレースホルダーがあるレイアウトの書式をまとめて変更できます。後から追加したスライドにも自動的に同じ書式が適用されます。

⚠ 間違った場合は？

手順2で、1枚目以外のスライドマスターを選んでしまったときは、目的のスライドマスターをクリックし直します。

3 タイトルスライドのフォントの色を変更する

[マスタータイトルの書式設定]
のフォントの色を変更する

1 プレースホルダー
の外枠をクリック

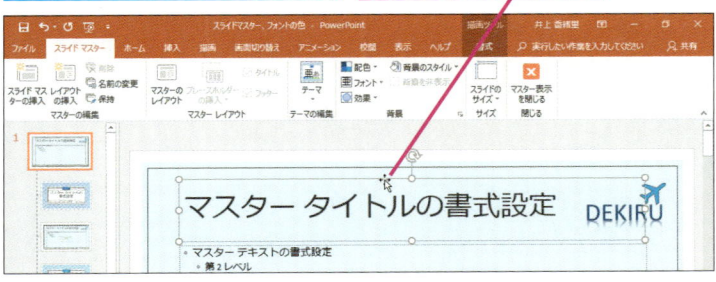

2 [ホーム]タブ
をクリック

3 [色]のここを
クリック

4 [青、アクセント
1]をクリック

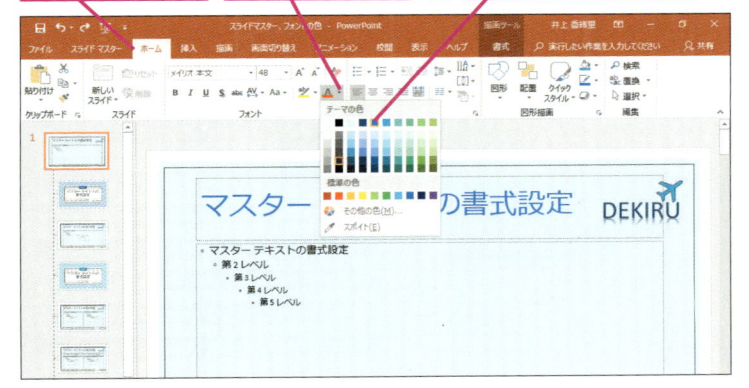

4 タイトルスライドのフォントの色が変更された

[マスタータイトルの書式設定]
のフォントの色が変更された

スライドマスターを閉じると
結果を確認できる

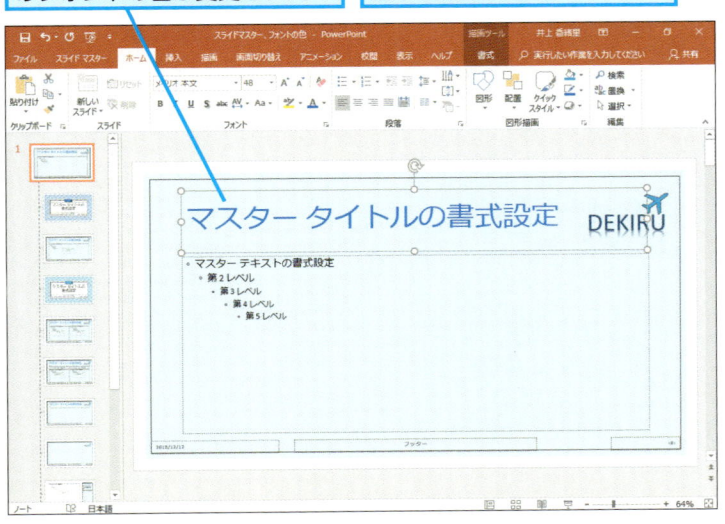

HINT!

[標準表示]モードに戻るには

スライドマスター画面を終了するには、[スライドマスター]タブの[マスター表示を閉じる]ボタンをクリックします。

HINT!

フォントや配置も変更できる

このレッスンでは、タイトルの文字の色を変更しましたが、フォントや配置を変更したり、プレースホルダーを塗りつぶすこともできます。[標準表示]モードで設定できる書式はスライドマスター画面でも同じように利用できます。

Point

すべてのスライドに共通する操作はスライドマスターで

「すべてのスライドのタイトルの文字を左に揃えたい」とか「すべてのプレースホルダーの文字サイズを拡大したい」といったときに、スライドを1枚ずつ修正するのは時間がかかる上に、修正ミスも起こりがちです。すべてのスライドに共通する操作は、スライドの設計図であるスライドマスターを使うのが鉄則です。スライドマスターにはレイアウトごとに何種類ものマスターが用意されており、最初に左側の一覧から設定を変更したいレイアウトを選びます。レイアウトに関係なく、すべてのスライドに設定を反映するときは、1枚目のスライドマスターを使いましょう。

スライドの背景色を変更するには

スライドマスター、背景のスタイル

スライドの背景色やデザインは、[背景のスタイル]の機能を使って後からまとめて変更できます。ここでは、すべてのスライドの背景をグラデーションに変更します。

① [背景のスタイル]の一覧を表示する

| スライドの背景色を変更する | レッスン㊱や㊲を参考にスライドマスターを表示しておく | 1 [スライドマスター]タブをクリック |

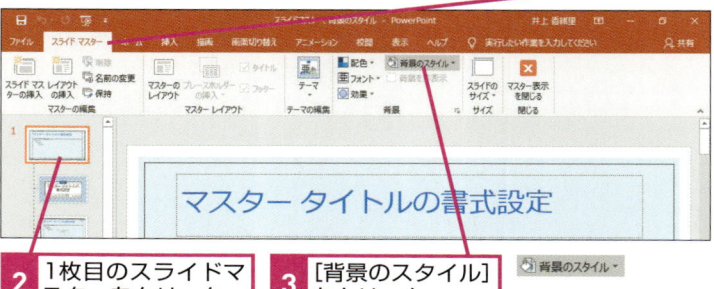

| 2 1枚目のスライドマスターをクリック | 3 [背景のスタイル]をクリック | 背景のスタイル ▼ |

② 背景スタイルを設定する

| [背景のスタイル]の一覧が表示された | 1 [背景の書式設定]をクリック |

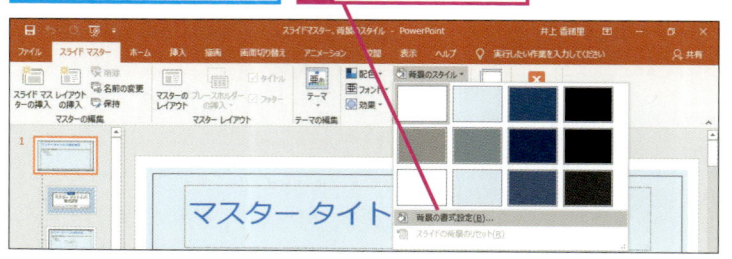

| [背景の書式設定]作業ウィンドウが表示された | 2 [塗りつぶしの色]をクリック |

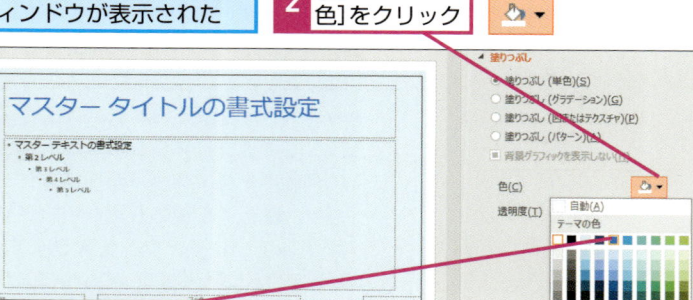

3 [青、アクセント1]をクリック

キーワード

📄 レッスンで使う練習用ファイル
スライドマスター、
背景のスタイル.pptx

HINT!

背景に簡単に色を付けるには

このレッスンでは、背景の色を手動で指定しましたが、手順2の[背景のスタイル]の一覧には、スライドに適用しているテーマに合った背景色やデザインが表示されます。別の色を設定するときは、以下の手順で背景の色を選択します。

1 [背景のスタイル]をクリック

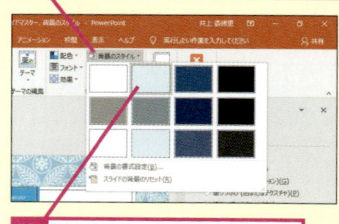

2 [スタイル2]をクリック

テクニック 表紙のスライドの背景を写真で彩ってみよう

以下の手順で、表紙のスライドの背景に写真を大きく表示できます。あらかじめ写真のサイズをスライドのサイズに合わせておく必要はありませんが、横置きのスライドには横向きの写真を使いましょう。スライドのサイズに合わせて写真の縦横比が自動的に調整されるため、縦向きの写真は横方向に間延びしてしまいます。

2枚目のスライドマスターをクリックし、手順2を参考に［背景の書式設定］作業ウィンドウを表示しておく

1 ［塗りつぶし（図またはテクスチャ）］のここをクリック

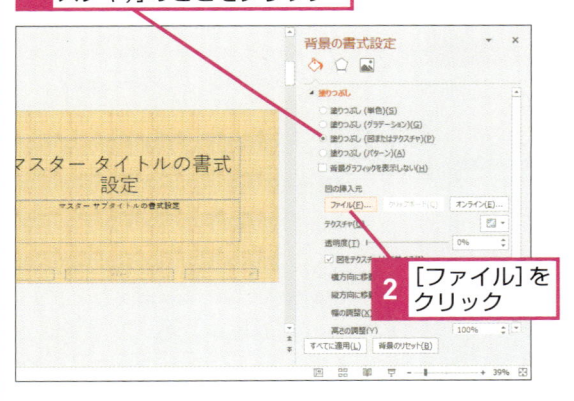

2 ［ファイル］をクリック

［図の挿入］ダイアログボックスが表示された

3 背景に設定する写真をクリック

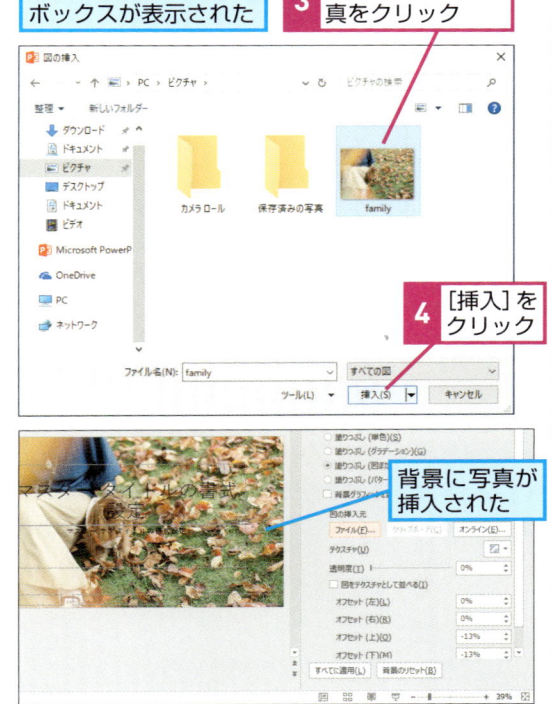

4 ［挿入］をクリック

背景に写真が挿入された

3 ［背景のスタイル］が設定された

背景が青色になった

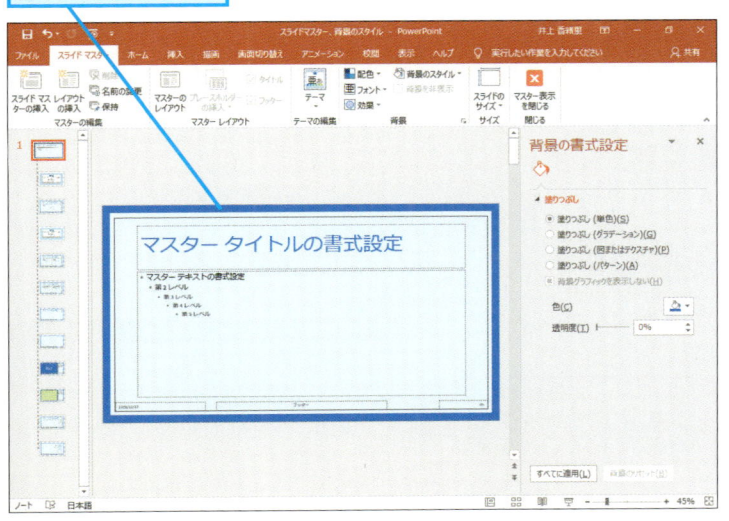

Point

スライドの内容が映える背景を選ぼう

スライドの中で大きな面積を占める背景を何色にするかで、スライド全体の印象が変わります。このレッスンでは、スライドの背景の周囲を青い色で塗りつぶしました。これにより、航空会社の「空」のイメージを印象付けることができます。HINT!やテクニックで紹介した操作で、背景に色を付けたり写真を表示したりすることもできますが、目立つ色や写真は表紙のスライドの背景だけに使い、2枚目以降のスライドの背景はシンプルにした方が効果的です。スライドの主役はあくまでも内容です。スライドの内容を引き立てる背景色を選びましょう。

69

スライドの下に 会社名を挿入するには

スライドマスター、ヘッダーとフッター

スライドの上部の領域を「ヘッダー」、スライドの下部の領域を「フッター」と呼びます。ここでは、すべてのスライドのフッターに会社名が表示されるように設定します。

① [ヘッダーとフッター] ダイアログボックスを表示する

| 2枚目以外のスライドマスターの下部に会社名を入力する | レッスン⑥⑥や⑥⑦を参考にスライドマスターを表示しておく |

1 1枚目のスライドマスターをクリック
2 [挿入] タブをクリック
3 [ヘッダーとフッター] をクリック

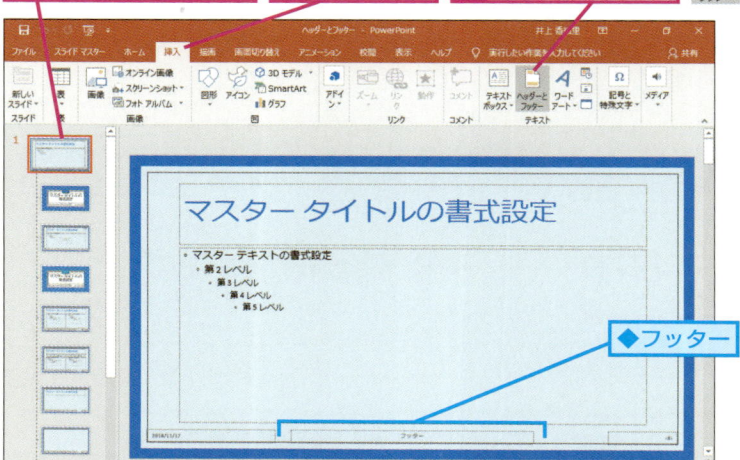

◆フッター

② フッターの内容を入力する

| [ヘッダーとフッター] ダイアログボックスが表示された | ここでは会社名を入力する |

1 [スライド] タブをクリック
2 [フッター] をクリックしてチェックマークを付ける
3 「できるエアー株式会社」と入力
4 [タイトルスライドに表示しない] にチェックマークが付いていることを確認
5 [すべてに適用] をクリック

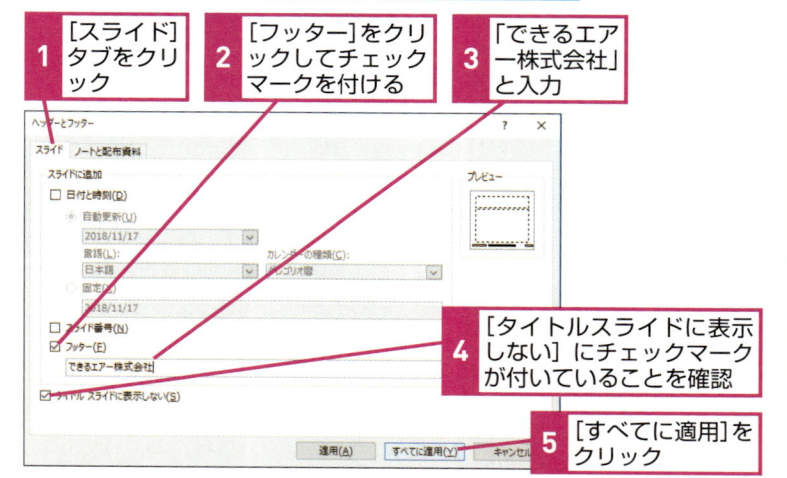

▶ キーワード

レッスンで使う練習用ファイル
ヘッダーとフッター.pptx

HINT!

[標準表示] モードでもフッターを挿入できる

このレッスンでは、スライドマスターの画面でフッターを挿入していますが、[標準表示] モードで [挿入] タブの [ヘッダーとフッター] ボタンをクリックしても、すべてのスライドにフッターを挿入できます。

HINT!

複数のフッターを表示するには

手順2の [ヘッダーとフッター] ダイアログボックスには、フッター欄が1つしかありません。会社名とプロジェクト名などを複数のフッターに入力するには、スライドマスターで、フッターのプレースホルダーの外枠にマウスポインターを合わせ、Ctrl キーを押しながらドラッグしてコピーします。

HINT!

日付も表示できる

手順2で [日付と時刻] にチェックマークを付けると、フッターに日付を表示することもできます。

テクニック フッター領域は移動できる

スライドマスターに表示されるフッターのプレースホルダーや、スライド番号のプレースホルダーなどは後から移動できます。フッターやスライド番号のプレースホルダーを移動するには、それぞれのプレースホルダーの外枠をドラッグして移動します。このとき、Shift キーを押しながらドラッグすると、真横や真上に移動できます。

1　Shift キーを押しながらフッターの外枠をドラッグ

プレースホルダーを真横や真上に移動できる

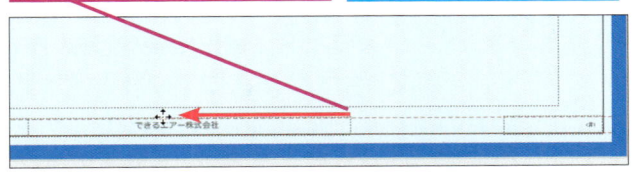

3 スライドマスターを閉じる

フッターが設定された

1　[スライドマスター]タブをクリック

2　[マスター表示を閉じる]をクリック

4 スライドマスターが閉じられた

[標準表示]モードに切り替わった

2枚目以降のフッターに「できるエアー株式会社」と表示される

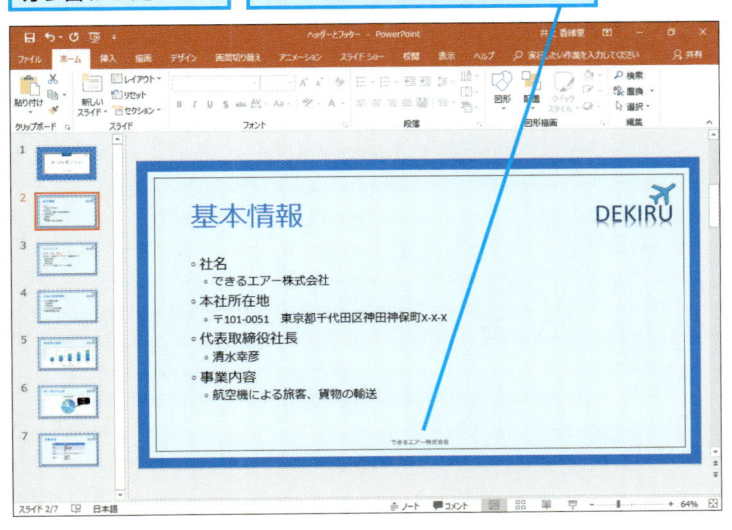

HINT!

フッターのプレースホルダーを削除してしまったときは

フッターのプレースホルダーを選択して Delete キーを押すと、削除できます。フッターのプレースホルダーを再表示するには、[マスターレイアウト]ダイアログボックスの[フッター]にチェックマークを付けます。

1　[スライドマスター]タブをクリック

2　[マスターのレイアウト]をクリック

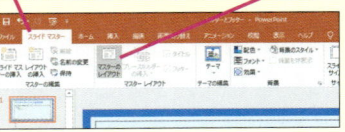

[マスターレイアウト]ダイアログボックスが表示された

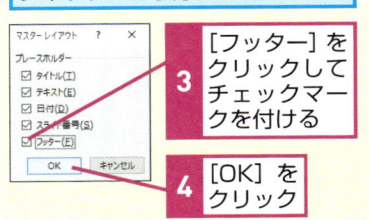

3　[フッター]をクリックしてチェックマークを付ける

4　[OK]をクリック

フッターのプレースホルダーが表示される

Point

ロゴや会社名が邪魔にならないようにする

フッターの機能を使うと、すべてのスライドの同じ場所に会社名や日付などの情報を表示できます。どのスライドにも同じ情報が表示されるということは、繰り返し聞き手の目に留まることになり、印象に残りやすくなります。プレゼンテーションの発信者が誰なのかを常に意識してもらうことは必要ですが、スライドの内容の邪魔になっては逆効果です。フッターの情報は、項目の文字の半分くらいの控えめなサイズにして、右上や右下など、聞き手の視線を遮らない位置に配置するのが一般的です。

この章のまとめ

●共通の修正はスライドマスターで行おう

作成したスライドを見た上司から「文字をもっと大きくして」とか「会社のロゴを入れて」と言われたらどうしますか？ スライドを1枚ずつ修正する方法もありますが、時間がかかるばかりで非効率です。こういったすべてのスライドに共通の修正は、スライドの設計図である[スライドマスター]を使いましょう。PowerPointでスライド上のプレースホルダーに文字を入力すると、自動的にフォントサイズやフォントなどが設定されるのは、もともとスライドマスターでプレースホルダー全体に書式を設定してあるからです。そのため、スライドマスターで書式を変更すれば、瞬時にすべてのスライドに修正結果を反映できます。手動で1枚ずつ修正する時間と比べると雲泥の差です。修正時間を短縮できた分を他の作業に回せれば、仕事の生産性を高めることにつながります。

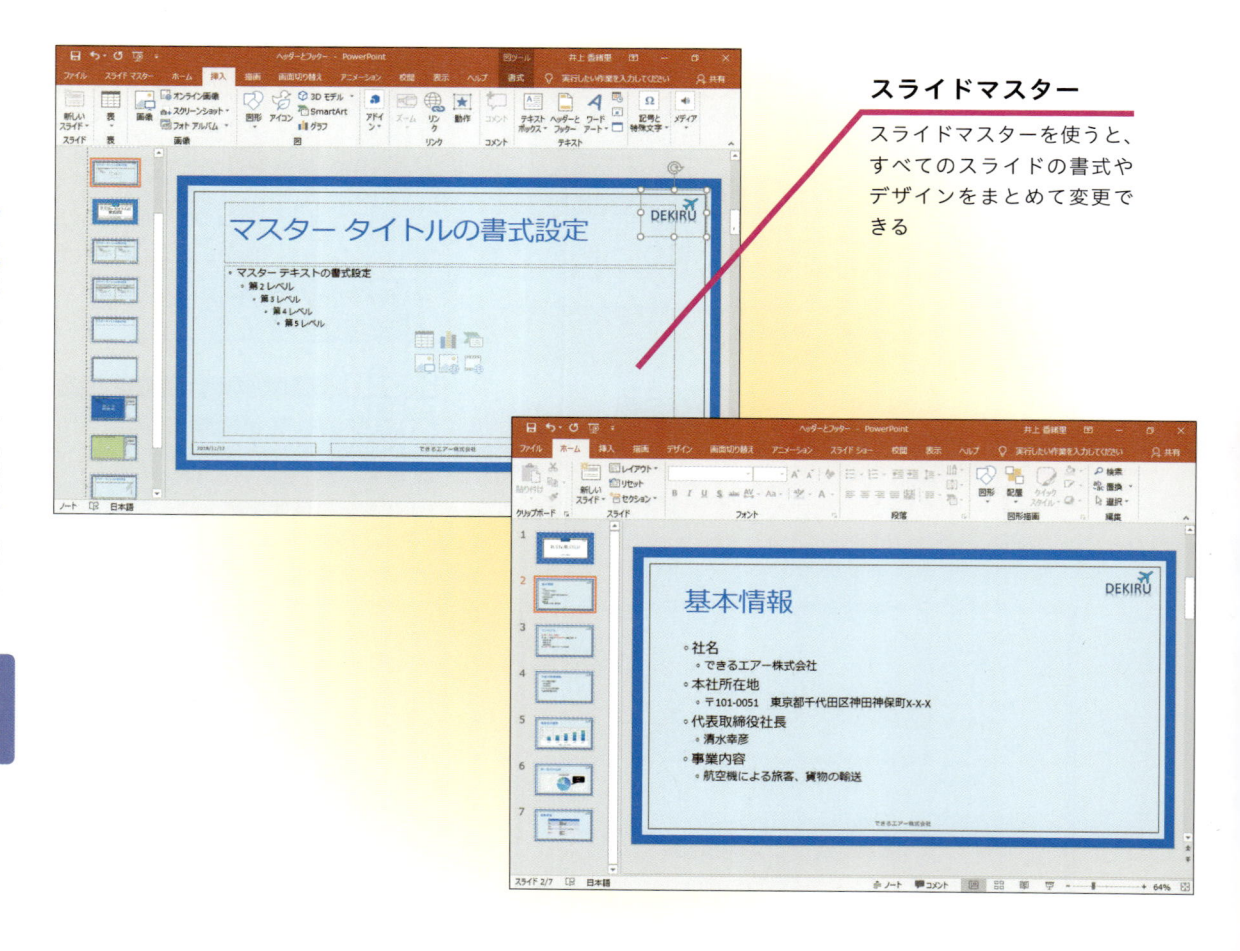

スライドマスター

スライドマスターを使うと、すべてのスライドの書式やデザインをまとめて変更できる

練習問題

1

練習用ファイルの［第9章_練習問題.pptx］で、［マスタータイトルの書式設定］のフォントの色を［紫］に設定してみましょう。

●ヒント：［スライドマスター］タブから1枚目のスライドマスターに設定します。

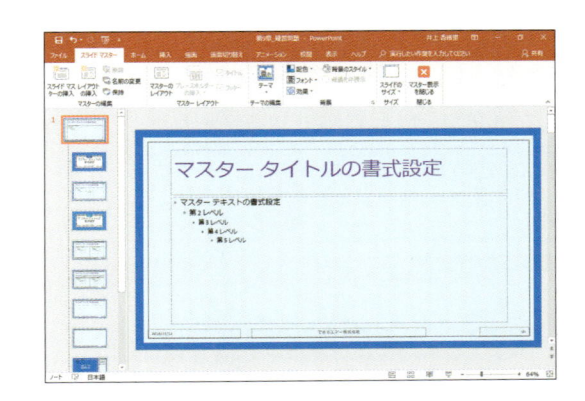

2

スライドマスターの背景のスタイルを［スタイル2］に変更してみましょう。

●ヒント：［スライドマスター］タブの［背景のスタイル］ボタンを使います。

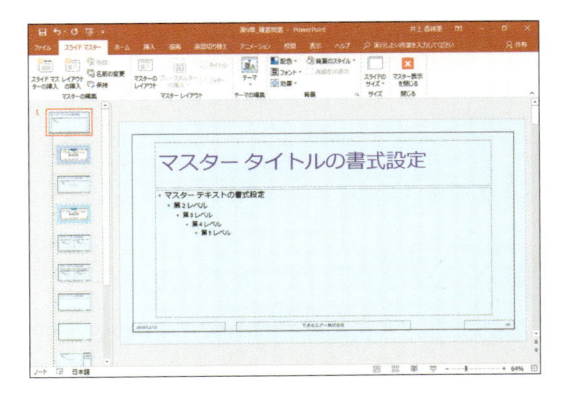

答えは次のページ

解 答

1

すべてのスライドのタイトルの文字の色を変更
するには、スライドマスター画面で左側のマス
ター一覧から1枚目を選択します。次に、[マス

タータイトルの書式設定]のプレースホルダー
を選択して、文字の色を変更します。

レッスン❻❻を参考に、ス
ライドマスターを表示し
ておく

1 ここを上にド
ラッグしてス
クロール

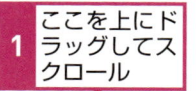

2 1枚目のスライドマスター
をクリック

3 [マスタータイトルの書式設定]の
プレースホルダーの外枠をクリック

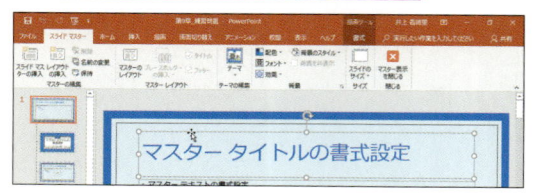

4 [ホーム] タブ
をクリック

5 [色]のここ
をクリック

6 [紫]をクリック

7 [スライドマスター] タブ
をクリック

8 [マスター表示を閉
じる]をクリック

2

すべてのスライドの背景の色を変えるには、[ス
ライドマスター] タブの [背景のスタイル] ボ

タンをクリックし、一覧から [スタイル2] を
クリックします。

練習問題1と同様の操作でスライドマスター画面を
開き、1枚目のマスターをクリックしておく

1 [スライドマスター]
タブをクリック

2 [背景のスタイル]
をクリック

4 [スライドマスター]
タブをクリック

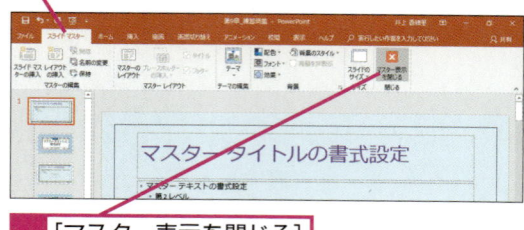

5 [マスター表示を閉じる]
をクリック

3 [スタイル2]をクリック

プレゼンテーションの資料を修正する

第9章

PowerPointを
クラウドで使いこなす

この章では、「クラウド」と呼ばれるサービスを利用して、スライドをインターネット上に保存する方法を解説します。また、インターネットに保存したスライドをほかの人と共有したり、共有したスライドをWebブラウザーで開いたりする操作についても説明します。

70

作成したスライドを
クラウドで活用しよう

クラウドの仕組み

データをインターネット上に保存して利用する仕組みを「クラウド」と呼びます。マイクロソフトのクラウドがどのようなものかを学びましょう。

■ クラウドって何？

作成したデータをパソコンに保存するのではなく、インターネット上に保存して必要なときに取り出して利用する使い方やその形態を「クラウド」と呼びます。インターネット上にデータを保存すると、外出先や出張先でパソコンやスマートフォン、タブレット端末などを使って自由にデータを取り出して編集できます。ファイルやフォルダーを共有すると、インターネットを介して第三者とデータをやりとりしたり、同じデータを複数のメンバーで編集できます。

<table>
<tr><td colspan="2">▶ キーワード</td></tr>
<tr><td>Microsoftアカウント</td><td>p.302</td></tr>
<tr><td>OneDrive</td><td>p.302</td></tr>
<tr><td>共有</td><td>p.305</td></tr>
<tr><td>クラウド</td><td>p.305</td></tr>
<tr><td>サインイン</td><td>p.305</td></tr>
</table>

クラウドを利用すれば、多くの人と、さまざまな機器でファイルをやりとりできる

Microsoftアカウントとは OneDrive

マイクロソフトのクラウドには、メールやグループウェアなど、いくつものサービスがあります。インターネット上の保存場所である「OneDrive」（ワンドライブ）を無料で利用できるのもクラウドサービスのひとつです。これらのクラウドサービスを利用するには「Microsoftアカウント」を取得してサインインする必要があります。

OneDriveを開く4つの方法

「OneDrive」はマイクロソフトのクラウドサービスの1つで、インターネット上の保存場所の名称です。OneDriveに保存したデータは、インターネットに接続する環境があれば、パソコンやスマートフォン、タブレット端末などを使って会社や自宅、外出先など、どこからでも以下のいずれかの方法で開けます。

HINT!

Microsoftアカウントって何？

Microsoftアカウントとは、マイクロソフトのクラウドサービスを利用するために必要な個人認証の方法のことです。Microsoftアカウントはメールアドレスとパスワードを組み合わせたもので、無料で取得できます。

HINT!

通知領域からOneDriveを開くには

Windows 10では、タスクバーの右側にある通知領域からOneDriveを開くことができます。通知領域の へ をクリックし、クラウド（雲）のアイコンを右クリックして表示されるメニューから［フォルダーを開く］（もしくは［OneDriveフォルダーを開く］）をクリックします。

●PowerPointから開く

［開く］の画面で［OneDrive］をダブルクリックする

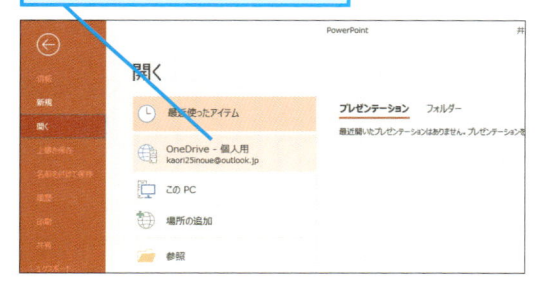

●エクスプローラーから開く

エクスプローラーのナビゲーションウィンドウの一覧にある［OneDrive］をクリックする

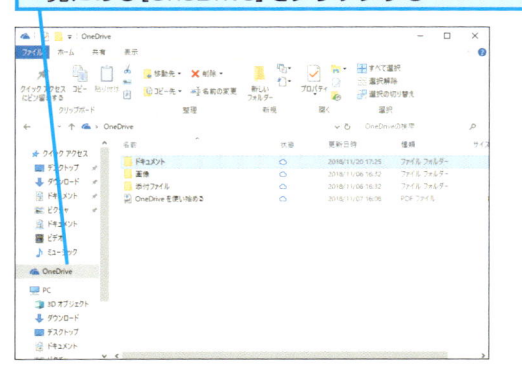

●Webブラウザーから開く

Microsoft EdgeなどのWebブラウザーでOneDriveのWebページを表示する

●［スタート］メニューの［すべてのアプリ］から開く

［スタート］メニューの［すべてのアプリ］にある［OneDrive］のアイコンをクリックする

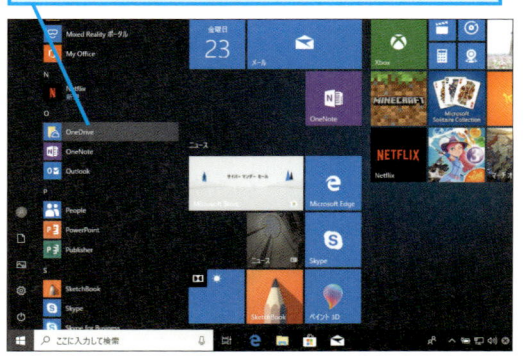

スライドをOneDrive に保存するには

OneDriveへの保存

PowerPointで作成したスライドをインターネット上の「OneDrive」に保存します。パソコンに保存するのと同じ操作で保存できます。

OneDriveへの保存

① [名前を付けて保存] ダイアログボックスを表示する

保存するスライドを開いておく

1 [ファイル]タブをクリック

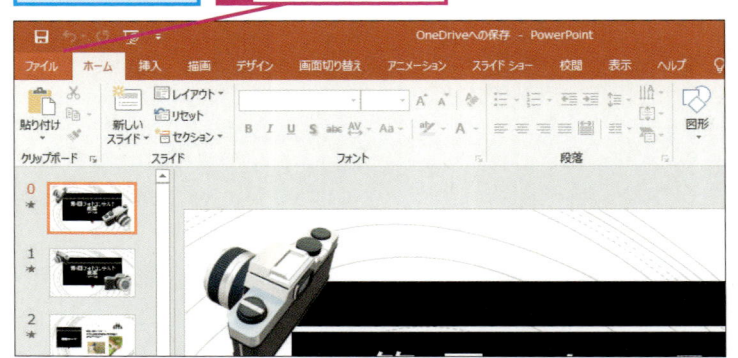

2 [名前を付けて保存]をクリック

3 [OneDrive - 個人用]をダブルクリック

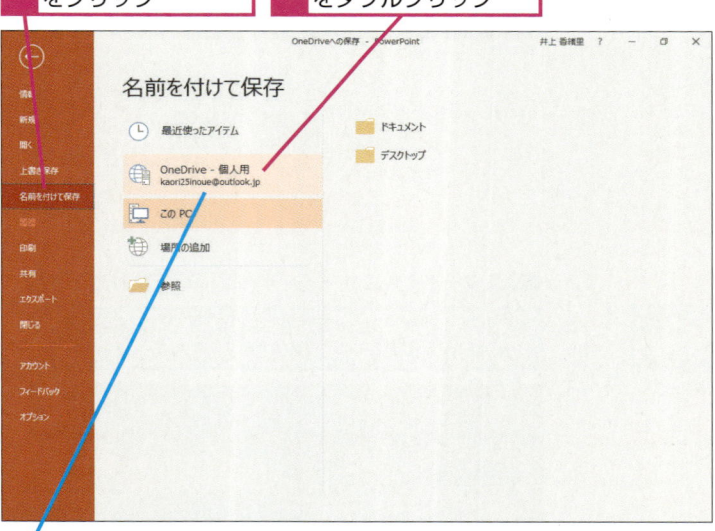

ここに、サインインしているMicrosoftアカウントが表示される

セキュリティの警告に関するメッセージが表示されたら、[はい]をクリックして手順を進める

📄 **レッスンで使う練習用ファイル**
OneDriveへの保存.docx

HINT!

Microsoftアカウントでサインインしておく

OneDriveに保存するには、事前にMicrosoftアカウントでサインインしておく必要があります。画面右上の[サインイン]をクリックしてサインインを完了しておきましょう。

HINT!

フォルダーを使い分けよう

OneDriveには[ドキュメント]など、最初から用意されているフォルダーがあります。後からフォルダーを追加したり、フォルダーの中にフォルダーを作成したりすることも可能です。どこに何を保存したのかが分かるようにフォルダーを上手に利用しましょう。フォルダーを後から追加する操作は249ページのテクニックで解説しています。

⚠️ **間違った場合は?**

手順1でOneDrive以外を選択してしまった場合は、そのままOneDriveをクリックし直します。

PowerPointをクラウドで使いこなす　第10章

② 保存するフォルダーを選択する

[名前を付けて保存] ダイアログボックスが表示された

ここでは [ドキュメント] フォルダーを選択する

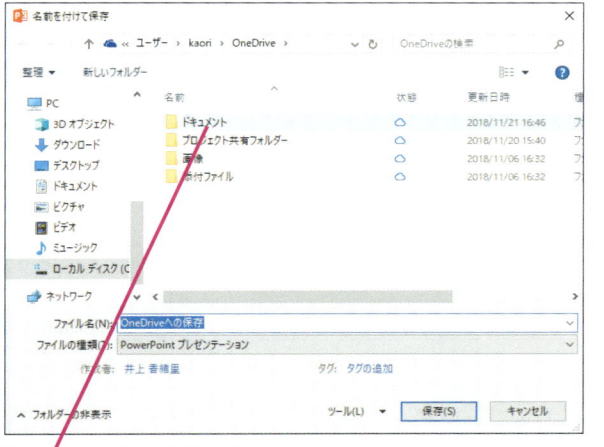

1 [ドキュメント] を
ダブルクリック

③ ファイルを保存する

[ドキュメント] フォルダーが表示された

1 「第6回フォトコンテスト概要」と入力

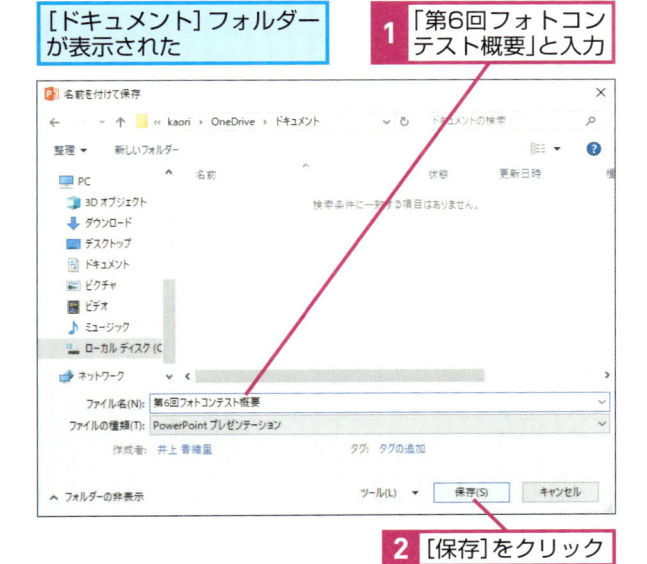

2 [保存] をクリック

HINT!

互換性やセキュリティの設定に気を付けよう

OneDriveに保存したデータをPowerPoint 2003以前のバージョンで利用する可能性があるときは、レッスン⑭のHINT!を参考に [ファイルの種類] を [PowerPoint 97-2003プレゼンテーション] に変更して保存します。また、手順2で以下の操作をしてファイルに読み取りパスワードを付けておくと、パスワードを知っている人しかスライドを開けないので安全です。

1 [ツール] をクリック

2 [全般オプション] をクリック

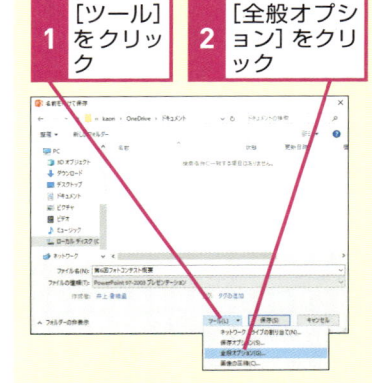

3 パスワードを入力

4 [OK] をクリック

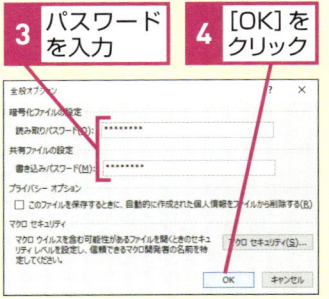

HINT!

OneDriveに保存できないファイルとは

OneDriveには、PowerPointで作成したスライドをはじめ、画像や動画など、さまざまな種類のファイルを保存できます。ただし、1ファイルあたり10GBを超えるファイルは保存できません。

次のページに続く

④ スライドがOneDriveに保存された

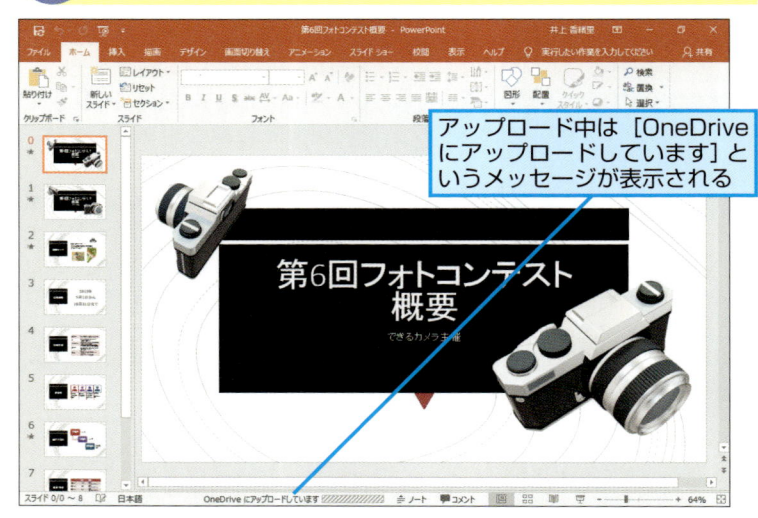

アップロード中は［OneDrive にアップロードしています］というメッセージが表示される

スライドがOneDrive に保存された

アップロードが完了すると表示が消える

OneDriveの表示

⑤ OneDriveのWebページを表示する

Microsoft Edge を起動しておく

▼OneDriveのWebページ
https://onedrive.live.com/

1 「onedrive」と入力

2 表示されたURLをクリック

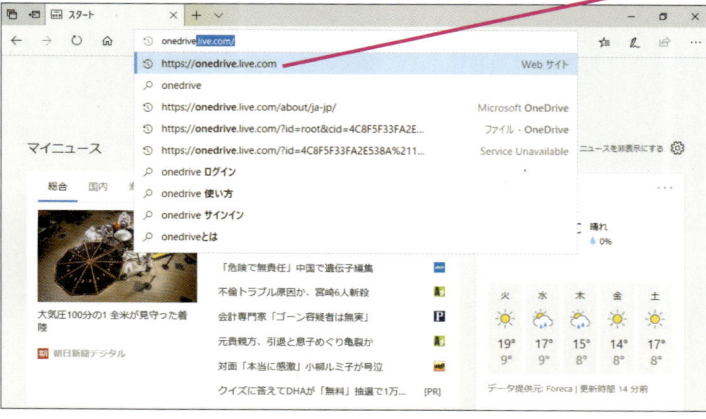

HINT!

ファイルの送受信には時間がかかる場合もある

インターネット上にファイルを保存する操作を「アップロード」と呼びます。反対に、インターネットからファイルをパソコンに取り込む操作を「ダウンロード」といいます。利用するインターネットの環境にもよりますが、どちらもファイルの送受信には時間がかかります。

HINT!

OneDriveではファイルやフォルダーがタイルで表示される

OneDriveのWebページを開くと、フォルダーやファイルが四角形の「タイル」で表示されます。タイルはWindows 10のスタートメニューの右側に表示されるものと同じで、タイルをクリックするとアプリやファイルを選択したり起動したりできます。

HINT!

OneDriveに保存できる容量は？

OneDriveには、1つのMicrosoftアカウントに付き、標準で5GB、Office 365契約時は1TBまでのデータを無料で保存できます。

利用できる容量を確認できる

テクニック **WebブラウザーだけでOneDriveにアップロードできる**

このレッスンでは、PowerPointからOneDriveにスライドを保存しましたが、以下の手順でOneDriveのWebページからスライドを指定して保存することもできます。

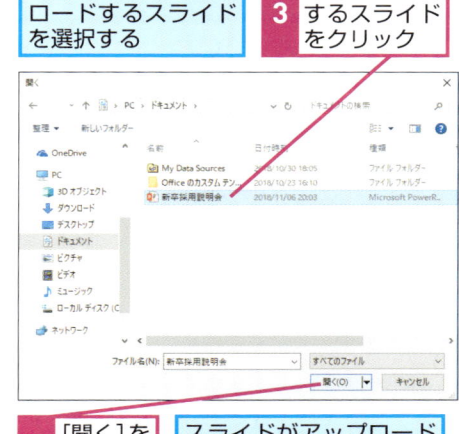

OneDriveにアップロードするスライドを選択する

アップロードするスライドをクリック **3**

Microsoft EdgeでOneDriveのWebページを表示しておく

ここでは[ドキュメント]フォルダーを選択しておく

1 [アップロード]をクリック

2 [ファイル]をクリック

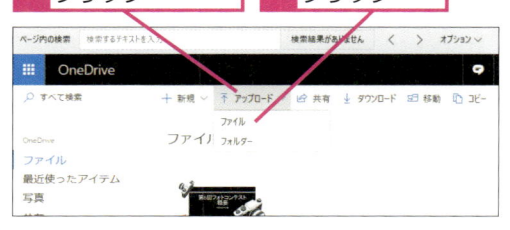

4 [開く]をクリック

スライドがアップロードされる

 6 **スライドが保存されていることを確認する**

OneDriveのWebページが表示された

サインインの画面が表示されたときは、Microsoftアカウントのメールアドレスとパスワードを入力し、[サインイン]をクリックする

1 [ドキュメント]をクリック

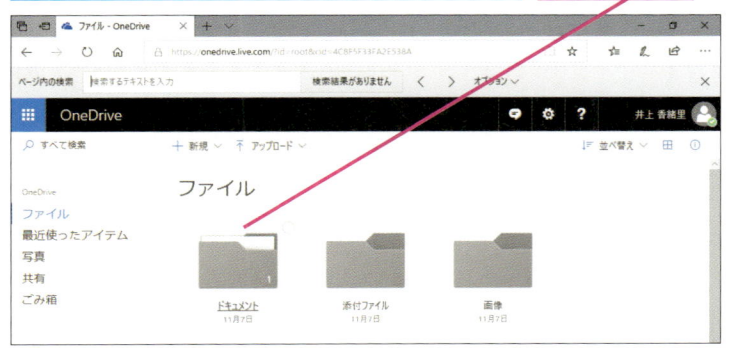

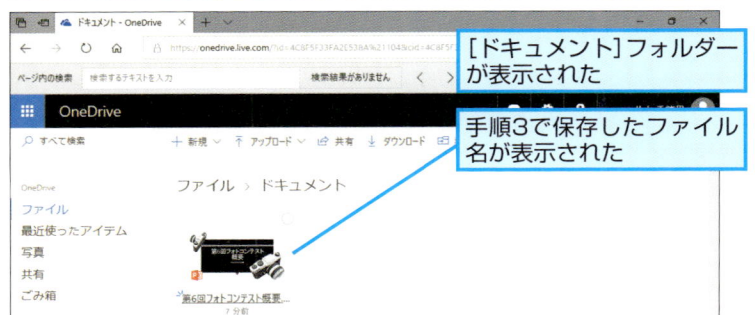

[ドキュメント]フォルダーが表示された

手順3で保存したファイル名が表示された

 **間違った場合は？**

手順6で目的とは違うフォルダーを選択してしまった場合は、Webブラウザーの[戻る]ボタン()をクリックしてフォルダーを選択し直します。

Point

OneDriveは
インターネット上の保存場所

これまでは、作成したデータをパソコンに保存するのが一般的でしたが、これからはインターネット上に保存する方法も積極的に利用したいものです。OneDriveは、インターネット上に5GBもしくは1TBもの大容量の保存場所を無料で利用できるマイクロソフトのクラウドサービスの1つです。OneDriveにデータを保存すると、インターネットに接続できる端末があれば、どこからでもいつでも必要なときにデータにアクセスして閲覧や編集ができます。データを持ち歩く必要がないので、パソコンを自宅に忘れたり、紛失したりしても、OneDriveに保存したデータは一切影響を受けないので安全です。

スマートフォンで
スライドを開くには

モバイルアプリ

スマートフォンにPowerPointアプリをインストールすると、外出先や移動中にスライドを表示・編集できます。ここではiPhoneでスライドを表示します。

① [PowerPoint] アプリを起動する

付録1を参考に [PowerPoint] アプリをインストールしておく

ホーム画面の [PowerPoint] アプリのあるページを表示しておく

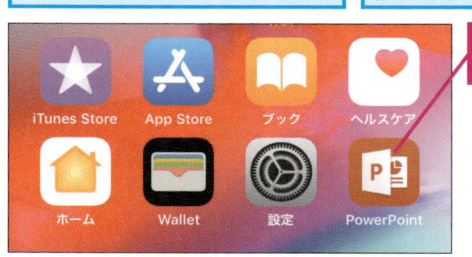

1 [PowePoint] を
タップ

② 保存場所の一覧を表示する

[PowerPoint]アプリが起動した

1 [開く] を
タップ

HINT!

**アプリは [App Store] から
インストールできる**

iPhoneでPowerPointを使うには、付録1を参考に [App Store] から無料のPowerPointアプリ（App Storeでの名称は「Microsoft PowerPoint」）をインストールしておきます。

HINT!

**初回起動時にサインインする
必要がある**

初めてPowerPointアプリを起動したときは、手順1の後でサインイン画面が表示されます。パソコンで利用しているMicrosoftアカウントと同じメールアドレスとパスワードを入力してサインインします。

HINT!

**スマートフォンでも
スライドを新しく作成できる**

PowerPointアプリを使うと新しくスライドを作成することもできます。ただし、無料のPowerPointアプリで利用できる機能は限られています。

 間違った場合は？

手順4で [ドキュメント] に何も表示されないときは、パソコンから正しくOneDriveにスライドが保存されていない可能性があります。レッスン❼を参考に、パソコン側で保存し直しましょう。

PowerPointをクラウドで使いこなす

第10章

③ スライドを保存したフォルダーを開く

保存場所の一覧が表示された

ここではレッスン⑰でOneDriveに保存したスライドを開く

1 [OneDrive - 個人用]をタップ

2 [ドキュメント]をタップ

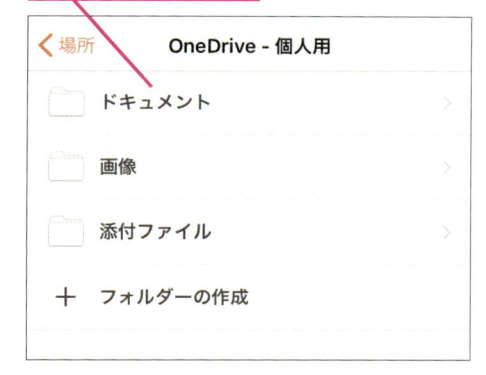

④ スライドを開く

[ドキュメント] フォルダーの内容が表示された

1 [第6回フォトコンテスト概要]をタップ

スライドのダウンロードが開始される

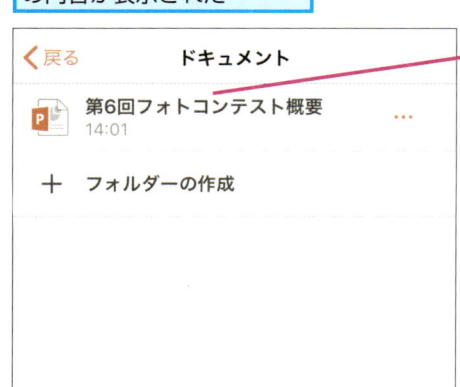

HINT!

Androidスマートフォンでスライドを開くには

AndroidスマートフォンでPowerPointアプリを利用するには、あらかじめ [Google Play] からインストールします。インストール後の操作はiPhoneと同じです。

[PowerPoint] アプリをインストールしておく

1 [開く]をタップ

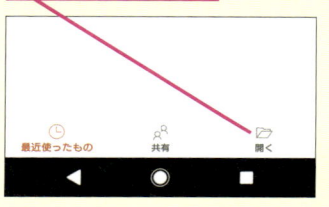

2 [OneDrive - 個人用]をタップ

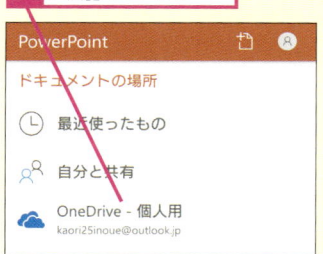

OneDriveにあるフォルダーやファイルの一覧が表示される

HINT!

タブレット端末用のPowerPointも存在する

PowerPointアプリは、iPhoneやAndroidスマートフォン用だけでなく、iPad用の「Office for iPad」も用意されています。

次のページに続く

⑤ OneDriveにあるスライドが表示された

[第6回フォトコンテスト概要] のスライドが表示された

ここではすべてのスライド を確認する

1 次のスライドを タップ

HINT!

リボンのメニューを 表示するには

スマートフォン用のPowerPointアプリでは、最初はリボンが表示されません。リボンを使うときは、以下の操作を行います。リボンのメニューの [ホーム] と表示された部分をタップして、そのほかのタブに切り替えます。

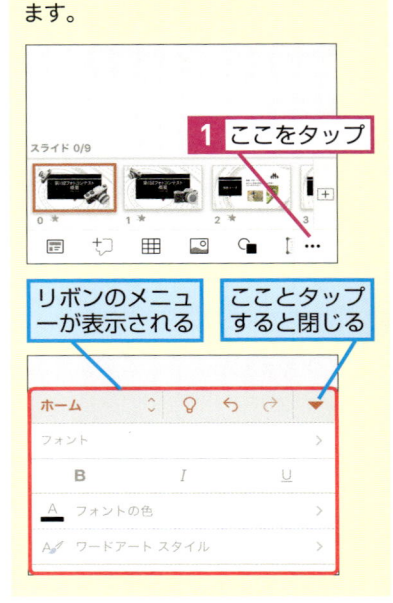

1 ここをタップ

リボンのメニューが表示される

こことタップすると閉じる

👆 **テクニック** ## 外出先でスライドを編集するには

スマートフォン用のPowerPointアプリでは、スライドを開いて表示するだけでなく、編集することもできます。ただし、パソコンのPowerPointの機能がすべて利用できるわけではありません。また、スマートフォンの画面は小さいので、じっくり編集するには不向きです。移動中や外出先でスライドを表示して、気になった個所をその場で編集するといった使い方をするといいでしょう。

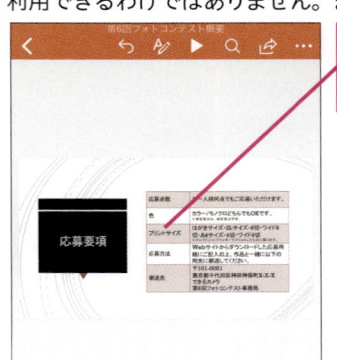

1 編集する要素をダブルタップ

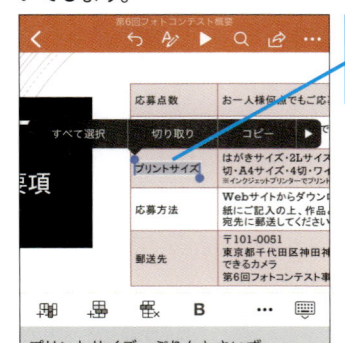

文字が選択され、修正できるようになった

PowerPointをクラウドで使いこなす 第10章

6 スライドを閉じる

スライドが切り替わった	同様の操作で最後のスライドまで確認したらスライドを閉じる

1 ここをタップ

スライド 1/9

7 スライドが閉じた

スライドが閉じて［ドキュメント］フォルダーに戻った

❮ 戻る　　　　ドキュメント

第6回フォトコンテスト概要
15:12　　　　　　　　　　　…

＋　フォルダーの作成

HINT!

スライドショーを実行するには

画面右上の▶をタップすると、スマートフォンの画面でスライドショーを実行できます。顧客と対面で行う打ち合わせなどで、画面の大きなスマートフォンやタブレット端末を使ってスライドショーを実行すると、パソコンやプロジェクターがなくても、プレゼンテーションの道具として十分役立ちます。

1 ここをタップ

横画面表示になってスライドショーが実行される

Point

スマートフォンでPowerPointが使える！

スマートフォン用の無料のPowerPointアプリをインストールすれば、移動中の電車の中や外出先の空き時間などに、スライドを閲覧したり編集したりできます。本格的な編集は大きな画面のパソコンの方が操作しやすいですが、スライドを校正したりチェックしたりするのであれば、時間と場所を選ばずに操作できるスマートフォンが便利です。スマートフォンで編集したスライドは、そのままOneDriveに上書き保存されるので、パソコンで同じスライドを開くと、すぐに続きの作業に取り掛かれます。

73
スライドを共有するには
共有の設定

OneDriveに保存したスライドは、第三者と簡単に共有できます。[共有]タブを使って、第三者とスライドの受け渡しができるように設定してみましょう。

1 [開く] の画面を表示する

ここではレッスン**71**でOneDriveに保存したスライドを共有する

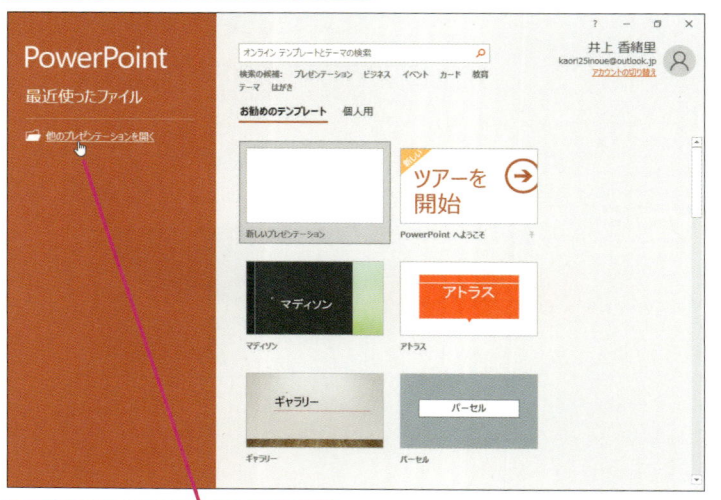

1 [他のプレゼンテーションを開く]をクリック

2 [ファイルを開く] ダイアログボックスを表示する

[開く] の画面が表示された

共有したいスライドを開く

1 [OneDrive - 個人用]をダブルクリック

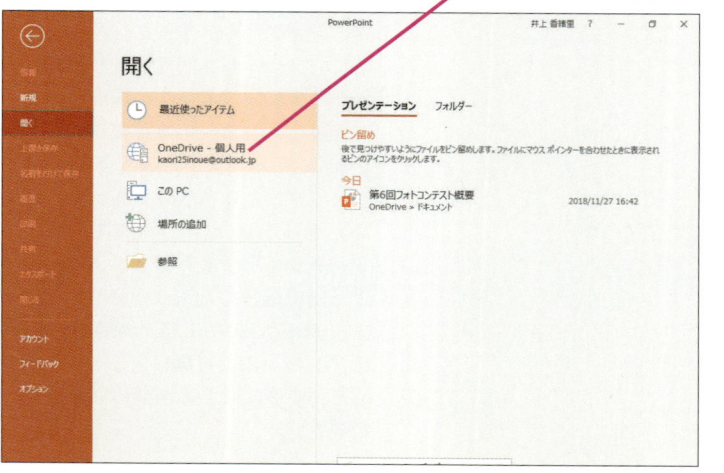

キーワード	
Microsoftアカウント	p.302
OneDrive	p.302
共有	p.305
[共有] タブ	p.305

HINT!

Microsoftアカウントを取得していない人とファイルを共有できる？

スライドを共有する相手がMicrosoftアカウントを取得していなくても、レッスン**74**の操作でスライドを閲覧したり編集したりすることができます。

HINT!

複数のファイルを一度に共有するには

PowerPointの画面から共有できるのは、作業中のファイル1つです。複数のファイルを同時に共有するには、WebブラウザーでOneDriveの画面を開いて複数のファイルを選択して共有します。

 間違った場合は？

手順2で [このPC] をダブルクリックすると、OneDriveではなくパソコンの [ドキュメント] フォルダーが表示されます。[キャンセル]をクリックして閉じ、[OneDrive - 個人用]をダブルクリックしましょう。

PowerPoint をクラウドで使いこなす

第10章

③ スライドを開く

[ファイルを開く] ダイアログボックスが表示された

1 [ドキュメント]を
ダブルクリック

2 [第6回フォトコンテスト概要]をクリック

3 [開く]を
クリック

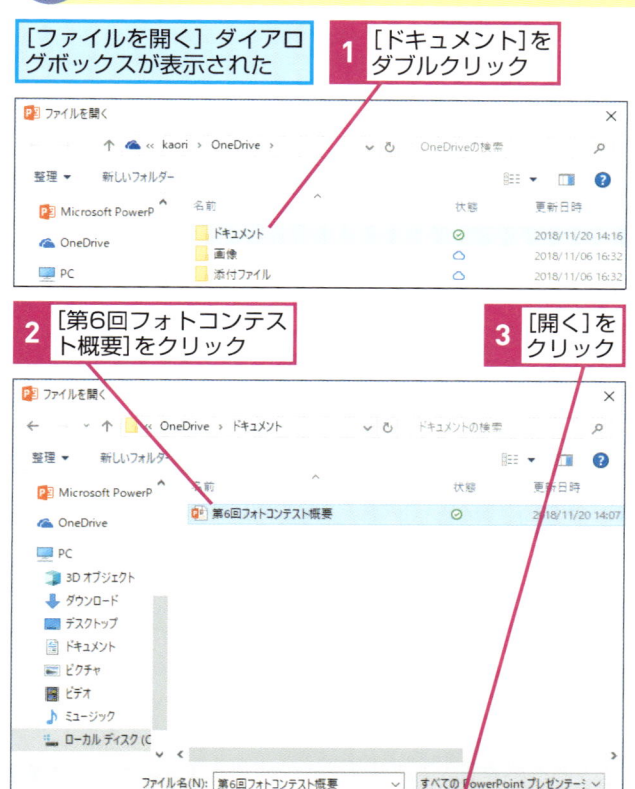

④ スライドの共有を開始する

[第6回フォトコンテスト概要]のスライドが開いた

1 [共有]をク
リック

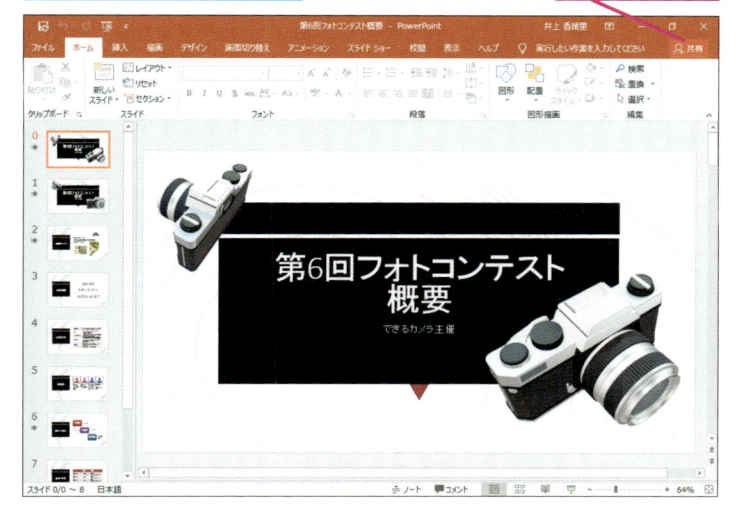

HINT!

エクスプローラーから共有するには

Windows 10では、タスクバーの [エクスプローラー] アイコンをクリックして表示されるウィンドウからもファイルを共有できます。[OneDrive] フォルダーを表示した状態で、以下の操作を行います。

[OneDrive] フォルダー
を表示しておく

1 共有した
いファイ
ルを右ク
リック

2 [そ の 他 の
OneDrive共
有オプション]
をクリック

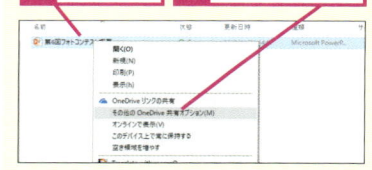

Microsoft Edgeなどの
Webブラウザーが起動し
て共有の画面が表示される

HINT!

一度に複数の人とファイルを共有するには

複数の人と共有する場合は、次のページの手順5でメールアドレスを入力するときに、半角の「,」（カンマ）で区切りながら複数のメールアドレスを指定します。または、手順6にある [共有リンクを取得] をクリックしてリンクを取得して、そのURLを貼り付けたメールを複数の人に送ってもいいでしょう。

⑤ あて先とメッセージを入力する

[共有] 作業ウィンドウが表示された

1 共有相手のメールアドレスを入力

2 共有相手に送るメッセージを入力

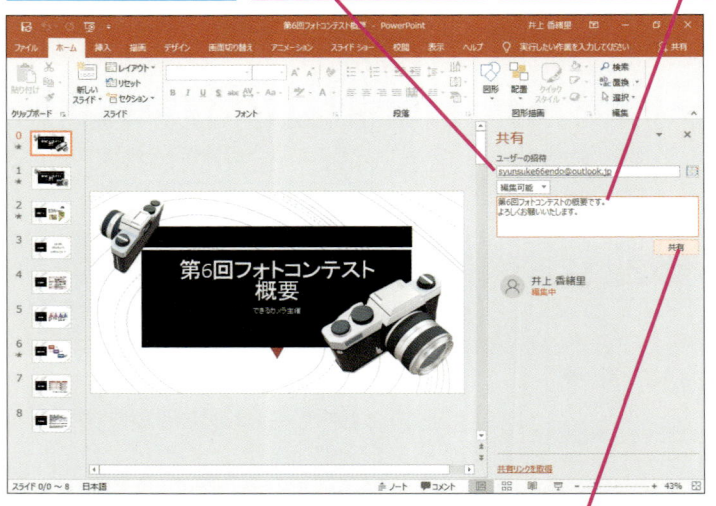

3 [共有] をクリック

⑥ 共有の設定が完了した

スライドが共有された

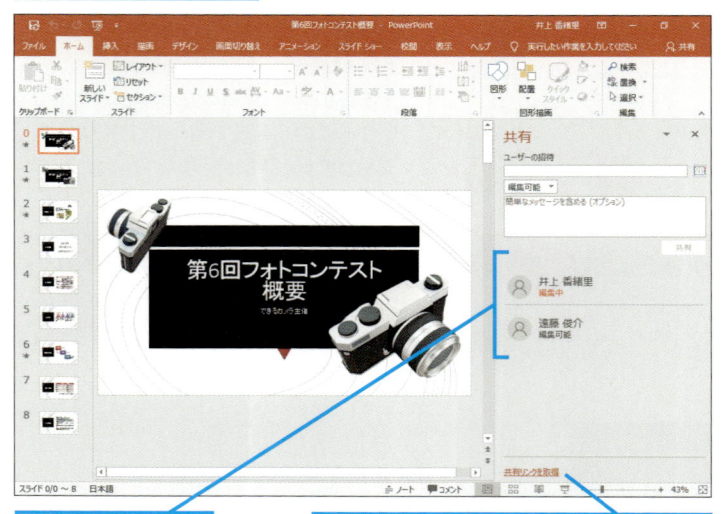

共有相手の名前やメールアドレスが表示される

[共有リンクを取得] をクリックすると、不特定多数の相手とスライドを共有するリンクを作成できる

HINT!

共有を解除するには

共有を解除するには、[共有] 作業ウィンドウに表示されているユーザー名をクリックし、[ユーザーの削除] ボタンをクリックします。

1 共有を解除したい相手を右クリック

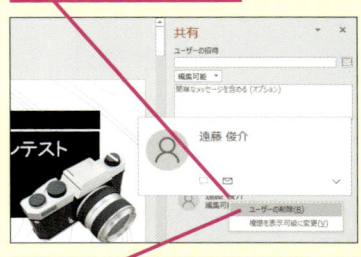

2 [ユーザーの削除]をクリック

HINT!

共有相手にスライドの閲覧のみを許可するには

手順5では最初から [編集可能] が選択されており、共有相手はスライドを自由に編集できます。共有相手が編集できないようにするには、[表示可能] に変更して閲覧のみを許可します。

Point

OneDriveを介してスライドをやりとりできる

PowerPointのスライドに写真や音声、動画などを入れるとファイルサイズが大きくなり、圧縮ソフトを使ってファイルサイズを小さくしてもメールに添付できないことがあります。OneDriveは1ファイル当たり、最大で10GBまでのファイルを保存できます。このレッスンの操作でファイルを共有すれば、OneDriveを介してスライドの受け渡しも可能です。仕事用のフォルダーを作り、共有メンバー同士でそれぞれ必要なスライドを保存しておくのもいいでしょう。共有する相手を限定できるので安心して利用できます。

テクニック　フォルダーごと共有できる

OneDriveに最初から用意されているフォルダー以外にも、新しくフォルダーを作成できます。例えば、仕事別のフォルダーを作成して共有すると、フォルダーごとに共有相手を指定できます。そのフォルダーにファイルを追加すれば自動的に共有されるので、決まった相手と複数のファイルを共有したいときに便利です。Microsoft EdgeでOneDriveの画面を表示して

いるときは、以下の手順のように操作しましょう。なお、Windows 10ではエクスプローラーの[OneDrive]フォルダー内に新しいフォルダーを作成すれば、OneDriveにも反映されます。フォルダーを共有したいときは、247ページのHINT!を参考にフォルダーを右クリックして共有しましょう。

1 新しいフォルダーを作成する

OneDriveのWebページを表示しておく

1 [新規]をクリック

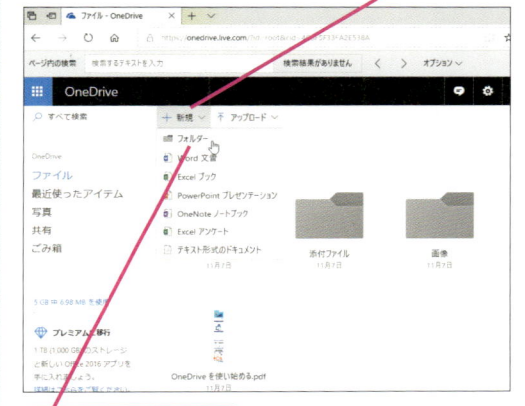

2 [フォルダー]をクリック

2 フォルダー名を入力する

1 フォルダー名を入力

2 [Enter]キーを押す

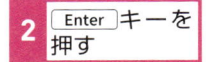

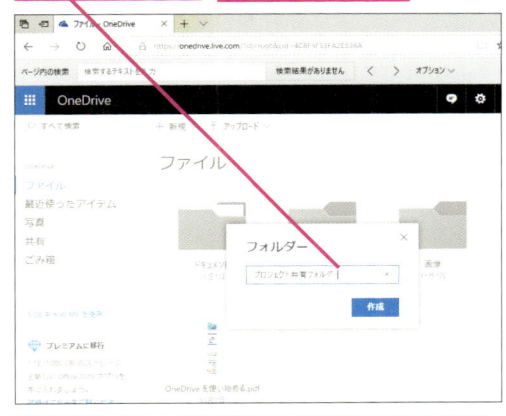

フォルダーが作成される

作成したフォルダーに共有するファイルを移動する

3 フォルダーを選択して共有する

作成したフォルダーを共有する

1 フォルダーの右上にマウスポインターを合わせる

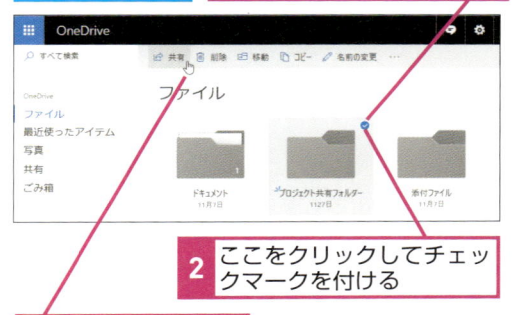

2 ここをクリックしてチェックマークを付ける

3 [共有]をクリック

4 共有の方法を選択する

1 [メール]をクリック

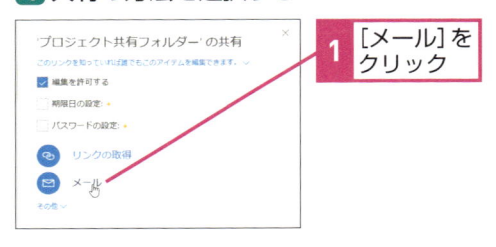

5 あて先とメッセージを入力する

1 共有相手のメールアドレスを入力

2 共有相手に送るメールの本文を入力

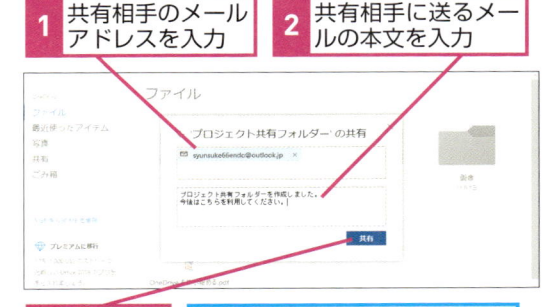

3 [共有]をクリック

複数の人とフォルダーを共有するには、[宛先]に複数のメールアドレスを入力する

共有されたスライド を開くには

共有されたスライド

レッスン73で、OneDriveに共有したスライドを開きましょう。ここでは、共有の通知メールを受け取った人がスライドを開く例で操作方法を紹介します。

1 [メール] アプリを起動する

井上さんが共有した スライドを、このパ ソコンで開く	ここでは、Windows 10の [メール] アプリを利用して通知メールを表示 する

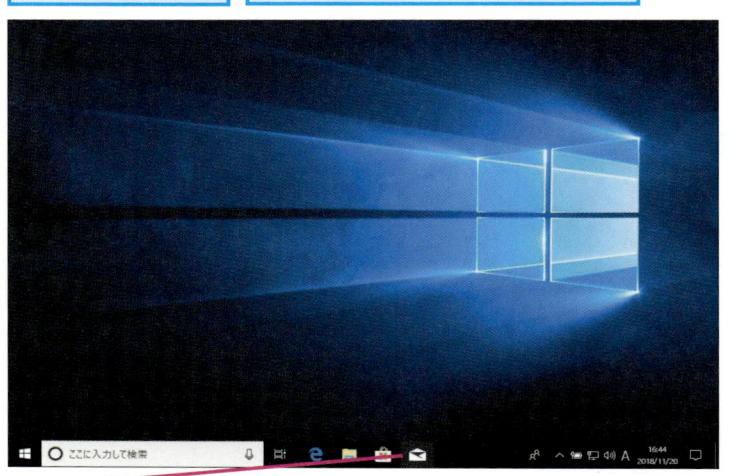

1 [メール]を クリック

2 [メール] アプリの画面が表示された

[ようこそ] の画面が表示されたとき は、[使ってみる]をクリックする	スライドの共有に関するメー ルが井上さんから届いた

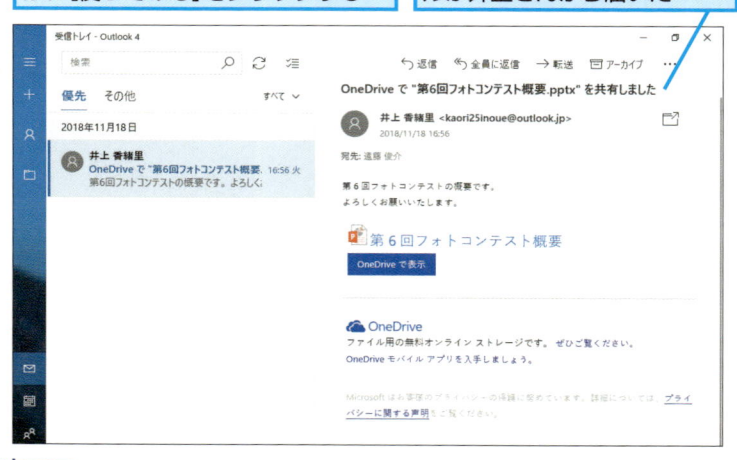

HINT!

普段利用しているメールで 受信できる

このレッスンでは、Windows 10の [メール] アプリを起動して通知メールを受信しましたが、[メール] アプリ以外のメールソフトやWebメールなど、普段使っているメールソフトでも通知メールを受信できます。

HINT!

PowerPointがなくても スライドを閲覧できる

通知メール内のリンクをクリックすると、Webブラウザーが起動してスライドが表示されます。「PowerPoint Online」という無料のツールでスライドが表示されるので、PowerPointがインストールされていないパソコンでもスライドを表示できます。

PowerPointをクラウドで使いこなす

第10章

③ 共有されたスライドを表示する

通知メールに表示されているリンクをクリックして、OneDrive上に共有されたスライドを表示する

1 スライドのファイル名をクリック

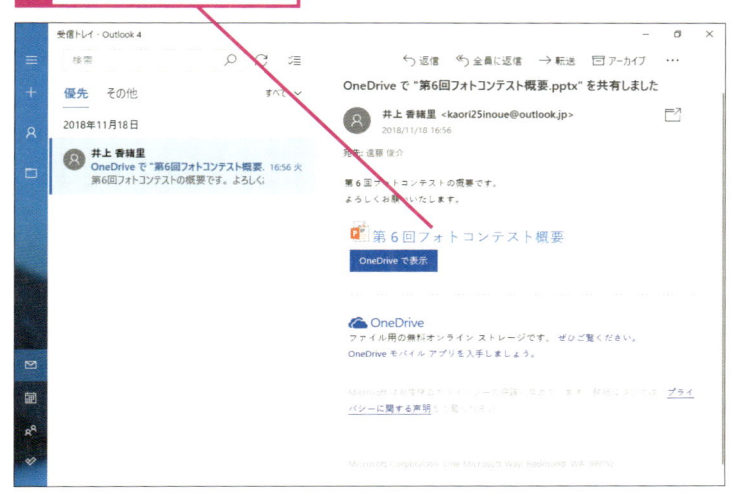

④ 共有されたスライドが表示された

Microsoft Edgeが起動し、OneDrive上に共有されているスライドが表示された

Microsoft Edgeの起動と同時にPowerPoint Onlineが起動する

次のレッスンで引き続き操作するので、このまま表示しておく

HINT!

PowerPoint Online って何？

「PowerPoint Online」とは、Web上で利用できるPowerPointのことです。パソコンにPowerPointがインストールされていなくても、インターネットに接続できる環境さえ用意されていれば、PowerPoint Onlineを無料で利用できます。ただし、製品版のPowerPointに比べて使える機能はかなり制限されます。

HINT!

次のスライドを表示するには

Webブラウザーに表示されたスライドをめくるには、スライドをクリックするか、スライド下側中央の［次のスライド］ボタン（▶）や［前のスライド］ボタン（◀）をクリックします。また、スライド上側の［スライドショーの開始］をクリックすると、Webブラウザー上でスライドショーを実行できます。

Point

メールのリンクをクリックするとスライドを表示できる

同僚や得意先から「OneDriveで共有したスライドを見ておいてください」と言われたら、操作に迷う方もいるでしょう。そこで、このレッスンでは、「OneDriveで（ファイル名）を共有しました」という通知メールを受け取った人の立場でスライドを開く操作を解説しました。レッスン❼❸の操作で、メールアドレスを指定してスライドを共有すると、指定したメールアドレスに通知メールが届きます。メール内のリンクをクリックするだけで、自動的にWebブラウザーが起動してスライドが表示される仕組みです。手動でOneDriveにアクセスしてファイルを探す手間はありません。誰でも簡単に共有スライドを開けるので安心です。

75

共有されたスライドを編集するには

PowerPoint Online

レッスン❼❹で開いた共有スライドを編集します。PowerPoint Onlineを使うと、Web上で編集できます。

❶ Microsoftアカウントでサインインする

レッスン❼❹を参考にして、OneDriveで共有されたスライドをWebブラウザーで開いておく

1 [サインイン]をクリック

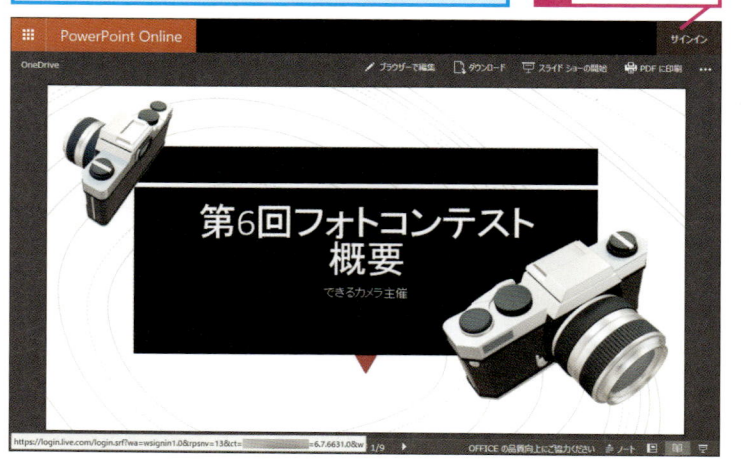

HINT!

サインインしなくても編集できる

手順1でMicrosoftアカウントを使ってサインインしなくても、スライドを編集することができます。

HINT!

編集した結果は共有相手にも反映される

共有したスライドを編集すると、編集した結果がOneDriveに自動的に保存されます。同時に編集している人がいる場合は、編集した結果が相手のスライドにすぐに反映されます。

❷ PowerPoint Onlineの編集画面を表示する

Webブラウザーで OneDriveにサインインしておく

共有されたスライドを編集するために、PowerPoint Onlineの編集画面を表示する

1 [プレゼンテーションの編集]をクリック

2 [ブラウザーで編集]をクリック

⚠ 間違った場合は？

手順2で [PowerPointで編集] をクリックすると、パソコンにインストールされているPowerPoint 2019が起動します。PowerPoint Onlineでスライドを開くには、Microsoft Edgeの画面に切り替えて、手順2の操作をやり直します。

③ サインインするアカウントを確認する

サインインするアカウントを
確認する画面が表示された

1 [続行] を
クリック

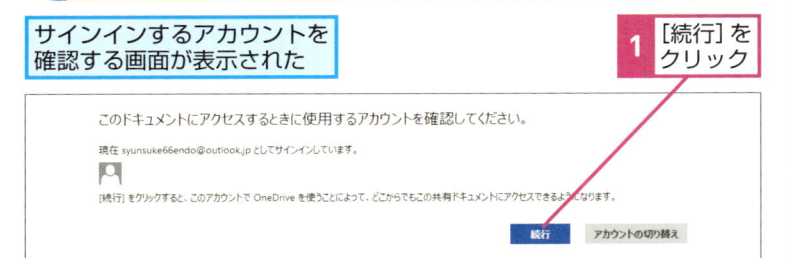

④ PowerPoint Onlineの編集画面が表示された

[ファイル] タブや [ホーム] タブなど、パソコンにインストール
されたPowerPointと同様の画面が表示された

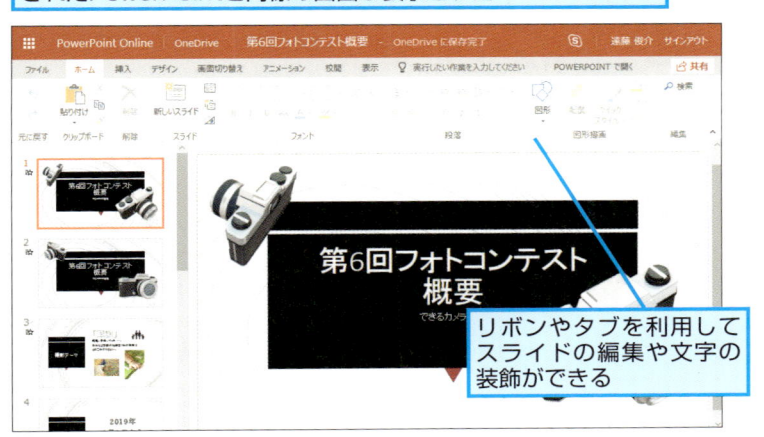

リボンやタブを利用して
スライドの編集や文字の
装飾ができる

HINT!

サインアウトするには

OneDriveからサインアウトするには、PowerPoint Onlineの画面で右上にある [サインアウト] をクリックします。

HINT!

PowerPoint Onlineでスライドショーを実行するには

手順4の画面で、[表示] タブの [最初から] ボタンか、画面右下にある [スライドショー] ボタンをクリックすると、Webブラウザー上でスライドショーを実行できます。

1 [スライドショー]
をクリック

テクニック 共有していないスライドでも利用できる

このレッスンでは、OneDriveに保存した共有ファイルをPowerPoint Onlineで開いて編集しましたが、共有していないファイルを開くこともできます。たとえば、外出先や出張先でPowerPointがインストールさ

れていないパソコンを使って、OneDriveに保存したファイルをPowerPoint Onlineで閲覧・編集するといった使い方が可能です。

OneDriveのWebページを表示しておく

1 PowerPointのファイルをダブルクリック

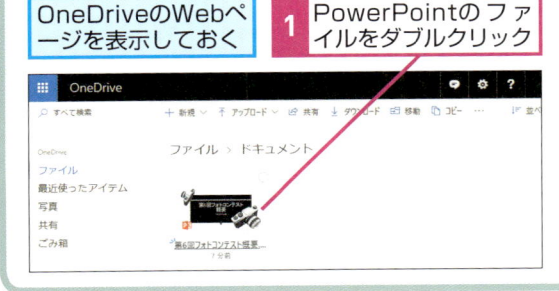

PowerPoint Onlineが開いた

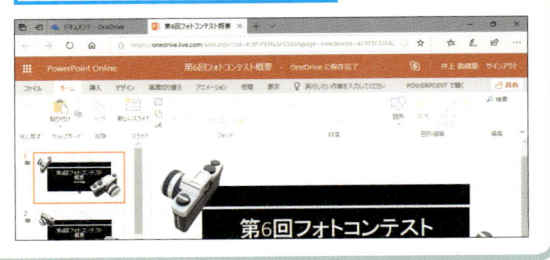

次のページに続く

5 共有されたスライドをPowerPointで開く

> ここでは、パソコンのPowerPoint 2019で
> SmartArtのレイアウトを変更する

> 共有されたスライドを
> PowerPointで開き直す

1 [POWERPOINTで開く]をクリック

6 共有されたスライドがPowerPointで開かれた

> PowerPointが自動的に起動して、
> スライドが表示された

> PowerPoint上でスライド
> を編集できるようになった

HINT!

同時に編集している人の名前が表示される

複数の人でスライドを共有している場合に、自分以外の人が同じスライドを開いていると、PowerPoint Online画面の右上に「〇〇〇〇も編集中です」のメッセージが表示されます。

> 編集中のユーザーの名前が
> 表示される

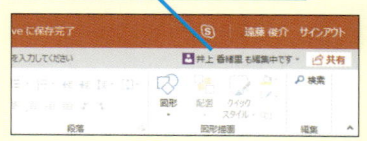

HINT!

本格的な編集はPowerPointを使う

PowerPoint Onlineは無料で使えますが、使える機能が制限されています。パソコンにPowerPointがインストールされている場合は、PowerPointを使って共有されたスライドを編集しましょう。手順4で[POWERPOINTで開く]をクリックすると、PowerPointが起動して共有されたスライドが表示されます。なお、最初からPowerPointで編集する場合は、手順2で[プレゼンテーションの編集]タブの[PowerPointで編集]をクリックします。

HINT!

ブラウザー上で新しいスライドを作成できる

レッスン**⓫**の手順5を参考にOneDriveのWebページを表示し、[新規]から[PowerPointプレゼンテーション]をクリックすると、ブラウザー上でPowerPoint Onlineを利用して新しいスライドを作成できます。PowerPoint Onlineで作成したスライドは、保存の操作を行わなくても自動的にOneDriveに保存されます。

4枚目のスライドの内容を修正する

4枚目のスライドの
内容を変更する

1 4枚目のスライドを
クリック

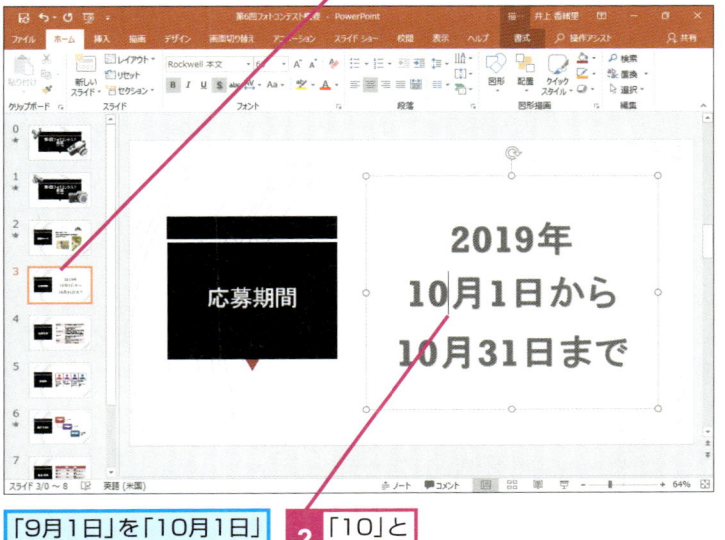

「9月1日」を「10月1日」
に変更する

2 「10」と
入力

 共有されたスライドを更新する

1 [保存]を
クリック

スライドがOneDrive上
に上書き保存された

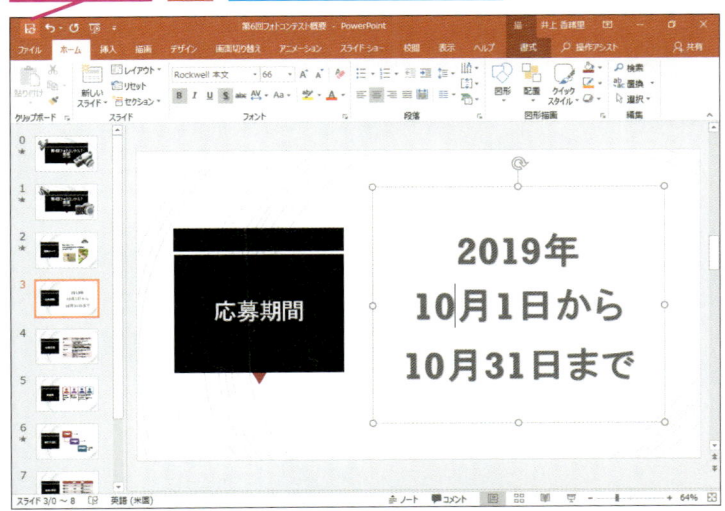

[閉じる] をクリックして、PowerPointと
Microsoft Edgeを終了しておく

HINT!

同時に編集している人が分かる

OneDriveに保存した共有スライドを自分以外の人が開いていると、[共有] タブ付近にメッセージが表示され、[共有] 作業ウィンドウに編集中の人の名前が表示されます。

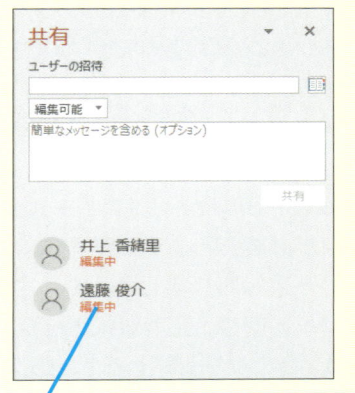

共有しているユーザーに [編集中] と表示され、現在ファイルを開いていることが分かる

Point

PowerPoint Onlineでどこからでも編集できる

OneDriveにスライドを保存しておけば、外出中の空き時間や出張先のホテルなどからいつでも必要なときにスライドを閲覧できます。このとき、利用するパソコンにPowerPointがインストールされていなくても心配ありません。インターネットに接続できるパソコンやスマートフォン、タブレット端末があるだけでOKです。PowerPoint Onlineで文字の修正やスライドショーの実行もできるので忙しいビジネスパーソンにはうって付けです。

この章のまとめ

●外出先や自宅が仕事場になる

インターネットのインフラが整備された環境では、パソコンの使い方も以前とは変化しています。例えば、複数のメンバーでプレゼンテーション資料を作成する場合を考えてみましょう。これまでは作成したPowerPointのスライドをメールに添付してやりとりしていました。また、スライドを編集するにはPowerPointがインストールされているパソコンが必要だったため、作業場所が固定されるケースもありました。

スライドをOneDriveに保存して共有しておけば、メンバー同士で1つのスライドを同時に表示・編集できるため、何度もメールでやりとりする手間を省けます。また、外出先や自宅など、どこでも好きなときにOneDriveにアクセスし、PowerPoint Onlineを利用してスライドを編集できるため、アイデアを思い付いた場所がそのままワークスペースに早変わりします。さらに、スマートフォンやタブレット専用のPowerPointアプリを使えば、パソコンがない環境でもスライドを閲覧したり編集したりできます。PowerPointとOneDriveを連携することで、時間を効率的に使えるようになります。

スライドの共有

OneDrive を使えば、PowerPoint で作成したスライドを複数のユーザーで閲覧や編集ができる

練習問題

1

練習用ファイルの［第10章_練習問題
.pptx］を開いて、OneDriveの［ドキュ
メント］フォルダーに保存してみましょ
う。

●ヒント：［名前を付けて保存］画面で
［OneDrive - 個人用］をクリックして、
保存を実行します。

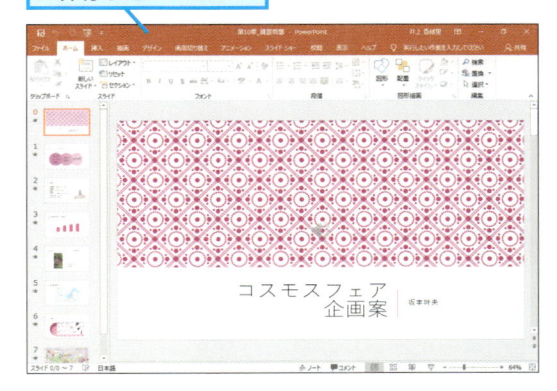

スライドをOneDrive
に保存する

この章のまとめ・練習問題

2

Microsoft EdgeでOneDriveのWebペ
ージを表示し、練習問題1で保存したス
ライドでスライドショーを実行してみま
しょう。

●ヒント：スライドをPowerPoint
Onlineで開きます。

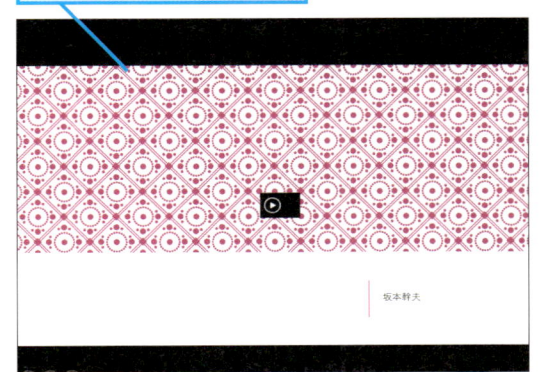

OneDrive上のスライドで
スライドショーを実行する

答えは次のページ

解　答

1

[第10章_練習問題.pptx]
を表示しておく

1 [ファイル] タブ
をクリック

[第10章_練習問題.pptx] を表示し、[名前を
付けて保存] の画面で [OneDrive - 個人用]
をダブルクリックし [ドキュメント] をダブル
クリックします。OneDriveの [ドキュメント]
フォルダーが選択された状態でファイル名を入
力し、[保存] ボタンをクリックしましょう。

2 [名前を付けて保
存]をクリック

3 [OneDrive - 個人用]
をダブルクリック

[ファイルを開く] ダイアロ
グボックスが表示された

4 [ドキュメント]を
ダブルクリック

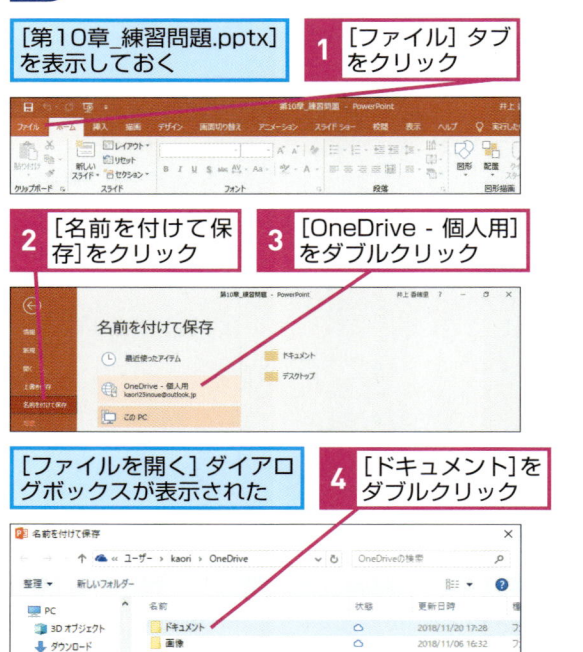

[名前を付けて保存] ダイア
ログボックスが表示された

5 保存場所を
確認

6 [コスモスフェア
企画案]と入力

7 [保存] を
クリック

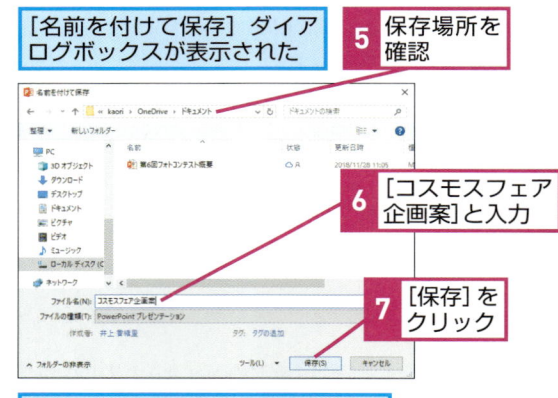

スライドがOneDriveに保存される

2

レッスン❼を参考に、Microsoft Edge
でOneDriveにサインインしておく

Microsoft EdgeでOneDriveのWebページを
表示しておきます。[ドキュメント] をクリック
し、[コスモスフェア企画案] のタイルをクリッ
クします。PowerPoint Onlineが起動したら[ス
ライドショー] をクリックします。

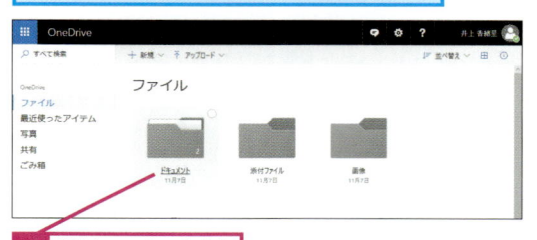

1 [ドキュメント]を
クリック

2 [コスモスフェア企画案]
をクリック

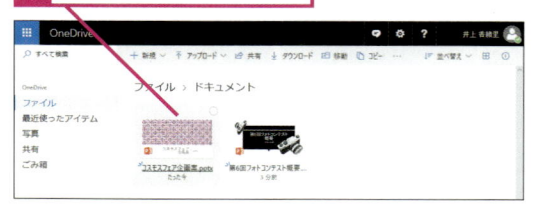

PowerPoint Online
が起動した

3 [スライドショ
ー]をクリック

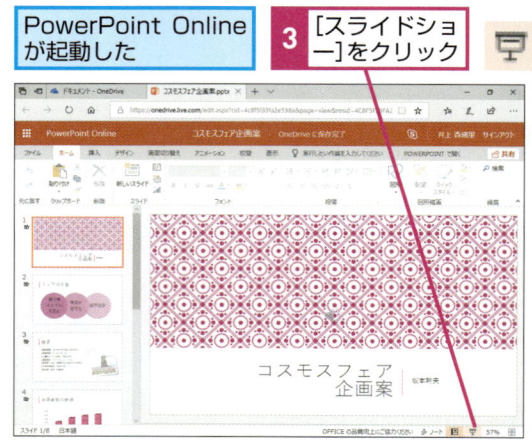

第11章 プレゼンテーションの資料を配付する

この章では、作成したスライドを使って、聞き手に配布する資料や発表者用の資料を印刷する操作を解説します。また、PowerPointのファイルそのものを配布するときに、PowerPointがインストールされていないパソコンでもスライドを表示できるように、PDF形式で保存する操作も紹介します。

●この章の内容

完成した資料を配付しよう

資料の配付

発表に使ったスライドは、印刷して紙で配布するだけでなく、データとして配布することもあります。用途や目的に応じたスライドの配布方法を学びましょう。

資料を印刷するときの考え方

プレゼンテーションや会議では、聞き手に配布する印刷物と、発表者用のメモとなる印刷物が必要です。PowerPointでは、作成したスライドを基に、いろいろな形式の印刷物を簡単に作成できます。

●配布用資料の印刷

配布用の印刷物は、聞き手が持ち帰って見る場合があります。スライドの内容がはっきり読み取れる大きさで印刷します。

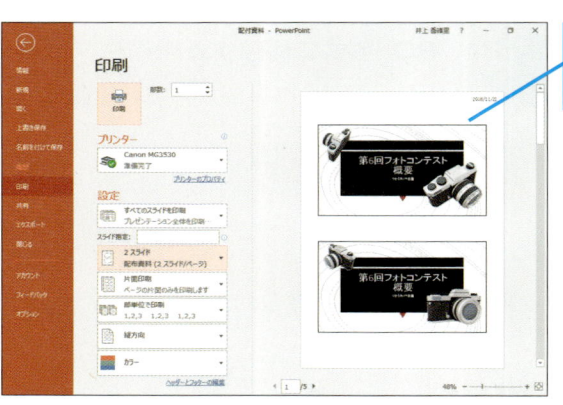

聞き手に配付する資料を印刷する

●発表者用メモの印刷

プレゼンテーションの本番で言い忘れがないように、スライドに対応するメモを用意しておくと安心です。ちょっと目を通しただけで読み取れるような内容を記入して印刷します。

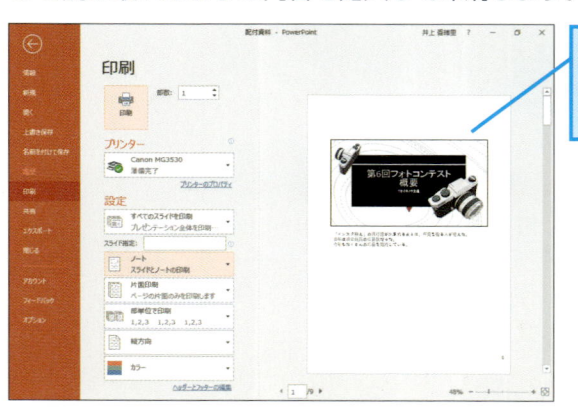

発表時に使う自分用のメモ書きを印刷する

キーワード

PDF	p.302
印刷	p.304
配布資料	p.309

HINT!

いろいろな形式の印刷物を作成できる

PowerPointの印刷機能は多彩です。レッスン㉝のように、1枚の用紙にスライドを大きく印刷したり、レッスン㉗のように1枚の用紙に複数のスライドを印刷したり、263ページのHINT!のようにメモ付きで印刷したりすることもできます。いずれも、作成したスライドの印刷形式を変更するだけで、あっという間に思い通りの資料を作成できます。

● ［2スライド］での印刷

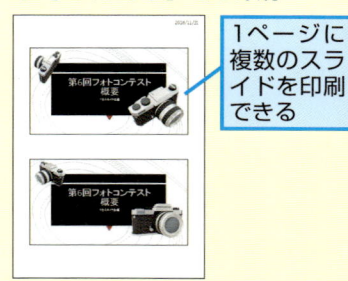

1ページに複数のスライドを印刷できる

●スライドとノートの印刷

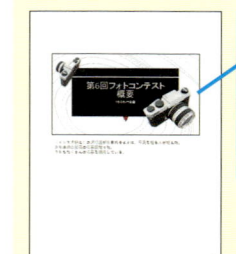

ノートペインに入力したメモをスライドと一緒に印刷できる

データを配布するときの考え方

保存したスライドを会議や仕事でファイルのままやりとりすることも少なくありません。相手のパソコン環境を考慮して、<mark>相手が確実にファイルを開けるように保存する配慮</mark>が必要です。

●PDF形式での保存

相手のパソコンに必ずしもPowerPointがインストールされているとは限りません。相手のパソコンの環境に合わせたファイル形式で保存してから配布します。

> PowerPointがインストールされていないパソコンでも内容を確認できるように、スライドをPDF形式で保存する

●そのほかのデータの配布方法

PowerPointで作成したファイルをWeb上の保存場所であるOneDriveに保存して、ファイルを相手と共有することもできます。OneDriveの詳細は第10章で解説しています。

> スライドをOneDriveに保存してファイルを共有する方法もある

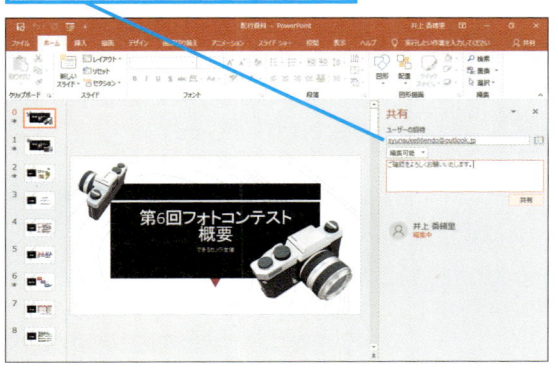

HINT!

個人情報にも気を付けよう

PowerPointファイルには、スライドの内容のほかに作成者や作成日などの情報のほか、ノートペインに入力した情報なども一緒に保存されます。ファイルの個人情報を削除するときは、以下の手順を実行し、[ドキュメント検査]ダイアログボックスで[検査]ボタン、次に表示される画面で[ドキュメントのプロパティと個人情報]と[プレゼンテーションノート]のそれぞれの[すべて削除]ボタンをクリックしてからファイルを保存します。

1 [ファイル]タブをクリック　**2** [情報]をクリック

3 [問題のチェック]をクリック

4 [ドキュメント検査]をクリック

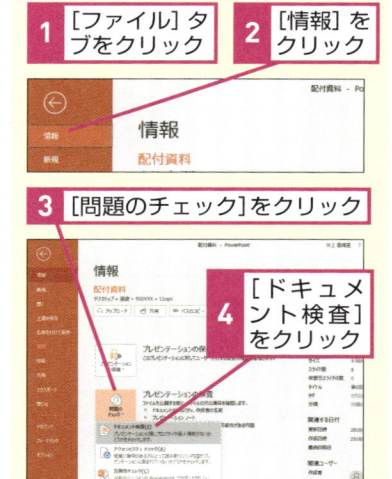

Point

目的に合わせて配布方法を使い分ける

プレゼンテーションの後に、説明で利用したスライドをインターネット上に公開したり、使用したプレゼンテーションファイルをメールに添付して配布したりする場合もあるでしょう。プレゼンテーションの形態に合わせて、PowerPointに用意されている「印刷」と「保存」の機能を使い分けましょう。このとき、受け取った相手が確実に見られる配布方法を選択することが大切です。

77

配布用の資料を印刷するには

配布資料

このレッスンでは、聞き手に配布するための資料を印刷します。配布資料は、発表用に作成したスライドの印刷形式を変更するだけで用意できます。

① [印刷] の画面を表示する

配布資料を印刷する前に印刷イメージを確認する

1 [ファイル]タブをクリック

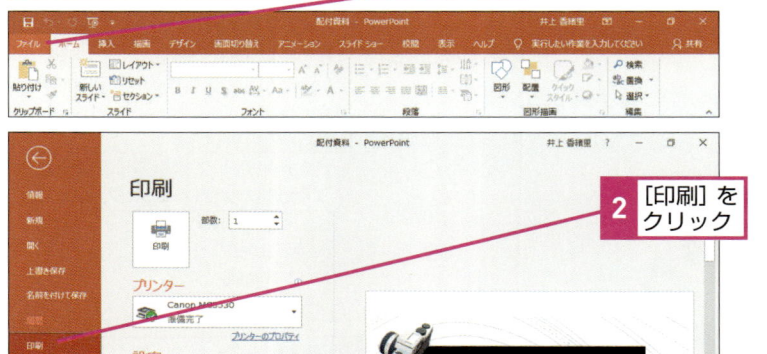

2 [印刷] をクリック

② 配布資料のレイアウトを選択する

印刷イメージが表示された

ここでは1枚の用紙にスライドを2枚ずつ印刷する

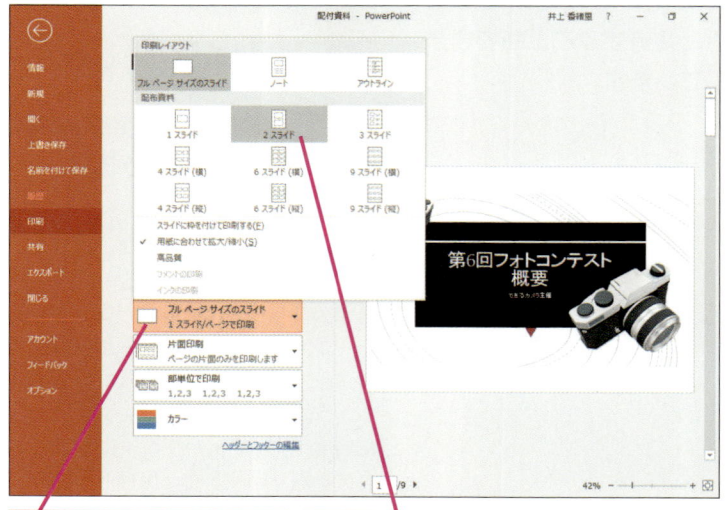

1 [フルページサイズのスライド]をクリック

2 [2スライド]をクリック

キーワード

印刷	p.304
配布資料	p.309

レッスンで使う練習用ファイル
配布資料.pptx

ショートカットキー

[Ctrl] + [P] …………[印刷]画面の表示

HINT!

用紙サイズに合わせて印刷するには

手順2で[用紙に合わせて拡大/縮小]のチェックマークが付いていると、用紙のサイズに合わせてスライドを印刷できます。例えば、B5用紙に印刷するときに[用紙に合わせて拡大/縮小]のチェックマークが付いていれば、用紙に収まるようにサイズが自動調整されます。

HINT!

スタイルや特殊効果を印刷するには

手順2で[高品質]をクリックしてチェックマークを付けると、影付きのスタイルを適用した写真や図形、半透明の特殊効果などを、画面の見た通りに印刷できます。ただし、印刷にかかる時間が長くなることがあるので注意しましょう。

HINT!

1枚のスライドを大きく印刷するには

手順2で[フルページサイズのスライド]を選ぶと、1枚の用紙に1枚のスライドを大きく印刷できます。詳しい手順は、レッスン㉝で解説しています。

③ 印刷を開始する

上下に2枚のスライド
が表示された

印刷の設定が完了したので、
スライドを印刷する

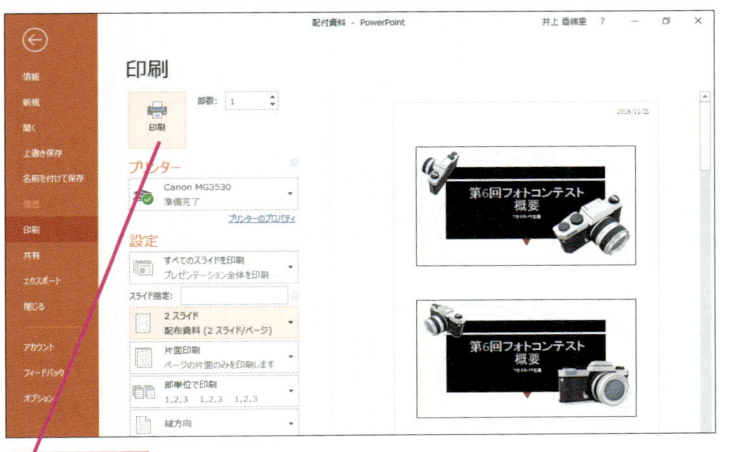

1 [印刷] を
クリック

④ スライドが印刷された

1枚の用紙に2枚のスライドが
印刷された

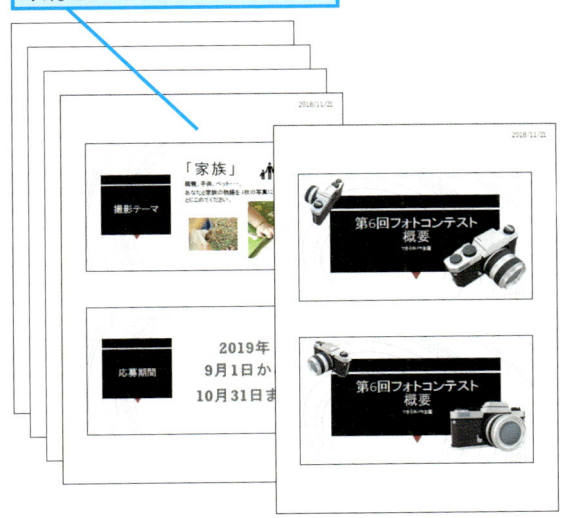

印刷を実行した日付とページ番号が
印刷される

HINT!

メモ付きの配布資料を
作成するには

手順2で［フルページサイズのスラ
イド］をクリックし、［配布資料］の
［3スライド］を選択すると、スライ
ドの右側に聞き手がメモを取るため
の罫線が引かれたレイアウトに変更
できます。

［3スライド］を選択する
と、メモ欄が表示される

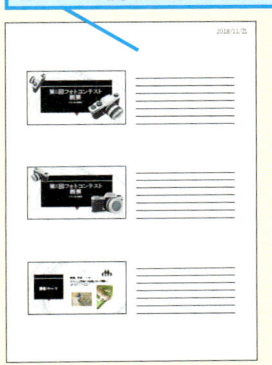

⚠ 間違った場合は？

目的とは違う配布資料のレイアウト
を選択してしまった場合は、再度手
順2から操作をやり直します。

Point

配布資料は見やすさが基本

配布資料は、聞き手が持ち帰って企
画の採用や商品の購入をじっくり検
討するときに読むためのものです。
そのため、手元で資料を見たときに、
スライドの内容や文字がはっきり読
めることが大切です。1枚にたくさ
んのスライドを印刷すると、用紙の
枚数は少なくて済みますが、スライ
ドの文字が読みづらくなります。か
といって、1枚の用紙に1枚ずつスラ
イドを印刷して大勢の聞き手に配布
すると、大量の用紙が必要になりま
す。文字の読みやすさと用紙の節約
を考慮すると、［2スライド］か［3
スライド］のレイアウトが最適です。

78

発表者用の資料を作成するには

［ノート表示］モード

発表者用のメモは、ノートに入力します。ノートに入力した文字を印刷すると、1枚の用紙にスライドとメモをまとめて印刷できます。

1 ［ノート表示］モードに切り替える

発表者用のメモを入力する	7枚目のスライドを選択しておく	**1** ［表示］タブをクリック

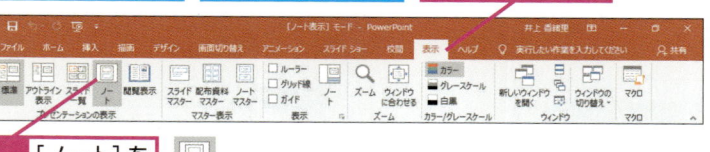

2 ［ノート］をクリック

2 ［ズーム］ダイアログボックスを表示する

［ノート表示］モードに切り替わった	**1** ［表示］タブをクリック	**2** ［ズーム］をクリック

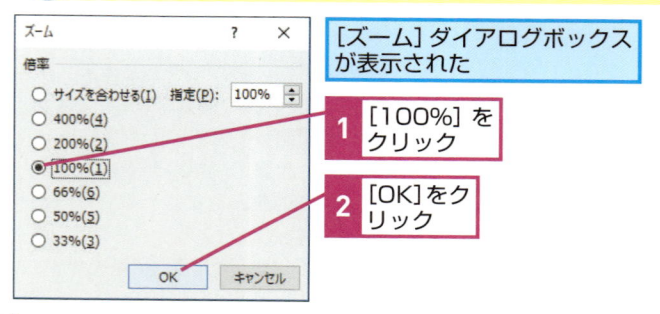

◆ ［ノート表示］モード

3 画面の表示倍率を変更する

［ズーム］ダイアログボックスが表示された

1 ［100%］をクリック

2 ［OK］をクリック

▶ キーワード

印刷	p.304
［ノート表示］モード	p.309
ノートペイン	p.309
配布資料	p.309

レッスンで使う練習用ファイル
［ノート表示］モード.pptx

⌨ ショートカットキー

Ctrl + P ………… ［印刷］画面の表示

HINT!

ノートペインを表示してメモを入力できる

発表者用のメモは、［標準表示］モードの画面下にある［ノート］ボタン（ ≜ノート ）をクリックして表示されるノートペインでも入力できます。ノートペインとスライドペインの境界線にマウスポインターを合わせて上方向にドラッグすると、ノートペインの領域を広げられます。閉じるときは、もう一度［ノート］ボタンをクリックします。

1 ［ノート］をクリック

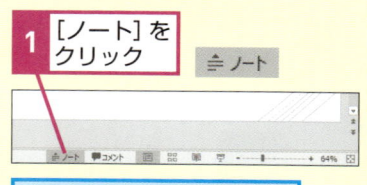

ノートペインが表示された

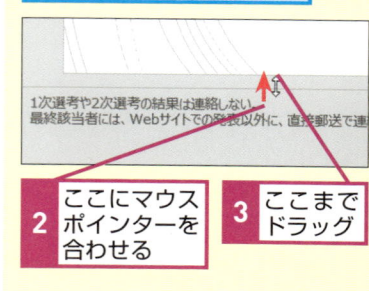

2 ここにマウスポインターを合わせる

3 ここまでドラッグ

発表者用のメモを入力する

スライドの表示倍率が上がった	スライドの補足事項や発表のポイントなどを入力する

1 ここをクリック

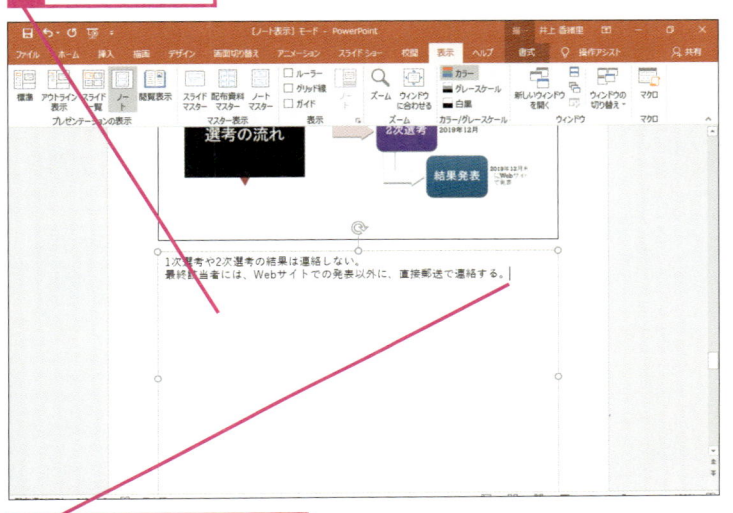

2 発表に必要なメモを入力

5 **次のスライドにメモを入力する**

次のスライドを表示する

1 [次のスライド] をクリック

Office 365には [次のスライド] ボタンがないので、スクロールバーをドラッグして下にスクロールする

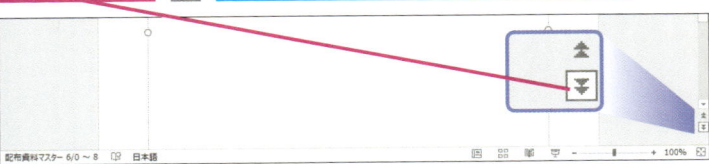

8枚目のスライドが表示された	**2** ここをクリックして必要なメモを入力

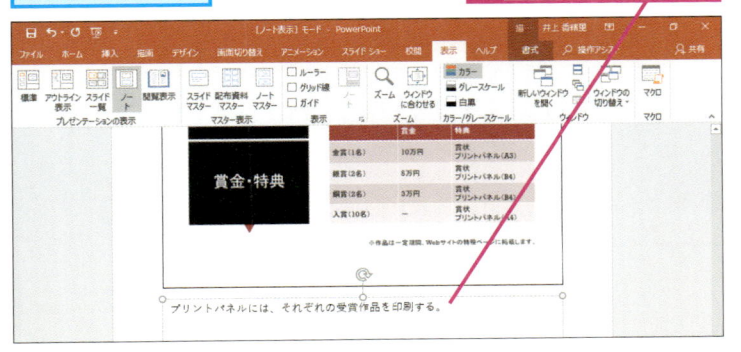

HINT!

メモは箇条書きで簡潔に

ノートは、プレゼンテーションの本番で言い忘れがないようにするためのメモです。ポイントとなる内容だけを箇条書きで短く書き留めておきましょう。台本のセリフのような文章を入力してしまうと、メモの文字ばかりを目で追うことになり、聞き手に視線を配ることができなくなるので注意が必要です。

HINT!

図やイラストも挿入できる

[ノート表示] モードでも、イラストや写真、図表などを挿入できます。ただし、[ノート表示] モードで追加した図やイラストは、[標準表示] モードのノートペインには表示されません。

 間違った場合は？

手順5でスライドを進めすぎてしまった場合は、[前のスライド] ボタン（⬆）をクリックして戻します。

次のページに続く

6 [標準表示] モードに切り替える

メモが入力できた

1 [標準]をクリック

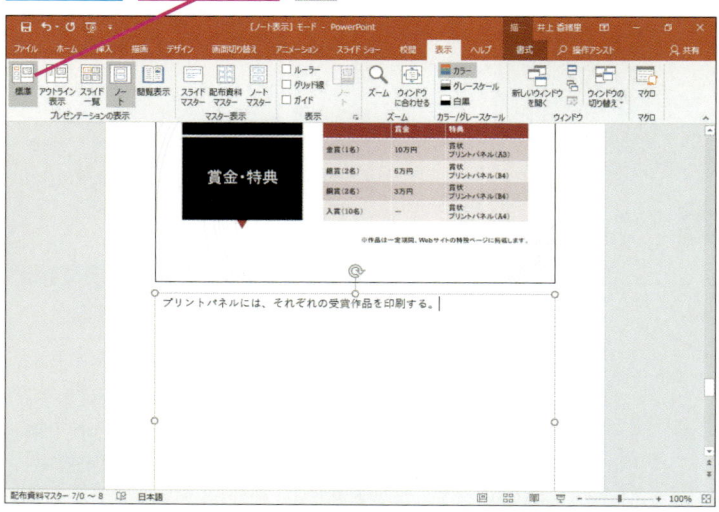

HINT!

ノートにヘッダーやフッターを設定するには

ノートの各ページに会社名や氏名、日付、ページ番号などの情報を印刷するには、以下の手順でヘッダーとフッターを設定します。

1 [挿入]タブの[ヘッダーとフッター]をクリック

[ヘッダーとフッター]ダイアログボックスが表示された

2 [ノートと配付資料] タブをクリック

必要な項目を設定する

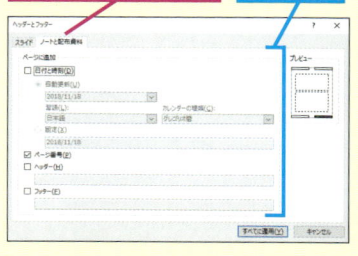

テクニック **Wordに送信してノートを印刷できる**

ノートを印刷すると、A4用紙の上半分にスライド、下半分にノートの内容が印刷されますが、スライドの枚数が多いと、用紙の枚数も増えてしまいます。用紙を減らすには、以下の手順でWordに送信して、Wordの文書を印刷するといいでしょう。Wordに送信すると自動的にWordが起動し、A4用紙に3枚のスライドと対応するノートの内容が表示されます。なお、Wordがインストールされていないパソコンでは実行できません。

1 [ファイル] タブをクリック

2 [エクスポート]をクリック

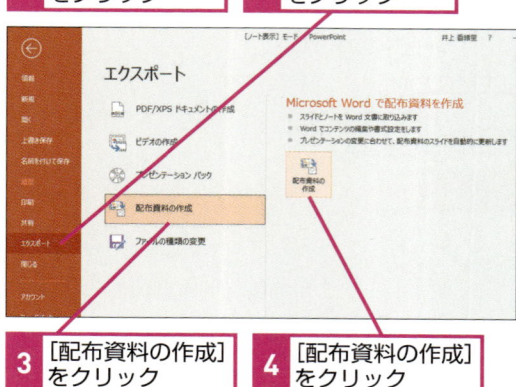

3 [配布資料の作成]をクリック

4 [配布資料の作成]をクリック

[Microsoft Wordに送る] ダイアログボックスが表示された

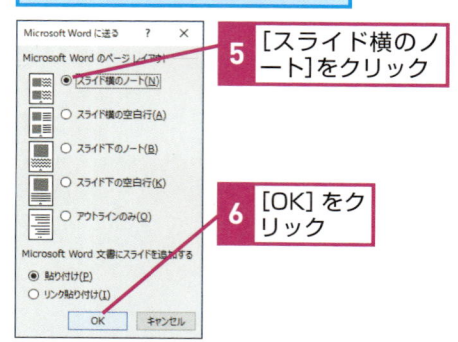

5 [スライド横のノート]をクリック

6 [OK]をクリック

Wordが起動して、新しい文書にスライドとメモ用の空白の表が作成される

必要に応じて表の幅を変更しておく

7 印刷のレイアウトを変更する

[標準表示]モード
に切り替わった

スライドとノート
を印刷する

1 [ファイル]タブを
クリック

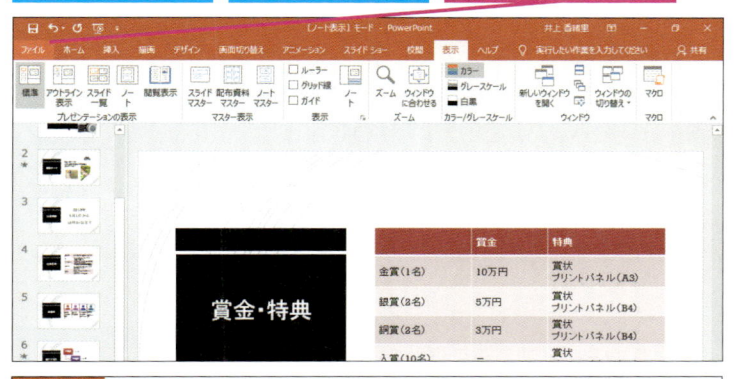

2 [印刷]を
クリック

3 [フルページサイズの
スライド]をクリック

4 [ノート]を
クリック

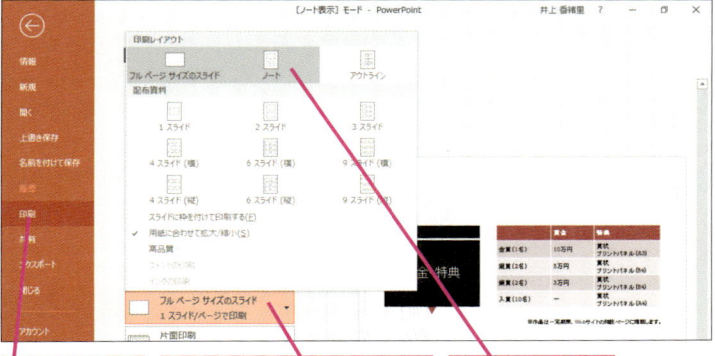

8 印刷を開始する

上下にスライドとノート
が表示された

印刷の設定が完了したのでスライ
ドとノートを印刷する

1 [印刷]を
クリック

1枚の用紙にスライド
とノートが印刷される

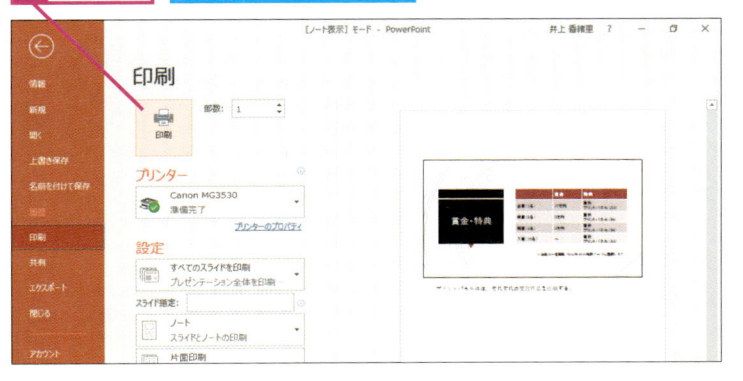

HINT!

ノートの文字に書式を
設定するには

ノートに入力した文字が小さいと、
プレゼンテーションの本番で読み落
としたり読み間違えたりすることも
あるでしょう。[ノート表示] モード
で入力した文字を選択し、[ホーム]
タブの [フォントサイズ] ボタン（ A
／ A ）や [フォントの色] ボタン（ A ）
を使うと、自由に書式を設定できま
す。ただし、ノートペインでは、文
字に書式を付けても結果を確認する
ことはできません。ノートペインに
表示できるのは書式なしの文字だけ
です。

 間違った場合は？

手順7で目的とは違うレイアウトを
選択してしまった場合は、もう一度
印刷レイアウトを選び直します。

Point

スライドから発表者用のメモが
作成できる

タイムテーブルや説明のポイントな
どを書き込んだ自分用のメモを持ち
込む発表者は少なくありません。手
書きやほかのソフトウェアで作成し
たメモだと、どのメモがどのスライ
ドに対応しているのかが分かりにく
くなる場合があります。PowerPoint
に用意されているノートの機能を利
用すると、スライドの下に文字を入
力するだけで簡単にメモが作成でき
るため、メモの作成時間を大幅に短
縮できます。
また、スライドとメモが同じ用紙に
印刷されるため、本番でも各スライ
ドで説明するポイントを慌てること
なく、瞬時に確認できます。

79 スライドをPDF形式で保存するには

エクスポート

作成したスライドをPDF形式で保存します。PDF形式で保存すると、スライドの内容を改ざんできない閲覧専用のファイルになります。

① [PDFまたはXPS形式で発行] ダイアログボックスを表示する

作成したスライドをPDF形式で保存する

1 [ファイル]タブをクリック

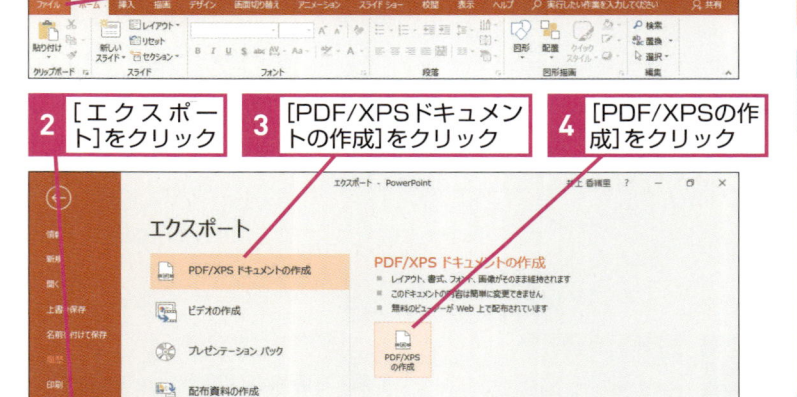

2 [エクスポート]をクリック

3 [PDF/XPSドキュメントの作成]をクリック

4 [PDF/XPSの作成]をクリック

② スライドをPDF形式で保存する

[PDFまたはXPS形式で発行] ダイアログボックスが表示された

1 [ドキュメント]をクリック

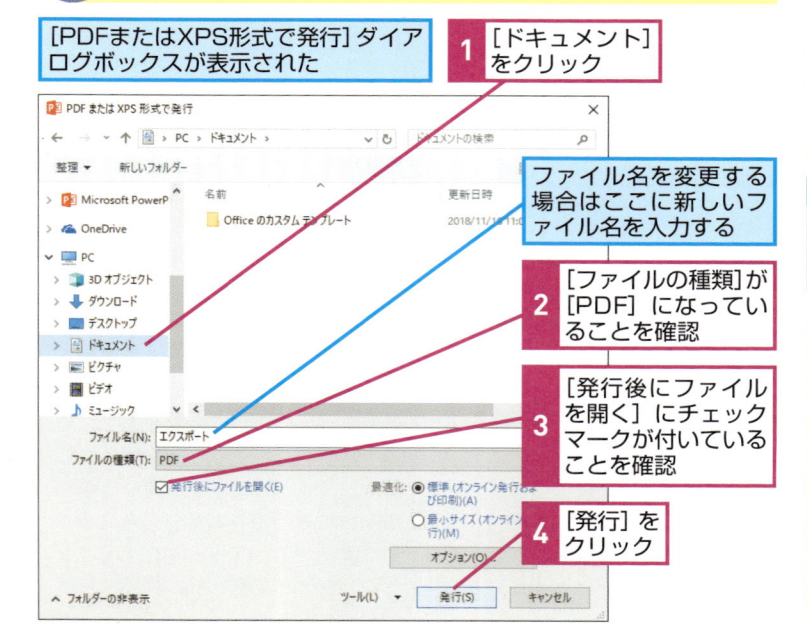

ファイル名を変更する場合はここに新しいファイル名を入力する

2 [ファイルの種類]が [PDF] になっていることを確認

3 [発行後にファイルを開く]にチェックマークが付いていることを確認

4 [発行] をクリック

キーワード

PDF	p.302
スライド	p.306
名前を付けて保存	p.308

 レッスンで使う練習用ファイル
エクスポート.pptx

HINT!

「PDF」って何?

PDFとは「Portable Document Format」(ポータブル・ドキュメント・フォーマット) の略で、アドビシステムズが開発したファイル形式の名前です。PDF形式でファイルを保存すると、OSなどの違いに関係なく、ファイルを閲覧できます。

HINT!

「XPS」って何?

XPSとは、「XML Paper Specification」の略で、マイクロソフトが開発したファイル形式のひとつです。XPS形式で保存すると、PDFファイルと同じように、パソコンの環境に関係なくファイルの表示や印刷ができます。

HINT!

[名前を付けて保存] でもPDFを保存できる

レッスン⑭の操作で [名前を付けて保存] ダイアログボックスを開き、[ファイルの種類] を [PDF] に変更しても、PDF形式で保存できます。

③ スライドがPDF形式で保存された

PDFが発行される

Microsoft Edgeが起動し、
PDFが表示された

1 PowerPointで作成した文書が
正しく表示されているか確認

④ PDFを閉じる

1 [閉じる]をクリック

Microsoft Edgeが終了し、
PDFが閉じる

HINT!

**保存するPDFの品質や
ページ範囲を設定できる**

PDFファイルを高品質で印刷するな
ら、手順2の画面にある［最適化］
の［標準］を選びます。一方、ファ
イルサイズを小さくすることを優先
させたいときは［最小サイズ］を選
びます。また、［オプション］ボタン
をクリックすると、PDFファイルと
して保存するスライドの範囲を指定
できます。

HINT!

**PDFファイルを開くアプリは
パソコンによって異なる**

このレッスンでは、PDF形式で保存
したファイルを開くときに、自動的
にMicrosoft Edgeというブラウザー
が起動しました。パソコンにAdobe
Readerがインストールされている場
合は、Adobe Readerが起動します。
これは、PDFファイルをどのアプリ
で開くかがあらかじめ設定されてい
るためです。どのアプリが起動する
かはパソコンによって異なります。

Point

**パソコンの環境を問わずに
閲覧できる**

PDFはOSに関係なくどんなパソコン
でもファイルを閲覧できるため、広
く使われているファイル形式です。
PDF形式として保存したファイルは、
PowerPointを持っていない人でも
Windows 10のWebブラウザー
（Microsoft Edge）や無料のソフト
ウェア（Adobe Acrobat Reader
DCなど）で閲覧できますが、内容
の変更やアニメーションの再現はで
きません。演出効果よりも、紙の印
刷物の代わりに内容をじっくり見て
もらう場合に利用するといいでしょ
う。

この章のまとめ

●相手の環境に合わせて配布方法を使い分けよう

プレゼンテーションは、大きな画面にスライドを投影して、スライドショー形式で説明するだけとは限りません。社内会議などでは、スライドを印刷した資料を配布して、大きな画面を使わずにプレゼンテーションを行う場合もあるでしょう。このようなときは、1枚の用紙にスライド1枚ずつ印刷すると、聞き手が資料を読みやすくなります。一方、大きな画面を使うプレゼンテーションで資料を配布する場合は、資料は補助的な役割になります。そのため、1枚の用紙にスライドを2枚もしくは3枚ずつ印刷するのが適当です。

また、PowerPointで作成したスライドをファイルのまま配布する場合は、メールにファイルを添付したり、Web上の保存場所である

OneDriveで共有したりする方法があります。ただし、いずれの方法も、相手のパソコンにPowerPointがインストールされていないと、スライドを表示できません。相手のパソコン環境が分からない場合は、スライドをPDF形式で保存しましょう。そうすると、PDFを閲覧するアプリを使ってスライドを表示できるので、PowerPointがインストールされていなくても大丈夫です。

スライドを第三者に配布するときは、プレゼンテーションの形態や相手のパソコン環境などを考慮して、スライドをスムーズに読めるように印刷したり、保存したりする心配りが必要となります。

ファイルの印刷と配布

作成したスライドを聞き手に配布するために出力する

練習問題

1

練習用ファイルの［第11章_練習問題
.pptx］を起動して、メモ付きの配布資料
を印刷してみましょう。

●ヒント：［印刷］の画面で［フルページ
サイズのスライド］をクリックして、レ
イアウトを変更します。

印刷設定画面で［3スライド］
の印刷レイアウトを選ぶ

2

練習問題1のスライドをPDFファイルと
して［ドキュメント］フォルダーに保存
してみましょう。

●ヒント：［ファイル］で［エクスポート］
を選択します。

PDF形式で保存すると、PowerPoint
がインストールされていないパソコン
でもスライドを表示できる

この章のまとめ・練習問題

答えは次のページ

解 答

1

[第11章_練習問題.pptx]を表示しておく

1 [ファイル]タブをクリック

2 [印刷]をクリック

印刷レイアウトの一覧を表示する

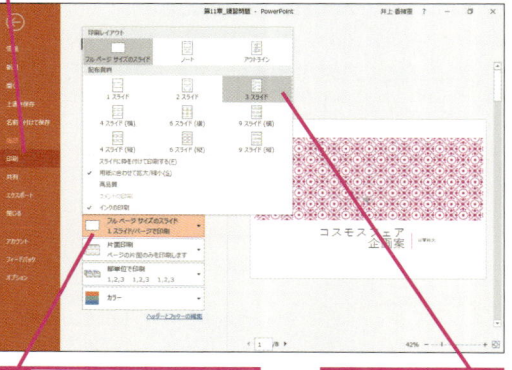

3 [フルページサイズのスライド]をクリック

4 [3スライド]をクリック

[印刷]の画面を表示したら、[フルページサイズのスライド]をクリックして表示された一覧から[3スライド]を選択します。

メモ欄が入った3枚のスライドが表示された

5 [印刷]をクリック

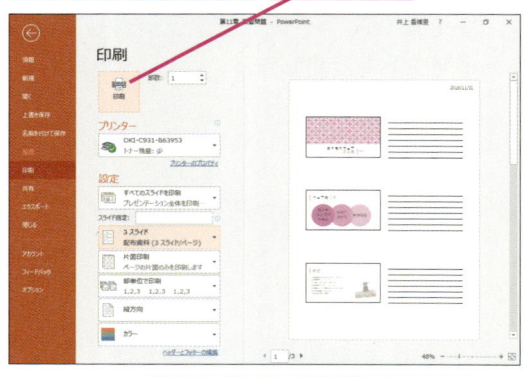

メモ付きの配布資料のレイアウトでスライドが印刷される

2

1 [ファイル]タブをクリック

2 [エクスポート]をクリック

3 [PDF/XPSドキュメント]の作成をクリック

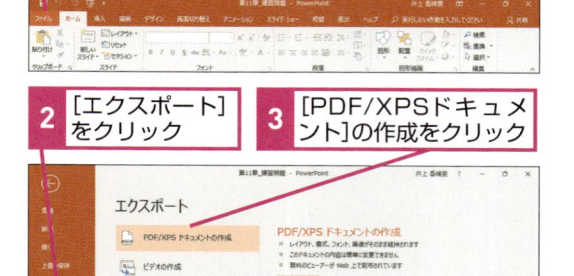

4 [PDF/XPSの作成]をクリック

[ファイル]タブをクリックし、[エクスポート] - [PDF/XPSドキュメントの作成] - [PDF/XPSの作成]の順番にクリックします。[PDFまたはXPS形式で発行]ダイアログボックスで、保存先を[ドキュメント]を指定してから[発行]ボタンをクリックします。

5 [ドキュメント]をクリック

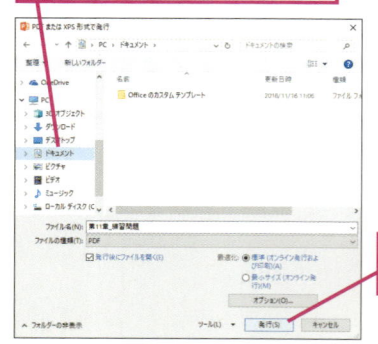

6 [発行]をクリック

第12章 オリジナルの テンプレートを作成する

この章では、スライドにオリジナルのレイアウトを作成し、1枚企画書用のオリジナルテンプレートを作成します。また、作成したオリジナルテンプレートを保存する操作についても説明します。

1枚企画書の
テンプレートを作成しよう

テンプレートの作成と利用

スライドのレイアウトを変更して、オリジナルのスライドを作成します。作成したスライドを［テンプレート］として保存すれば、後から何度でも利用できます。

テンプレートの作成

オリジナルのテンプレートの作成方法にはいろいろありますが、ここでは、既存のスライドのレイアウトに手を加えて、スライドを4分割した1枚企画書用のテンプレートを作成します。作成したオリジナルテンプレートを保存すると、次回からはPowerPointのスタート画面や［新規］の画面から利用できます。

第12章 オリジナルのテンプレートを作成する

スライドを4分割したレイアウトを作成する →レッスン⑧

作成したスライドをテンプレートとして保存する →レッスン⑧

テンプレートの保存先を変更し、テンプレートからスライドを作成する →レッスン⑧

テンプレートを作るときの考え方

白紙のスライドに一からオリジナルデザインやオリジナルレイアウトを作成していく作り方もありますが、既存のテーマやレイアウトを変更すれば、効率よくテンプレートを作成できます。デザインやレイアウトに凝りすぎず、スライドの内容を引き立てるシンプルなものにするのがポイントです。

●オリジナルのレイアウト

PowerPointに用意されている11種類のスライドレイアウト以外に、頻繁に使うレイアウトがあれば、オリジナルのレイアウトをテンプレートとして保存します。この章で作成する1枚企画書は、タイトルの他に、4つのプレースホルダーを配置して起承転結を簡潔にまとめるためのものです。

> オリジナルのレイアウトを作成し、テンプレートとして保存する

●オリジナルのデザイン

会社のロゴや、製品のロゴなどを挿入したり、既存のテーマの色を会社のイメージカラーに変更するなどして、オリジナルのデザインをテンプレートとして保存します。

> スライドマスターなどを使ってオリジナルのデザインを作成し、テンプレートとして保存する

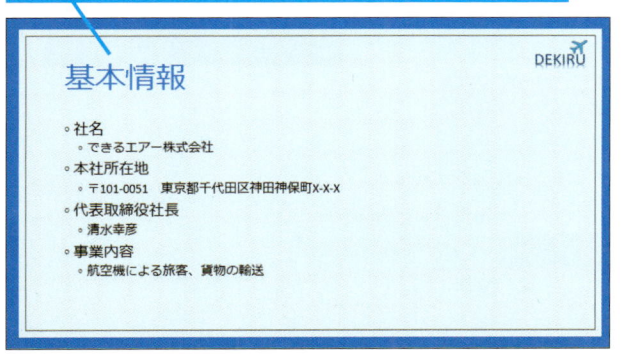

オリジナルのレイアウトを用意するには

1枚企画書向けのレイアウト

既存の［2つのコンテンツ］のレイアウトを変更し、スライドに4つのプレースホルダーを配置します。また、プレースホルダーの色やサイズも変更します。

1 ［2つのコンテンツ］のレイアウトを適用する

PowerPointを起動しておく

1 ［ホーム］タブをクリック

2 ［新しいスライド］をクリック

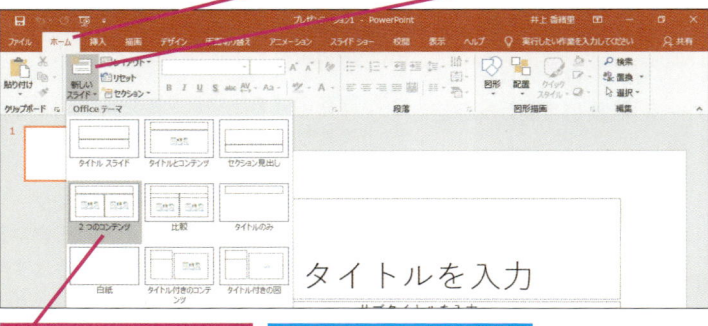

3 ［2つのコンテンツ］をクリック

［2つのコンテンツ］のレイアウトが適用された

2 タイトルのプレースホルダーのスタイルを変更する

1 タイトルのプレースホルダーをクリックして選択

2 ［書式］タブをクリック

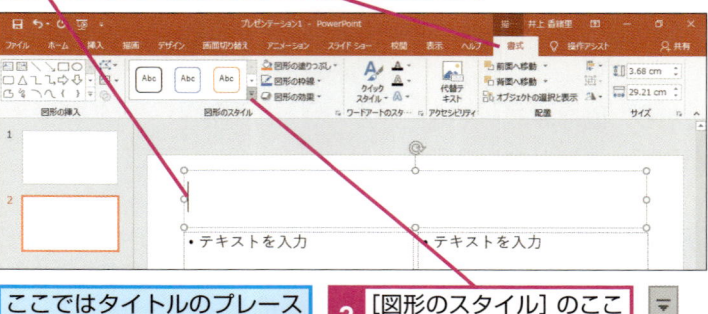

ここではタイトルのプレースホルダーを黒く塗りつぶす

3 ［図形のスタイル］のここをクリック

4 ［塗りつぶし、黒、濃色1］をクリック

▶ **動画で見る** 詳細は3ページへ

キーワード

書式	p.306
テンプレート	p.308
プレースホルダー	p.310

HINT!

完成イメージに近いレイアウトを選ぶ

手順1で選ぶレイアウトは、作成したいレイアウトに近いものを選びます。そうすると、白紙のレイアウトに一から図形を配置しなくても、既存のプレースホルダーのサイズを変更したりコピーしたりするなどして利用できます。

HINT!

プレースホルダーを黒色にすると、自動的に文字が白になる

ここでは、タイトルのプレースホルダーを黒色で塗りつぶしました。そうすると、自動的にそのプレースホルダーに入力した文字は白色になります。

自動的に文字が白色になる

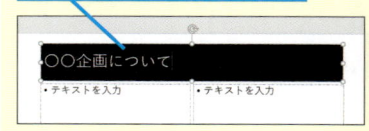

③ タイトル文字を中央に配置する

文字を入力したときに中央に配置されるようにする

1 [ホーム] タブをクリック

2 [中央揃え] をクリック

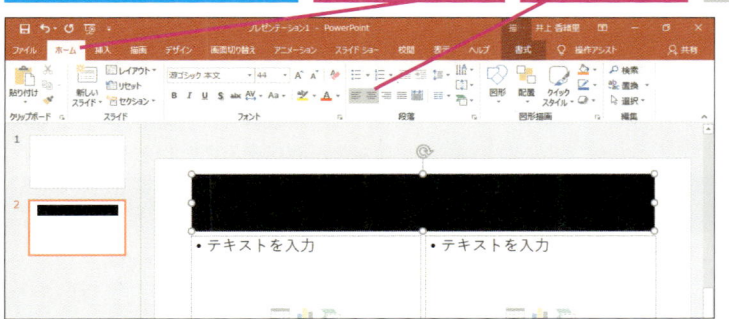

④ 2つのプレースホルダーのスタイルを変更する

タイトルの文字が中央に配置された

分かりやすくするためにプレースホルダーの枠の色を変更する

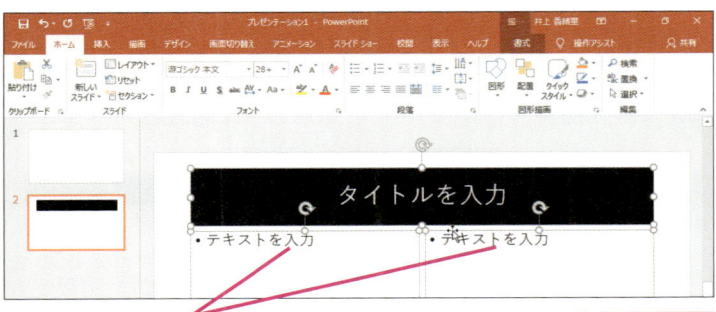

1 Shift キーを押しながら2つのプレースホルダーをクリック

2 [書式] タブをクリック

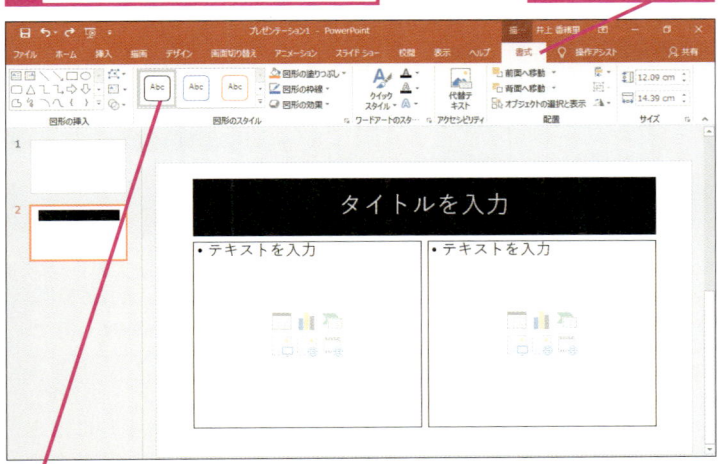

3 [枠線のみ、黒、濃色1] をクリック

プレースホルダーのスタイルが変更され、枠の色が黒色に変わった

HINT!

プレースホルダーに枠線を付ける

スライドに最初から表示されているプレースホルダーには、点線の枠が表示されますが、この枠は印刷されません。印刷したときに枠線が必要な場合は、手順4の操作で後から枠線を付けます。[書式] タブの [図形の枠線] ボタンから色や太さを選んでもいいでしょう。

1 Shift キーを押しながら2つのプレースホルダーをクリック

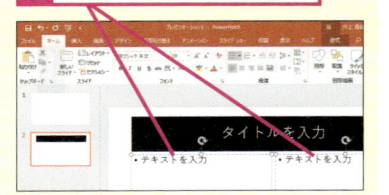

2 [書式] タブをクリック

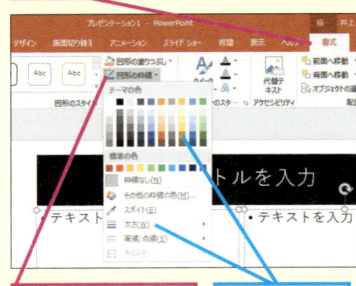

3 [図形の枠線] をクリック

枠線の色や太さを変更できる

次のページに続く

⑤ プレースホルダーの高さを変更する

プレースホルダーの高さが6cm になるように変更する

1 「6」と入力

2 Enter キーを押す

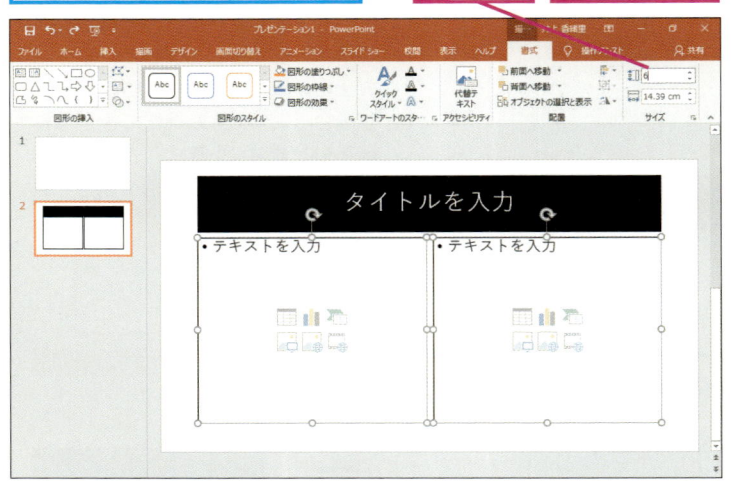

プレースホルダーの高さが変わった

⑥ プレースホルダーをコピーする

そのまま真下にドラッグしてコピーする

1 Ctrl + Shift キーを押す

2 表のここにマウスポインターを合わせる

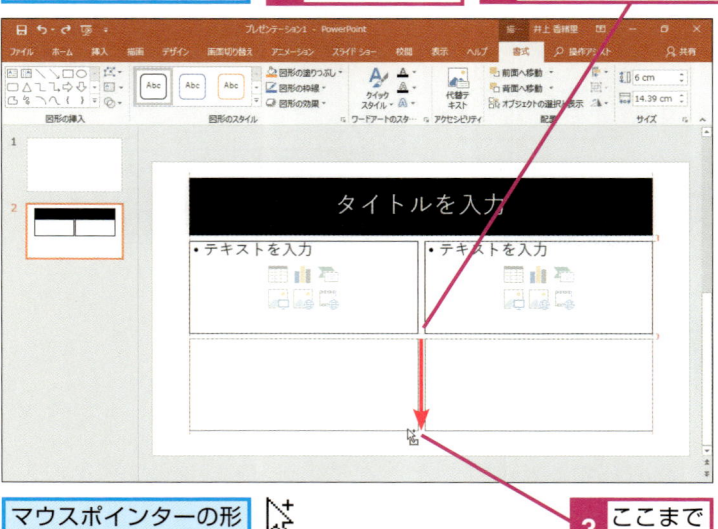

マウスポインターの形が変わった

3 ここまでドラッグ

HINT!

ドラッグ操作でもサイズを変更できる

プレースホルダーの幅や高さは、プレースホルダーをクリックしたときに表示される白いハンドルをドラッグして変更することもできます。ただし、複数のプレースホルダーの高さを正確にそろえたいときは、手順5のように数値で指定するといいでしょう。

1 ハンドルにマウスポインターを合わせる

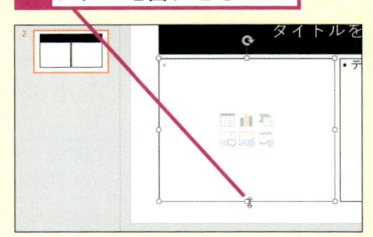

マウスポインターの形が変わった ↕

2 ここまでドラッグ

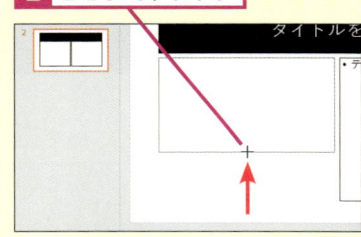

プレースホルダーの高さを変更できた

HINT!

Ctrl + Shift キーなら真下にコピーできる

プレースホルダーをコピーする方法はいくつかありますが、手順6では、Ctrl キーと Shift キーを押しながらプレースホルダーをドラッグしています。Ctrl キーがコピーの役割、Shift キーが垂直（水平）に固定する役割を果たすため、ドラッグするだけで真下にコピーできます。

7 4つのプレースホルダーに文字を入力する

プレースホルダーを
4つ用意できた

1 ここに「1.現状」と入力

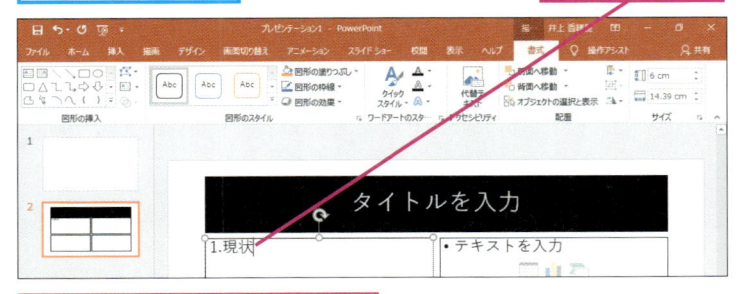

2 同様にしてすべてのプレースホルダーに文字を入力

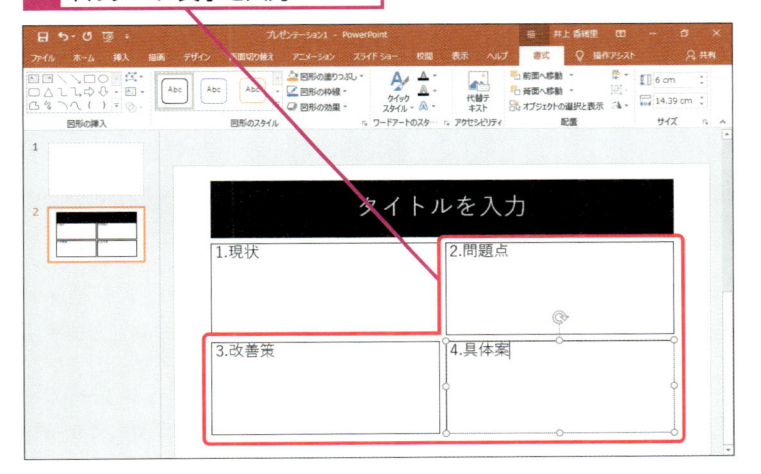

8 4つのプレースホルダーの色を変更する

スライドを4分割できた

手順2を参考にプレースホルダーの色を変更しておく

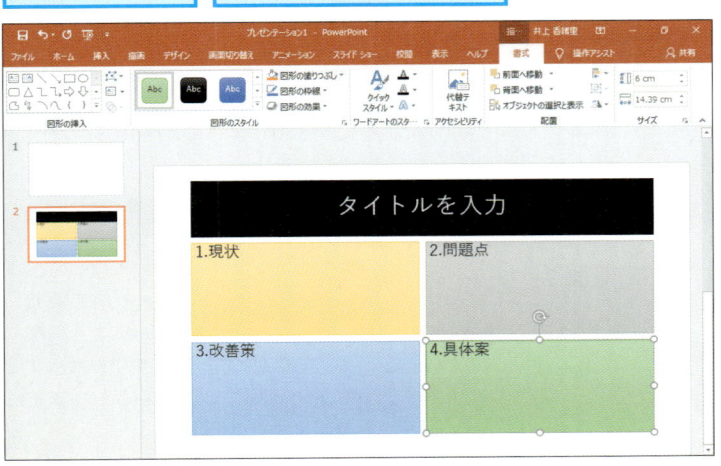

HINT!

スライドの内容は入力しない

テンプレートは、よく使うスライドのレイアウトやデザインを保存するためのものです。そのため、プレゼンテーションの内容をスライドに入力してしまうと、テンプレートを開くたびに入力済みの内容を消す手間が発生します。テンプレートには、毎回必ず使う文字以外は入力しないようにしましょう。

⚠ 間違った場合は？

手順6で1つしかプレースホルダーがコピーできなかったときは、コピー元のプレースホルダーが正しく選択できていません。手順4を参考に、2つのプレースホルダーを選択してからコピーし直します。

Point

ひとめで分かるレイアウトを作ろう

スライド1枚だけで企画の内容を伝える1枚企画書は、文字の見せ方がポイントです。箇条書きを列記するよりも、図形の中に文字を入れたほうが視覚効果が高まります。また、図形の色を変えることによって他の文字と差別化できます。ここでは、「現状」「問題点」「改善策」「具体案」を表す4つのプレースホルダーを使いましたが、「現状」「問題点」「改善策」の3つのプレースホルダーを横並びに配置してもいいでしょう。企画書や提案書でよく使う説明の流れを生かすレイアウトを作成しましょう。

82

テンプレートとして保存するには

PowerPointテンプレート

完成したオリジナルのレイアウトのスライドを保存します。何度も利用できるようにするには、[ファイルの種類]を[PowerPointテンプレート]に変更して保存します。

1 [名前を付けて保存]ダイアログボックスを表示する

スライドをテンプレートとして保存する

1 [ファイル]タブをクリック

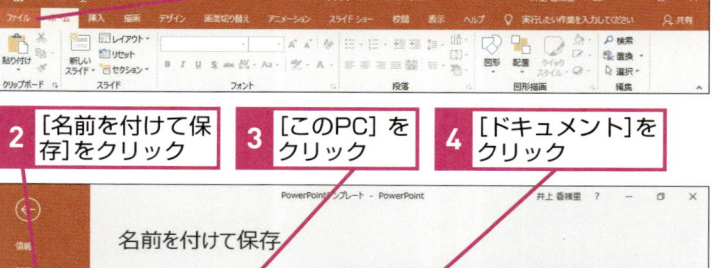

2 [名前を付けて保存]をクリック

3 [このPC]をクリック

4 [ドキュメント]をクリック

注意 [このPC]に[ドキュメント]が表示されない場合は、[参照]をクリックして手順2の画面で[ドキュメント]を指定します

2 保存するファイルの種類を選択する

テンプレートとして保存するためにファイルの種類を変更する

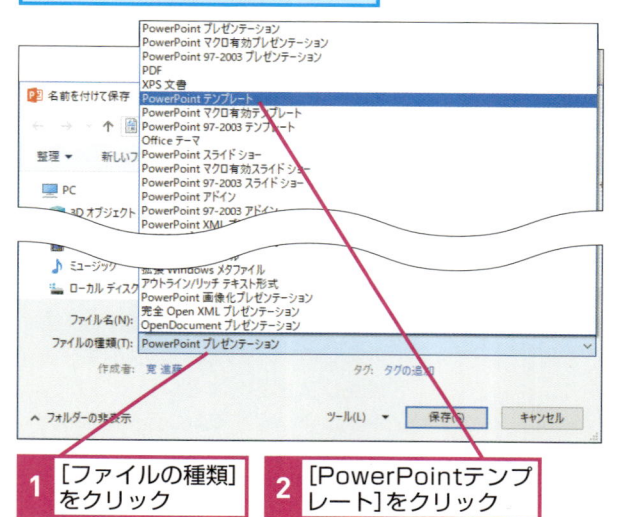

1 [ファイルの種類]をクリック

2 [PowerPointテンプレート]をクリック

キーワード

拡張子	p.304
テンプレート	p.308
名前を付けて保存	p.308

レッスンで使う練習用ファイル
PowerPointテンプレート.pptx

ショートカットキー

`F12` ……………名前を付けて保存

HINT!

以前のバージョンでも使えるように保存するには

[PowerPointテンプレート]として保存したデザインはPowerPoint 2019/2016/2013/2010でしか使えません。以前のバージョンでも利用できるようにするには、手順2で[ファイルの種類]を[PowerPoint97-2003テンプレート]に変更してから保存します。

[名前を付けて保存]ダイアログボックスを表示しておく

1 [ファイルの種類]で[PowerPoint 97-2003テンプレート]を選択

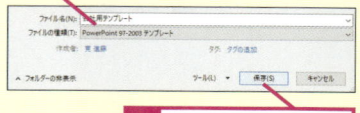

2 [保存]をクリック

⚠ **間違った場合は？**

手順2で目的と違うファイルの種類を選択してしまった場合は、再度[ファイルの種類]をクリックして[PowerPointテンプレート]を選択し直します。

③ テンプレートを保存する

自動的に［Officeのカスタムテンプレート］フォルダーが保存先に選択された

ここでは保存先を変更せずに操作を進める

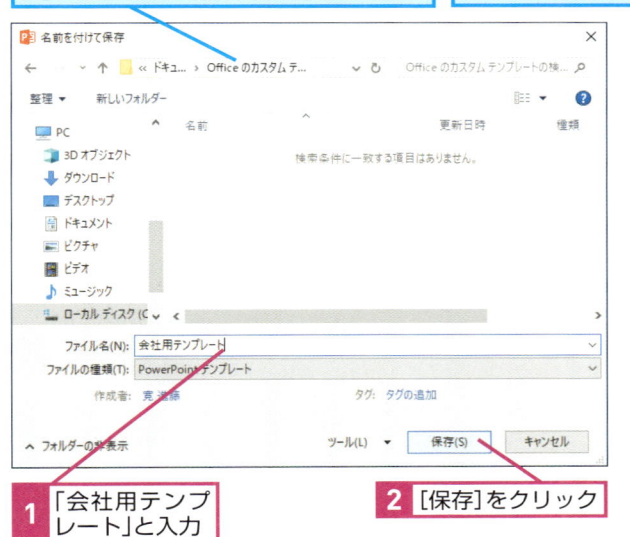

1 「会社用テンプレート」と入力

2 ［保存］をクリック

④ テンプレートが保存された

スライドがテンプレートとして保存された

ここでは、いったんPowerPointを終了する

1 ［閉じる］をクリック

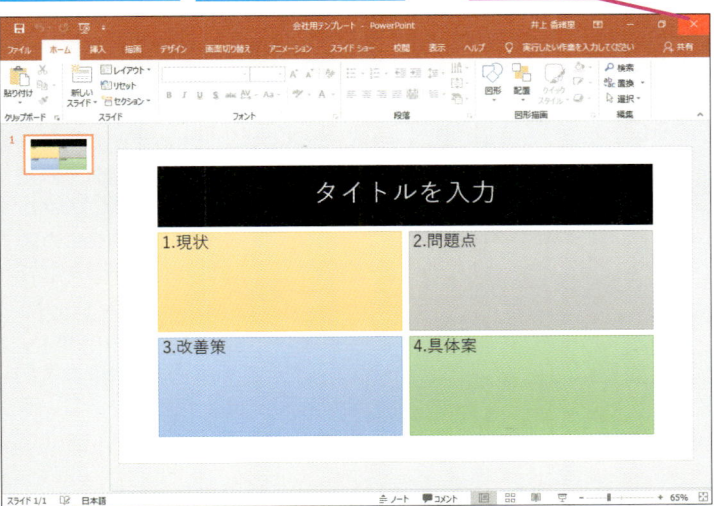

続けてこのレッスンで保存したテンプレートを次のレッスンで開く

HINT!

テンプレートは拡張子が異なる

PowerPoint 2019で作成したスライドを保存すると「.pptx」の拡張子が自動的に付与されますが、スライドを［PowerPointテンプレート］形式で保存すると、拡張子が「.potx」に変わります。拡張子とは、作成元のソフトウェアやファイルを識別する記号のことです。

HINT!

ファイルの拡張子を表示するには

Windowsの標準の設定では、ファイルの拡張子が表示されません。Windows 10では、レッスン⑯を参考にエクスプローラーを表示し、［表示］タブの［表示/非表示］にある［ファイル名拡張子］をクリックしてチェックマークを付けます。

Point

テンプレートは専用のフォルダーに保存する

スライドマスター画面を使って作成したオリジナルデザインは、テンプレートとして保存します。［名前を付けて保存］ダイアログボックスで、［ファイルの種類］を［PowerPointテンプレート］に変更すると、手順1で選択した保存先に関係なく自動的に［保存先］が［Officeのカスタムテンプレート］フォルダーに切り替わります。［Officeのカスタムテンプレート］フォルダー以外にテンプレートを保存することもできますが、必ず1つのフォルダーに保存する必要があります。テンプレートごとに異なる場所に保存すると、レッスン⑧の操作でテンプレートを正しく開けなくなるので注意しましょう。

オリジナルのテンプレート を利用するには

個人用テンプレート

レッスン㉒で保存したテンプレートを開きます。このレッスンの方法でテンプレートを保存したフォルダーを事前に登録すると、簡単に開けるようになります。

保存先フォルダーのアドレスのコピー

1 [Officeのカスタムテンプレート] を表示する

注意 レッスン❷を参考にPowerPointを終了・起動し、スタート画面の[個人用]にテンプレートが表示される場合は、手順6の操作から始めます

レッスン⓰を参考に[エクスプローラー]を表示しておく

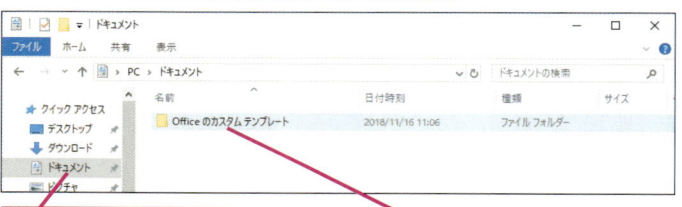

1 [ドキュメント]をクリック

2 [Officeのカスタムテンプレート]をダブルクリック

2 テンプレートの保存先をコピーする

アドレスバーの白い部分をクリックして、アドレスを選択する

1 ここをクリック

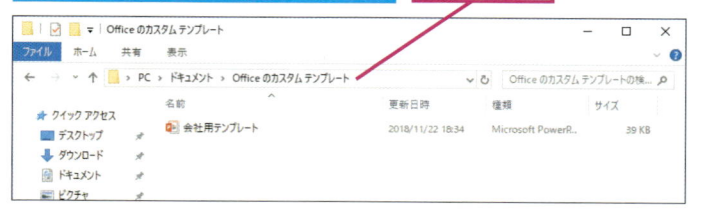

アドレスが選択され、青く反転した

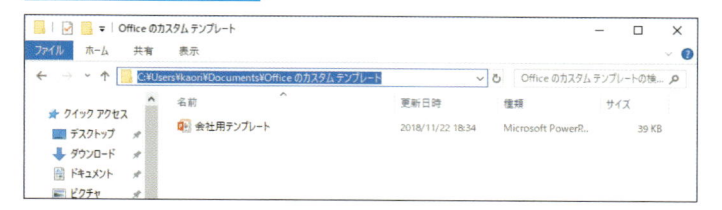

2 Ctrl + C キーを押す

アドレスがコピーされた

キーワード

コピー	p.305
スタート画面	p.306
テンプレート	p.308
貼り付け	p.309

⌨ ショートカットキー

Ctrl + C ……… コピー
Ctrl + V ……… 貼り付け

HINT!

保存先フォルダーを登録する 必要がない場合もある

284ページの手順6で[個人用]をクリックしたときに、登録したテンプレートが表示される場合は、手順1から手順5までの操作で保存先のフォルダーを登録する必要はありません。最初に手順6の操作で確認してみましょう。

HINT!

アドレスって何？

アドレスとは、フォルダーの階層を表す文字の集まりでフォルダーの上下が「¥」で区切られます。「C:¥Users¥kaori¥Documents¥Officeのカスタムテンプレート」は、Cドライブの[Users]フォルダーにある[kaori]フォルダーの中の[Documents]フォルダーにある[Officeのカスタムテンプレート]フォルダーという意味になります。

 間違った場合は？

手順2で間違ったアドレスをコピーしてしまった場合は、再度アドレスを選択し操作し直します。

保存先フォルダーの登録

③ [PowerPointのオプション] ダイアログボックスを表示する

レッスン②を参考に新しいスライドを作成しておく	**1** [ファイル]をクリック

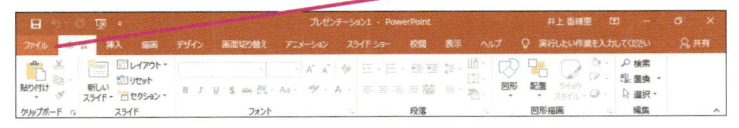

2 [オプション]をクリック

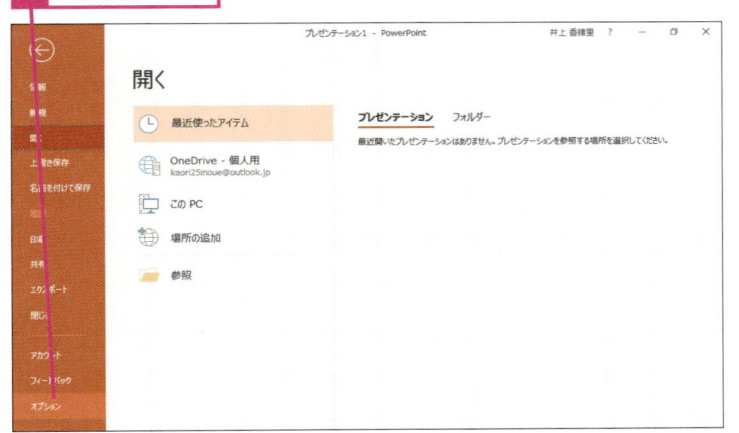

④ 保存先フォルダーのアドレスを貼り付ける

[PowerPointのオプション] ダイアログボックスが表示された	**1** [保存]をクリック

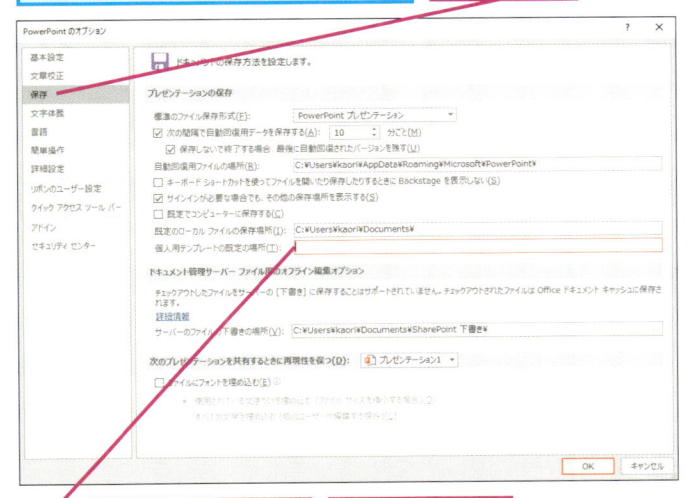

2 [個人用テンプレートの既定の場所]をクリック	**3** Ctrl + V キーを押す

HINT!

[個人用テンプレートの既定の場所] は最初の1回だけ指定する

[個人用テンプレートの既定の場所] を指定するのは、最初の1回だけです。それ以降は、手順6で［個人用］をクリックすると、指定したフォルダーに保存されているオリジナルのテンプレートが自動的に表示されます。

HINT!

[Officeのカスタムテンプレート] フォルダー以外に保存した場合は

オリジナルのテンプレートを[Officeのカスタムテンプレート]フォルダー以外の場所に保存した場合は、該当するフォルダーを表示して手順2の方法で保存先のアドレスをコピーします。

HINT!

右クリックでもコピーと貼り付けができる

手順2では、アドレスバーの白い部分をクリックしてアドレスを選択し、Ctrl + C キーを押してコピーを実行しました。手順2で［Officeのカスタムテンプレート］を右クリックし、［アドレスのコピー］を選んでもアドレスをコピーできます。また、以下の手順のように［個人用テンプレートの既定の場所］を右クリックして［貼り付け］を選択してもアドレスを貼り付けられます。

[PowerPointのオプション] ダイアログボックスを表示しておく

1 ここを右クリック

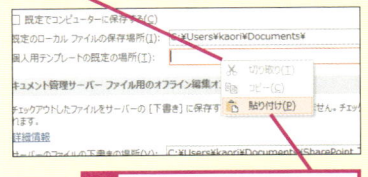

2 [貼り付け]をクリック

次のページに続く

⑤ テンプレートの保存先が指定できた

手順2でコピーしたアドレスが貼り付けられた

1 [OK]をクリック

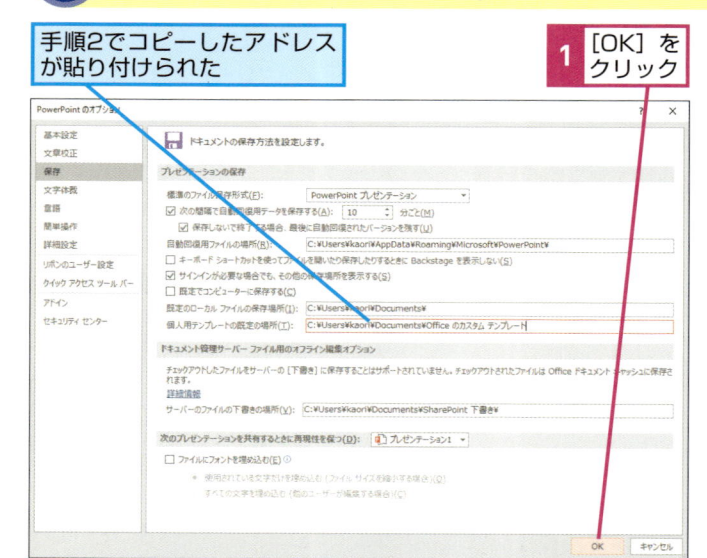

レッスン②を参考に、PowerPointを終了しておく

個人用テンプレートの表示

⑥ オリジナルのテンプレートを選択する

レッスン②を参考に、PowerPointのスタート画面を表示しておく

1 [個人用]をクリック

スライドを編集しているときは、[ファイル]タブの[新規]をクリックする

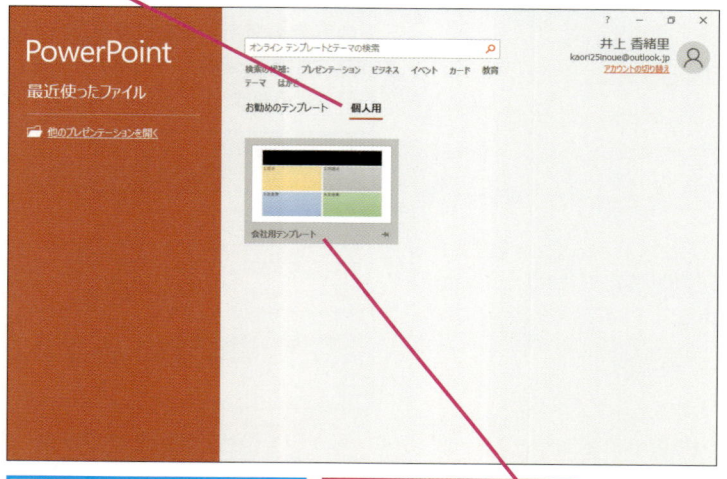

オリジナルのテンプレートが表示された

2 [会社用テンプレート]をクリック

HINT!

テンプレートを編集するには

テンプレートのレイアウトを変更する場合は、テンプレートそのものを開きます。[ファイル]タブから[開く]をクリックし、[ファイルを開く]ダイアログボックスでテンプレートを指定します。

1 [ファイル]タブをクリック

2 [開く]をクリック

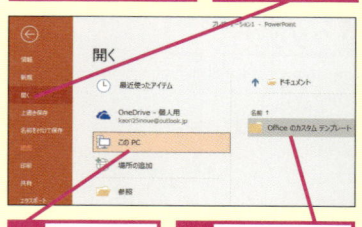

3 [このPC]をクリック

4 [Officeのカスタムテンプレート]をクリック

5 [会社用テンプレート.potx]をクリック

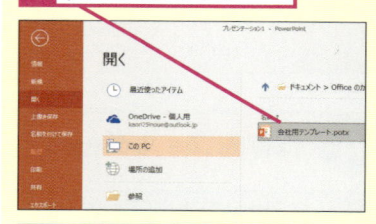

テンプレートが表示された

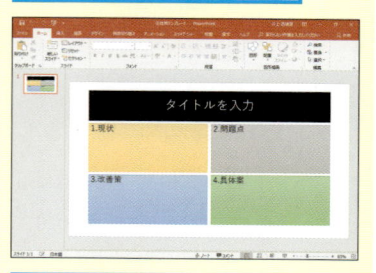

プレースホルダーをクリックすると編集できる

⑦ オリジナルのスライドを作成する

テンプレートのイメージ
が表示された

1 [作成]を
クリック

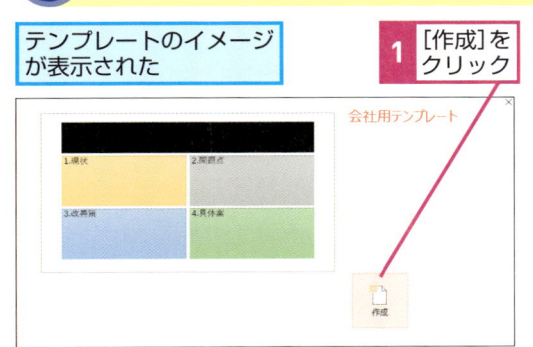

⑧ オリジナルのスライドが表示された

[タイトルスライド]レイアウト
のスライドが表示された

1 [新しいスライド]
をクリック

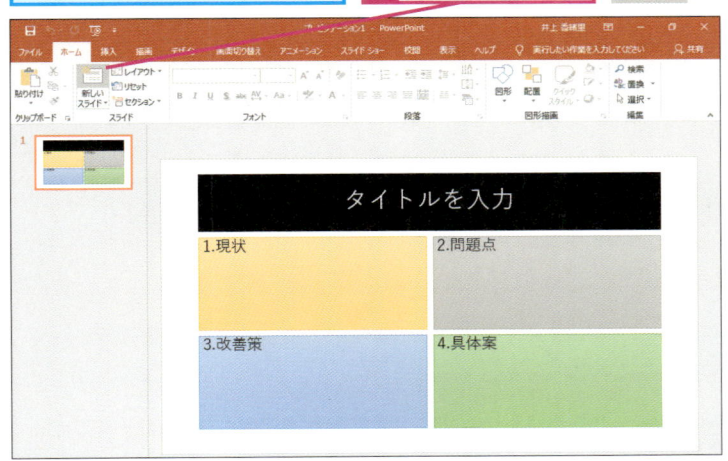

[2つのコンテンツ] レイアウト
のスライドが表示された

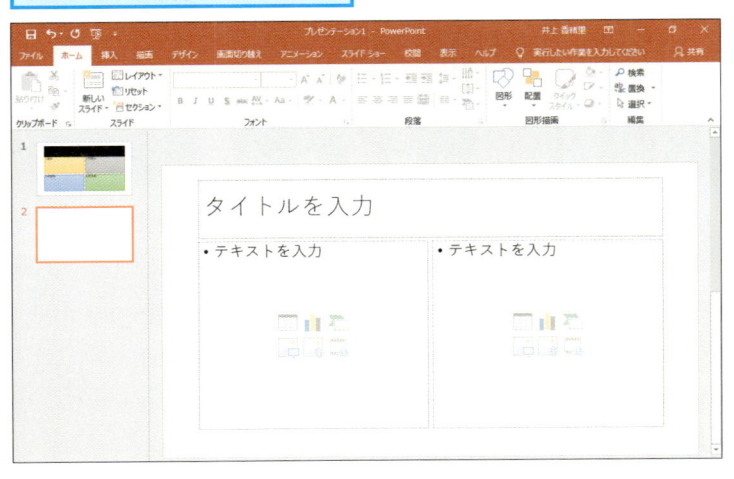

HINT!

**オリジナルテンプレートを
削除するには**

282ページの手順2で表示される
[Officeのカスタムテンプレート]
フォルダーで削除したいテンプレー
トをクリックし、Delete キーを押す
と削除できます。

 間違った場合は?

目的とは違うテンプレートを選択し
てしまった場合は、[閉じる] ボタン
(✕) をクリックして手順6で目的の
テンプレートを選択し直します。

Point

**テンプレートのコピーが
開かれる**

テンプレートを開くと、テンプレー
トファイルそのものが開くのではな
く、テンプレートをコピーしたスラ
イドが開きます。その証拠に、タイ
トルバーにはテンプレートの名前で
はなく「プレゼンテーション1」と表
示されます。テンプレートがコピー
された状態のスライドが開かれるた
め、スライドに文字や表などを入力
して保存しても、オリジナルテンプ
レートそのものは上書きされません。
また、毎回新しいスライドが開かれ
るので、間違ってファイルを上書き
する心配もありません。テンプレー
トには、デザインや文字の書式だけ
を保存し、内容はスライドに入力し
て別に保存するようにしましょう。

この章のまとめ

●オリジナルテンプレートでレイアウトを共有する

PowerPointには［タイトルとコンテンツ］や［タイトルのみ］などのレイアウトが11種類用意されています。これらの11種類以外のレイアウトを頻繁に使う場合は、オリジナルテンプレートして保存するといいでしょう。企業によっては、公式資料のスライドのレイアウトが決まっている場合もありますが、その都度レイアウトを変更するのでは手間がかかり、作成する人によって少しずつ違ったレイアウトになってしまう可能性があり

ます。しかも、一人一人がスライドをレイアウトするために費やす時間もばかになりません。本来であれば、スライドの内容を検討したり、プレゼンテーションの予行演習をしたりするために時間を使うべきです。会社やグループ内で利用する共通のレイアウトは、オリジナルのテンプレートを作成し、全員が同じテンプレートを共有できるような環境を作っておくと作業が効率良く進みます。

テンプレートの作成と利用

既存のレイアウトを編集し、オリジナルのテンプレートを作成できる

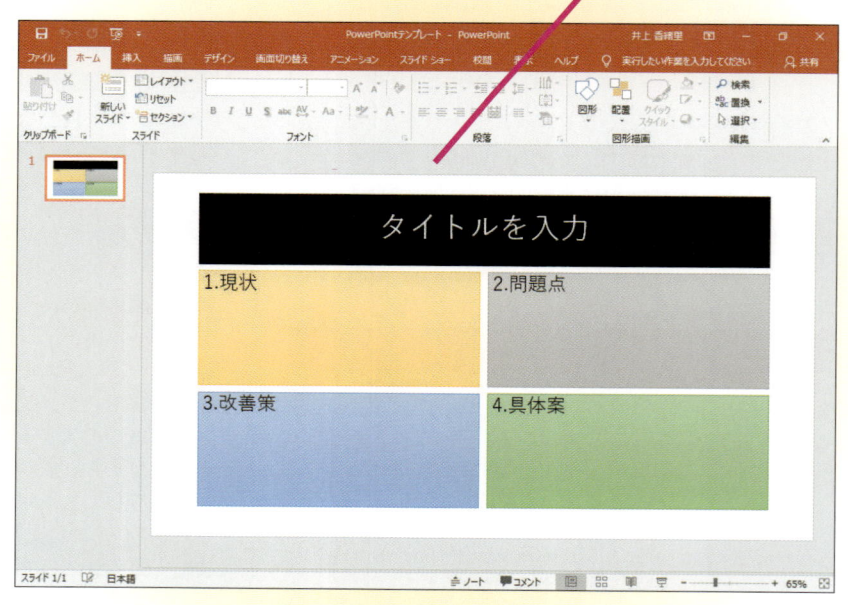

練習問題

1

レッスン❽と❽で作成したテンプレート
を開き、[タイトルを入力]のプレースホ
ルダーの色を変えて、別のテンプレート
として保存し直してみましょう。

●ヒント：[タイトルを入力]のプレース
ホルダーを選択した後に[書式]タブで
図形のスタイルを選択します。

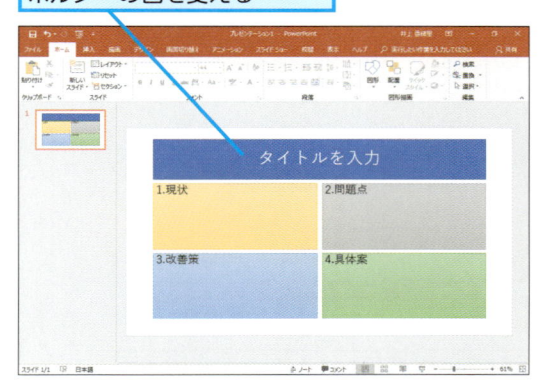

[タイトルを入力]のプレース
ホルダーの色を変える

2

練習問題1で作成したスライドを「練習
問題テンプレート」という名前で、テン
プレートとして保存してみましょう。な
お、右の画面ではテンプレートであるこ
とが分かるように、拡張子を表示する設
定にしています（281ページを参照）。

●ヒント：[名前を付けて保存]ダイアロ
グボックスから名前を変更します。

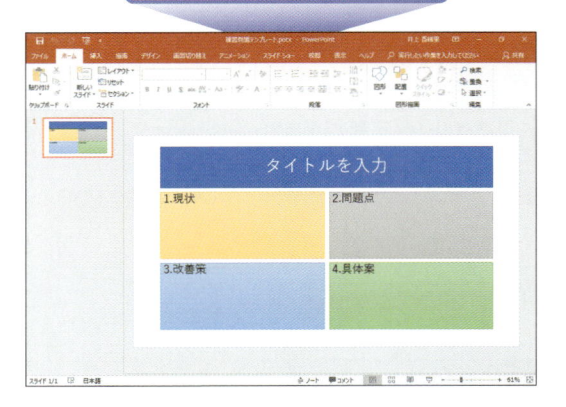

テンプレートとして保存するときは、
保存先を変更しないようにする

練習問題テンプレート.potx － PowerPoint

答えは次のページ

1

PowerPointを起動しておく

1 ［個人用］をクリック

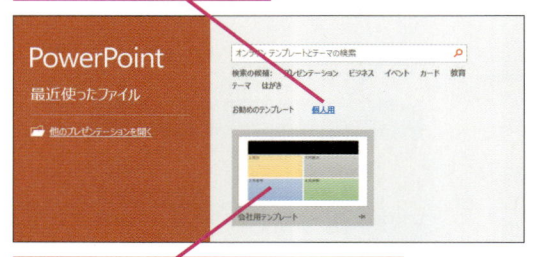

2 ［会社用テンプレート］をクリック

3 次の画面で表示される［作成］をクリック

4 ［タイトルを入力］のプレースホルダーをクリック

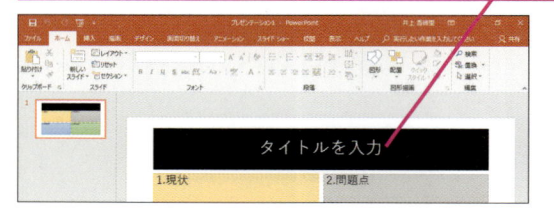

PowerPointを起動して、［個人用］の［会社用プレゼンテーション］を選びます。［タイトルを入力する］のプレースホルダーをクリックして選択し、［書式］タブの［図形のスタイル］で図形の色を変更します。

5 ［書式］タブをクリック

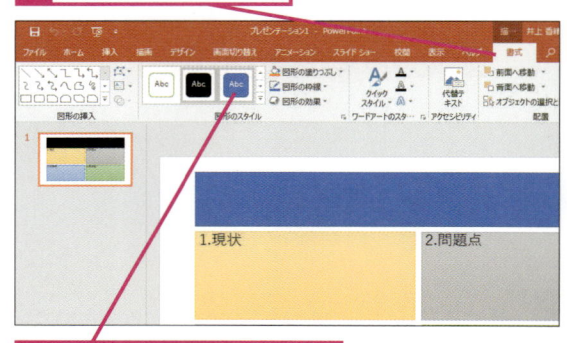

6 ［図形のスタイル］で選択したいスタイルをクリック

プレースホルダーの色が変わった

2

1 ［ファイル］タブをクリック

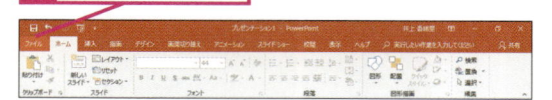

2 ［名前を付けて保存］をクリック

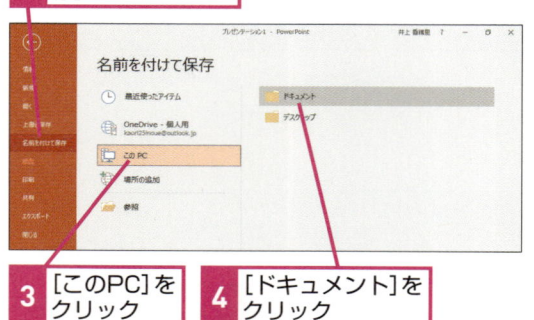

3 ［このPC］をクリック

4 ［ドキュメント］をクリック

［ファイル］タブをクリックし、［名前を付けて保存］をクリックします。［名前を付けて保存］ダイアログボックスで、ファイル名を入力し、［ファイルの種類］を［PowerPointテンプレート］に変更してから保存します。

［名前を付けて保存］ダイアログボックスが表示された

5 ［練習問題テンプレート］と入力

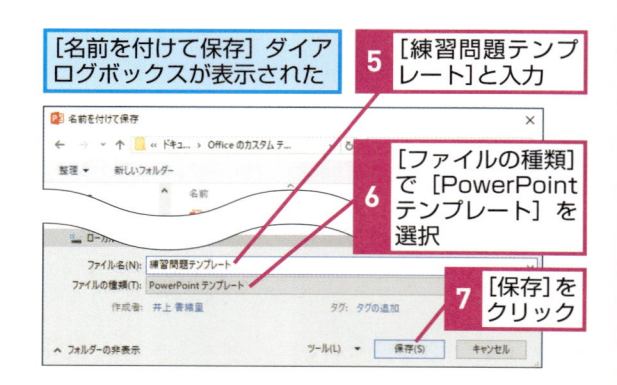

6 ［ファイルの種類］で［PowerPointテンプレート］を選択

7 ［保存］をクリック

Officeのモバイルアプリをインストールするには

スマートフォンにPowerPointアプリをインストールすると、移動中や外出先でもスライドを閲覧できます。アプリは無料ですが、アプリストアのアカウント（Apple IDまたはGoogleアカウント）とMicrosoftアカウントを取得しておく必要があります。ここでは、iPhoneでアプリをインストールする操作を紹介します。

アプリのインストール

1 [App Store] を起動する

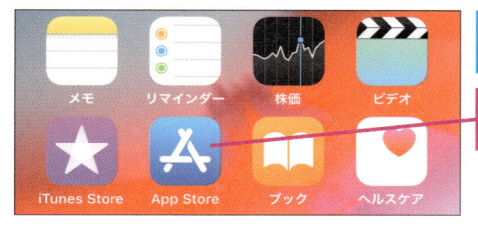

ホーム画面を表示しておく

1 [App Store] をタップ

2 アプリの検索画面を表示する

[App Store] が起動した

1 [検索] をタップ

3 アプリを検索する

1 検索ボックスをタップ

2 「powerpoint」と入力

3 [検索] をタップ

HINT!

アイコンの絵柄は変わることがある

iPhoneのiOSのアップデートに伴い、手順1でタップする[App Store]のアイコンの絵柄は変わることがあります。

HINT!

Androidスマートフォンの場合は

AndroidスマートフォンでPowerPointアプリをインストールする操作は、293ページのHINT!を参照してください。

HINT!

アプリを簡単にインストールするには

ここではアプリを検索してインストールする手順を解説していますが、以下のQRコードを読み取ってインストールすることもできます。

●iPhone/iPad

●Android

次のページに続く

付録

④ アプリが表示された

アプリの検索結果が
表示された

1 [入手] を
タップ

⑤ アプリをインストールする

確認画面が
表示された

1 [インストール]
をタップ

2 パスワード
を入力

3 [サインイン]
をタップ

⑥ アプリがインストールされた

インストールが
完了した

表示が [開く] ボタンに
変わる

HINT!

Wi-Fiに接続して
インストールしよう

アプリのインストールに時間がかかると、スマートフォンの通信料金が高くなり、電池も消耗します。通信料金や電池を節約するためには、できるだけWi-Fiに接続できる環境でインストールするようにしましょう。

HINT!

Apple ID って何？

Apple IDとは、Apple社が提供する各種サービスを利用するときに使用するアカウントのことで、iPhoneを使う上で欠かせないものです。アプリのインストール時にApple IDの入力を求められたら、あらかじめ取得しておいたApple IDとパスワードを入力しましょう。

付録

アプリの初期設定

⑦ アプリを起動する

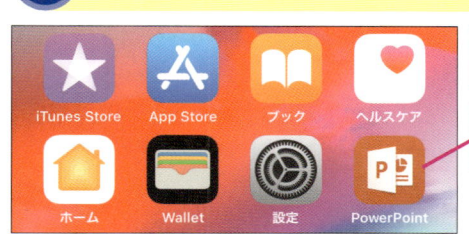

ホーム画面を表示しておく

1 [PowerPoint]をタップ

⑧ アプリが表示された

サインインの画面が表示された

1 [メールまたは電話番号]をタップ

⑨ メールアドレスを入力する

1 Microsoftアカウントのメールアドレスを入力

2 [次へ]をタップ

HINT!

初期設定は最初の1度だけ行う

手順9で入力するMicrosoftアカウントは、PowerPointアプリを初めて起動したときだけ入力します。次回からは、手順7で[PowerPoint]をタップしただけで起動できます。

HINT!

初期設定で入力するMicrosoftアカウントは？

手順9で入力するMicrosoftアカウントは、Microsoft社が提供する各種サービスを利用するときに使用するアカウントのことです。PowerPoint 2019を利用するときと同じMicrosoftアカウントを入力すると、OneDriveに保存しておいたPowerPointのファイルをスマートフォンで表示したり編集したりできます。

付
録

次のページに続く

⑩ パスワードを入力する

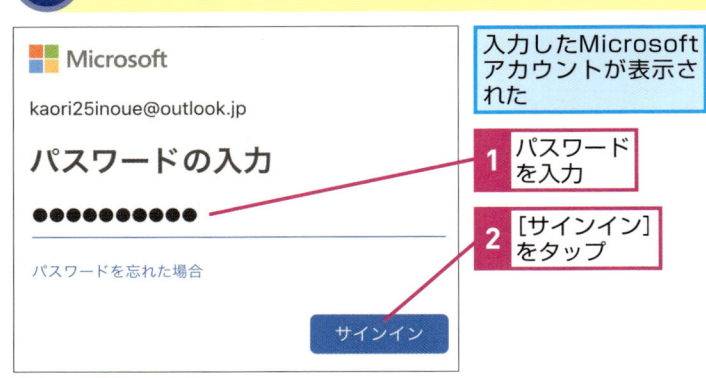

入力したMicrosoft
アカウントが表示された

1 パスワードを入力

2 [サインイン]をタップ

⑪ [品質向上にご協力ください]の画面が表示される

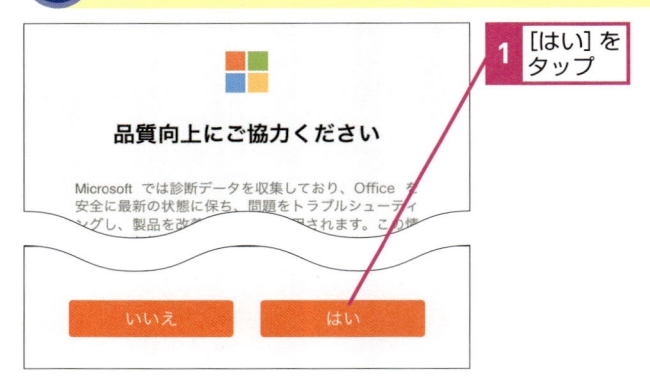

1 [はい]をタップ

⑫ 通知の設定をする

1 [後で]をタップ

付録

⑬ サインインが完了した

[準備が完了しました]
の画面が表示された

1 [作成および編集]
をタップ

⑭ アプリの初期設定が完了した

[PowerPoint] の初期設定が完了し、
[新規] の画面が表示された

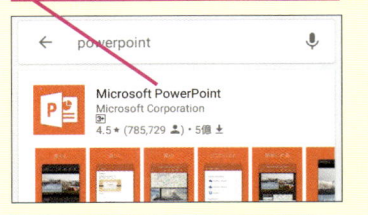
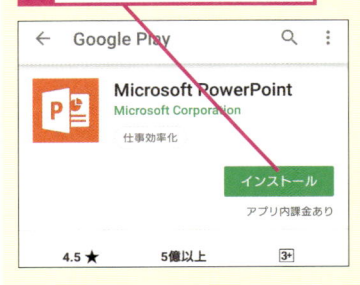
付
録

付録 2 よく使う機能を簡単に使えるようにするには

よく使う機能のボタンをリボンのタブに追加しておくと、タブを切り替える手間が省けます。手早く目的の機能を実行できるので作業効率も上がります。ここでは独自のタブを作成する方法と描画タブを表示する方法を紹介します。

新しいタブへの機能の登録

1 [PowerPointのオプション]ダイアログボックスを表示する

1 [ファイル]タブをクリック

2 [オプション]をクリック

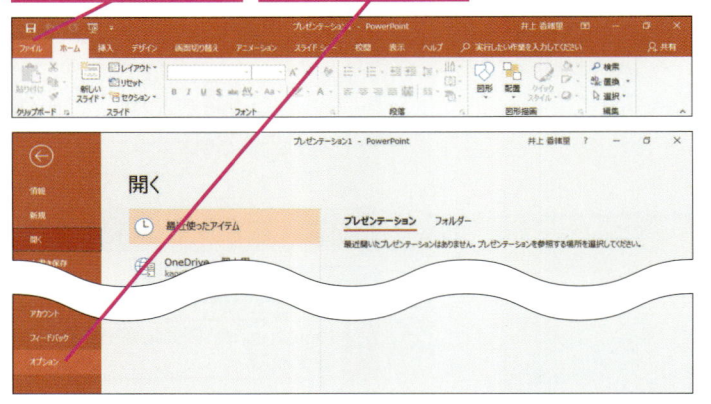

2 新しいタブを追加する

[PowerPointのオプション]ダイアログボックスが表示された

1 [リボンのユーザー設定]をクリック

2 [新しいタブ]をクリック

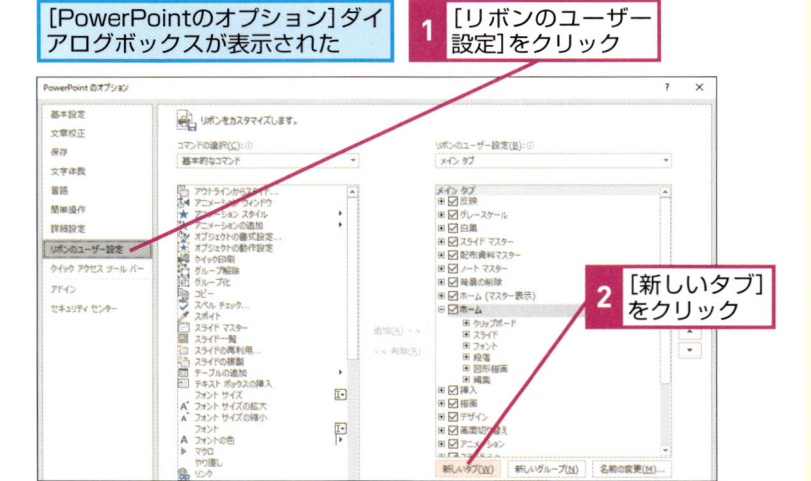

HINT!

非表示になっているタブを表示できる

初期設定では、[記録]タブと[開発]タブは表示されていません。手順2の画面の右側で[メインタブ]の[記録]や[開発]のチェックマークを付けると、表示されます。

ここにチェックマークを付けると表示されるようになる

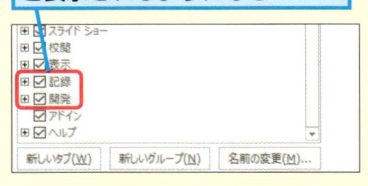

HINT!

既存のタブに機能を追加できる

手順2の操作2で[新しいグループ]をクリックすると、最初から表示されているタブに新しいグループを作成して、その中に機能を追加することもできます。

1 機能を追加するタブをクリック

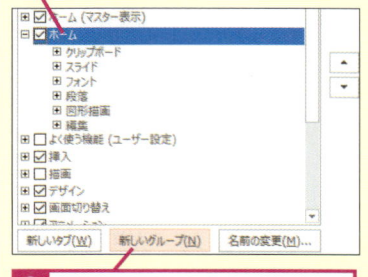

2 [新しいグループ]をクリック

③ タブの名前を変更する

新しいタブが
追加された

1 [新しいタブ（ユーザー設定）]をクリック

2 [名前の変更]をクリック

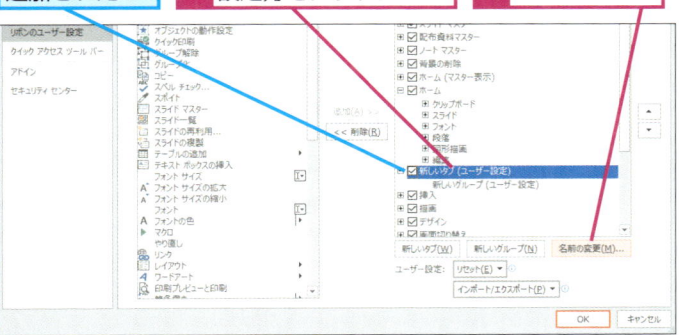

④ タブの名前を入力する

[名前の変更]ダイアログ
ボックスが表示された

ここで入力した名前
がタブに表示される

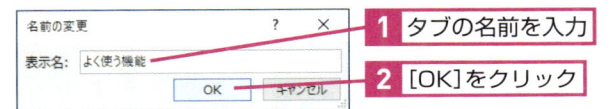

1 タブの名前を入力

2 [OK]をクリック

⑤ グループの名前を変更する

タブの名前が
変更された

1 [新しいグループ（ユーザー設定）]をクリック

2 [名前の変更]をクリック

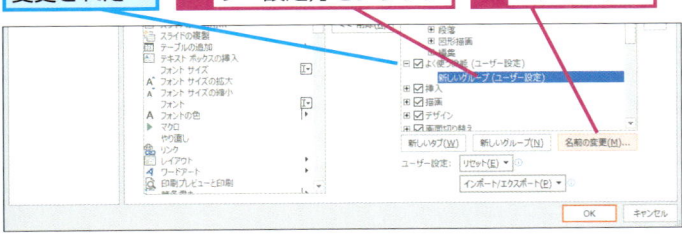

⑥ グループ名を入力する

[名前の変更]ダイアログ
ボックスが表示された

ここで入力した名前がグ
ループ名に表示される

1 「印刷」と入力

2 [OK]をクリック

付録

HINT!

タブの名前は後から変更できる

手順4で設定したタブの名前は後か
ら変更できます。手順3の画面で、
名前を変更したいタブを右クリック
し、表示されたメニューから[名前
の変更]をクリックします。

1 名前を変更するタブを右クリック

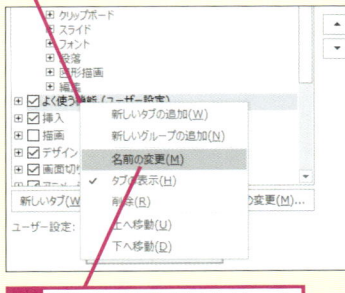

2 [名前の変更]をクリック

HINT!

グループって何？

グループとは、タブの中にある類似
の機能を集めたものです。たとえば、
[ホーム]タブの[スライド]グルー
プには、[新しいスライド]や[レイ
アウト]などの機能が集まっています。

◆[スライド]グループ

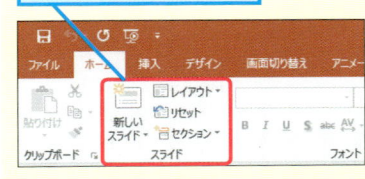

次のページに続く

7 機能を追加する

グループ名が変更された

作成した[印刷]グループに機能を追加する

1 [印刷(ユーザー設定)]をクリック

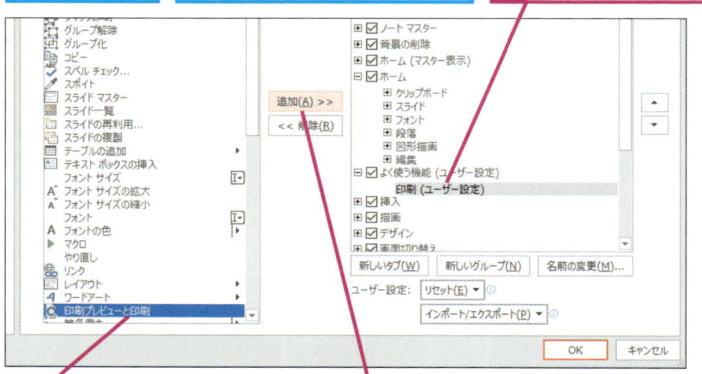

2 [印刷プレビューと印刷]をクリック

3 [追加]をクリック

8 機能の追加を完了する

機能が追加された

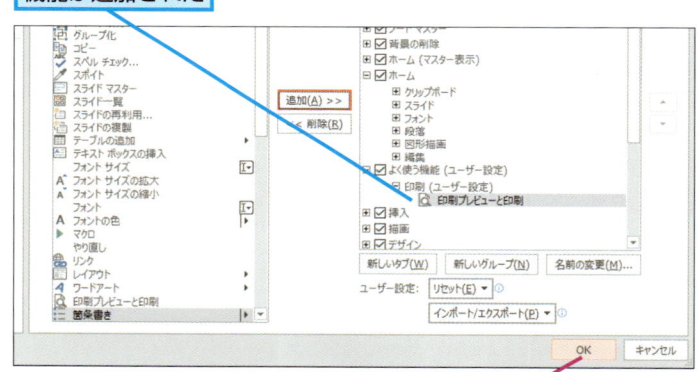

1 [OK]をクリック

9 新しくタブが追加された

[PowerPointのオプション]ダイアログボックスが閉じた

新しいタブによく使う機能を追加できた

1 [よく使う機能]タブをクリック

手順7で追加した機能が表示された

手順5〜6で設定したグループ名が表示された

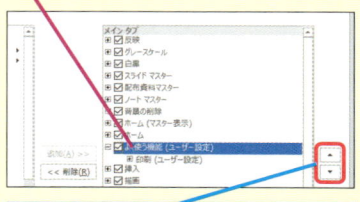

［描画］タブの表示

⑩ ［PowerPointのオプション］ダイアログボックスを表示する

294ページを参考に［PowerPointのオプション］
ダイアログボックスを表示しておく

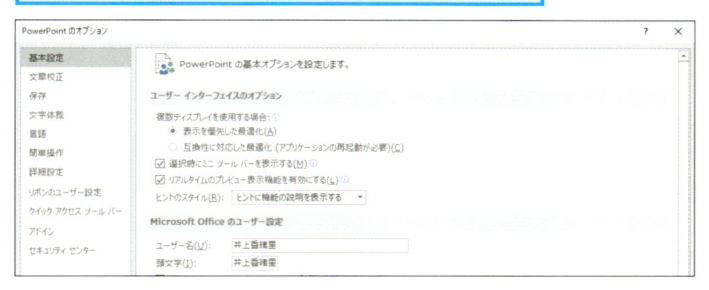

⑪ ［描画］タブを表示する

1 ［リボンのユーザー設定］をクリック

2 ［描画］をクリックしてチェックマークを付ける

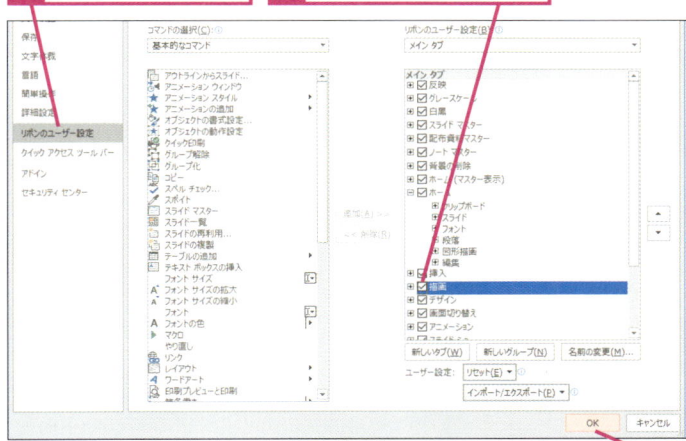

3 ［OK］をクリック

⑫ ［描画］タブが表示された

［描画］タブが追加された

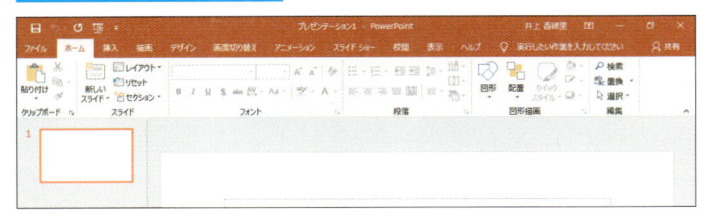

HINT!

新しく追加したタブを削除するには

新しく追加したタブは、簡単に削除できます。機能を追加しすぎて、思うように整理できなくなったときには、いったんタブごと削除してから、再設定してもいいでしょう。

1 追加したタブを右クリック

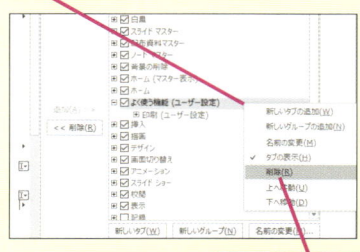

2 ［削除］をクリック

HINT!

タッチ対応端末では［描画］タブが表示されている

タッチ操作に対応したディスプレイや端末を使っている場合は、最初から［描画］タブが表示されています。

付録

Office 365リボン対応表

本書の21ページで解説した通り、Officeにはパッケージ版のOffice 2019と、月や年単位で契約するOffice 365の2種類があります。ここでは、Office 2019とOffice 365 Soloのリボンを比較し、Office 365 Soloにしかない機能については、説明を入れてあります。

●[ホーム]タブ

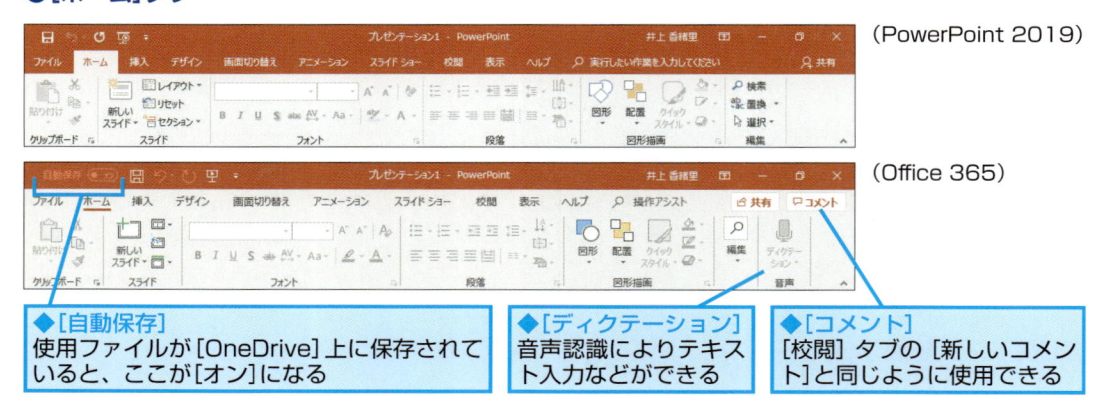

◆[自動保存]
使用ファイルが[OneDrive]上に保存されていると、ここが[オン]になる

◆[ディクテーション]
音声認識によりテキスト入力などができる

◆[コメント]
[校閲]タブの[新しいコメント]と同じように使用できる

●[挿入]タブ

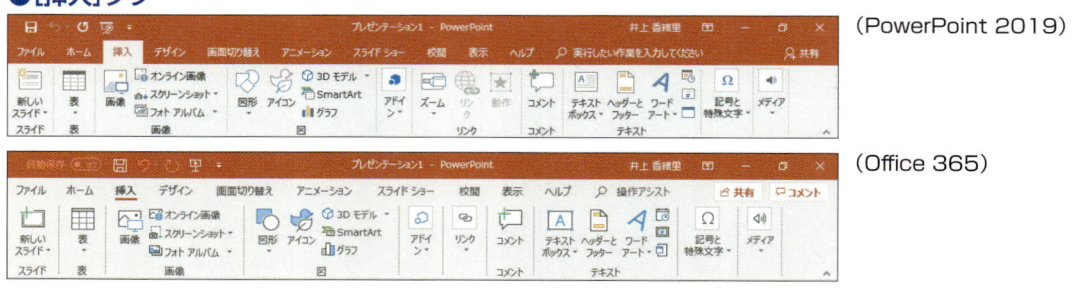

●[デザイン]タブ

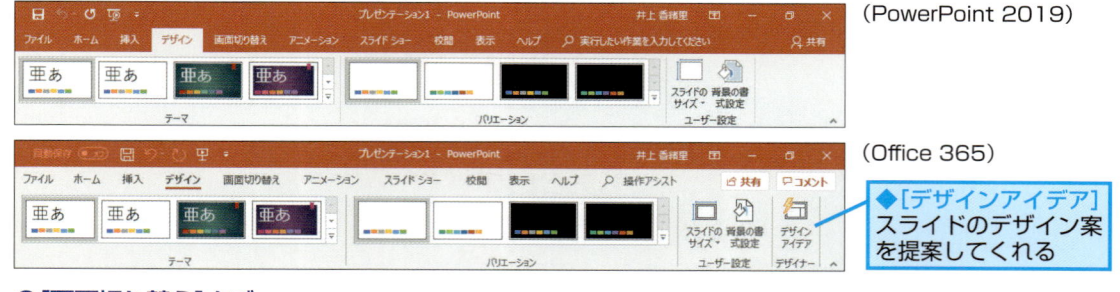

◆[デザインアイデア]
スライドのデザイン案を提案してくれる

●[画面切り替え]タブ

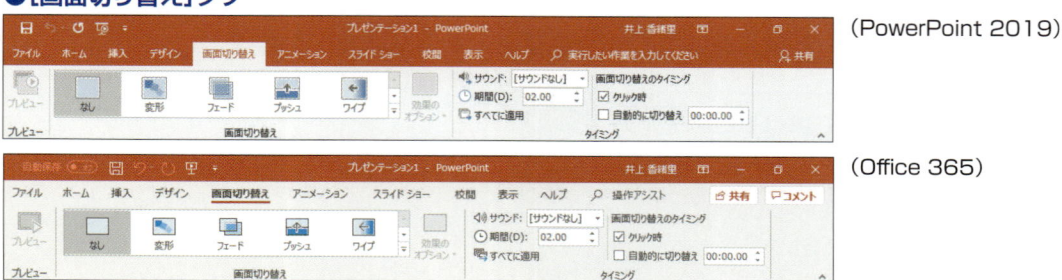

●[アニメーション]タブ

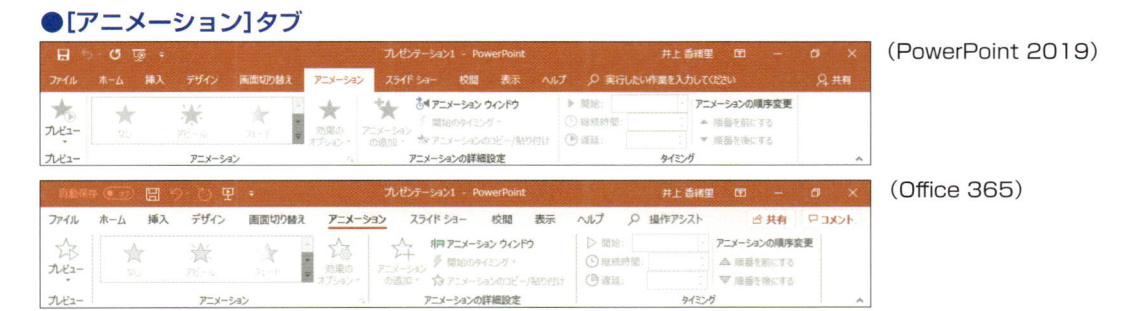

（PowerPoint 2019）

（Office 365）

●[スライドショー]タブ

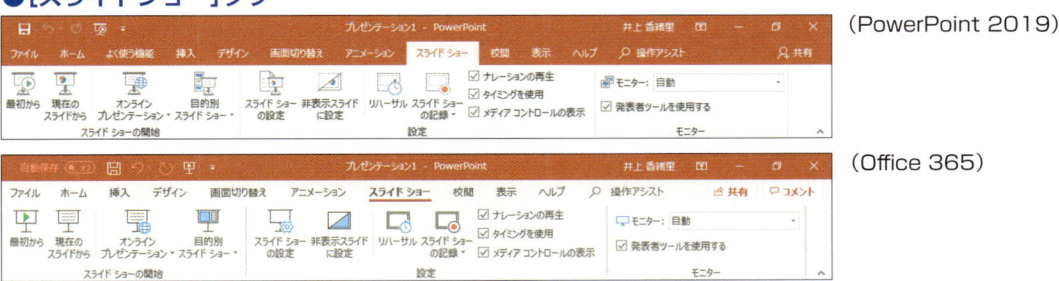

（PowerPoint 2019）

（Office 365）

●[校閲]タブ

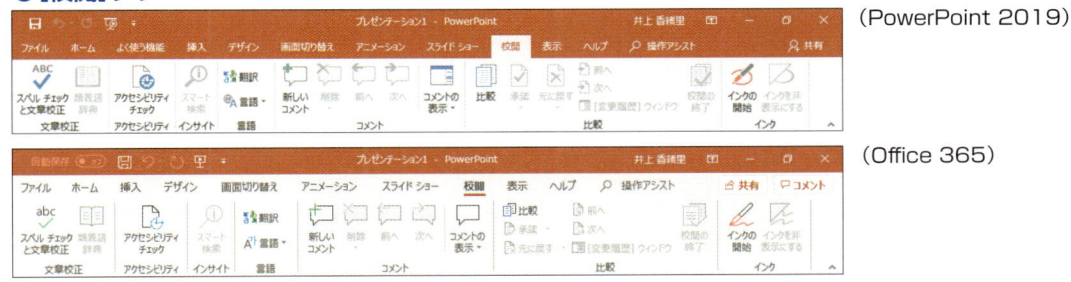

（PowerPoint 2019）

（Office 365）

●[表示]タブ

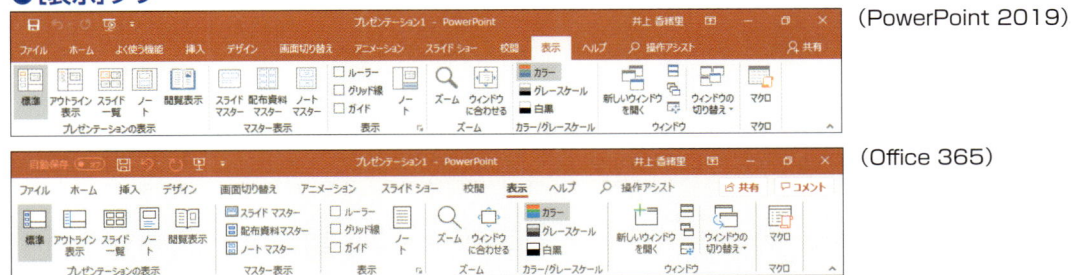

（PowerPoint 2019）

（Office 365）

ショートカットキー一覧

さまざまな操作を特定の組み合わせで実行できるキーのことをショートカットキーと言います。ショートカットキーを利用すれば、PowerPointやWindowsの操作を効率化できます。

ファイルの操作	
[印刷]の画面の表示	Ctrl + P
上書き保存	Shift + F12 ／ Ctrl + S
[情報]の画面の表示	Alt + F
新規作成	Ctrl + N
名前を付けて保存	F12
ファイルを開く	Ctrl + F12 ／ Ctrl + O
ファイルを閉じる	Ctrl + F4 ／ Ctrl + W

スライドショーでの操作	
インクの変更履歴を表示	Ctrl + M
現在のスライドからスライドショーを開始	Shift + F5
最初のスライドに戻る	マウスの左右ボタン両方を長押し
サウンドのミュート／ミュート解除	Alt + U
指定スライドを表示	数字 + Enter
自動実行プレゼンテーションの停止／再開	S
スクリーンを一時的に黒くする	B ／ .
スクリーンを一時的に白くする	W ／ ,
[すべてのスライド]ダイアログボックスの表示	Ctrl + S
スライドショーの開始	F5
スライドショーの再開	Shift + F5
スライドショーの終了	Esc ／ Ctrl + Break
スライドの書き込みを削除	E
タスクバーの表示	Ctrl + T
次のスライドを表示	N ／ space ／ → ／ ↓ ／ Enter ／ Page Down
非表示に設定された次のスライドを表示	H
マウス移動時に矢印を非表示／表示	Ctrl + H ／ U
マウスポインターを消しゴムに変更	Ctrl + E
マウスポインターをペンに変更	Ctrl + P
マウスポインターを矢印に変更	Ctrl + A
前のスライドに戻る	P ／ Back space ／ ← ／ ↑ ／ Page Up

スライド一覧を表示	−
メディアの音量を下げる／上げる	Alt + ↑ ／ ↓
メディアの再生／一時停止	Alt + P
メディアの再生を停止	Alt + Q
メディアの前／次のブックマークに移動	Alt + Home ／ End
メディアを後／前へスキップ	Alt + Shift + ← ／ →

リハーサルでの操作	
新しいタイミングを設定	T
既存のタイミングを変更せずに画面を切り替え	O
クリックでの画面切り替えに変更	M
スライドのナレーションとタイミングを再記録	R

全般の操作	
Visual Basic for Applications の起動	Alt + F11
[アウトライン]タブと[スライド]タブの切り替え	Ctrl + Shift + Tab ／ Ctrl + J
切り取り	Ctrl + X
グリッド線の表示／非表示	Shift + F9
検索の実行	Ctrl + F
コピー	Ctrl + C
新規スライドの挿入	Ctrl + M
すべて選択	Ctrl + A
[スペルチェックと文章校正]の実行	F7
置換の実行	Ctrl + H
直前の操作を繰り返す	Ctrl + Y
直前の操作を元に戻す	Ctrl + Z
次のペインへ移動	F6
複数ウィンドウの切り替え	Ctrl + F6
オンラインプレゼンテーションへの接続	Ctrl + F5
ヘルプの表示	F1
前のペインへ移動	Shift + F6
マクロの実行	Alt + F8
リボンの表示／非表示	Ctrl + F1
ルーラーの表示／非表示	Shift + Alt + F9

プレースホルダーの操作	
グループ化	Ctrl + G
グループ化の解除	Ctrl + Shift + G
縦方向に拡大	Shift + ↑
縦方向に縮小	Shift + ↓
次のプレースホルダーへ移動	Ctrl + Enter
等間隔で繰り返しコピー	Ctrl + D
左に回転	Alt + ←
プレースホルダーの選択	F2
右に回転	Alt + →
横方向に拡大	Shift + →
横方向に縮小	Shift + ←

文字の編集	
1つ上のレベルへ移動	Alt + Shift + ↑
1つ下のレベルへ移動	Alt + Shift + ↓
上付きに設定／解除	Ctrl + Shift + ;
大文字と小文字の切り替え	Shift + F3
箇条書きのレベルを上げる	Tab / Alt + Shift + ←
箇条書きのレベルを下げる	Shift + Tab / Alt + Shift + →
下線に設定／解除	Ctrl + U
行頭文字を付けずに改行	Shift + Enter
[形式を選択して貼り付け] ダイアログボックスの表示	Ctrl + Alt + V
最後に移動	Ctrl + End
下付きに設定／解除	Ctrl + ;
斜体に設定／解除	Ctrl + I
書式のみコピー	Ctrl + Shift + C
書式のみ貼り付け	Ctrl + Shift + V
先頭に移動	Ctrl + Home
中央揃え	Ctrl + E
[ハイパーリンクの挿入] ダイアログボックスの表示	Ctrl + K
左揃え	Ctrl + L
フォントサイズの拡大	Ctrl + Shift + > / Ctrl +]
フォントサイズの縮小	Ctrl + Shift + < / Ctrl + [
フォント書式の解除	Ctrl + space
[フォント] ダイアログボックスの表示	Ctrl + T / Ctrl + Shift + F / Ctrl + Shift + P
太字に設定／解除	Ctrl + B
右揃え	Ctrl + R
両端揃え	Ctrl + J

Windows 10 の操作	
アクションセンターを表示	⊞ + A
新しいウィンドウを開く	Ctrl + N
新しいフォルダーを作成	Ctrl + Shift + N
アドレスバーの選択	Alt + D
ウィンドウの切り替え	Alt + Tab
ウィンドウを最小化	⊞ + ↓
ウィンドウを最大化	⊞ + ↑
ウィンドウを左右にスナップ	⊞ + ← / →
ウィンドウをすべて最小化	⊞ + M
ウィンドウを閉じる	Ctrl + W
エクスプローラーを起動	⊞ + E
仮想デスクトップを移動	⊞ + Ctrl + ← / →
仮想デスクトップを作成	⊞ + Ctrl + D
仮想デスクトップを終了	⊞ + Ctrl + F4
画面の表示方法を選択	⊞ + P
画面ロック	⊞ + L
検索の開始	⊞ + S
[スタート] ボタンの右クリックメニューを表示	⊞ + X
スタートメニューを表示	⊞
[設定] を表示	⊞ + I
選択したファイルの実行	Enter
タスクバーを選択	⊞ + T
タスクビューを表示	⊞ + Tab
タスクマネージャーを起動	Ctrl + Shift + Esc
通知領域を選択	⊞ + B
デスクトップを表示	⊞ + D
デスクトップをプレビュー	⊞ + ,
[ファイル名を指定して実行] ダイアログボックスを開く	⊞ + R
ファイル名を変更	F2
ファイルを完全に削除	Shift + Delete
ファイルを削除	Delete
プロパティを開く	Alt + Enter
ヘルプの表示	⊞ + F1

用語集

Bing（ビング）
マイクロソフトが提供しているWeb検索サービス。Windows 10ではタスクバーの検索ボックスからBingでの検索を実行でき、［Bingイメージ検索］では入力したキーワードに関連した画像をWebから検索できる。ただし、画像の著作権を確認してから利用する。

Microsoftアカウント（マイクロソフトアカウント）
マイクロソフトが提供しているさまざまなクラウドサービスを利用できるID。メールアドレスとパスワードの組み合わせで無料で取得できる。Microsoftアカウントがあれば、OneDriveやOutlook.comを利用できる。
→OneDrive、クラウド

Office 365（オフィス サンロクゴ）
マイクロソフトが提供するクラウドサービスの総称。毎月一定の料金を支払う月額制のサービスで、常に最新のOfficeをダウンロードして利用できる。また、メールやグループウェアなどのサービスも利用できる。利用できるサービスによっていくつかの種類がある。
→クラウド、ダウンロード

Officeテーマ（オフィステーマ）
タイトルバーやリボン、ウィンドウなどの色合いのこと。初期設定では［カラフル］が設定されているが、［ファイル］タブの［アカウント］にある［Officeテーマ］から［濃い灰色］や［白］、［黒］に変更できる。

◆Officeテーマ［濃い灰色］

OneDrive（ワンドライブ）
マイクロソフトが提供しているクラウドサービスの1つ。Microsoftアカウントを取得すると、インターネット上にある5GBもしくは1TBの保存場所を利用できる。
→Microsoftアカウント、クラウド

インターネット上にスライドを保存したり、共有したりできる

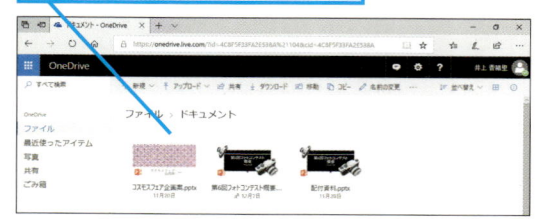

OS（オーエス）
Operating System（オペレーティング システム）の略で、ファイルの保存や印刷、周辺機器のコントロールといったパソコンの土台となる機能を提供するソフトウェアのこと。
→印刷、ソフトウェア

PDF（ピーディーエフ）
アドビ システムズが開発した電子文書をやりとりするためのファイル形式の1つ。パソコンの環境に依存せずにファイルを表示できるのが特徴。

PowerPoint Online（パワーポイント オンライン）
Webブラウザーで利用できる無料のPowerPointのこと。Webブラウザー上でスライドの表示や編集が行える。ただし、利用できる機能はPowerPointに比べて制限される。
→スライド

インターネット上でスライドを編集できる

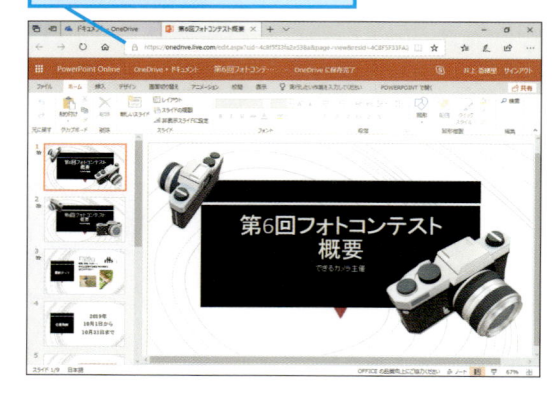

SmartArt（スマートアート）
図解で項目や概念図などの情報を表すときによく使われる、図表を簡単に作成できる機能。

◆SmartArt
箇条書きなどから概念図やフローチャートなどの図表を作成できる

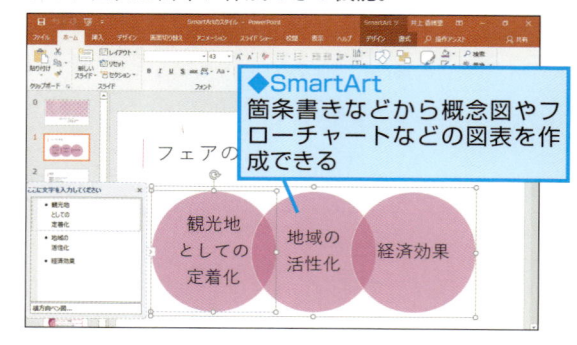

アート効果

画像の編集機能の1つ。画像を水彩画風やガラス風に
ワンタッチで加工できる。

効果をクリックするだけで、
画像を加工できる

アイコン

ファイルやフォルダーなどを表した絵文字のこと。作成
したソフトウェアや保存したファイルの種類によって、
アイコンの絵柄が異なる。
→ソフトウェア

[アウトライン表示] モード

[表示] タブの [アウトライン表示] ボタンをクリック
したときに表示されるモード。スライドペインの左側に
表示されている領域にスライドの文字だけが表示され
る。[アウトライン表示] モードを使うと、文字だけに
集中してスライドの骨格をじっくり練ることができる。
→スライド、スライドペイン

◆[アウトライン表示]モード
文字情報以外は表示されないのでス
ライドの構成を練りやすい

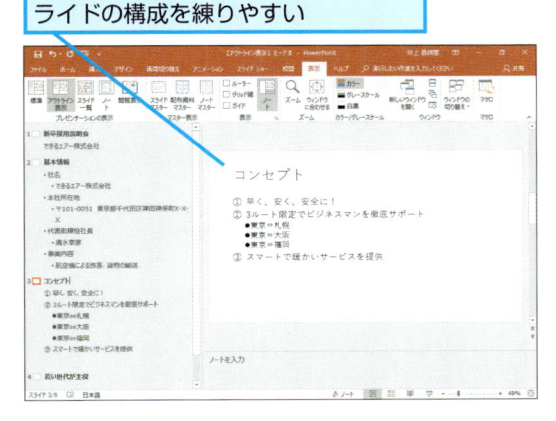

アップデート

既存のソフトウェアに追加プログラムをインストールし
て最新の状態にすること。また、更新ファイルをインス
トールしてOfficeやWindowsを最新の状態にすること。
→インストール、ソフトウェア

アップロード

Webブラウザーなどを介して、パソコンにあるデータ
をインターネット上に保存すること。

アニメーション

スライドショーを実行したときに、オブジェクトが動く
特殊効果のこと。文字や図表、グラフなどにそれぞれ
動きや表示方法を設定できる。
→グラフ

アプリ

「アプリケーション」を短縮した用語。[メール] アプリ
や [天気] アプリのように、ソフトウェアやプログラム
のことを「アプリ」と呼ぶ。PowerPointもアプリの1つ。
→ソフトウェア

◆Windowsアプリの[天気]

アンインストール

パソコンにインストールしたソフトウェアを、パソコン
から削除すること。
→インストール、ソフトウェア

インクツール

[描画] タブをクリックしたときに表示されるツールの
こと。ペンの種類や色、太さを選んでスライド上をドラッ
グすると、線や文字を描ける。気付いた点を書き込む
ときに利用する。
→スライド、タブ、ペン

編集中のスライドに修正指
示などをペンで書き込める

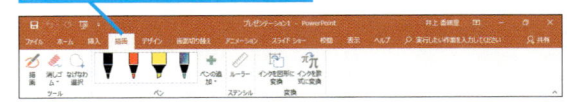

印刷

配布資料などを作るためにスライドを紙に出力すること。PowerPointでは、［印刷］の画面で用紙やレイアウトなどの設定を変更すると、右側の印刷イメージに反映される。
→スライド、配布資料

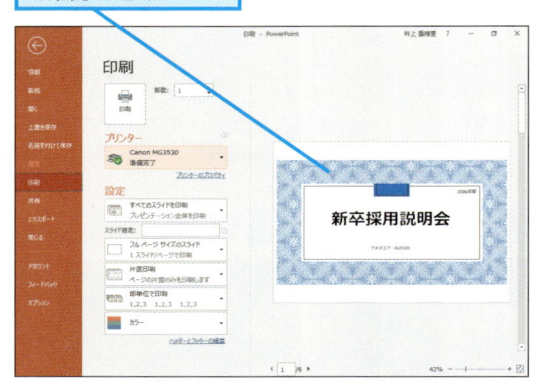

インストール

ソフトウェアをパソコンに組み込むこと。CD-ROMやDVD-ROMのほか、インターネットからダウンロードしたインストールプログラムを実行して組み込みを行う。「セットアップ」とも呼ばれる。
→ソフトウェア、ダウンロード

埋め込み

コピー元のデータを変更したとき、変更内容を貼り付け先のデータに反映させない方法。［貼り付けのオプション］ボタンでデータを独立させる設定ができる。
→貼り付け

上書き保存

前回ファイルを保存した場所に、同じ名前でファイルを保存すること。上書き保存を実行すると、前回のファイルが破棄されて最新の内容に更新される。

エクスプローラー

パソコン内のフォルダーやファイルを管理するツール。［エクスプローラー］をクリックすると、フォルダーウィンドウが表示される。パソコンに接続されている機器やフォルダー、ファイルの一覧が表示され、フォルダーやファイルの新規作成や削除・コピー・移動などを簡単に行える。
→コピー

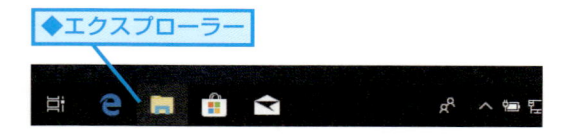

［閲覧表示］モード

タスクバーやタイトルバー、ステータスバーを表示してスライドショーを実行できる表示モード。スライドショーの実行中に、タスクバーを使って別のソフトウェアに切り替えができる。
→ステータスバー、ソフトウェア、タスクバー

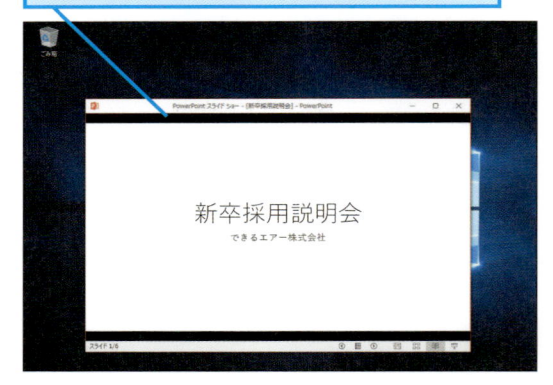

オーディオ

スライドに挿入できる音楽ファイルのこと。自分で用意したサウンドや、インターネットなどから入手できる著作権フリーのオーディオをスライドに挿入できる。
→スライド

拡張子

ファイルの種類や作成元のソフトウェアを識別するための「.pptx」や「.xlsx」などの記号のこと。Windowsの標準設定では拡張子が表示されない。
→ソフトウェア

画面切り替え効果

スライドショーを実行したときに、スライドが切り替わるタイミングで動く効果のこと。
→スライド

起動

WindowsやPowerPointなどのOSやソフトウェアを使えるように準備すること。
→OS、ソフトウェア

行間

行と行の間隔のこと。PowerPointには、「行間」と「段落前」「段落後」の3つの設定がある。

行頭文字

箇条書きの先頭に表示される記号や文字のこと。行頭文字には「箇条書き」と「段落番号」の2種類がある。

用語集

共有

自分以外のユーザーがフォルダーやファイルを閲覧できるようにすること。OneDriveに保存したフォルダーやファイルは、相手を指定して共有できる。
→OneDrive

[共有] タブ

プレゼンテーションファイルをOneDriveに保存して、第三者とスライドを共有するときに利用する。PowerPointの画面右上に常時表示されており、クリックすると [共有] 作業ウィンドウから共有相手を直接指定できる。
→作業ウィンドウ、スライド、タブ

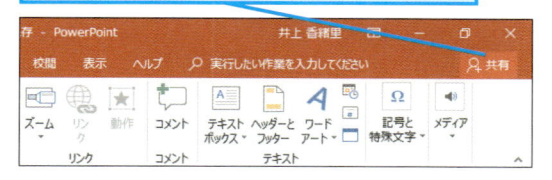

編集中のスライドをほかのユーザーと共有したり、共有の状態を確認したりできる

クイックアクセスツールバー

画面の一番左上に表示されているバーのこと。よく使う機能を登録しておくと、ボタンをクリックするだけで目的の機能を素早く実行できる。

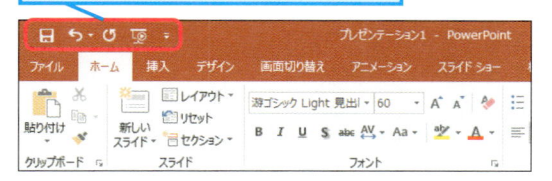

◆クイックアクセスツールバー
よく使う機能を素早く実行できる

クラウド

データをインターネット上に保存して利用する仕組みのこと。また、そのサービスや形態のこと。

グラフ

構成比や伸び率、推移などの数値の大きさや増減などの情報を、棒や線などの図形を使って視覚的に見せるもの。細かな数値を羅列するよりも全体的な数値の傾向を把握しやすくなる。

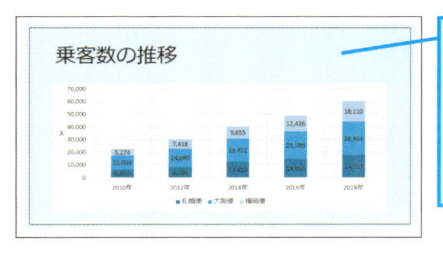

棒グラフのほかに円グラフや折れ線グラフなどの種類がある

系列

グラフを構成する要素の中で、凡例に表示される関連データの集まりのこと。例えば棒グラフでは、1本1本の棒が系列を表す。
→グラフ

互換性

異なるソフトウェアや異なるバージョン間で、データを利用できることを「互換性がある」という。PowerPoint 2019で、PowerPoint 2003以前のバージョンで作成したスライドを開くと、タイトルバーに [互換モード] と表示される。
→スライド、ソフトウェア

コピー

選択した文字や図形などをクリップボードに保管しておく操作のこと。コピーを実行した後に貼り付けの操作を行うと、文字や図形を複製できる。
→貼り付け

サインイン

インターネット上のサービスを利用するために行う個人認証のこと。Microsoftアカウントでサインインすると、OneDriveなどのサービスを利用できる。
→Microsoftアカウント、OneDrive

作業ウィンドウ

スライドペインの右側に表示されるウィンドウのこと。PowerPointには、図の書式設定やアニメーションの動作を設定する作業ウィンドウが用意されている。
→アニメーション、スライドペイン

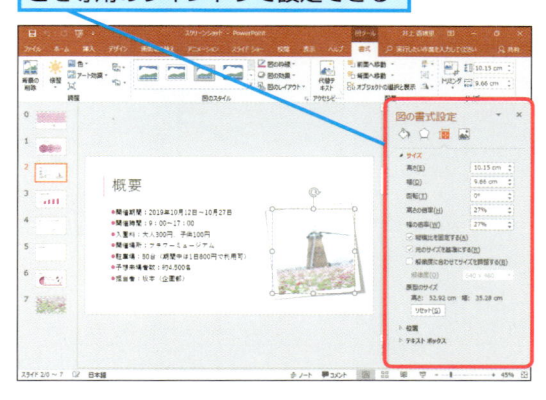

図の書式やアニメーションの動作などを専用のウィンドウで設定できる

用語集

終了
操作中のソフトウェアを正しく終わらせること。
→ソフトウェア

ショートカットキー
特定の機能を実行するために用意されているキーの組み合わせのこと。例えば、PowerPointでは、Ctrl + S キーを押すとスライドの保存を実行できる。
→スライド

書式
文字の「色」や「大きさ」、図の「色」や「位置」など見ためを変えるためのさまざまな設定のこと。

ズームスライダー
画面の表示倍率を調整するつまみのこと。左右にドラッグすることで、表示の拡大と縮小が実行できる。

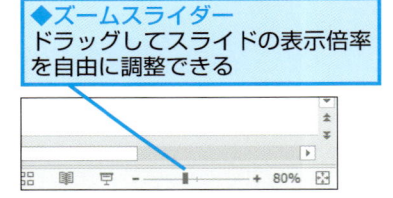
◆ズームスライダー
ドラッグしてスライドの表示倍率を自由に調整できる

用語集

スクリーン
スライドショーの実行中に、画面を黒い色や白い色に一時的に切り替える機能。画面以外に注目してもらうときに使う。黒や白の画面にした後は、画面をクリックするか任意のキーを押せば、スライドが表示される。
→スライド

スクリーンショット
ほかのソフトウェアやWebページなど、パソコンに表示している画面を撮影してスライドに挿入できる機能。
→スライド、ソフトウェア、貼り付け

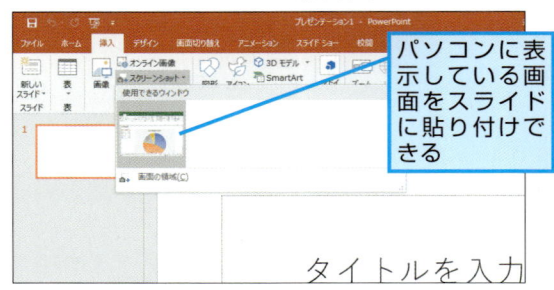
パソコンに表示している画面をスライドに貼り付けできる

スクロールバー
画面を上下左右に移動するために使う画面の右端や下端に表示されるバーのこと。▲や▼をクリックすると1段階ずつ移動できる。スクロールバー内のバーをドラッグすると、ドラッグしただけ表示位置を移動できる。

スタート画面
PowerPointを起動した直後に表示される画面のこと。[新しいプレゼンテーション] をクリックすればスライドを新規作成できる。テーマが設定されたスライドやテンプレートも開けるのが特徴。なお、Windows 10のスタートメニュー内にある、アプリのタイルが表示されている部分のことも「スタート画面」と呼ぶ。
→起動、スライド、テーマ、テンプレート

◆PowerPointのスタート画面

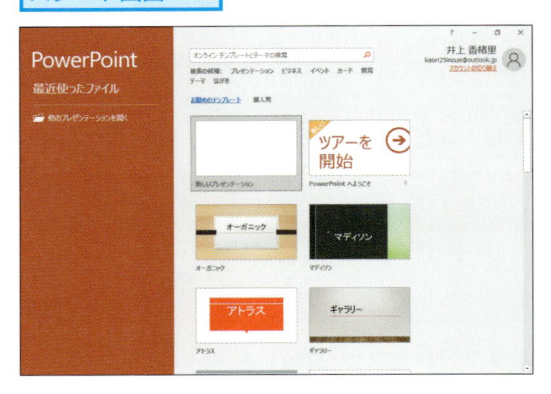

ステータスバー
PowerPointのウィンドウ最下部にある情報表示用の領域。スライド全体のページ数や現在表示しているページなど、現在の作業状態が表示される。
→スライド

◆ステータスバー
スライドのページ数などを確認できる

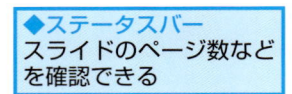

スポイト
図形などを塗りつぶすときに使う機能の1つ。スライドをクリックすると、クリックした位置の色で塗りつぶしができる。

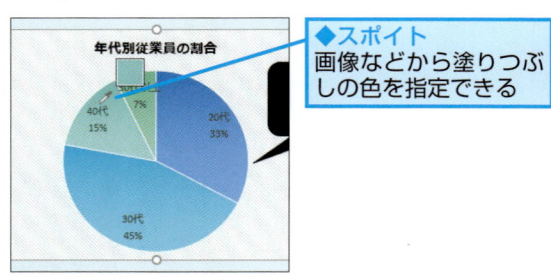
◆スポイト
画像などから塗りつぶしの色を指定できる

スライド
PowerPointで作成する、プレゼンテーションのそれぞれのページのこと。
→プレゼンテーション

［スライド一覧表示］モード

スライドの表示モードの1つ。1つの画面に複数のスライドを縮小表示できる。全体の構成を見ながら、スライドの順番を入れ替えるときなどに利用する。
→スライド

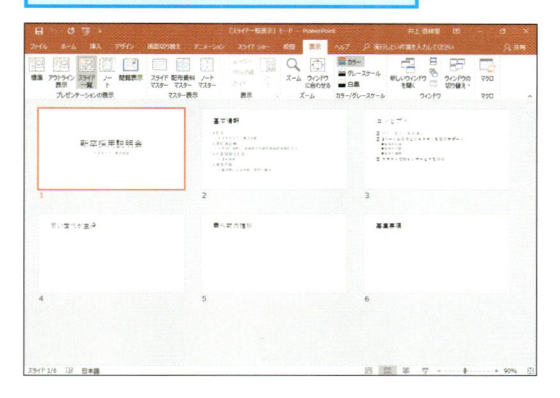

◆［スライド一覧表示］モード
スライド全体を確認しながらスライドの順番や枚数を検討できる

［スライドショー］ツールバー

スライドショーの実行中に画面左下に表示されるバーのこと。スライドの切り替えやペンのメニューを表示できる。発表者ビューでも表示される。
→スライド、ペン

◆［スライドショー］ツールバー
スライドショーの実行中に行える操作が表示される

［スライドショー］モード

スライドの表示モードの1つ。画面いっぱいにスライドを表示し、本番のプレゼンテーションのように次々にスライドを表示できる。アニメーションや画面切り替え効果を確認するときに利用する。
→アニメーション、画面切り替え効果、スライド、
　プレゼンテーション

スライド番号

スライドに表示されるスライドの順番を表す番号のこと。スライド番号は、スライドを追加したり削除したりしても自動的に更新される。
→スライド

スライドペイン

［標準表示］モードで中央に表示される領域。スライドを大きく表示して編集ができる。
→スライド、［標準表示］モード

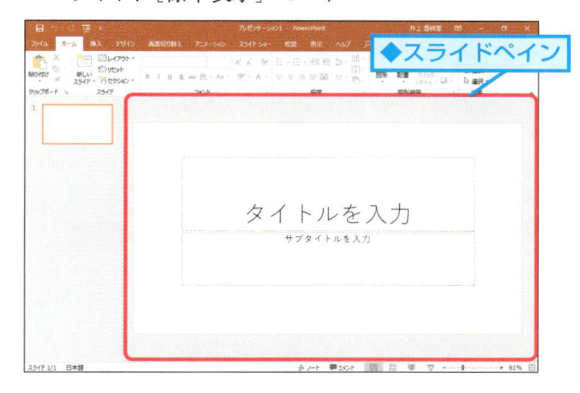

◆スライドペイン

スライドマスター

フォントの種類、サイズ、色などの文字書式や背景色、箇条書きのスタイルなど、スライドのすべての書式を管理している画面のこと。レイアウトごとにスライドマスターが用意されている。
→書式、スライド、フォント、レイアウト

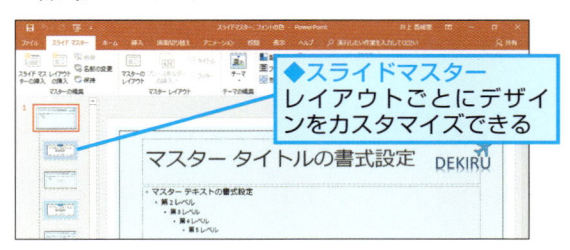

◆スライドマスター
レイアウトごとにデザインをカスタマイズできる

操作アシスト

［実行したい作業を入力してください］（タブの状態によっては［操作アシスト］）と表示されている部分に次に行いたい操作を入力すると、関連する機能が一覧表示され、クリックするだけで実行できる。使いたい機能がどのタブにあるか迷ったときに便利。

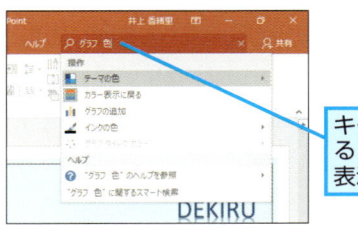

キーワードを入力すると関連する機能が表示される

ソフトウェア

プレゼンテーションのスライドを作る、文書を作る、表やグラフを作るなど、何らかの目的を達成するために作られたプログラム（アプリケーションソフト）のこと。
→スライド、プレゼンテーション

ダイアログボックス

ファイルの保存や画像の挿入などの詳細設定を行う専用の画面のこと。選択している機能によって画面に表示される項目は異なる。

タイトルスライド

スライドの見出しとサブタイトルの文字が入力できるプレースホルダーが配置されたスライドのこと。プレゼンテーションで最初に表示する表紙のスライドとして利用する。
→スライド、プレースホルダー、プレゼンテーション

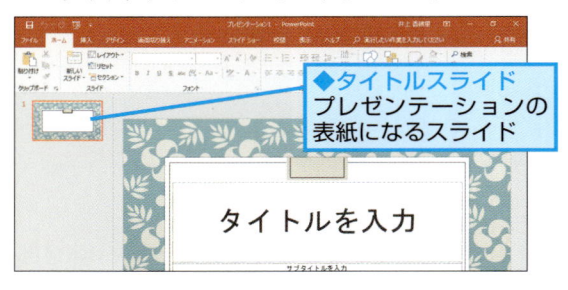

タイル

Windows 10のスタート画面にあるソフトウェア（アプリ）やファイルなどが登録された四角形のアイコン。タイルをクリックすると、ソフトウェアを起動できる。
→アイコン、アプリ、スタート画面、ソフトウェア

ダウンロード

インターネット上のソフトウェアやデータをWebブラウザーなどを介してパソコンに保存すること。
→ソフトウェア

タスクバー

デスクトップの下部に表示されるバーのこと。［エクスプローラー］や起動中のソフトウェアがボタンとして表示され、ボタンをクリックしてウィンドウを切り替えできる。
→エクスプローラー、起動、ソフトウェア

タッチモード

PowerPointで利用できる、指先で操作するのに適した画面表示のこと。［タッチ/マウスモードの切り替え］ボタンをクリックして［タッチ］を選択すると、リボン内の項目やボタンの間が広がり、指でタップしやすくなる。
→リボン

タブ

リボンの上部にある切り替え用のつまみのこと。［ファイル］タブや［ホーム］タブなど、よく利用する機能がタブごとに分類されている。特定の機能を選択すると、［スライドマスター］タブなどの通常は表示されないタブが表示される。
→スライドマスター、リボン

データラベル

グラフに表示できる値や割合などを示す数値のこと。例えば、円グラフでは、全体から見た各データの割合を表すパーセンテージの数値を表示できる。
→グラフ

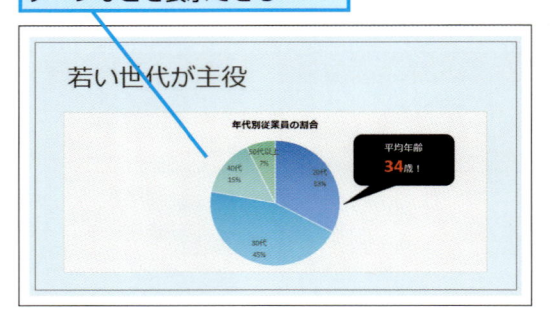

テーマ

スライド全体のデザインや配色、書式がセットになって登録されているもの。
→書式、スライド、配色

テキストボックス

スライド上の好きな位置に配置できる、文字を入力するための図形のこと。横書き用と縦書き用のテキストボックスがある。テキストボックスの回転ハンドルをドラッグすれば、テキストボックスを回転できる。
→スライド、ハンドル

デスクトップ

Windows 10を起動したときに表示される画面のこと。PowerPointを終了すると、デスクトップに戻る。
→起動、終了

テンプレート

スライドのデザインや配色、文字の書式がセットになっているデザインのひな形のこと。PowerPointのスタート画面や［新規］の画面からテンプレートを開ける。スライドをテンプレートとして保存することもできる。
→書式、スタート画面、スライド、配色

トリミング

イラストや写真などの不要な部分を切り取る機能。ビデオやオーディオの前後を削除することもできる。
→オーディオ、ビデオ

名前を付けて保存

作成したスライドの保存場所や名前を設定して保存する操作のこと。
→スライド

［ノート表示］モード

ノートペインを大きく表示できる表示モード。［ノート表示］モードでは、文字に書式を設定したり図形やイラストなどを挿入したりすることができる。
→書式、ノートペイン

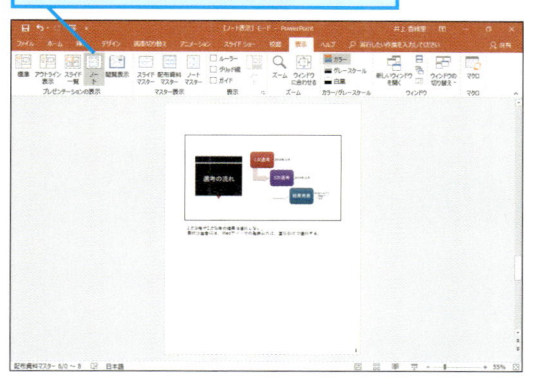

◆［ノート表示］モード
発表者用のメモとなる補足情報を入力・編集するときに利用する

ノートペイン

［標準表示］モードのとき、ステータスバーにある［ノート］ボタンをクリックするとスライドペインの下に表示される領域。各スライドに対応した発表者用のメモを入力しておくと、スライドと一緒に印刷できる。
→印刷、ステータスバー、スライド、スライドペイン、［標準表示］モード

◆ノートペイン

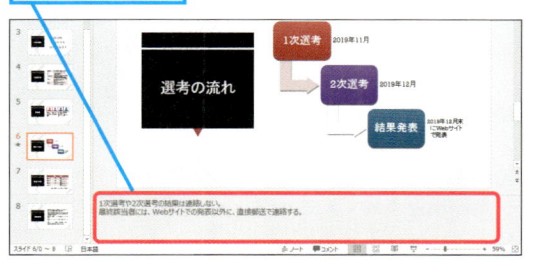

配色

［テーマ］を構成している色の組み合わせのこと。
→テーマ

配置ガイド

図形やイラスト、写真などの位置や大きさをそろえるときに表示される線。図形やイラストなどをドラッグすると自動的に表示され、位置や大きさの目安となる。

配布資料

スライドの内容を印刷して配布できるようにしたもの。印刷レイアウトを変更するだけで、1枚の用紙に複数のスライドやメモ書きができる罫線などを印刷できる。
→印刷、スライド

発表者ツール

スライドショーの実行時に利用できる機能の総称。ノートペインに入力したメモの内容や次のスライドの内容、経過時間などを確認しながら説明できる。
→スライド、ノートペイン、プレゼンテーション

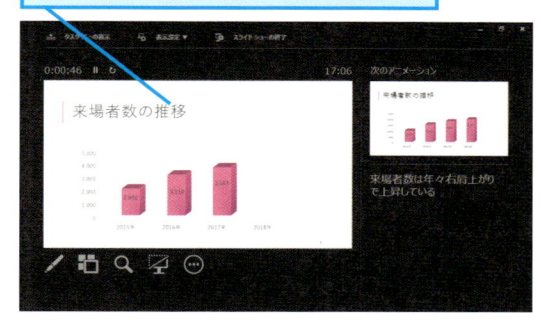

次のスライドやノートの内容を確認しながらプレゼンテーションができる

バリエーション

［テーマ］ごとに用意されている背景の模様や配色のパターンのこと。配色だけを変更するときは、［バリエーション］の▽をクリックして配色を選ぶ。
→テーマ、配色

貼り付け

クリップボードに保管されている内容を別の場所に複製する操作。コピーや切り取りと組み合わせて使う。
→コピー

貼り付けのオプション

［ホーム］タブの［貼り付け］ボタン下側をクリックしたときや、文字や図形などの貼り付けを実行した後に表示されるボタン。コピーした情報をどの形式で貼り付けるかを指定する。設定項目にマウスポインターを合わせると、貼り付け後のイメージを確認できる。
→タブ、貼り付け、マウスポインター

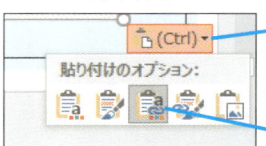

◆貼り付けのオプション

マウスポインターを合わせると、一時的に設定結果を確認できる

ハンドル

オブジェクトを選択すると表示される、調整用のつまみのこと。ハンドルには［サイズ変更ハンドル］や［回転ハンドル］などがある。写真やイラスト、プレースホルダー、テキストボックスのハンドルにマウスポインターを合わせるとマウスポインターの形が変わり、その状態で目的のハンドルをマウスでドラッグすると、サイズの変更や回転、変形などができる。
→テキストボックス、プレースホルダー、
　マウスポインター

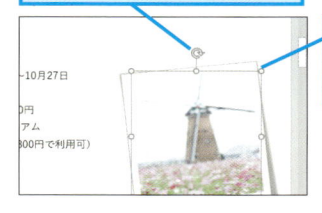

◆回転ハンドル
ここをドラッグするとオブジェクトを回転できる

◆サイズ変更ハンドル
サイズを自由に変更できる

ビデオ

ビデオカメラや携帯電話などで撮影した動画のこと。スライドに動画を挿入すると、スライドショーで動画を再生できる。
→スライド

非表示スライド

スライドショーの実行時に、特定のスライドを非表示にする機能。スライドそのものは削除されない。
→スライド

［標準表示］モード

スライドの表示モードの1つ。スライドが中央に表示され、スライドの左側にはスライドの縮小表示の一覧が表示される。ステータスバーにある［ノート］ボタンをクリックすると、スライドの下側にノートペインが表示される。
→ステータスバー、スライド、ノートペイン

フォント

文字の形のこと。ゴシック体や明朝体などの文字の形から任意の形に変更できる。また、文字を総称して「フォント」と呼ぶこともある。

フッター

配布資料やスライドの下の方に表示される領域のこと。ページ番号や日付などの情報を入力すると、すべてのスライドの同じ位置に同じ情報が表示される。
→スライド、配布資料

プレースホルダー

スライドにさまざまなデータを入力するための枠のこと。文字を入力するためのプレースホルダーや、表、グラフを入力するためのプレースホルダーがある。文字を入力するプレースホルダーの中にカーソルがあるときは、枠線が点線で表示される。
→グラフ、スライド

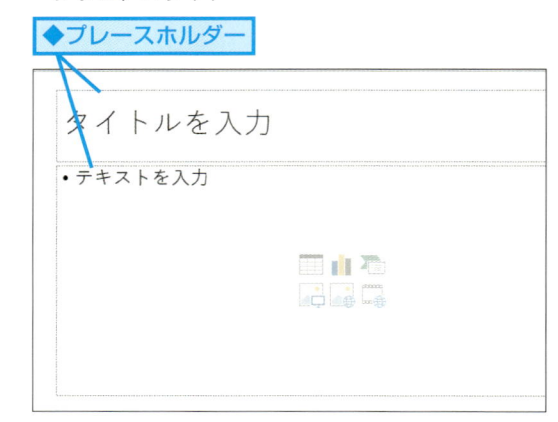

◆プレースホルダー

タイトルを入力

• テキストを入力

プレゼンテーション

限られた時間内で、聞き手に何かを伝えたり、聞き手を説得したりするために行う行為。PowerPointを利用すれば、プレゼンテーション用の資料を簡単に作成できる。

ヘッダー

配布資料やスライドの上の方に表示される領域のこと。ヘッダーを利用すれば、すべてのスライドの同じ位置に会社名や作成者の情報を表示できる。
→スライド、配布資料

ペン

スライドショーの実行中に、マウスをドラッグしてスライドに書き込みをする機能のこと。［ペン］と［蛍光ペン］の2種類が用意されている。
→インクツール、スライド

スライドショーの実行中にペンで書き込みをして、内容を強調できる

●開催期間：2019年10月12日～10月27日
●開催時間：9：00～17：00
●入園料：大人300円、子供100円
●開催場所：フラワーミュージアム
●駐車場：50台（期間中は1日800円で利用可）
●予想来場者数：約4,500名
●担当者：坂本（企画部）

用語集

マウスポインター

マウスを動かしたときに連動して画面に表示される目印のこと。ソフトウェアや合わせる位置によってマウスポインターの形が変化する。

→ソフトウェア

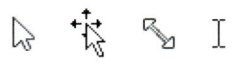

◆マウスポインター
合わせる位置や対象によって形が変わる

元に戻す

最後に行った操作を取り消して、操作をする前の状態に戻すこと。

◆ [元に戻す] ボタン

ライセンス認証

Office製品を使い始める前に、正規ユーザーであることを登録するために行う手続きのこと。インターネット経由で手続きができる。

リアルタイムプレビュー

テーマや文字、画像の書式が表示された一覧にマウスポインターを合わせるだけで選択結果のイメージを画面に反映する仕組みのこと。

→書式、テーマ、マウスポインター

一覧にマウスポインターを合わせるだけで設定後の状態を確認できる

リボン

OfficeやWindows 10のフォルダーウィンドウに用意されているメニュー項目。利用できる一連の機能が目的別のタブに分類されて登録されている。

→タブ

◆タブ　◆リボン

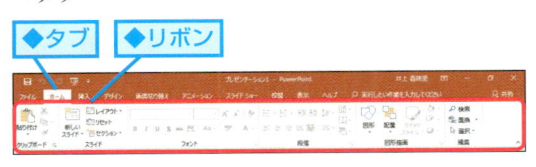

レーザーポインター

スライドショーの実行中に、マウスポインターの形を変えて、スライドの内容を指し示せる機能のこと。ペンのような書き込みはできない。

→スライド、ペン、マウスポインター

レイアウト

PowerPointでスライドに配置されているプレースホルダーの組み合わせのパターンのこと。11種類のレイアウトが用意されている。

→スライド、プレースホルダー

よく使うレイアウトを一覧から選択できる

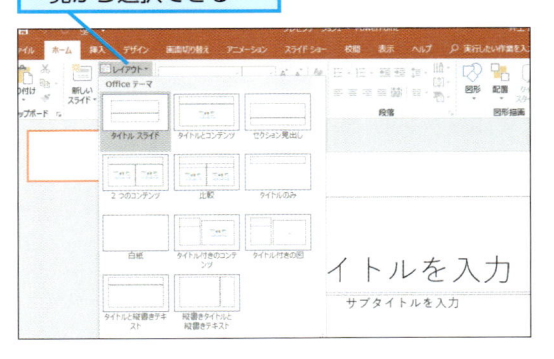

レベル

見出しや項目に設定できる上下関係のこと。最大9段階まで設定できる。

- 第1レベル
  - 第2レベル
    - 第3レベル
      - 第4レベル
        - 第5レベル
          - 第6レベル
            - 第7レベル
              - 第8レベル
                - 第9レベル

レベルごとに文字の大きさや位置が異なる

ワードアート

入力した文字にデザインを適用して、立体的なロゴのような装飾を設定できる機能のこと。また、この機能で作成した文字のことも「ワードアート」と呼ぶ。

◆ワードアート
影や縁取りの装飾、立体的な効果などを文字に設定できる

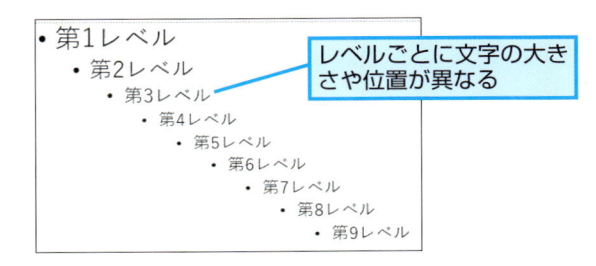

索 引

索引

索引

できるサポートのご案内

無料サービス!

できるシリーズの書籍の記載内容に関する質問を下記の方法で受け付けております。

電話 **FAX** **インターネット** **封書によるお問い合わせ**

質問の際は以下の情報をお知らせください

① 書籍名・ページ
② 書籍の裏表紙にある**書籍サポート番号**
③ お名前 ④ 電話番号
⑤ 質問内容（なるべく詳細に）
⑥ ご使用のパソコンメーカー、機種名、使用OS
⑦ ご住所 ⑧ FAX番号 ⑨ メールアドレス

※電話の場合、上記の①～⑤をお聞きします。
FAXやインターネット、封書での問い合わせに
ついては、各サポートの欄をご覧ください。

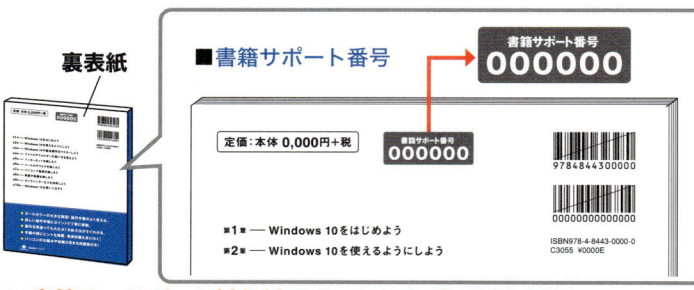

裏表紙

■書籍サポート番号

書籍サポート番号 **000000**

定価：本体 0,000円＋税

書籍サポート番号 **000000**

9784844300000

ISBN978-4-8443-0000-0
C3055 ¥0000E

※1 — Windows 10をはじめよう
※2 — Windows 10を使えるようにしよう

※裏表紙にサポート番号が記載されていない書籍は、サポート対象外です。なにとぞご了承ください。

回答ができないケースについて （下記のような質問にはお答えしかねますので、あらかじめご了承ください。）

● 書籍の記載内容の範囲を超える質問
書籍に記載していない操作や機能、ご自分で作成されたデータの扱いなどについてはお答えできない場合があります。

● できるサポート対象外書籍に対する質問

● ハードウェアやソフトウェアの不具合に対する質問
書籍に記載している動作環境と異なる場合、適切なサポートができない場合があります。

● インターネットやメールの接続設定に関する質問
プロバイダーや通信事業者、サービスを提供している団体に問い合わせください。

サービスの範囲と内容の変更について

● 該当書籍の奥付に記載されている初版発行日から3年が経過した場合、もしくは該当書籍で紹介している製品やサービスについて提供会社によるサポートが終了した場合は、ご質問にお答えしかねる場合があります。

● なお、都合により「できるサポート」のサービス内容の変更や「できるサポート」のサービスを終了させていただく場合があります。あらかじめご了承ください。

電話サポート 0570-000-078 （月～金 10:00～18:00、土・日・祝休み）

・**対象書籍をお手元に用意**いただき、**書籍名と書籍サポート番号**、ページ数、**レッスン番号**をオペレーターにお知らせください。確認のため、お客さまのお名前と電話番号も確認させていただく場合があります

・サポートセンターの対応品質向上のため、通話を録音させていただくことをご了承ください

・多くの方からの質問を受け付けられるよう、1回の質問受付時間はおよそ15分までとさせていただきます

・質問内容によっては、その場ですぐに回答できない場合があることをご了承ください

※本サービスは無料ですが、**通話料はお客さま負担**となります。あらかじめご了承ください

※午前中や休日明けは、お問い合わせが混み合う場合があります

FAXサポート 0570-000-079 （24時間受付・回答は2営業日以内）

・必ず上記①～⑧までの情報をご記入ください。メールアドレスをお持ちの場合は、メールアドレスも記入してください
（A4の用紙サイズを推奨いたします。記入漏れがある場合、お答えしかねる場合がありますので、ご注意ください）

・質問の内容によっては、折り返しオペレーターからご連絡をする場合もございます。あらかじめご了承ください

・FAX用質問用紙を用意しております。下記のWebページからダウンロードしてお使いください
https://book.impress.co.jp/support/dekiru/

インターネットサポート https://book.impress.co.jp/support/dekiru/ （24時間受付・回答は2営業日以内）

・上記のWebページにある「できるサポートお問い合わせフォーム」に項目をご記入ください

・お問い合わせの返信メールが届かない場合、迷惑メールフォルダーに仕分けされていないかをご確認ください

封書によるお問い合わせ （郵便事情によって、回答に数日かかる場合があります）

〒101-0051
東京都千代田区神田神保町一丁目105番地
株式会社インプレス できるサポート質問受付係

・必ず上記①～⑦までの情報をご記入ください。FAXやメールアドレスをお持ちの場合は、ご記入をお願いいたします
（記入漏れがある場合、お答えしかねる場合がありますので、ご注意ください）

・質問の内容によっては、折り返しオペレーターからご連絡をする場合もございます。あらかじめご了承ください

本書を読み終えた方へ
できるシリーズのご案内

Windows 関連書籍

できるWindows 10
2021年 改訂6版 **特別版小冊子付き**

法林岳之・一ヶ谷兼乃・清水理史＆
できるシリーズ編集部
定価：1,100円
（本体1,000円＋税10%）

最新Windows 10の使い方がよく分かる！ 流行のZoomの操作を学べる小冊子付き。無料電話サポート対応なので、分からない操作があっても安心。

できるWindows10 パーフェクトブック

困った！＆便利ワザ大全 2021年 改訂6版

広野忠敏＆
できるシリーズ編集部
定価：1,628円
（本体1,480円＋税10%）

全方位で使えるWindows 10の便利ワザが満載！ 最新OSの便利機能や新型Edgeの使いこなし、ビデオ会議のコツがよく分かる。

できる 超快適 Windows 10
パソコン作業がグングンはかどる本

清水理史＆
できるシリーズ編集部
定価：1,738円
（本体1,580円＋税10%）

Windows 10の快適動作を実現するための多岐に渡る操作や設定項目を徹底解剖した解説書が登場！ 入門書を卒業した方にぴったりの1冊。

Office 関連書籍

できるWord 2019
Office 2019/Office 365両対応

田中 亘＆
できるシリーズ編集部
定価：1,298円
（本体1,180円＋税10%）

文字を中心とした文書はもちろん、表や写真を使った文書の作り方も丁寧に解説。はがき印刷にも対応しています。翻訳機能など最新機能も解説！

できるExcel 2019
Office 2019/Office 365両対応

小舘由典＆
できるシリーズ編集部
定価：1,298円
（本体1,180円＋税10%）

Excelの基本を丁寧に解説。よく使う数式や関数はもちろん、グラフやテーブルなども解説。知っておきたい一通りの使い方が効率よく分かる。

できるOutlook 2019
Office 2019/Office365両対応
ビジネスに役立つ情報共有の基本が身に付く本

山田祥平＆
できるシリーズ編集部
定価：1,628円（本体1,480円＋税10%）

メールのやりとり予定表の作成、タスク管理など、Outlookの使いこなしを余すことなく解説。明日の仕事に役立つテクニックがすぐ身に付く。

できるAccess 2019
Office 2019/Office 365両対応

広野忠敏＆
できるシリーズ編集部
定価：2,178円
（本体1,980円＋税10%）

データベースの構築・管理に役立つ「テーブル」「クエリ」「フォーム」「レポート」が自由自在！ 軽減税率に対応したデータベースが作れる。

読者アンケートにご協力ください！

https://book.impress.co.jp/books/1118101129

このたびは「できるシリーズ」をご購入いただき、ありがとうございます。

本書はWebサイトにおいて皆さまのご意見・ご感想を承っております。

気になったことやお気に召さなかった点、役に立った点など、

皆さまからのご意見・ご感想をお聞かせいただき、

今後の商品企画・制作に生かしていきたいと考えています。

お手数ですが以下の方法で読者アンケートにご回答ください。

ご協力いただいた方には抽選で毎月プレゼントをお送りします！

※プレゼントの内容については、「CLUB Impress」のWebサイト
（https://book.impress.co.jp/）をご確認ください。

ご意見・ご感想を
お聞かせください！

1 URLを入力して Enter キーを押す

2 [アンケートに答える]をクリック

※Webサイトのデザインやレイアウトは変更になる場合があります。

◆会員登録がお済みの方
会員IDと会員パスワードを入力して、[ログインする]をクリックする

◆会員登録をされていない方
[こちら]をクリックして会員規約に同意してからメールアドレスや希望のパスワードを入力し、登録確認メールのURLをクリックする

本書のご感想をぜひお寄せください　https://book.impress.co.jp/books/1118101129

「アンケートに答える」をクリックしてアンケートにご協力ください。アンケート回答者の中から、抽選で商品券（1万円分）や図書カード（1,000円分）などを毎月プレゼント。当選は賞品の発送をもって代えさせていただきます。はじめての方は、「CLUB Impress」へご登録（無料）いただく必要があります。

読者登録サービス

登録カンタン費用も無料！

アンケートやレビューでプレゼントが当たる！

 本書の内容に関するお問い合わせは、無料電話サポートサービス「できるサポート」をご利用ください。詳しくは316ページをご覧ください。

■著者
井上香緒里（いのうえ　かおり）

東京都生まれ、神奈川県在住。テクニカルライター。SOHOのテクニカルライターチーム「チーム・モーション」を立ち上げ、IT書籍や雑誌の執筆、Webコンテンツの執筆を中心に活動中。また、都内の短大で「情報処理」の非常勤講師を担当している。近著に『できるExcel & PowerPoint 2016 仕事で役立つ集計・プレゼンの基礎が身に付く本 Windows 10/8.1/7対応』『できるPowerPointパーフェクトブック 困った！＆便利ワザ大全 2016/2013/2010/2007対応』『できるWord&Excel&PowerPoint 2016 Windows 10/8.1/7対応』『できるWord & Excelパーフェクトブック 困った！＆便利ワザ大全 2016/2013対応』『できるPowerPoint 2016 Windows 10/8.1/7対応』『動きで魅せるプレゼン PowerPointテンプレート1500』『Wordお悩み解決BOOK 2013/2010/2007対応（できるfor Woman)』（以上、インプレス）などがある。

STAFF

本文オリジナルデザイン	川戸明子
シリーズロゴデザイン	山岡デザイン事務所<yamaoka@mail.yama.co.jp>
カバーデザイン	株式会社ドリームデザイン
カバーモデル写真	PIXTA
本文イメージイラスト	廣島　潤
本文イラスト	松原ふみこ・福地祐子
DTP制作	町田有美・田中麻衣子
編集協力	今井　孝
デザイン制作室	今津幸弘<imazu@impress.co.jp>
	鈴木　薫<suzu-kao@impress.co.jp>
制作担当デスク	柏倉真理子<kasiwa-m@impress.co.jp>
編集制作	株式会社トップスタジオ（小川真帆・三島絵美）
編集	進藤　寛<shindo@impress.co.jp>
デスク	小野孝行<ono-t@impress.co.jp>
編集長	藤原泰之<fujiwara@impress.co.jp>
オリジナルコンセプト	山下憲治

本書は、できるサポート対応書籍です。本書の内容に関するご質問は、316ページに記載しております「できるサポートのご案内」をよくお読みのうえ、お問い合わせください。
なお、本書発行後に仕様が変更されたハードウェア、ソフトウェア、サービスの内容などに関するご質問にはお答えできない場合があります。該当書籍の奥付に記載されている初版発行日から3年が経過した場合、もしくは該当書籍で紹介している製品やサービスについて提供会社によるサポートが終了した場合は、ご質問にお答えしかねる場合があります。また、以下のご質問にはお答えできませんのでご了承ください。
・書籍に掲載している手順以外のご質問
・ハードウェア、ソフトウェア、サービス自体の不具合に関するご質問
・本書で紹介していないツールの使い方や操作に関するご質問
本書の利用によって生じる直接的または間接的被害について、著者ならびに弊社では一切の責任を負いかねます。あらかじめご了承ください。

■落丁・乱丁本などの問い合わせ先
TEL 03-6837-5016 FAX 03-6837-5023
service@impress.co.jp
受付時間 10:00〜12:00 ／ 13:00〜17:30
　　　　（土日・祝祭日を除く）
●古書店で購入されたものについてはお取り替えできません。

■書店／販売店の窓口
株式会社インプレス 受注センター
TEL 048-449-8040 FAX 048-449-8041

株式会社インプレス 出版営業部
TEL 03-6837-4635

できるPowerPoint 2019
（パワーポイント）
Office 2019/Office 365両対応
（オフィス）（オフィス）（りょうたいおう）

2019年1月21日　初版発行
2021年7月21日　第1版第3刷発行

著　者　井上香緒里 ＆ できるシリーズ編集部
（いのうえかおり アンド）（へんしゅうぶ）

発行人　小川 亨

編集人　高橋隆志

発行所　株式会社インプレス
　　　　〒101-0051　東京都千代田区神田神保町一丁目105番地
　　　　ホームページ　https://book.impress.co.jp/

本書は著作権法上の保護を受けています。本書の一部あるいは全部について（ソフトウェア及びプログラムを含む）、株式会社インプレスから文書による許諾を得ずに、いかなる方法においても無断で複写、複製することは禁じられています。

Copyright © 2019 Kaori Inoue and Impress Corporation. All rights reserved.

印刷所　図書印刷株式会社
ISBN978-4-295-00556-8 C3055
Printed in Japan